Die Verwaltung der Eisenbahnen

STAATSMINISTER VON MAYBACH

Die Verwaltung der Eisenbahnen

Die Verwaltungstätigkeit der Preußischen Staatsbahn
in der Gesetzgebung, der Aufsicht und dem Betriebe
unter Vergleich mit anderen Eisenbahnen

Von

L. Wehrmann
Wirklicher Geheimer Rat

Berlin
Verlag von Julius Springer
1913

ISBN-13:978-3-642-94126-9   e-ISBN-13:978-3-642-94526-7
DOI:10.1007/978-3-642-94526-7

Softcover reprint of the hardcover 1st edition 1913

Vorwort.

Die Eisenbahnen sind im Laufe von nicht ganz hundert Jahren
zu dem wichtigsten Mittel des Verkehrs geworden. Sie haben die menschliche Tätigkeit fast nach allen Richtungen nutzbringender gemacht
und einen unerhörten Aufschwung in den Ergebnissen herbeigeführt.
Mit den wirtschaftlichen Verhältnissen ist auch das gesellschaftliche
und staatliche Leben durch sie umgestaltet. Jede Regierungsgewalt
ist durch die Erleichterung des Verkehrs gekräftigt und ausgedehnt
und den Verbindungen der Staaten unter sich ein früher unbekannter
Umfang gegeben worden. Von den Eisenbahnen hängt jetzt die Möglichkeit ab, große Streitkräfte zu entfalten. In jeden Teil der Erde
sind sie eingedrungen, und während in bevölkerten Gegenden ihre Benutzung schon zu den täglichen Gewohnheiten gehört, werden durch
sie in entlegenen, kaum erst erforschten Ländern die Sitten und Arbeitseinrichtungen höher entwickelter Völker eingeführt.

Dieser erstaunliche Fortschritt auf der vor einem Jahrhundert
gewonnenen Unterlage hat gewaltige wirtschaftliche Mittel in Anspruch
genommen, aber auch an die Leistungen der Technik wie der Verwaltung hohe Anforderungen gestellt. Die dabei aufgetretenen Fragen
und ihre Behandlung in Gesetz, Anordnung und Übung werden von
einer fleißigen Schriftstellerei beständig nach allen Richtungen erörtert.
Übersichten über das Gesamtgebiet erscheinen seltener, insbesondere
wenig über die Verwaltung der Eisenbahnen.

Dies Buch will im Zusammenhang die wirtschaftlichen und staatlichen Aufgaben besprechen, welchen die Eisenbahn dient, und die
bei ihrer Lösung an der preußischen Staatsbahn gemachten Erfahrungen.
Zur Vergleichung werden die Verhältnisse anderer, namentlich europäischer Bahnen herangezogen. Eine mehr als vierzigjährige Tätigkeit
bei der preußischen Staatseisenbahnverwaltung hat in dem Verfasser
den Wunsch entstehen lassen, an einer solchen Arbeit das Selbsterlebte
zu verwerten und dadurch das Verständnis für das große von unserem
Volk geschaffene Werk der Staatsbahn zu erweitern.

Charlottenburg, im Dezember 1912.

Der Verfasser.

Inhaltsverzeichnis.

Teil I

Gesetzgebung und Aufsicht.

Erster Abschnitt.

Ursprung der Eisenbahnen, Ausdehnung und Verschiedenartigkeit.

Ursprung des Spurgeleises. Spurbahnen wurden zuerst in der Weise angelegt, daß man in Bergwerken und auf Wegen Unterlagen von Holz, Stein — bereits im 16. Jahrhundert —, später von Eisen einbettete, um den Gang der Fahrzeuge zu erleichtern. Flacheisen wurden auf Bohlen genagelt, die demnächst Außenränder zum Festhalten der Räder bekamen[1]). Ende des 17. Jahrhunderts waren in England schon hohe gußeiserne Schienen im Gebrauch, auf welchen Räder mit Spurkränzen liefen. Für diese Einrichtung kam in der zweiten Hälfte des 18. Jahrhunderts die Spurweite des Geleises von 4 Fuß 8,5 Zoll englisch = 1,435 m auf, welche sich von England aus über die Eisenbahnen fast in der ganzen Welt ausgebreitet hat. In der gleichen Zeit wurde dort die mit den Rädern sich drehende Achse eingeführt. Nach Erfindung des Walzverfahrens ersetzte man die leicht zerbrechliche kurze Gußschiene durch längere schmiedeeiserne Schienen, die haltbarer waren und sich wegen der geringeren Zahl der Schienenstöße besser befuhren.

Auf dem so gewonnenen Geleise wurde anfänglich wie früher mit Pferden gefahren und 1801 die erste Pferdebahn für öffentliche Beförderung von Kohlen und Waren zwischen der Themse bei Wandsworth und Croydon (Südlondon) — the Surrey iron railway — zugelassen. Dies Unternehmen mißglückte. Nachdem bessere Erfolge erzielt waren, wurden in England für Trambahnen bis 1825 29 Konzessionen, im Jahre 1825 allein 59 erteilt (mineral lines). Gleichzeitig entstanden in den Vereinigten Staaten von Amerika[2]) Pferdebahnen

---

[1]) Im Jahre 1776 wurde bei den Sheffield-Kohlenwerken die erste Bahn ausgeführt, auf welcher an der Außenseite der gußeisernen Schienen ein Rand angegossen war. Das deutsche Eisenbahnwesen der Gegenwart, S. 15.

[2]) United States of America, der amtliche Titel der nordamerikanischen Union, ist im Text angewendet.

für den öffentlichen Verkehr; eine Bahn wurde dort 1827 von Friedrich List[1]) für durch ihn entdeckte Kohlenminen gebaut und schon mit Lokomotiven in Betrieb gesetzt. Österreich erbaute die erste Pferdebahn von größerer Ausdehnung auf dem Festlande zwischen Linz und Budweis 1825—1832 und hatte in letzterem Jahre 255 km Pferdebahnen in Betrieb. In Frankreich wurden von 1823—1828 mehrere öffentliche Kohlenbahnen mit Pferden befahren.

Anwendung der Dampfmaschine. Fast zur selben Zeit begannen die Versuche mit Dampflokomotiven, nachdem schon seit 1787 der Dampf in Amerika — seit 1812 auch in England — zur Fortbewegung von Schiffen benutzt wurde. Von Richard Trevithik wurde 1804 in England eine Lokomotive entworfen, die keinen Erfolg hatte, während George Stephenson auf der Killingworth-Kohlenbahn 1814 den ersten brauchbaren Dampfwagen, 1825 mit staatlicher Genehmigung für die Kohlenbahn der Stockton and Darlington Gesellschaft eine Lokomotive (iron horse) in Betrieb setzte[2]). Am 12. Oktober 1829 siegte die von Robert Stephenson und seinem Sohne George hergestellte „The Rocket" (die Rakete) glänzend bei dem Wettbewerb, welchen die am 17. September 1830 zur Eröffnung kommende Liverpool—Manchester Eisenbahn für ihren Lokomotivbedarf ausgeschrieben hatte. Diese Maschine zog zwei Wagen von je etwa 10 000 kg Gewicht mit 22,5 km Durchschnitts- und 32 km Höchstgeschwindigkeit; sie leistete 16 Pferdestärken[3]).

Erste Entwicklung der öffentlichen Bahnen. Hiermit war das Werkzeug für die Umgestaltung des Landverkehrs fertig geworden, und alsbald regte sich, begünstigt durch den allgemeinen Frieden, mächtig der Unternehmungsgeist, um es nutzbar zu machen. In der Heimat ihrer Entstehung, in England, befanden sich 10 Jahr später — 1841 — schon 2521 km Eisenbahnen des öffentlichen Verkehrs im Betriebe. Die Vereinigten Staaten von Amerika, wo als erste öffentliche Bahn eine Strecke der Baltimore und Ohio Bahn am 22. Mai 1830 in Maryland eröffnet wurde, hatten es im Jahre 1841 schon auf 3500 km Strecke gebracht. Auf dem europäischen

---

[1]) Volkswirtschaftlicher Schriftsteller, 6. Aug. 1779 in Reutlingen geboren, politischer Flüchtling in Amerika, wirkte nach seiner Heimkehr für planmäßigen Ausbau der deutschen Eisenbahnen in Aufsätzen der Augsburger Allgemeinen Zeitung 1827 und in der Schrift „Über ein sächsisches Eisenbahnnetz als Grundlage eines allgemeinen deutschen Eisenbahnsystems" 1833. Er starb am 30. Nov. 1846 in Kufstein.

[2]) Acworth, Railway Economics, Oxford 1904, S. 5.

[3]) Heute gehen die Leistungen der neuesten deutschen Lokomotiven bis 1500 Pferdestärken und über 100 Kilometer Geschwindigkeit hinaus. Das Dienstgewicht beträgt einschließlich Tender bis 138 Tonnen. Das deutsche Eisenbahnwesen der Gegenwart, S. 122.

Festland wurde die erste Bahn in Belgien zwischen Brüssel und Mecheln am 5. Mai 1825 dem Betrieb übergeben. Österreich erteilte unter dem 4. März 1836 das Privileg für die erste größere Lokomotivbahn des europäischen Festlandes, die Kaiser-Ferdinands-Nordbahn von Wien über Olmütz bis an die schlesische Grenze; die Strecke Wien—Wagram wurde 1838 eröffnet, das Bahnnetz bis 1841 auf 747 km erweitert. Deutschland erlebte am 7. Dezember 1835 die erste Inbetriebsetzung einer öffentlichen Lokomotivbahn an der 6 km langen Strecke Nürnberg—Fürth, worauf 1837 ein Teil der Leipzig—Dresdener-Bahn, 1838 Berlin—Potsdam und die erste deutsche Staatsbahn Braunschweig—Wolfenbüttel, 1839 der Rest von Leipzig—Dresden, kleinere bayrische Staatslinien und die Taunusbahn folgten; das deutsche Netz umfaßte 1841 627 km, während Belgien 378, Frankreich erst 269 km, Rußland nur die 1838 eröffnete, 25 km lange Bahn nach Zarskoje-Selo besaß. 1840 standen auf der ganzen Erde 7700 km Eisenbahnen in Betrieb[1]).

Weiterer Ausbau. In den Jahren 1844—1846 steigerte sich die Ausdehnung der Eisenbahnen bis zum Schwindelhaften. Es kam zu einer Krisis, wie sie sich aus gleicher Ursache 1857, 1867, 1873, 1882 in den europäischen Ländern, noch häufiger in Nordamerika wiederholte. Trotz der nach solchen Zeiten eintretenden Zurückhaltung stieg der Ausbau des Bahnnetzes unaufhörlich. Für die Weltteile und einige wichtigere Länder ist die Entwicklung der Kilometerzahl aus nachfolgender Übersicht über einzelne ausgewählte Jahre zu entnehmen[2]). (Siehe umstehende Tabelle.)

In diesen Ziffern zeigt sich sowohl auf der Erde insgesamt wie bei den einzelnen Ländern, daß die Ausbreitung der Eisenbahnen im ersten Jahrzehnt langsam anhebt, in den folgenden Abschnitten das Mehrfache des Vorhergehenden erreicht, in den vorgeschrittenen Gebieten aber einen ruhigeren Fortgang annimmt. Europa wird von dem ausgedehnteren Amerika im sechsten Jahrzehnt überflügelt, während die anderen Weltteile, welche erst 30 Jahre nach der Entstehung der Eisenbahnen mit dem Ausbau beginnen, in gleicher Schnelligkeit den älteren Vorbildern nacheifern[3]).

---

[1]) Archiv für Eisenbahnwesen, herausgegeben im Königlich Preußischen Ministerium der öffentlichen Arbeiten 1911, S. 1153; 1912, S. 545.

[2]) Archiv 1881, S. 495; 1904, S. 551; 1911, S. 608.

[3]) In dieser umfassenden Entwicklung findet das prophetische Wort eine glänzende Bestätigung, welches der nachmalige König Friedrich Wilhelm IV. angesichts des ersten auf der Bahn von Berlin nach Potsdam fahrenden Zuges — bei der Betriebseröffnung 29. Oktober 1838 — ausgesprochen haben soll: „Diesen Karren, der durch die Welt rollt, hält kein Menschenarm mehr auf."

	1850	1860	1870	1879	1898	1910
Deutschland	5 856	11 088	18 450	33 302	49 560	61 148 [1])
Großbritannien und Irland	10 660	16 797	24 383	28 491	34 668	37 579
Österreich-Ungarn.....	2 240	5 160	9 761	19 803	35 113	49 385 [2])
Frankreich	2 996	9 439	17 462	22 781	41 704	49 385
Rußland (europäisches) einschl. Finnland ...	601	1 589	11 243	26 911	42 535	59 559
Europa zusammen.	**24 083**	**51 919**	**103 013**	**167 270**	**269 744**	**333 848**
Vereinigte Staaten von Amerika	13 828	52 754	89 587	130 785	299 911	388 173
Britisch-Nordamerika (Kanada)	82	3 499	4 299	11 140	27 161	39 792
Vereinigte Staaten von Brasilien	—	129	691	2 771	14 083	21 370
Argentinische Republik	—	—	980	2251	15 817	28 636
Amerika zusammen	**14 360**	**53 951**	**93 775**	**153 503**	**386 337**	**526 382**
Asien	—	**1 354**	**7 784**	**14 569**	**53 605**	**101 916**
Afrika	—	**446**	**1 782**	**4 868**	**17 954**	**36 854**
Australien..........	—	**265**	**1 569**	**6 965**	**23 340**	**31 014**
Auf der Erde zus. ...	38 445	107 935	207 935	347 175	750 974	1 030 014

Anlagekosten. Da die Anlagekosten für Eisenbahnen auf 1 km in Europa etwa 317 000, in den übrigen Erdteilen 170 000 M. ausmachen, so kann der Beschaffungswert aller Eisenbahnen der Erde auf 223 Milliarden geschätzt werden. Sie geben einen Begriff für die Größe der Aufgabe, welche den Eisenbahnen gestellt ist, von dem Maße, in dem diese schon erfüllt ist, und von dem, was noch zu leisten ist, um die Eisenbahnen bis zur vollen Befriedigung des Verkehrs in allen Weltteilen auszubauen.

Verschiedenheit unter den Eisenbahnen. Aber nicht nur ihr Umfang und Kapital macht die Aufgabe der Eisenbahnen schwierig. Mit der Entwicklung des Schienenverkehrs hat sich eine weitgehende Verschiedenartigkeit unter den Eisenbahnen in der Einrichtung und Benutzung herausgestellt. Während anfänglich die öffentlichen Bahnen durchweg der Personen- und der Güterbeförderung dienten, ist es mit der Zeit vielfach nötig geworden, einzelne Strecken nur für Güter, andere nur für Reisende zu benutzen. Besondere Einrichtungen werden für die Linien der durchgehenden Schnellzüge erforderlich. Die Stadt- und Vorortbahnen im Banne der Großstädte, die Nebenbahnen für geringeren Verkehr

---

[1]) Für Deutschland sind nur die Haupt- und Nebenbahnen, nicht die nebenbahnähnlichen Kleinbahnen eingerechnet. (Siehe S. 5, Anm. 2.)

[2]) Einschließlich Bosnien und Herzegowina, die in den früheren Angaben fehlen.

und die nebenbahnähnlichen Kleinbahnen, die Steil-, Berg-, Seil- und Zahnradbahnen verlangen je eine besondere Behandlung[1]).

Abgesondert von den Eisenbahnen hat sich mit ursprünglichem Pferde-, späterem Dampf- und elektrischem Betrieb der Bau der Straßenbahnen ausgebildet, zu welchen dann die Hoch- und Untergrundbahnen für den Schnellverkehr der Großstädte getreten sind. In den Vereinigten Staaten Amerikas haben außerdem elektrische Bahnen für den zwischenstädtischen Verkehr — interurban oder overland railways —, die mit bedeutender Geschwindigkeit (60—80 km in der Stunde) meist auf besonderem Bahnkörper fahren, große Ausdehnung erfahren; sie sind in Deutschland trotz verschiedener Anläufe noch nicht zur Ausführung gekommen.

Ausdehnung der Kleinbahnen.   Neben dem Hauptbahnnetz von 60 089 km[2]) bestanden 1909 in Deutschland 9143 km nebenbahnähnliche Kleinbahnen — in Preußen allein 8704 km — und 4190 km Straßenbahnen, ferner noch Anschlüsse für einzelne gewerbliche Anlagen, die allein bei der preußisch-hessischen Staatsbahn im Jahre 1910 eine Gesamtlänge von 230 km besaßen. Frankreich hatte 1906 neben 39 761 km Hauptbahnen 7368 km Lokalbahnen und 5121 km Straßenbahnen (s. S. 19, Anm. 1). Die Kleinbahnen haben also einen erheblichen Umfang und vertreten ein bedeutendes Anlagekapital. Die großstädtischen Schnellbahnen (Hoch- und Untergrundbahnen), welche zu den Straßenbahnen gerechnet werden, haben trotz ihrer verhältnismäßig geringen Länge in der ganzen Welt bis 1911 allein schon einen Bauaufwand von 3,4 Milliarden Mark in Anspruch genommen[3]). Voraussichtlich werden gerade die Kleinbahnen aller Art noch eine viel weitere Ausdehnung erfahren.

Umwandlung der Bahnen.   Jede Eisenbahn verlangt nach ihrer Art besondere Einrichtungen und Anordnungen. Da jede mit den anderen entweder durch Wettbewerb oder für die Zuführung des Verkehrs in Verbindung steht, so ist wechselseitige Rücksichtnahme geboten. Nebenbahnen werden in Hauptbahnen und Kleinbahnen oder

---

[1]) Den Nebenbahnen und nebenbahnähnlichen Kleinbahnen entsprechen annähernd in England und Amerika die Light railways, in Frankreich die Chemins de fer d'intérêt local und die tramways mit Güterbeförderung, in Belgien die Chemins de fer vicinaux.

[2]) Zum Hauptbahnnetz werden in Deutschland auch die Nebenbahnen gerechnet, welche nach dem Eisenbahngesetz vom 3. Nov. 1838 genehmigt sind, für welche aber besondere Bestimmungen der Betriebsordnung gelten. Die nebenbahnähnlichen Kleinbahnen müssen in den vergleichenden Übersichten fortgelassen werden, weil die ähnlichen Anlagen anderer Länder ihrem Umfange nach nicht bekannt sind, auch in den Einrichtungen abweichen. Siehe Archiv 1909, S. 557.

[3]) Kemmeman, Zur Schnellverkehrspolitik der Großstädte. Verlag Wachsmuth, Berlin 1911.

umgekehrt umgewandelt. Eine große Mannigfaltigkeit der Bau-, Betriebs- und Verkehrsformen ist bei diesen Einzelheiten zulässig und kommt vor.

Mit dem Wachstum des Verkehrs werden sich die Abweichungen in den Grundformen der Bahnen wahrscheinlich noch vermehren. Immer häufiger wird z. B. die Trennung der Bahnen für Personen- und für Güterverkehr, für Fern- und Ortszüge verlangt. Durch die Vielgestaltigkeit der Eisenbahn erhöht sich die Schwierigkeit, sie technisch, rechtlich und wirtschaftlich zu leiten.

Zweiter Abschnitt.

Aufgabe der Eisenbahnen. Ihre Stellung im Staate.

Die Aufgabe der Eisenbahnen nach anfänglicher Auffassung. Die Eisenbahnen entwickelten sich aus Straßenbau und Straßenverkehr. Man erwartete, daß sie auch wie Straßen benutzt werden würden, jedermann also unter gewissen zu beobachtenden Bedingungen darauf würde fahren können. Überall wurde ursprünglich in den staatlichen Anordnungen davon ausgegangen, daß der Bau der Bahn von dem Betrieb zu trennen und die Benutzung der Anlage jedem wie auf Chausseen und Wasserstraßen frei zu geben sei.

England. In England dienten für die Genehmigung der Eisenbahn-Gesellschaften neben den Ermächtigungen zur Anlage von Straßen und Erhebung von Wegegeldern (turnpike-roads) die Gesetze zum Muster, welche für den Bau von Kanälen erlassen wurden. Die beiden Parlamentsakte von 1801 und 1825, durch welche die erste Pferdeeisenbahn für öffentlichen Verkehr, die Surrey Iron Railway (siehe S. 1) und die Rhymney Railway in den Kohlenfeldern von Süd-Wales genehmigt wurden, sahen ebenso wie die 1790 und 1825 ergehenden Akts über Kanäle nur Wegegebühren (tonnage rates) für Güter vor. Es wurde darin angenommen, daß die Güter von den Aufgebern in eigenen Wagen und mit eigenen Pferden befördert werden, und infolge dessen die Höhe der Beförderungsgebühren in ähnlichen Formen festgesetzt wie für die Fahrt auf Kanälen[1]).

Liverpool—Manchester-Bahn. In dem Gesetz für die Liverpool—Manchester-Bahn, welche von Anbeginn die Beförderung von Personen sowohl wie von Gütern selbst ausführen wollte und von der Betriebseröffnung im Jahre 1830 an wirklich übernahm, erscheinen in erster Reihe Wegegebühren (tolls) für Güter, dann für Reisende und

---

[1]) Acworth, a. a. O., S. 103.

Tiere, welche in eigenen Wagen des Reisenden oder des Eigentümers gefahren werden, und schließlich besondere Beförderungsgebühren für Güter (carriage rates) in dem Fall, daß der Eigentümer der Bahn selbst die Beförderung bewirken würde. Die Festsetzung der Gebühren für die Beförderung von Menschen und Tieren durch die Bahngesellschaft überläßt man deren alleiniger Entscheidung. Diese ihrerseits hielt es keineswegs für selbstverständlich, daß ihr allein die Beförderung von Gütern zufallen würde, und bestimmte deshalb durch ein Statut von 1828 die Bildung eines besonderen Fonds von 127 500 £ für Güterbeförderung, der getrennt verwaltet und von dem eine eigene Dividende verteilt werden sollte[1]). Die Liverpool—Manchester-Bahn konnte nach dem Gesetz einerseits ein Bahngeld (toll, tonnage rate) erheben und andererseits die Beförderung ebenso wie jeder andere auf ihrer Bahn selbst zu Sätzen (carriage rates) übernehmen, welche zugleich die tolls enthielten[2]).

Einheitsbetrieb. In Wirklichkeit stellte sich bald heraus, daß nur die Gesellschaft, welche die Bahn besitzt, allein darauf fahren konnte. Da die Benutzung an das Gleis gebunden ist, niemand an dem anderen ohne Ausweichanlagen vorbeifahren kann, so ergibt sich von selbst, daß die Fahrzeuge auf der Eisenbahn sich nur in geordneter Folge hinter- und gegeneinander bewegen können. Schnellzüge, Personenzüge, Güterzüge für Eil- und geringere Waren müssen einander überholen oder abwarten. Die Ordnung, die Sicherheit, auf die es zur Vermeidung von Zusammenstößen vor allem ankommt, kann nur erhalten werden, wenn die Bestimmung über den Betrieb in einer Hand liegt. Ein Zweiter kann die Bahn nur nach den Anordnungen der einheitlichen Betriebsleitung befahren, während auf Straße und Kanal jeder sein Fahrzeug nach Ermessen bewegt und nur bestimmte allgemeine Regeln zu beachten braucht.

Hinzu kommt, daß die Beförderungsmittel, Maschinen und Wagen, im Eisenbahnbetrieb kostspielig sind und umfangreicher Nebenanlagen bedürfen, Aufstellungs- und Ladegeleise, Lade- und Maschinenschuppen, Magazine für Kohlen und andere Hilfsstoffe, Werkstätten zur Ausbesserung, welche mit der Bahn in Verbindung stehen müssen und lediglich von der Besitzerin gehalten werden können. Für die Benutzung dieser Anlagen wird jeder von der Bahnleitung abhängig, welcher die Bahn befährt.

Begreiflich ist hiernach, daß von der gesetzlichen Befugnis für jedermann, die Bahn gegen Entrichtung eines Wegegeldes zu befahren, Gebrauch nicht gemacht wurde. Von Anfang an geschah die Beförderung

---

[1]) Acworth, a. a. O., S. 106.
[2]) Acworth, a. a. O., S. 107.

in England ausschließlich durch die Bahnverwaltung selbst[1]). Trotzdem blieb die Bestimmung eines Bahngeldes noch mehr als 20 Jahre ein Bestandteil der Einzelgesetze, durch welche dort jede Strecke genehmigt wird. Erst als allgemein ersichtlich geworden war, daß die Bahneigentümerin ein Beförderungsmonopol besaß, ging man dazu über, Höchsttarife nur noch für die Beförderung statutarisch festzusetzen[2]).

Recht und Pflicht zu befördern. Da auf die Eisenbahnen das für Straßen geltende Recht angewendet wurde, so beurteilte man die von ihnen ausgeübte Beförderung in England nicht anders wie die Tätigkeit des gewöhnlichen Fuhrwerkbesitzers (common carrier). Der ganze Betrieb fiel lediglich unter das allgemeine Gewerberecht und schien kein weiteres Einschreiten seitens des Staates zu erfordern, als überall die polizeiliche Sicherheit nötig machte. Diese Auffassung sagt der britischen Abneigung gegen behördliche Einwirkungen zu und ist umso länger aufrecht erhalten worden, als sich in dem reichen Lande Unternehmer genug für den Eisenbahnbau fanden, die Staatshilfe also wenig in Anspruch genommen und dem Staat keine Gelegenheit geboten wurde, einengende Bedingungen an Unterstützungen zu knüpfen[3]).

Erst in den sechziger Jahren des vorigen Jahrhunderts führten Beschwerden über Unfälle und Mißstände zu einzelnen Anordnungen des Parlaments für den Fahrbetrieb und im Jahre 1873 zu den Anfängen einer staatlichen Aufsicht über den Eisenbahnverkehr. Von 1891 an beginnen die gesetzlichen Versuche zu allgemeiner Regelung der Eisenbahnverhältnisse[4]). Damit kommt im Grundsatz zur Anerkennung, daß der öffentliche Verkehr der Eisenbahnen nicht nach den Vorschriften für gewöhnliche Frachtführer behandelt werden kann, vielmehr besonderer gesetzlicher Regelung bedarf.

Die Ansicht, daß die Bahn wie eine Straße von jedem zu befahren ist, war überdies schon früher widerlegt worden, als auf Grund dieser Meinung Gesellschaften gezwungen werden sollten, die Mitbenutzung ihrer Strecken durch andere Unternehmer in gewissem Umfang zu gestatten (Running powers, working arrangements). Bei Verhandlungen vor Ausschüssen des Unterhauses wurde festgestellt, daß derartige

---

[1]) Oder durch andere Bahnen und Anschlußbesitzer, die mit Zustimmung und nach Anleitung der Bahnverwaltung handelten.

[2]) Acworth, a. a. O., S. 110.

[3]) Frahm, Das englische Eisenbahnwesen. Berlin 1911, S. 9. Nur in wenigen unwichtigen Fällen hat der Staat Beihilfen zum Bau neuer Linien gewährt, aber hierdurch einen nennenswerten Einfluß nicht gewonnen.

[4]) Cohn, Englische Eisenbahnen, I. Teil, S. 282ff. Acworth, a. a. O., S. 134. Um diese Zeit erging die A. B. Railway Co. (Rates and charges) Ordre Confirmation Act 1891 und 1892.

Einrichtungen nicht zwangsweise angeordnet werden könnten, weil darunter die Sicherheit des Betriebes leiden und die Durchführung unzweckmäßig und kostspielig sein würde[1]). Running powers sind tatsächlich nur im Wege der Vereinbarung, so namentlich in London für Personenzüge, zustande gekommen.

Vereinigte Staaten von Amerika. In den Vereinigten Staaten von Amerika herrschte über das Wesen des neuen Verkehrsmittels keine andere Meinung wie in England. Die gesetzliche Regelung liegt hier nicht allgemein beim Bunde, dem nur einzelne Angelegenheiten nach der Verfassung übertragen sind, sondern bei den verbundenen Staaten. Diese Zersplitterung in Recht und Aufsicht ist zwar für Eisenbahnen, welche durch viele Staaten reichen, unbequem, läßt es aber andererseits schwerer zu einheitlichen, durchgreifenden Maßnahmen gegen sie kommen. Man gestattete den Bahngesellschaften eine weitgehende Freiheit und kam ihnen umso lieber — u. a. durch Landschenkungen — entgegen, als es dort im Gegensatz zu dem bevölkerten Europa an Straßen und Kanälen fehlte, durch die Eisenbahnen also Verkehr überhaupt erst ermöglicht wurde.

Von den fünfziger Jahren des vorigen Jahrhunderts an ist indes seitens zahlreicher Staaten eine regelmäßige Aufsicht über die Eisenbahnen eingeführt, zuerst von New York die General railway law vom 2. April 1850, die vielfach als Muster diente. Der Bund, dem nach der Verfassung von 1776 die Befugnis zur Regelung des Verkehrs zwischen den verbundenen Staaten — the power to regulate commerce among the several states — übertragen ist, machte von diesem Rechte im Gesetz vom 15. Juli 1866 Gebrauch, indem er die von den Einzelstaaten zugelassenen Eisenbahnen ermächtigte, von einem Staat zum andern zu fahren und sich zu durchgehenden Linien zu vereinigen[2]). Mit dem Bundesgesetz vom 4. Februar 1887 begann die Regierung der United States ausführlichere Bestimmungen für die Regelung des Interstate commerce zu geben und Aufsichtsbehörden einzurichten[3]). Eine Reihe späterer Gesetze sucht die Aufsichtsbefugnisse des Landes zu erweitern und zu verschärfen.

Europäisches Festland. Das Festland übernahm von Großbritannien die Vorstellung, daß die Eisenbahn wie eine Straße von jedermann befahren werden könne. Aber unter dem Einfluß der strafferen Auffassung, welche hier von der Macht des Staates besteht, ist von vorn-

---

[1]) So sprach sich u. a. vor einem Committee des House of commons 1853 Robert Stephenson aus. Sachs, Dr. Emil, Die Verkehrsmittel in Volks- und Staatswirtschaft. Bd. II. Das Eisenbahnwesen. Wien 1879, S. 117.

[2]) Von der Leyen, Finanz- und Verkehrspolitik der Nordamerikanischen Eisenbahnen, II. Aufl., 1895, S. 3.

[3]) Von der Leyen, a. a. O., S. 14. Archiv 1912, S. 1 ff.

herein eine stärkere Einwirkung der Regierung auf das Eisenbahnwesen für nötig angesehen worden.

Frankreich. In Frankreich wurde die Entstehung des Bahnnetzes
verzögert, weil man unschlüssig war, ob die Eisenbahnen vom Staat oder
von Unternehmern betrieben werden sollten, und die Baulust nicht so
lebhaft drängte, wie in England[1]). Als die Entscheidung durch ein Gesetz
vom 11. Juni 1842 aus politischen Gründen zugunsten des Unternehmer-
betriebes fiel, wurden die von Paris nach den Grenzen ausgehenden
Linien mit zwei Zwischenverbindungen[2]) an Gesellschaften in der
Weise vergeben, daß der Staat den Unterbau (infrastructure), d. i.
Bahnkörper und Bauwerke herstellte, die Unternehmer den Oberbau,
die Nebenanlagen (suprastructure) und die Betriebsmittel lieferten.
Die örtlich Beteiligten sollten den Grund und Boden zu einem Drittel
bezahlen. Bei Ablauf der auf Zeit gegebenen Genehmigung konnte
der Staat die Bahnen zu einem nötigenfalls durch Schiedsrichter zu
bestimmenden Preise zurückerwerben. Er war bei der Durchführung
von Bau und Betrieb, die als eine öffentliche Pflicht übertragen wurde,
berechtigt, den Unternehmern in bestimmtem Umfange Anweisungen
zu erteilen. Die Gesellschaften gelten, soweit sie öffentlichen Verkehr
bedienen, als Beauftragte (délégués) des Staates[3]).

Bei dieser Verbindung zwischen Staat und Betriebsunternehmer
war die Feststellung eines Bahngeldes deshalb nötig, weil es die Vergütung der Gesellschaften für den vom Staat hergestellten Unterbau
bildete (droit de péage). Die Frachten der Gesellschaften setzten sich
aus dem Bahngelde und dem Beförderungspreis (prix de transport)
zusammen. Auch die Vorstellung indes, daß andere als der Unternehmer ebenfalls auf der Bahn wie auf der Straße fahren können,
wurde festgehalten, obwohl durch die Vereinbarungen mit den Gesellschaften die monopolistische Natur ihres Betriebes aufs deutlichste
ausgeprägt war. Im Art. 61 des Cahier des charges, welches das zweite
Kaiserreich mit den damaligen großen Eisenbahngesellschaften vereinbarte, wurden diese zur Eingehung von Traités de péage verpflichtet,
sobald der Staat es verlangte[4]).

Deutschland. Vertrauen auf die Staatsgewalt, Gewöhnung an
deren Anordnungen unterstützte in Deutschland die staatliche Ein-

---

[1]) Colson, Cours d'économie politique, Livre VI. Paris 1907, 93.

[2]) Bordeaux—Cette und Mühlhausen—Dijon.

[3]) Colson, a. a. O., S. 206 ff. Als „staatlich regulierte oder öffentliche Unternehmungen", deren Leitung nach dem Gesamtbedürfnis des Landes erfolgen soll,
werden Eisenbahngesellschaften auch bei Sachs (Verkehrsmittel) und bei von
Stein aufgefaßt. Ulrich, Das Eisenbahntarifwesen, S. 15.

[4]) Sachs, a. a. O., S. 117. Schon hatten sich die 6 Gesellschaften
gebildet, welche noch jetzt die Hauptbahnen Frankreichs beherrschen: Sociétés du
Nord, de l'Est, de l'Ouest, d'Orléans, Paris Lyon Méditerranée, du Midi.

wirkung auf das Eisenbahnwesen.   Neben einzelnen Privatbahnen, die an verschiedenen Stellen entstanden, fingen die Staaten früh, Baden schon 1838 an, eigene Linien zu bauen, so auch Bayern, Württemberg, Sachsen, Nassau, Oldenburg.   In Preußen fanden sich für günstige Lagen, wie Berlin—Potsdam—Magdeburg, Düsseldorf—Elberfeld, Leipzig—Magdeburg schnell Unternehmer und erhielten die Genehmigung.

Preußisches Eisenbahngesetz.   Nach der planvollen Art des preußischen Staats wurde hier alsbald auf Grund von Vorschlägen einer Beamtenkommission ein Gesetz „für Eisenbahnunternehmungen" unter dem 3. November 1838 erlassen, welches alle wesentlichen Verhältnisse regelte und trotz aller gewaltigen inzwischen eingetretenen Änderungen des Wirtschaftslebens zu einem großen Teil noch in Geltung steht. Die Eisenbahnen wurden hierin für Betrieb wie Bau der staatlichen Regelung nach bestimmten Vorschriften unterworfen und unter die Aufsicht besonderer Behörden gestellt.   In den ersten 3 Jahren nach Eröffnung des Betriebes erhielt die Bahngesellschaft das Recht, die Beförderung allein zu übernehmen[1].   Nach dieser Frist können auch andere gegen Entrichtung des Bahngeldes die „Befugnis zum Transportbetriebe auf der Bahn erlangen, wenn der Minister für Handel und Gewerbe nach Prüfung aller Verhältnisse angemessen findet, denselben eine Konzession zu erteilen[2]".

Der herrschenden Anschauung, daß die Eisenbahn wie eine Straße befahren werden könne, ist zwar nachgegeben, aber die Mitbenutzung wie in Frankreich an eine besondere Genehmigung geknüpft. Mitbetriebsverhältnisse, die vielfach auf gemeinschaftlichen Bahnhöfen und kurzen Wegestrecken vorkommen, beruhen tatsächlich auch in Deutschland immer auf Vereinbarung zwischen den Beteiligten (siehe S. 9), zu welcher die Zustimmung der Regierung, soweit erforderlich, hinzutritt.

Stellung der Eisenbahnen im Staate.   Selbst wenn die Eisenbahn nur als Straße angesehen wird, ist doch unverkennbar, daß ihre Anlage viel tiefer in alle Verkehrs- und Eigentumsverhältnisse eingreift, wie ein Fahrweg.   Die Eisenbahn ist für weitgehende Beförderung bestimmt.   Ihre Genehmigung konnte von vornherein nicht nachgeordneten Behörden überlassen werden, sondern ist überall der Staatsleitung selbst vorbehalten wie für Heerstraßen und Kanäle.   Die vielseitigen Widerstände, welche sich solchen Unternehmungen entgegenstellen, werden nur von derjenigen Stelle überwunden, deren Macht nach allen Richtungen durchdringt.

---

[1] Gesetz von 1838, Ges.-S. S. 505, § 26.
[2] Gesetz, a. a. O., § 27.   Der Minister für Handel und Gewerbe hatte damals die Aufsicht über die öffentlichen Bauten, zu denen die Eisenbahnen gehören.

In England wird die Genehmigung durch besondere Gesetze ausgesprochen. Für Preußen wird sie, wie in vielen andern festländischen Staaten, vom Landesoberhaupt erteilt, nach dem allgemeinen Eisenbahngesetz von 1838 aber seine Entscheidung durch Beschluß des Staatsministeriums in gleicher Weise vorbereitet, wie sie damals für den Erlaß von Gesetzen üblich war. Die Zustimmung der Landesvertretung ist nur erforderlich, wenn Mittel des Staats für den Bau in Anspruch genommen werden, ein Gesetz also in Preußen lediglich für Staatsbahnen und unterstützte Privatbahnen notwendig. In Frankreich sind die Beziehungen der großen Eisenbahngesellschaften zum Staat wiederholt durch umfassende Gesetze geregelt, die Einzelheiten aber den mit der Regierung zu vereinbarenden Cahiers des charges überlassen. In den Vereinigten Staaten von Amerika ist die staatliche Genehmigung nur soweit nötig, als staatliche Bewilligungen — Enteignung, Landschenkung, Unterstützung usw. — in Anspruch genommen werden.

Für Österreich-Ungarn sind die Genehmigungen für Eisenbahnen immer durch kaiserliche Entschließungen erteilt, aber 1838 von der Krone schon Normalienbestimmungen über das bei Eisenbahnen anzuwendende Konzessionssystem erlassen, die in der Grundlage noch heute maßgebend sind. Ein Postgesetz von 1837 ordnete dort das Verhältnis der Eisenbahnen zur Post[1]).

Kleinbahnen. Als das Netz der durchgehenden Linien im wesentlichen fertig war, und es sich vielfach nur um den Ausbau kleinerer Strecken handelte, fand man, daß die Staatsregierung nicht nötig hätte, sich um die Festsetzung von Linien zu kümmern, welche lediglich dem örtlichen Verkehr dienen. Ihre Genehmigung wurde Bezirksbehörden überlassen.

Light railways stellte man in England schon vor 1860 her; technische Einzelheiten darüber ordnete ein Gesetz von 1868. Das Kleinbahngesetz (Light railways act) von 1896 ließ zu, daß ein Kleinbahnunternehmen durch den Kleinbahn-Ausschuß (Light railway commission) mit Zustimmung des Handelsamts (Board of Trade) genehmigt wurde. Frankreich gab ein Lokalbahngesetz vom 12. Juli 1865 für Chemins de fer rarement au delà de 30 ou 40 km de rapidité avec traffic peu considérable und bestätigte durch Gesetz vom 10. August 1871 die Befugnis der Generalräte der Départements zur Genehmigung solcher Lokalbahnen. In Preußen hat das Gesetz über Klein- und Privatanschlußbahnen vom 28. Juli 1892 (Ges.-S. S. 225) die Ge-

---

[1]) Kaiserl. Entschließungen vom 29. Dez. 1837 und 18. Juni 1838. Postgesetz vom 5. Nov. 1837. v. Buschmann, Geschichte der Verwaltung der österr. Eisenbahnen, S. 127, 132.

nehmigung derartiger Bahnen den Ortsbehörden und, soweit sie mit Maschinenkraft betrieben werden, den Regierungspräsidenten im Einvernehmen mit den Eisenbahndirektionen übertragen. Der Minister der öffentlichen Arbeiten läßt das Genehmigungs-Verfahren erst zu, nachdem er sich überzeugt hat, daß es sich nur um eine Kleinbahn handelt[1]). Österreich brachte in einer Reihe von Gesetzen seit den siebziger Jahren erhebliche Erleichterungen für Lokalbahnen, beließ aber die Erteilung der Konzession dem Ministerium; erst in dem Gesetz von 1910 wurde ähnlich wie in Preußen bestimmt, daß die Anerkennung als Kleinbahn dem Eisenbahnminister in Verbindung mit den andern Ministern und dem Reichskriegsministerium zusteht.[2])

Die Eisenbahnen öffentliche Anstalten. Aus der staatlichen Genehmigung, mag sie unmittelbar von der Staatsleitung oder von nachgeordneten Behörden erteilt sein, ergibt sich, daß der öffentliche Verkehr, welcher der Bahn anvertraut ist, im Auftrag des Staates bedient wird und unter seiner Obhut steht. Die Folgerungen hieraus für die Verwaltung und Beaufsichtigung der Bahnen als öffentlicher Anstalten sind zwar auf dem europäischen Festlande mehr oder weniger scharf gezogen, in England und den Vereinigten Staaten aber auf den starken Widerstand gestoßen, welchen die Wertschätzung völliger Bewegungsfreiheit und die Macht der Bahnverwaltungen entgegensetzte.

Dritter Abschnitt.

Entwicklung der Eisenbahnen in England und den Vereinigten Staaten von Amerika.

Wettbewerb unter den Eisenbahnen. Da die Eisenbahnen zuerst als Straßen angesehen wurden, auf denen jeder fahren kann, so erwartete man, daß sich zwischen den Unternehmern, welche die Bahnen bauten

---

[1]) Ausführungsanweisung vom 13. Aug. 1898. Eisenb.-Verordnungsblatt S. 275, § 1. Nach dem Gesetz über Kleinbahnen, § 1, sind Kleinbahnen in Preußen, „die dem öffentlichen Verkehr dienenden Eisenbahnen, die wegen ihrer geringen Bedeutung für den allgemeinen Eisenbahnverkehr dem Gesetz über die Eisenbahn-Unternehmungen vom 2. Nov. 1838 nicht unterliegen", der Regel nach solche, welche hauptsächlich den örtlichen Verkehr innerhalb einer oder benachbarter Gemeinden vermitteln. Gegen die Entscheidung des Ministers ist die Berufung an das Staatsministerium zulässig.

[2]) Sachs, a. a. O., S. 214, 215. Frahm, Das englische Eisenbahnwesen, Berlin 1911, S. 1ff. v. Buschmann, Geschichte der Verwaltung der österr. Eisenbahnen, S. 280. v. Witteck, Das Gesetz über die Bahnen niederer Ordnung vom 8. August 1910, Art. 28 d. Ges. Die Kleinbahnen (Tertiärbahnen) werden in letzterem Gesetz von den Lokalbahnen unterschieden.

und betrieben, der Wettbewerb in gleicher Weise entwickeln würde wie unter dem Frachtfuhrwerk, in der Schiffahrt oder in sonstigen Gewerben. Die Anspannung der Kräfte, welche aus Wetteifer hervorgeht, sollte im Eisenbahnwesen zur angemessenen Befriedigung der wirtschaftlichen Bedürfnisse, zur besten Regelung der Preise führen.

Die Entstehung der Bahnen fiel in eine Zeit, in welcher von der erwerbenden Arbeit die Fesseln und Stützen älterer Zustände mehr und mehr zurückgezogen wurden. In der Schrankenlosigkeit sah die herrschende Meinung den Weg zur vollsten Entfaltung aller Fähigkeiten und in dem vielseitigen Angebot, was dabei erwachsen sollte, den Schutz gegen jeden Übelstand. Den Gewerben wurden die Zunft-Beschränkungen, die Zwangs- und Bannrechte abgenommen. Die Freizügigkeit eröffnete jedem das ganze Land. Binnenzölle wurden aufgehoben, die Grenzzölle erleichtert. Mißbräuche der Tätigkeit zum Schaden anderer würden, so erwartete man, stets durch Mitbewerber verhütet werden, welche übertriebene Forderungen unterböten und den Schwachen günstigere Bedingungen gewährten. Laisser aller, laisser passer war die Losung. Aus dieser Auffassung wurde die ausgedehnteste Erteilung von Baugenehmigungen für Eisenbahnen befürwortet, deren möglichste Förderung die vorwärtstreibende Wirksamkeit des neuen Verkehrsmittels außerdem nahe legte.

England. In England, dem vorgeschrittensten Handelsstaate der Welt, machte sich das Verlangen nach freiem Spielraum für Eisenbahnunternehmungen nachdrücklich geltend, sobald der anfängliche Widerstand einiger Großgrundbesitzer, welche für die Ruhe ihrer Landsitze fürchteten, und mehrerer mit Einnahme-Verlusten bedrohter Kanalgesellschaften überwunden war. Nach den ersten guten Dividendenjahren, welche die Eisenbahnen erlebten, wurden 1844 bei dem Parlament 66 Genehmigungsgesuche, 1845 und 1846 je 248 und 815 eingebracht[1]). Davon gelangten 190 für 15 120 km und 252 Millionen £ Baukosten zur Annahme. Wären diese Linien in der genehmigten Frist zur Ausführung gekommen, so hätte das englische Netz schon 1852 den Umfang erhalten wie nachmals 1862. Die Handels- und Gewerbekrisis von 1847 war eine Folge der übertriebenen Unternehmungslust und machte es nötig, daß die Baufristen verlängert und Auflösungen von Eisenbahngesellschaften genehmigt wurden. Im Widerspruch mit dem Grundsatz vom Segen weitestgehenden Mitbewerbs mußten jetzt auch schon in größerem Umfange Verschmelzungen (Fusionen, Amalgamations) zugelassen werden, wofür im Jahre 1846 allein 224 Gesuche eingingen.

Verschmelzungen. Die Verschmelzung verminderte die Zahl der Mitbewerber am Frachtgeschäft, schwächte also die Vorteile ab, welche

---

[1]) Sachs, a. a. O., S. 475.

vom Wettkampf derselben unter sich erhofft wurden. In weiterer Ausdehnung konnte sie zu einer vollkommenen Verständigung der Bahnen unter sich führen und diesen die Möglichkeit verschaffen, über den Verkehr des Landes in der Machtstellung des Monopols zu bestimmen. Aus solchen Befürchtungen empfahl das englische Handelsamt (Board of Trade) noch 1845, die beantragten Fusionen abzulehnen. Aufhalten ließen sich aber diese Bestrebungen nicht, da die schwächeren Bahnen sich nur durch Aufgehen in größere Gesellschaften zu behaupten vermochten und außerdem mit der Vereinigung des Betriebes auf größeren Strecken zu bedeutende Vorteile für Verwaltung und Verkehr verbunden waren, um darauf verzichten zu können.

So schritt denn, besonders seit 1860, die Zusammenfassung der Eisenbahngesellschaften teils durch Parlamentsakte, teils durch bloße Vereinbarungen der Bahnen untereinander in wachsendem Maße voran. Im Jahre 1870 waren in der London and North Western Eisenbahn 60 Gesellschaften, in der Great Eastern 26, in der London and South Western 22, in der Midland 17 verschmolzen. 1879 wurden in England und Wales $^5/_6$ des Netzes von 19 182 km durch 11 Gesellschaften, die Hälfte der gesamten Eisenbahnen nur von 4 zu großen Bezirken vereinigten Unternehmungen betrieben. Außerdem bestanden noch 10 kleinere Eisenbahngesellschaften und 72 Lokalbahnen[1]). Bei diesem Verhältnis ist es annähernd geblieben. Auch heute ist noch mehr als die Hälfte der auf 24 720 km sich belaufenden Haupt- und Nebenbahnen (main and branch lines) in England und Wales in den Händen der 4 größten Gesellschaften. 15 Unternehmungen, welche über 160 km Streckenlänge haben, beherrschen 93 % der Gesamtausdehnung in diesem Gebiet. Neben diesen fallen nur die Londoner Stadt- und Vorortbahnen für den Verkehr ins Gewicht[2]).

Ausschluß des freien Wettbewerbs. Freier Wettbewerb, wie er für die Eisenbahnen anfänglich gedacht war, ist bei dieser geringen Zahl von Gesellschaften in Eisenbahnverkehrsfragen ausgeschlossen. Die Verständigung unter sich, welche Unternehmern behufs Erhaltung angemessener Preise immer erwünscht scheinen muß, ist in Sachen

---

[1]) Cohn, a. a. O., S. 329 ff. Report of the Board of Trade Railway conference 1909.

[2]) Frahm, a. a. O., S. 8 ff. Die Great Western (4432 km), die London and North Western (3126 km), die Midland (2436 km), die North Eastern (2731 km) besitzen zusammen 12 725 km. In Großbritannien (einschl. Schottland und Irland) bestanden 1905 für 36 430 km Haupt- und Nebenbahnen nur 33 selbständige Gesellschaften, die über 160 km in Betrieb haben. Von den 225 Aktien-Gesellschaften, denen diese Bahnen gehören, haben etwa 100 ihr Eigentum verpachtet. Die Great Western hat 100 kleinere Gesellschaften in sich aufgenommen. Acworth bemerkt, daß England unter etwa 10 großen Gesellschaften aufgeteilt ist. Bulletin, S. 274.

der Bahnförderung leichter haltbar zu machen wie bei Fabrikationen oder sonstigen wirtschaftlichen Erzeugungen. Bei diesen führen Neugründungen, andere Methoden, Schwankungen des Absatzes immer wieder zu Änderungen in den Unterlagen der Vereinbarungen, während der Eisenbahnverkehr im ganzen beständig und an die Örtlichkeit in hohem Grade gebunden ist. Abmachungen auf Grund des Besitzstandes bleiben deshalb in der Regel so lange fest, als nicht der meist nur seltene Fall der Verschiebung in den Eigentumsverhältnissen eintritt.

Vereinigte Staaten von Amerika. In den Vereinigten Staaten von Amerika führte der rastlose Unternehmungssinn, der sich in dem ausgedehnten, meist unerschlossenen Lande unter dem steigenden Andrängen tatkräftiger Einwanderer entwickelte, zu noch stürmischerem Vorgehen, als in England. Die Regellosigkeit im Ausbau des Bahnnetzes wurde durch den Umstand erhöht, daß die Anlage von Eisenbahnen in jedem der 48 Staaten und 2 Distrikten, aus denen die Union besteht, erfolgen konnte, ohne daß es grundsätzlich einer staatlichen Genehmigung bedurfte (s. S. 12). Der Bund hat seit 1862 nur für einzelne durchgehende Bahnen von großer politischer und militärischer Bedeutung die Zulassung unter Gewährung von Unterstützung für den Bau ausgesprochen[1]). Auf dem Gebiet des Eisenbahnwesens kamen die go a head principles — das grundsätzliche Hals-über-Kopf-Vorwärtsstürmen —, welche im Erwerbsleben Nordamerikas eine große Rolle gespielt haben, voll zur Geltung.

Überspekulation. Im Jahre 1843 gab es schon 178 selbständige Linien, nachdem Ende der 30er Jahre eine erste Überspekulation im Eisenbahnbau stattgefunden hatte[2]). Zehn Jahre später bestanden im Staate Massachusetts allein 67 Gesellschaften für 2667 miles Eisenbahnen[3]), im Staate New York, der sechsmal so groß ist, 82 Gesellschaften für 6854 miles. Die größte Bahn in Massachusetts hatte 368 miles, davon 312 in diesem Staate. Zu den Bahnen im Staate New York gehörten die nachmaligen großen Stammlinien (trunk lines) New York Central, Erie, Pennsylvania[4]).

Konkurse. Bei der gewaltigen, alle anderen Länder überflügelnden Entwicklung des Eisenbahnnetzes (siehe S. 3) traten aber auch die Schäden der Schrankenlosigkeit stärker als irgendwo hervor. Zahlreiche Gesellschaften wurden bankrott. In den Jahren 1876—1894 kamen 593 Bahnen mit 62 926 km und 15 Milliarden Mark Anlage-

---

[1]) Durch Bundes-Gesetz vom 1. Juli 1862 wurde die charter (der Freibrief) der Union-Pacific-Bahn erteilt.

[2]) Sachs, a. a. O., S. 534.

[3]) Eine mile = 1,609 km.

[4]) v. d. Leyen, Die nordamerikanischen Eisenbahnen, 1885, S. 120.

kapital zum Zwangsverkauf. 1894, 60 Jahre nach Entstehung der Eisenbahnen, befanden sich 192 Unternehmungen mit 65 678 km und 10,4 Milliarden Kapital in Zwangsverwaltung. Im Jahre 1903 waren in dieser Lage trotz der allmählichen Befestigung der Verhältnisse, welche infolge längeren Bestehens und günstigerer Zeiten eingetreten ist, 27 Unternehmungen, darunter 4 neu in die Hand des Zwangsverwalters (receiver) gekommene[1]).

Verschmelzungen. Inmitten der ungeheuren Zahl von Eisenbahngesellschaften, welche ihre Selbständigkeit nicht zu erhalten vermochten, vollzog sich rasch die Vereinigung zu umfangreichen Netzen. Durch förmliche Verschmelzungen, zu denen nur in vereinzelten Fällen staatliche Genehmigung erforderlich war, durch überwiegende Beteiligung am Aktienstande der abhängigen Bahn, durch Anpachtung bis zu 999 Jahren, durch Verkehrsteilungen (Pools), mit Trusts und sonstigen Mitteln dehnten die starken Gesellschaften ihre Macht aus. Die öffentliche Meinung fand bald heraus, daß ihre Leiter eine fast unbeschränkte Gewalt über den Bahnverkehr ausübten, und bezeichnete mit dem Namen dieser „Eisenbahnkönige" die von ihnen und ihren Familien beherrschten Unternehmungen.

Öffentliche Gefahr der Trusts. Solche machtvollen Verbindungen bedrohen, da von den Eisenbahnfrachten jede wirtschaftliche Tätigkeit mehr oder weniger abhängig geworden ist, die Selbständigkeit aller Gewerbe im Lande in dem Grade, daß sich dagegen eine lebhafte Bewegung geltend gemacht hat. Der Verband der Antimonopoly leagues, welcher sich am 20. Februar 1881 im Staate New York bildete, forderte die Verhinderung aller Verkehrsteilungen und Verschmelzungen von Bahnen (Pools and Amalgamations)[2]). Trotzdem wuchsen die Gruppierungen unaufhaltsam weiter. Im Jahre 1903 gehörten die 330 000 km Gesamtlänge der Unionsbahnen zwar noch 2078 Gesellschaften; aber nur 809 waren unabhängig, von denen allein in demselben Jahre 153 Gesellschaften ihre Selbständigkeit verloren. 1908 war das Eisenbahnnetz auf 375 988 km gewachsen, für die 2161 Gesellschaften bestanden, unter diesen 838 selbständige[3]).

---

[1]) v. d. Leyen, Finanz- und Verkehrspolitik der Nordam. Eisenbahnen, 1895, S. 3. Hoff und Schwabach, Nordamerikanische Eisenbahnen, Berlin 1906, S. 307. Für 1911 meldet die Railway age gazette vom 29. Dez. 1911 5 Bahnen mit 2606 miles und 210 Millionen £ Aktien- und Obligationenkapital in Konkurs und 13 Bahnen mit 1386 miles und 40 Millionen £ Kapital im Zwangsverkauf. Archiv 1912, S. 480. Während 1882—1891 241 Eisenbahnen mit 1670 Millionen Dollars Kapital, 1892—1901 367 Eisenbahnen mit 3421 Millionen in Zwangsverkauf kamen, verfielen diesem Verfahren 1902—1911 nur 111 Eisenbahnen mit 515 Millionen Dollars Aktien und Obligationen. Archiv, S. 169.

[2]) von der Leyen, Die nordamerik. Eisenbahnen, 1885, S. 19.

[3]) Archiv, a. a. O., 1910, S. 1463. Die Kilometerzahl enthält nicht die

Eisenbahngruppen. Die fortlaufende Verschmelzung zeigt sich auch darin, daß sich unter den unabhängig gebliebenen Bahnen Gruppen bilden, welche gemeinsame Verkehrsziele verfolgen. Im Osten wie im Westen der Union bestehen je 3 Hauptgruppen. Innerhalb des Ostens verfügte im Jahr 1903 die New York Central Railway (Vanderbilt) über 18 000 km, wozu westlich Chicago noch 14 500 km treten, die Pennsylvania Railway einschließlich der Baltimore—Ohio-Bahn über 25 000 km, das Morgan-System über 30 500 km. Diese untereinander befreundeten Gruppen beherrschen zusammen die Kohlen- und Erzbahn Lehigh Valley mit 2160 km, die beiden erstgenannten Gruppen gemeinsam außerdem eine Anzahl kleinerer Bahnen in der Gesamtlänge von 9600 km. Alle drei bilden ein vereinigtes Netz von nahezu 100 000 km.

Im Westen gehörten 1903 zur Gruppe Hill 32 000 km, Harriman 30 000 km, Rockefeller and Gould etwa 40 000 km; daneben bestanden noch die Francisco and Rock Island-Gruppe von 21 000 km und die Hawley-Gruppe von 5000 km. Diese 5 Gruppen umfassen beinahe 130 000 km. In der ganzen Union lagen damals schon fast 230 000 km, also über 2/3 der Gesamtlänge, in den Händen von 8 leitenden Verwaltungen, von welchen die eine allein mehr Strecke beherrscht als die Preußisch-Hessische Staatsbahn[1]). Die Zusammenfassung des Besitzes hat sich bei den Eisenbahnen der Vereinigten Staaten weit ausgedehnt und zu größeren Gebilden geführt als in irgendeinem andern Lande[2]).

Vierter Abschnitt.

Entwicklung der Eisenbahnen in Frankreich, Deutschland, den sonstigen Ländern und auf der ganzen Erde.

Auf dem europäischen Festland hat der Unternehmungsgeist anfänglich ebenfalls stark bei der Entwicklung des Eisenbahnnetzes mitgewirkt.

Frankreich. In Frankreich wurden Anfang der 50er Jahre unter dem Kaisertum die vorhandenen und zu bauenden Linien unter größere Kompanien planmäßig verteilt. Im Jahre 1857 waren indes bereits

---

Switching and terminal companies. 1907 bestanden 2440 Gesellschaften, davon 1051 unabhängig.

[1]) Die Preußisch-Hessische Staatsbahn nach dem Etat von 1911 hat eine durchschnittliche Betriebslänge von 38 400 km.

[2]) **Hoff und Schwabach**, a. a. O., S. 82 ff.

aus 33 Gesellschaften 11 mit zusammen 14 241 km zusammengeschmolzen. Als die 6 großen Netze, welche sich schon damals gebildet hatten (s. S. 10 Anm. 4), zurückhaltend in der Übernahme neu herzustellender Strecken wurden, übertrug man anderen unabhängigen Gesellschaften den Bau von Bahnen und wendete diesen Unterstützungen von seiten der Departements und des Staates zu; die Entwürfe für solche Ergänzungslinien nahmen einen großen Umfang an. Nach dem Bauprogramm des Ministers der öffentlichen Arbeiten de Freycinet wurden im Gesetz vom 17. Juli 1879 allein 8800 km neue Strecken vorgesehen.

Große Eisenbahn-Gesellschaften. Bei der Ausführung ergaben sich indes Schwierigkeiten. Die dazu berufenen kleinen Gesellschaften vermochten weder die notwendigen Neubauten durchweg herzustellen noch überall den Betrieb aufrecht zu erhalten. Nach der Krisis von 1882 mußte eine Einschränkung stattfinden und für die rückständigen Bauten wie für den Betrieb wieder die Hilfe der großen Gesellschaften in Anspruch genommen werden. Sie übernahmen in Verträgen, die durch Gesetz vom 20. November 1883 genehmigt wurden, die vom Staat gebauten und geplanten Zwischenstrecken. In der Hand der großen Gesellschaften befinden sich jetzt 35 281 km, d. i. fast 90 % der eigentlichen Hauptbahnen Frankreichs, deren Gesamtlänge 1906 im Betrieb 39 761 km betrug. Daneben besteht noch das seit 1878 aus kleinen Bahnen zusammengeknüpfte, meist in verkehrsschwacher Gegend belegene Staatsbahnnetz mit 2780 km Strecke; lediglich der geringe Überrest gehört einer Anzahl weniger ausgedehnter Linien, die zu den Hauptbahnen gerechnet werden. Die Westbahngesellschaft ist seit Anfang 1909 in den Besitz und Betrieb des Staates übergegangen und besteht nur noch formell [1]). Auf diese Erwerbungen beschränken sich die Erfolge der seit 1870 immer wieder aufgenommenen Bestrebungen auf Verstaatlichung der Eisenbahnen in Frankreich.

Unterdrückter Wettbewerb. Der ursprünglich erwartete Wettbewerb zwischen den Bahnen kann im wesentlichen nur an den Grenzpunkten jener großen, geschlossene Bezirke bildenden Gesellschaften entstehen, ist aber auch da durch Vereinbarungen mit Zustimmung des Staates geregelt. Man hat gefunden, daß die Zulassung wettbewerbender Linien nur dazu führt, doppelte Anlagekosten aufzuwenden, und daß trotzdem zwischen Linien, welche unabhängig nebeneinander bestehen, ein Wettkampf selten entbrennt, jedenfalls aber bald durch

---

[1]) Archiv, a. a. O., 1910, S. 429. Die Société des chemins de fer du Nord hat 3718 km, Est 4716, Ouest (Etat) 5959, Paris—Orléans 7632, Paris—Lyon—Mediterranée 9454, Midi 3802 km. Neben den Hauptbahnen sind noch 7368 km Lokal-, 233 km Industrie- und sonstige Bahnen sowie 5121 km Straßenbahnen in Frankreich vorhanden.

Verständigung beseitigt wird. Die Anlage- und Betriebskosten für die neue Bahn, falls sie lediglich zum Zweck des Wettbewerbs hergestellt ist, wären dann nutzlos verausgabt[1]).

Deutschland. Da sich in Deutschland am Eisenbahnbau frühzeitig verschiedene Staaten beteiligten, so war die Entwicklung des Bahnnetzes niemals ganz dem freien Wettkampf überlassen. In Hannover, Oldenburg, Braunschweig, Baden, Württemberg übernahm der Staat Ausführung und Betrieb allein. In Mecklenburg erwarb der Landesherr persönlich die von Gesellschaften gebauten Hauptlinien, veräußerte sie aber allerdings 1873 an eine Privatgesellschaft. In Sachsen Bayern, Hessen wurden zwar Gesellschaften zugelassen[2]), zugleich aber in bedeutendem Umfange — in Sachsen und Bayern sogar für den größten Teil des Gebiets — Staatsbahnen gebaut. In den thüringischen Ländern, die sich vereinigen mußten, um eine Eisenbahn zustande zu bringen, übernahmen mehrere Staaten größere Beträge an Aktien der Thüringischen Eisenbahn-Gesellschaft und sicherten sich eine Mitwirkung an ihrer Leitung. Förderlich war dem deutschen Eisenbahnbau, daß im Anfang seiner Entwicklung der Zollverein die Zollschranken zwischen den meisten deutschen Staaten beseitigte (1834—1844). Schon 1855 hatten sich die Lücken zwischen den Bahnlinien im Osten, Norden und Süden so weit geschlossen, daß man von einem bestehenden deutschen Eisenbahnnetz reden konnte. In diesem Jahre waren in Deutschland 4589 km in Staatsbetrieb gegen 3699 km Privatverwaltungen[3]).

Preußen. Anfängliche Haltung. Preußen verhielt sich gegenüber dem Staatseisenbahnbau zunächst ablehnend, da seine wirtschaftlichen Kräfte durch lange Kriege geschwächt waren, und seine Finanzen in erster Reihe für Verteidigungszwecke in Anspruch genommen wurden[4]). Dazu kam, daß nach der Kabinetsorder von 1820 bei Regelung des Staatsschuldenwesens die Aufnahme von Anleihen, ohne welche der Staat Eisenbahnen nicht hätte bauen können, nur mit Genehmigung von Reichsständen möglich sein sollte, solche aber vom König 1815 bei Neueinrichtung des vergrößerten Staates zwar in Aussicht gestellt, aber noch nicht eingeführt waren. Man ver-

---

[1]) Colson, a. a. O., S. 358.

[2]) Die Leipzig-Dresdener Bahn 1837, die Bayrische Ostbahn 1856, die Hessische Ludwigsbahn in Hessen, Nassau und Preußen, in Sachsen einzelne kleinere Bahnen.

[3]) Roell, Enzyklopädie des Eisenbahnwesens, Teil 1, S. 469.

[4]) In einem Immediatbericht vom 16. August 1835 widerriet der Handelsminister Rother, jetzt auf Staatskosten Eisenbahnen anzulegen oder zu unterstützen. Der Generalpostmeister Nagler hielt die Posteinnahmen für gefährdet. Der spätere 1848er Minister David Hansemann warnte dagegen schon damals davor, den Eisenbahnbau in die Hände von Privaten zu legen.

traute auf den Unternehmungsgeist, welcher durch ein Mischsystem mit teilweisem Ausbau von Staatsbahnen nicht zurückgedrängt werden sollte. Von der Regierung wurden an Komitees von Kaufleuten Genehmigungen für einzelne Linien erteilt, für einige darunter, wie Berlin—Stettin, Bonn—Köln, Berlin—Frankfurt a. O., Oberschlesische Bahn, Magdeburg—Halberstadt Zinsgewährleistungen in Aussicht genommen. Die darüber gutachtlich gemäß Königlicher Verordnung vom 21. Juni 1842 gehörten Provinzial-Ausschüsse sprachen sich für Unterstützungen aus Staatsmitteln aus, aber gegen Staatsbau mit Rücksicht auf die Kabinetsorder von 1820 und weil die Ertragsfähigkeit der Bahnen bezweifelt wurde[1]). Die Krone bewilligte darauf aus Überschüssen der Staatskasse durch Kabinettsorders vom 22. November und 31. Dezember 1842 sowie vom 28. April 1840 2 Millionen, eine halbe Million und 6 Millionen Taler für Zinsbürgschaften, für Vorbereitung von Eisenbahn-Unternehmungen und für Beteiligung daran[2]).

Ablehnung der staatlichen Ostbahn. Der Vorschlag der Regierung, die für den Schutz des Staates wichtige Ostbahn von Berlin nach Königsberg auf Staatskosten auszuführen, wurde noch im Juni 1847 vom Vereinigten Landtag abgelehnt. Die Versammlung glaubte, ebenso wie früher die Provinzial-Ausschüsse, die dafür erforderliche Staatsanleihe nicht bewilligen zu können, wenn nicht über die Verwendung der Staatsmittel vor einer Volksvertretung regelmäßig Rechnung gelegt würde[3]).

Staats- und vom Staat verwaltete Privatbahnen. Nachdem Preußen in den Jahren 1848—1850 eine Landesverfassung erhalten hatte[4]), wurden Mittel für Staatsbahnen alsbald von der Landesvertretung

---

[1]) Archiv, a. a. O., 1911, S. 888 ff. Den vereinigten ständischen Ausschüssen wurden in einer Tagung zu Berlin während des Oktobers 1842 mehrere Fragen betreffend das Eisenbahnwesen vorgelegt. Die Ausführung eines preußischen Eisenbahnnetzes und die Förderung des Ausbaus mit staatlichen Mitteln (besonders Zinsgewährleistung) wurde fast einstimmig befürwortet, die Erstellung von Staatsbahnen aber mit schwacher Mehrheit abgelehnt. Der vorsitzende Finanzminister hatte erklärt, daß „das Gouvernement auf einen Selbstbau für jetzt und die nächste Zukunft nicht einzugehen" entschlossen sei.

[2]) Sachs, a. a. O., S. 491. In einer Denkschrift vom 21. Febr. 1843 befürwortete Handelsminister Rother (vgl. S. 20, Anm. 4), noch nicht Staatsbahnen zu bauen, aber die Herstellung der Hauptlinien durch Aktiengesellschaften nötigenfalls mit 3½ % Zinsen zu verbürgen und die Überschüsse zu einem Fonds behufs Ankaufs der Bahnen nach 20 Jahren zu sammeln.

[3]) Archiv 1911, S. 909. Verordnung vom 17. Januar 1820, G.-S. S. 9.

[4]) Die jetzt für Preußen geltende Verfassungsurkunde ist unter dem 31. Januar 1850 vollzogen. Der Bau erster Staatsbahnen, der Ostbahn bis Königsberg, der Westfälischen und der Saarbrückener Bahn, wurde durch Gesetz vom 7. Dezember 1849 genehmigt.

bewilligt und sowohl im Westen wie im Osten verwendet[1]). Im Jahre 1851 kamen die ersten staatlichen Strecken mit 87 km in Betrieb. Drei Jahre später gab es 1027 km, im Jahr 1865 — vor den Annexionen einiger deutscher Staaten — 1608 km preußische Staatsbahnen, 1876 vor den ersten Verstaatlichungen 4100 km. Unter Staatsverwaltung standen ferner verschiedene Privatbahnen, welche 1849 und 1850 der energische Handelsminister von der Heydt[2]) mittels gewährter Unterstützungen dauernd unter die staatliche Leitung zu bringen gewußt hatte. Die Bergisch-Märkische Eisenbahn-Gesellschaft in Elberfeld und die Oberschlesische in Breslau dehnten sich in der Hand des Staates erheblich aus und gewannen, unterstützt durch den gewerblichen Aufschwung in ihren Gebieten, eine große Bedeutung.

Für Rechnung dieser und einiger kleinerer Gesellschaften verwaltete der Staat 1850 schon 481 km, im Jahre 1865 1430 km, 1879 sogar 3890 km. Die Streckenlänge von 1865 blieb nicht weit hinter dem Umfang zurück, welchen die eigenen Linien des Staats damals hatten. 1879 betrugen die letzteren 5255 km, also nur etwa ein Drittel mehr als die vom Staat verwalteten Privatbahnen. Anfang der 80er Jahre gingen letztere Unternehmungen in das Eigentum des Staates über.

Annektierte Staatsbahnen. Durch die im Jahre 1866 erfolgte Erwerbung von Hannover und Nassau war Preußen in den Besitz der Bahnen dieser Staaten gekommen; die vom Staat verwalteten Bahnen dehnten sich nun über sein ganzes Gebiet aus. Dazwischen lagen aber überall Privatbahnen, zu deren Bau in steigendem Maße Genehmigungen erteilt, auch Zinsgewährleistungen und andere Unterstützungen bewilligt waren.

Ausdehnung der Privatbahnen. In den Jahren bis 1860 erweiterte sich das preußische Bahnnetz hauptsächlich durch Strecken, welche den allmählich befestigten Unternehmungen der ersten Eisenbahnzeit hinzutraten. Mehrere dieser Gesellschaften, die Rheinische, Bergisch-Märkische, Oberschlesische, Magdeburg-Halberstädter usw., ver-

---

[1]) Nachdem die vom Minister Hansemann vorgeschlagene Verstaatlichung aller Bahnen abgelehnt war, wurde die Vorlage zum Bau der Ost-, der Westfälischen und Saarbrücker Bahn dem Minister von der Heydt 1849 vom Landtag genehmigt.

[2]) Derselbe Minister kaufte für den Staat die Niederschlesisch-Märkische Bahn von Berlin bis Breslau auf Grund des Gesetzes vom 31. März 1852. Die anfängliche Abneigung gegen Staatsbahnen sprach sich noch 1856 und 1859 bei Beratung von Gesetzen über Eisenbahn-Erweiterungen aus, indem die Kommission des Herrenhauses erklärte, daß der Staat nur da nachhelfend und fördernd allenfalls durch Selbstbau einzutreten berufen sei, wo es strategische oder Landesinteressen erheischten und die Privatspekulation Anstand nehme. Archiv 1911, S. 1150, 1171 ff.

größerten sich auch durch Verschmelzung mit andern Bahnen unter fördernder Mitwirkung des Staates. Von 1860 ab wurden außerdem unter dem Druck des allgemeinen Verlangens nach schnellerer Entwicklung des Bahnnetzes an eine Reihe neuer Gesellschaften Genehmigungen erteilt, namentlich in dem durch Bahnen weniger erschlossenen Osten des Landes, so an die Rechte-Oder-Ufer-, die Berlin-Görlitzer, die Ostpreußische Süd-, die Tilsit-Insterburger Bahn. Zahl und Umfang der Genehmigungen vermehrten sich noch, als nach der Erweiterung des Staatsgebietes im Jahre 1866 neue Verkehrsbedürfnisse stürmisch auftraten und zugleich die vorsichtige Bestimmung im preußischen Eisenbahngesetz von 1838, welche Wettbewerbsbahnen nicht zuließ, durch die Verfassung des Norddeutschen Bundes mit 1. Juli 1867 aufgehoben wurde[1]).

Wettbewerb im Bau. Jetzt fingen die kraftvolleren Privatunternehmungen an, sich nach allen Richtungen, die ihnen ergiebig schienen, auszudehnen. In dem rheinisch-westfälischen Industriegebiet bekämpften sich die einander ebenbürtigen Gesellschaften, der Rheinischen, Köln-Mindener und Bergisch-Märkischen Bahn mit Ausführung von Parallelstrecken. Während die Bergisch-Märkische Bahn durch Herstellung einer unmittelbaren Verbindung mit der belgischen Staatsbahn[2]) die Teilnahme an dem bis dahin von der rheinischen Eisenbahn allein beherrschten französisch-belgischen Verkehr erzwang, drang letztere mit neuen Linien auf das rechte Rheinufer in das bergische Land und das durch die Bergisch-Märkische und Köln-Mindener Bahn allein bediente Ruhrgebiet[3]).

In diesem sich großartig entwickelnden Berg- und Hüttenrevier lagen in dichter Verschlingung Strecken jeder der drei Gesellschaften. Jede hatte hier Bahnhöfe; nicht bloß an allen größeren Städten, sondern an den einzelnen Bergwerken und Hütten wurde der Kampf um den Verkehr aufgenommen. Es galt als Regel, daß ein größeres Werk mit allen drei Bahnen unmittelbar verbunden sein müsse, um nach

---

¹) Art. 41 Abs. 3 der Bundesverfassung, welcher im Art. 41 Abs. 3 der Verfassung des Deutschen Reichs vom 16. April 1871 wiederholt ist, lautet: „Die gesetzlichen Bestimmungen, welche bestehenden Eisenbahnen ein Widerspruchsrecht gegen die Anlegung von Parallel- oder Konkurrenzbahnen einräumen, werden unbeschadet bereits erworbener Rechte für das ganze Reich hindurch aufgehoben. Ein solches Widerspruchsrecht kann auch in künftig zu erteilenden Konzessionen nicht verliehen werden." RGBl. S. 63. Nach § 44 des preußischen Gesetzes von 1838 durfte eine zweite Eisenbahn „in gleicher Richtung mit denselben Hauptpunkten" erst 30 Jahre nach Eröffnung der ersten Bahn zugelassen werden.

²) Über Aachen—Bleyberg.

³) Über Mettmann nach Elberfeld, Barmen usw., über Rheinhausen nach Essen—Bochum und weiter.

allen Richtungen mit Tarifen und Wagen genügend versorgt zu sein. An vielen Gruben und Fabriken fanden sich besondere Anschlußgleise für jede der drei Eisenbahn-Gesellschaften dicht beieinander.

Auf ähnliche Weise wurden in Schlesien nebeneinander laufende Linien von der Rechten-Oder-Ufer-, der Breslau-Schweidnitz-Freiburger und der Oberschlesischen Bahn gebaut. Um den Verkehr von Berlin wurde fast in allen Richtungen gestritten. Neue Linien von dort nach Hannover, Hamburg, Leipzig, Dresden, Breslau, Posen erhielten die staatliche Genehmigung.

Verbindungen der Bahnen untereinander. Die größeren Bahngesellschaften suchten sich gegen den entbrannten Wettbewerb die Zuführung des Verkehrs dadurch zu sichern, daß sie sich zu Verbänden zusammenschlossen. Es gab eine verbündete Linie der Köln-Mindener und Magdeburg-Halberstädter Bahngesellschaften, an welcher die Hannöversche Staatsbahn beteiligt war (Norddeutscher Verband), nach Berlin und die damit im Wettbewerb stehende Strecke der Bergisch-Märkischen, der Braunschweigischen und der Berlin-Potsdam-Magdeburgischen Bahngesellschaft (Preußisch-Braunschweigischer Verband). Die Berlin-Anhaltische Gesellschaft beherrschte die eine Linie nach Leipzig und in Verbindung mit der Thüringischen und anderen Bahnen über Bebra nach Kassel und Frankfurt a. M., die Magdeburg-Halberstädter mit ihren Nachbarn die andere über Kreiensen—Gießen nach denselben Zielen. Zwei unabhängige Bahnen bestanden von Berlin nach Hamburg, von Breslau nach Stettin.

Wettbewerb zwischen Staats- und Privatbahnen. An den Vereinigungen zum Zweck der Gewinnung und Erhaltung von Verkehr beteiligte sich auch der Staat, und zwar nicht bloß mit den von ihm für Privatgesellschaften verwalteten, sondern auch mit eigenen Bahnen. Er baute aus Wettbewerbsrücksichten die nach den Verstaatlichungen später teilweise aufgegebene Fortführung seiner westfälischen Linie ins wichtige Emschertal, um dort mit der Rheinischen Eisenbahngesellschaft in Verbindung zu treten und mit ihr und der Magdeburg-Halberstädter Gesellschaft eine dritte unabhängige Linie gegenüber der Köln-Mindener und der Bergisch-Märkischen Bahn aus dem Kohlenrevier nach Berlin zu bilden. Der Staat trat hierdurch in scharfen Wettbewerb mit der von ihm verwalteten Bergisch-Märkischen Bahngesellschaft, der er vorher gestattet hatte, seiner eigenen westfälischen Linie den Verkehr nach Thüringen und Berlin durch eine Neubaustrecke[1]) zu entziehen. Die Oberschlesische Eisenbahngesellschaft versuchte neben der einträglichen Staatsbahn zwischen Berlin und Breslau deren großen Verkehr durch eine selbständige Linie nach der Hauptstadt an sich zu

---

[1]) Über Arnsberg—Warburg und Scherfede—Holzminden.

ziehen; ihre umfangreichen Vorbereitungen dafür kamen vor der Verstaatlichung nicht mehr zum Abschluß [1]).

Gemischtes System. Der Mitbewerb wurde in Preußen bis zu den Verstaatlichungen der 80er Jahre allgemein als ein geeignetes Mittel zur Förderung des Eisenbahnverkehrs angesehen. Das Unternehmertum wurde zum Bahnbau seitens der Staatsregierung, die in jener Zeit mit der Sorge um Erhaltung und Neugestaltung von Staat und Reich voll beschäftigt war, in weitem Maße zugelassen und durch Unterstützungen gefördert. Das Nebeneinanderwirken von Staats-, unter Staatsverwaltung stehenden Privat- und unabhängigen Privatbahnen, die möglichst gleichmäßige Verteilung dieser verschiedenen Besitzformen durch das Land erhob man zu einer Art von Regel, dem „gemischten System". Der Vorteil desselben wurde darin gefunden, daß eine größere Zahl selbständiger Unternehmungen bestand, von denen Anregungen und Entschließungen für Bauten und Verkehrseinrichtungen ausgehen konnten. Die dazwischen liegenden, vom Staat unmittelbar beeinflußten Linien sollten als Bindeglieder oder Mitbewerber verhindern, daß die Maßregeln der Privatbahnen den Zielen des Staates zuwiderliefen, und auch ermöglichen, daß die Absichten der Regierung unter Umständen gegen den Willen der Privatbahnen durchgeführt würden.

Ergebnisse des gemischten Systems. Es läßt sich nicht verkennen, daß dieser Erfolg in gewissem Umfange wirklich erzielt wurde, und die Staatsregierung einen merkbaren Einfluß auf die allgemeinen Einrichtungen für den Eisenbahnverkehr tatsächlich erlangte[2]). Auch machte die Ausbreitung der Bahnen unter dem gemischten System, welches tatkräftigen Gesellschaften Spielraum ließ, wesentliche Fortschritte.

Bei Einleitung der größeren Verstaatlichungen im Anfang des Jahres 1880 betrug die Streckenlänge der Privatbahnen einschließlich der vom Staat verwalteten Gesellschaften in Preußen 13 352 km, während der Staat nur 6049 km eigene Linien besaß[3]). Die Privatunternehmung hatte in den ersten 50 Jahren nach Entstehung der Eisenbahnen in Preußen mehr wie das Doppelte für den Eisenbahnbau geleistet als der Staat.

Werden die vom Staat für fremde Rechnung betriebenen Bahnen den eigenen Linien hinzugezählt, so standen Anfang 1880 9939 km

---

[1]) Grundstücke für die Bahnhofsanlagen in Berlin waren schon gekauft.

[2]) Siehe die Abschnitte über die Eisenbahntarife.

[3]) Die Privatbahnen hatten Ende 1880 8350 km; erworben vom Staat wurden im Lauf des Jahres 1880 5002 km. Anfang 1880 bestanden also 13 352 km. Geschäftliche Nachrichten der preußischen und hessischen Staatseisenbahnen für 1911, S. 20—21.

unter unmittelbarer Leitung des Staates gegenüber 9462 km unabhängigen Privatbahnen[1]). Der Staat verfügte trotz seiner erheblich geringeren Bautätigkeit über einen größeren Eisenbahnbesitz als die private Unternehmung. Die Machtbefugnis, welche ihm damit zufiel, bildete einen wichtigen Stützpunkt der Maßregeln, welche er im öffentlichen Verkehr für nötig hielt, und gab der Regierung schon vor den Verstaatlichungen in unserem Lande einen wesentlich größeren Einfluß auf das Eisenbahnwesen, als diejenigen Staaten haben, welche nur Aufsichtsrechte geltend machen können.

Schwächen des gemischten Systems. Ungünstig war für die Einwirkung des Staates, daß seine eigenen Strecken überwiegend in Gegenden geringeren Verkehrs lagen, für die er aus militärischen Gründen oder aus wirtschaftlicher Fürsorge eintreten mußte, während die Einzelunternehmung sich den ertragsreicheren Gebieten zugewendet hatte. Auch die größeren, vom Staat verwalteten Privatbahnen lagen in Bezirken mit starkem Verkehr und vertraten in Sachen der Verkehrsleitung dem Staat gegenüber den Vorteil ihrer Aktionäre nicht wesentlich anders als die unabhängigen Gesellschaften. Der Einfluß, welchen die Beherrschung eines großen Verkehrs gibt, war stärker auf Seite der Privatbahnen. Das gemischte System vermochte trotz mancher günstiger Wirkungen dem Staate nicht eine ausreichende Macht zur durchgreifenden Regelung des Eisenbahnverkehrs zu geben, ebensowenig wie es imstande war, für den Ausbau des Eisenbahnnetzes in denjenigen minder bevorzugten Gegenden, welche im Bereich der Privatbahnen lagen und von diesen hätten betrieben werden müssen, die Geldmittel herbeizuschaffen.

Verstaatlichung in Preußen. Die Verstaatlichung setzte dem älteren Verfahren ein Ziel und begründete die Stellung des Staates im Eisenbahnverkehr sicher auf den fast ausschließlichen Besitz aller Haupt- und Nebenbahnen. Nach Durchführung der ersten darauf bezüglichen Gesetze waren Ende 1885 in Preußen nur 1650 km Privatbahnen neben 21 624 km Staatsbahnen vorhanden. Mit den großen, mächtigen Privatverwaltungen war vollständig geräumt; von den übrig gebliebenen hatten nur wenige Bedeutung für den Durchgangsverkehr. Am 31. März 1910 hatten sich die Privatbahnen auf 2257 km, die Staatsbahnen aber durch Ankauf einiger kleinerer Bahnen und Ausbau des Netzes auf 33 015 km vermehrt[2]).

---

[1]) 6049 km eigene Staatsbahnen und 3890 km für fremde Rechnung betriebene Bahnen, die Ende des Jahres 1879 aufgeführt sind, gleich 9939 km. Von den S. 25, Anm. 3 berechneten 13 352 km Privatbahnen sind die 3890 km für fremde Rechnung vom Staat betriebenen Bahnen abzuziehen, wonach 9462 selbständige Privatbahnen bleiben. Geschäftliche Nachrichten der Staatsbahnverwaltung 1911, S. 19.

[2]) Einschließlich der fremden Staatsgebiete hatte die preußische und hessische Staatsbahn Ende März 1910 eine Gesamtlänge von 36 975 km. Geschäft-

Zu den Privatbahnen (nach dem Gesetz von 1838) sind — hauptsächlich seit den 90er Jahren — bis 31. März 1910 noch 8704 km nebenbahnähnliche Kleinbahnen und 2966 km Straßenbahnen getreten[1]), so daß den 36 975 km, welche zu diesem Zeitpunkt der preußische Staat betrieb, 13 928 km Bahnen in anderweitem Besitz gegenüberstehen. Von den Kleinbahnen gehört ein großer Teil Gemeinden, Städten, Kreisen, Provinzen, in Preußen 1910 von den nebenbahnähnlichen 38,8 %, von den Straßenbahnen 37,9 %. Die Straßen- und nebenbahnähnlichen Kleinbahnen ebenso wie die meisten noch bestehenden Privatbahnen dienen im wesentlichen dem örtlichen Verkehr, liegen entweder vereinzelt oder bilden Stich- und Seitenbahnen der Staatslinien, als deren Zubringer sie wirken. Der Durchgangsverkehr vollzieht sich im Ganzen nur auf dem das Land völlig durchdringenden Netze der Staatsbahnen.

Andere deutsche Länder. Einige Zeit früher, ehe Preußen zur Verstaatlichung schritt, gingen in den anderen deutschen Ländern die wenigen noch vorhandenen größeren Privatbahnen fast überall in Staatsbesitz über. Bayern erwarb 1875 die bayrische Ostbahn, Sachsen 1876 und 1878 die Leipzig-Dresdener und kleinere Bahnen. 1889 kaufte Mecklenburg die Bahnen seines Gebiets von der Friedrich-Franz-Bahn-Gesellschaft, 1908 Bayern die Pfalzbahn. Diese Staaten entzogen damit den Beschwerden den Boden, welche gegen die Privatbahnen erhoben wurden und zu dem Gedanken führten, dem Reich weitgehende Aufsichtsbefugnisse im Eisenbahnwesen zu geben oder das Eigentum der Bahnen an das Reich zu übertragen. Die staatliche Aufsicht über die Bahnen unmittelbar auf das Reich zu übertragen und sie wesentlich zu erweitern, beabsichtigte der 1875 im Reichseisenbahnamt ausgearbeitete Entwurf eines Reichseisenbahngesetzes. Als dieser bei informatorischen Besprechungen auf Widerspruch unter den

---

liche Nachrichten 1911, S. 15 und 21. Erworben wurden 1877 die Berlin-Dresdener, 1879 die Berlin-Stettiner, Magdeburg-Halberstädter und Köln-Mindener, 1880 die Rheinische, die Berlin-Potsdam-Magdeburger, Hamburger, Main-Weser-Bahn (Darmstadt-Hessischer Anteil), 1882 die Bergisch-Märkische, Thüringische, Berlin-Görlitzer, Berlin-Anhaltische und einige kleinere Bahnen, 1884 die Oberschlesische, Berlin-Schweidnitz-Freiburger, Rechte-Oder-Ufer-, Altona-Kieler, Berlin-Hamburger, Öls-Gnesener, Tilsit-Insterburger, 1885 die Braunschweiger, Münster-Enscheder Bahn und einige andere; 1896 wurde die Preußisch-Hessische Gemeinschaft mit dem Ankauf der Hessischen Ludwigsbahn begründet, 1901 ein Gemeinschaftsbesitz mit Hessen und Baden im Betriebe der preußischen Staatseisenbahnverwaltung für die Main-Neckar-Bahn errichtet. 1903 wurden noch die Ostpreußische Südbahn, Marienburg-Mlawkaer, Dortmund-Gronau-Enscheder Eisenbahn und einige andere kleinere Bahnen gekauft.

[1]) Die vorhandenen oder wenigstens genehmigten Kleinbahnen waren Ende März 1910 in Preußen verteilt, die nebenbahnähnlichen unter 290, die Straßenbahnen unter 187 selbständige Unternehmungen. Zeitschrift für Kleinbahnen 1912, S. 57, 59, 64, 231, 233.

Bundesregierungen stieß[1]), kam der Plan einer Erwerbung aller Bahnen durch das Reich zur Erörterung. Auch hiergegen erklärte man sich in den außerpreußischen Staaten, welche ihre Selbständigkeit im Eisenbahnbetriebe wahren wollten und in eine Gemeinsamkeit des Eisenbahnbesitzes mit Preußen deshalb einzutreten sich scheuten, weil die preußischen Bahnen bei weiterem Ausbau ihres damals noch ungenügenden Netzes möglicherweise eine zu geringe Rente abwerfen, den übrigen Ländern also eine erhebliche Last aufbürden konnten.

Während Preußen trotzdem den Einheitsgedanken verfolgte und die Staatsregierung mit Gesetz vom 4. Juli 1876 ermächtigte, alle Eigentums- und Aufsichtsrechte an den preußischen Bahnen durch Vertrag dem Reiche zu übertragen[2]), setzten sich Bayern, Sachsen, Mecklenburg durch Übernahme der in ihrem Gebiet belegenen Privatbahnen zu staatlichem Eigentum in den Stand, jeder berechtigten Aufforderung des Verkehrs oder des Reichs aus eigenen Mitteln zu entsprechen. Als dann Preußen ebenfalls mit Erwerb seiner Privatbahnen vorging, wurde in Deutschland das Staatsbahnsystem herrschend. Nur kleinere Bahnen und Straßenbahnen blieben dem Privatbesitz.

Sonstige Länder. In dem jetzt mit Deutschland verbündeten großen Nachbarstaat Österreich-Ungarn wurde der Eisenbahnbau anfänglich in der Hauptsache lediglich der Privatunternehmung ohne jede finanzielle Beteiligung des Staates überlassen, dann aber durch ein kaiserliches Kabinettsschreiben vom 19. Dezember 1841 der planmäßige Ausbau der Eisenbahnen des allgemeinen Verkehrs durch den Staat nach dem Beispiel der mittleren deutschen Regierungen eingeleitet, auch von 1850 an eigener staatlicher Betrieb eingerichtet. Als 1854 bemerkt wurde, daß bei dieser Haltung die Monarchie in der Entwicklung des Bahnnetzes hinter Frankreich und Deutschland stark

---

[1]) Der Entwurf eines Reichseisenbahngesetzes wurde zufolge wiederholter Beschlüsse des Reichstags (1869, 1870 und 1871) vom Reichseisenbahnamt 1874 aufgestellt, vollständig auf Grund des „gemischten Systems", und veröffentlicht. 1875 nach Eintritt Maybachs in das Reichseisenbahnamt umgearbeitet, fand er bei den Mittelstaaten solchen Widerspruch, daß der Weg der Gesetzgebung nicht beschritten wurde. Laband, Staatsrecht, 4. Aufl., III, S. 105, Anm. 1.

[2]) Die Regierung wurde ermächtigt, mit dem Deutschen Reiche Verträge abzuschließen, durch welche alle Staatsbahnen an das Reich verkauft, alle Vermögensrechte und Verpflichtungen über Privatbahnen an dieses übertragen wurden, durchweg gegen „angemessene Entschädigung" und unter Vorbehalt der Genehmigung beider Häuser des Landtags. Preußisches Gesetz vom 4. Juni 1876, GS. S. 161.

zurückblieb[1]), wurde durch kaiserliche Entschließung vom 1. Juni 1854 empfohlen, wiederum den Privatbahnbau in größerem Umfange zuzulassen und demnächst in den Jahren bis 1858 die gesamte Staatsbahn bezirksweise größeren Gesellschaften käuflich überlassen, welche mit zum Teil fremdem, namentlich französischem Gelde arbeiteten[2]). In den Jahren von 1864 bis zur Erwerbskrisis des Jahres 1873 entstanden daneben in größerer Zahl andere Gesellschaften, die ohne bestimmten Plan genehmigt wurden, aber meist ausschließlich unter österreichischem Einfluß standen und zum Teil staatliche Zinsgewähr genossen. Mit Gesetz vom 14. Dezember 1877 schon kehrte Österreich zum Staatsbahngedanken zurück, indem der Staat ermächtigt wurde, Bahnen, welche die Zinsgarantie übermäßig in Anspruch genommen hatten, zu erwerben. 1880 und 1881 wurden 2 größere, später einige kleinere, dann nach einer längeren durch Leistungsunfähigkeit des Parlaments entstandenen Pause 1906, 1908, 1909 wiederum umfangreiche Bahnen angekauft. Jetzt besitzt Österreich 18 495 km Staatsbahnen und Privatbahnen im Staatsbetrieb bei einer Länge sämtlicher Eisenbahnen von 21 594 km[3]). Ungarn, wo gegenwärtig 16 102 km in Staatsbetrieb stehen, begann mit der Verstaatlichung im Jahre 1880[4]).

Der Schweizer Bund nahm erst mit Gesetz vom 23. Dezember 1872 die Genehmigung der Eisenbahnen für sich in Anspruch, unter vorbereitender Mitwirkung der Kantone, welche bis dahin die Entscheidung hatten. Seit den neunziger Jahren hat er auf Grund konzessionsmäßiger Rückkaufsrechte 2454 km Bundesbahnen an sich gebracht, während 1945 km in Privatbetrieb stehen[5]). Belgien richtete

----

[1]) Österreich-Ungarn hatte 1854 bei einem Gesamtnetz von 2143 km 1667 km in Staatsbesitz, 905 km in Staatsbau und 355 als Staatsbahnen geplant. Während Österreich aber 1842 im Eisenbahnbau führend war, besaß Frankreich 1854 dreimal, Deutschland doppelt so viel Eisenbahnen als Österreich. v. Buschmann, a. a. O., S. 202.

[2]) Österreichisch-französische Staatsbahn-Gesellschaft, Österreichische Südbahn (Lombarden).

[3]) Archiv 1910, S. 171. Angabe für Ende 1907. Es wurden die Kaiser-Ferdinands-Nordbahn 1906, die Österreichische Staatsbahn-Gesellschaft, die Nordwestbahn, die Südnorddeutsche Verbindungsbahn, die Böhmische Nordbahn 1908 und 1909 verstaatlicht.

[4]) Archiv 1910, S. 698. Angabe für 1908. Zuerst wurde die Theißbahn erworben.

[5]) Archiv 1909, S. 1463. Durch Bundesgesetz vom 15. Oktober 1897 betr. Erwerbung und Betrieb von Eisenbahnen auf Rechnung des Bundes und Organisation der Verwaltung der schweizerischen Bundesbahnen wurde die Erwerbung der Hauptbahnen in Aussicht genommen und mit 1. Mai 1903 die Schweizerische Zentral-, Nordost-, Vereinigte, Jura-Simplon-Bahn, mit 1. Mai 1909 die Gotthardtbahn zurückgekauft. Archiv 1912, S. 815.

von Anbeginn Staatsbetrieb ein und dehnte ihn in der Folge auf verschiedene Privatbahnen aus. Der Staat betreibt dort 4322 km bei ungefähr ebensoviel Bahnen im Betrieb von Gesellschaften[1]). In den Niederlanden wurde der Eisenbahnbau entgegen den Wünschen des Königs Willem I. zunächst Privatgesellschaften überlassen und erst, als die Ausführung durch das Privatkapital stockte, in den 60er Jahren mit dem Ausbau eines Staatsbahnnetzes begonnen, welches jetzt 55 % der Gesamtlänge aller Bahnen umfaßt. Der Betrieb ist an 2 Gesellschaften verpachtet[2]).

In Schweden werden 32 %, Dänemark 60 %, Norwegen 84 % der Bahnen vom Staat betrieben; sie sind meist auch von der Regierung gebaut[3]).

Rußland ließ bis zum Krimkriege außer der Bahn nach Zarskoje-Selo nur die Petersburg—Moskauer und Warschau—Krakauer Bahn zu. Als damals der Wert des neuen Verkehrsmittels für die Verteidigung des Reichs erkannt war, wurde durch Gesellschaften mit Zinsgewähr des Staates in Europa und später in Asien ein umfangreiches Netz hergestellt. In den letzten 10 Jahren sind die Bahnen größtenteils in den Staatsbetrieb genommen, der sich jetzt in Europa über 34 857, in Asien über 9947 km erstreckt, während etwa 22 000 km sich in Privathänden befinden[4]).

Italien kaufte, nachdem es seine politische Einigung erreicht hatte, die vorher meist in Händen österreichischer und französischer Gesellschaften befindlichen Bahnen in den Jahren 1866—1875, verpachtete sie 1885 an Unternehmer, richtete aber 1905 wieder staatlichen Betrieb ein, der sich jetzt über 14 211 km (83 % der Gesamtlänge aller Bahnen) ausdehnt[5]).

In den Balkanstaaten Rumänien, Serbien, Bulgarien wurden die Bahnen von deutschen und französischen Unternehmern mit Hilfe der Regierung gebaut, sind aber später vom Staat angekauft, der sie auch betreibt; in der Türkei sind die orientalischen Bahnen an eine jetzt ottomanische Gesellschaft verpachtet; die griechischen Bahnen sind in Eigentum und Betrieb mehrerer Gesellschaften.

Lateinisch-Amerika, dessen Bahnnetz seit den 90er Jahren sich mächtig entwickelt hat und schon eine Gesamtlänge von 94 000 km aufweist, verdankt den Bau hauptsächlich fremden Unternehmern, die ihre Mittel aus den Vereinigten Staaten von Amerika, Kanada,

---

[1]) Archiv 1911, S. 1257 ff. Angabe für 1908 u. 1909.
[2]) Archiv 1911, S. 1251 ff. 1711 km Staatsbahnen bei 3068 km Gesamtlänge aller Bahnen. Angabe für 1909. Auch Archiv 1912, S. 40.
[3]) Archiv 1911, S. 1016, 1026.
[4]) Archiv 1911, S. 798, 1153.
[5]) Archiv 1911, S. 89.

England, Frankreich, Deutschland bezogen. In den kräftigeren Staaten (Argentinien, Chile, Brasilien) haben aber auch die Regierungen Bahnen hergestellt und betreiben sie. In Mexiko hat sich der Staat durch Erwerb von Aktien der größten Privatbahnen Einfluß auf deren Verwaltung gesichert[1]).

Die 6 Kolonien Australiens besitzen zusammen 24 000 km Staats- und 1508 km Privatbahnen[2]), die englischen südafrikanischen Kolonien nur Staatsbahnen, Kanada bei 38 566 km Gesamtlänge 2750 km Staats- bahnen, Ostindien bei 48 921 km Gesamtlänge 9932 km Staatsbahnen. Die Bahnen in den französischen Kolonien Algier und Tunis sind Gesellschaftsunternehmungen; in den deutschen afrikanischen Kolonien gehören sie dem Reich oder den Schutzgebieten, werden aber von Gesellschaften betrieben[3]).

Siam hat nur Staatsbahnen, Japan 7310 km Staatsbahnen neben 1903 km Privatbahnen[4]).

Überblick über die Verteilung der Eisenbahnen zwischen Staaten und Privatgesellschaften auf der Erde. Eine Übersicht über die auf der Erde vorhandenen Staatseisenbahnen und die Gesamteisenbahnlänge in den verschiedenen Ländern der Erde ist in der Anlage I beigefügt.

Den weit überwiegenden Anteil an der Entwicklung der Eisen- bahnen auf der Erde hat, wie sich hieraus ergibt, der private Unter- nehmungsgeist. Von den jetzt vorhandenen 1 030 014 km (siehe S. 4) sind nur 303 143 km, also nicht ganz ein Drittel, Staatsbahnen. Diese finden sich unter allen Himmelsstrichen, unter jeder Staatsform und fast bei allen Völkern. Sie beherrschen die Hauptmasse des europäischen Festlandes, ohne jedoch die Privatunternehmungen ganz zu verdrängen, und umfassen in Australien 93 % der gesamten Streckenlänge, in Afrika 61 %, in Asien 58 %, in Europa etwas mehr als die Hälfte.

Ausschließlich von Gesellschaften werden die Eisenbahnen in den großen angelsächsischen Ländern gelenkt, in den Vereinigten Staaten von Amerika und in Großbritannien. Erstere tragen durch ihre 388 173 km hauptsächlich zu dem Übergewicht der Privatunterneh- mungen im Bahnnetz der Erde bei. Frankreich ist von den Staaten des europäischen Festlandes am meisten zurückhaltend gegenüber dem staatlichen Betrieb und hat auch in seinen Kolonien nur Privatbahnen, ebenso wie die nordamerikanische Union in den Philippinen. Deutschland hat in den Kolonien ebenfalls vorwiegend Privatbetrieb auf den zumeist dem Staat gehörigen Bahnen, während in Englands altem Kolonialbesitz umfangreiche Staatsbahnen bestehen, in den

---

[1]) Archiv 1911, S. 145 ff. Angabe für 1908.
[2]) Archiv 1911, S. 771 ff. Angabe für 1908—1909.
[3]) Archiv 1911, S. 306, 533 ff., 1061 Angaben für 1909 und 1910.
[4]) Archiv 1911, S. 303, 1053.

australischen Kolonialstaaten beinahe die ganze Streckenlänge ausmachen.

Einfluß der Besitzart auf die Ausdehnung des Eisenbahnnetzes. Aus dem Verhältnis, in welchem die Streckenlänge der Eisenbahnen zu dem Flächeninhalt und der Bevölkerung des Landes steht, läßt sich in gewissem Maße darauf schließen, wie das Bedürfnis nach Eisenbahnverkehr befriedigt worden ist. Eine Vorführung solcher Ziffern gestattet daher nach dieser Richtung einen Vergleich zwischen den Ländern, in welchen der Staat für den Bau und Betrieb der Bahnen eingetreten ist, und denen, bei welchen es nicht der Fall ist.

Kilometer Betriebslänge treffen in[1])

	auf je 100 qkm	auf je 1000 Einwohner
1. Deutschland	11,1 (12,8)[2])	9,9 (11,4)
davon Preußen	10,6 (13,1)[2])	9,9 (12,2)
Bayern	10,5	12,2
Sachsen	21,0	7,1
Württemberg	10,8	9,2
Baden	14,7	11,1
Elsaß-Lothringen	14,1	11,3
übrige deutsche Staaten	11,1	9,3
2. Österreich-Ungarn einschließlich Herzegowina und Bosnien	6,5	9,3
3. Großbritannien und Irland	11,9	9,0
4. Frankreich	9,1	12,4
5. Rußland, europäisches einschl. Finnland	1,0	5,6
6. Italien	5,9	5,1
7. Belgien	28,1	12,4
8. Schweiz	11,1	13,8
9. Britisch-Nordamerika	0,4	59,7
10. Vereinigte Staaten von Amerika	4,1	43,5
11. Vereinigte Staaten von Brasilien	0,2	9,8
12. Argentinische Republik	0,9	52,1
13. Japan	1,5	1,4
14. Britisch-Ostindien	1,0	1,7
15. Ägypten	0,6	5,0
16. Algier und Tunis	0,6	7,5
17. Australien	0,4	50,6

---

[1]) Archiv 1911, S. 607.

[2]) Die in Klammern angegebenen Zahlen stellen sich heraus, wenn die nebenbahnähnlichen Kleinbahnen hinzugerechnet werden. Vgl. S. 5, Anm. 1 und 2, S. 27.

Nur in stark bevölkerten Gegenden ist ein dichtes Netz entstanden, wie in Belgien (28,1 km) und Sachsen (21 km); Preußen erreicht ähnliche Ziffern in seinen Provinzen Rheinland mit 22,80 km, Westfalen 20,35 km[1]). Sowohl Preußen wie Deutschland überragen an Dichtigkeit die übrigen Länder, auch England, wenn die nebenbahnähnlichen Kleinbahnen mitgerechnet werden.

Im Verhältnis zur Einwohnerschaft stehen diejenigen Länder weit voran, in welchen ausgedehnte Eisenbahnlinien behufs Besiedelung menschenleerer Gegenden gebaut werden, wie Nord- und Südamerika, Australien. In dem gleichmäßiger bevölkerten Europa sind die Unterschiede weniger bedeutend. Die landwirtschaftlichen Gegenden haben indes für 10 000 Einwohner mehr Eisenbahnen als die menschenreichen Industriegebiete, Bayern daher (10,5 km) mehr als Sachsen (7,4 km), Ostpreußen mit 17,9 km, Pommern mit 21,28 km mehr als die Rheinprovinz mit 8,7 km und Westfalen mit 10,4 km[2]). Die 6 östlichen Provinzen Preußens haben 11,68 km auf 100 qkm und 12,79 km auf 10 000 Einwohner, die 6 westlichen[3]) entsprechend 15,52 qkm und 11,16 km. Die Verhältniszahlen nähern sich erheblich einander, wenn der ganze Osten des Staates dem Westen gegenübergestellt wird. Die wünschenswerte gleichmäßige Befriedigung des Landes durch Eisenbahnwege ist hier unter dem Einfluß staatlicher Fürsorge in bedeutendem Maße erreicht.

Die Staaten des europäischen Festlandes, in denen überwiegend staatlicher Betrieb besteht, haben nach jeder Richtung ein gut entwickeltes Eisenbahnnetz. Deutschland, Belgien und die Schweiz haben im Eisenbahnbau selbst England überflügelt, in dessen Wohlstand und Handel der Unternehmungsgeist den besten Boden fand.

Fünfter Abschnitt.

Genehmigung von Bau und Betrieb.

Notwendigkeit der Genehmigung. Die Eisenbahn muß so durchgeführt werden, wie es für die Befahrung notwendig ist, und, sofern sie dem allgemeinen Verkehr zu dienen hat, mit dem Netz der übrigen Eisenbahnen und den Straßen in Verbindung stehen. Bei der Anlage der Bahn ist zu verhüten, daß durch die Schnelligkeit und das Ge-

---

[1]) Für 100 qkm einschließlich nebenbahnähnlicher Kleinbahnen. Bericht über die Ergebnisse des Betriebes der preußischen und hessischen Staatseisenbahnen im Rechnungsjahr 1909, S. 15. Vgl. S. 5, Anm. 2.

[2]) Für 10 000 Einwohner. Bericht über Betriebsergebnisse der preußischen Staatsbahn, a. a. O. S. 14.

[3]) Einschließlich Hohenzollern.

Wehrmann.   3

wicht der Züge, durch das Feuer der Lokomotive Gefahren und Nachteile entstehen. Die Eisenbahnbauten greifen tief in die vorhandenen Eigentums-, Wege- und Wasserverhältnisse ein.

Hieraus entspringt für die Eisenbahn das Bedürfnis, mit Hilfe der Regierung Hindernisse zu beseitigen, welche aus örtlichen Rücksichten Einzelbesitzer und Gemeinden dem Bau und Betrieb entgegenstellen, andererseits für den Staat die Pflicht, Grundeigentum und Verkehr vor schädlichen Einwirkungen der Eisenbahn zu schützen.

Die Genehmigung der Eisenbahnanlage durch die Staatsleitung wird, soweit für die Durchführung Staatshilfe nötig ist (vgl. S. 11), überall als erforderlich angesehen.

Verschiedenheit der Genehmigung in Inhalt und Form. Verschieden ist aber die Frage behandelt, inwieweit der Staat die Nützlichkeit und Zuverlässigkeit der Eisenbahn-Unternehmungen zu prüfen und über sie zum Schutze des öffentlichen Verkehrs Aufsicht zu üben habe. Zwischen der Notwendigkeit sorgfältigster Prüfung bis zum Verzicht auf jedes Fragen nach Nützlichkeit und Zuverlässigkeit hat die Meinung in den einzelnen Ländern und in der Folge der Zeiten geschwankt. Ebenso verschieden gestaltet sind die Formen, in welchen die Genehmigung für ein Eisenbahnunternehmen erteilt wird, und die Lasten, die damit für die Eisenbahn verbunden sind.

England. In England wird das Einzelgesetz (Private Act), durch welches die Genehmigung einer Eisenbahn zu erlangen ist, vor dem Parlament durch den Nachsucher und die Gegner des Gesuchs erörtert. Das Parlament, dessen Beschluß von Ausschüssen vorbereitet wird, entscheidet wie ein Gericht über die Hauptfragen, welche bei allgemeiner Feststellung der Linie zu erledigen sind. Die Kosten dieser Verhandlung und der damit verbundenen Verwendung von Anwälten — die preliminary expenses — sind ungemein hoch. Sie betragen im Durchschnitt 4000 £ per mile[1]), 53 000 M. für 1 km, etwa $7\frac{1}{2}\%$ der Anlagekosten der englischen Bahnen. Höher stellen sie sich, wenn schwerwiegende feindliche Gegensätze zu besiegen waren, wie 1833 der Kanalbesitz.

Noch mehr ins Gewicht fallen die Entschädigungen der Grundeigentümer bei dem Landankauf und der Enteignung. Die Kosten der Anlagen werden ferner dadurch gesteigert, daß in dem volkreichen, wohlhabenden Lande von vornherein die Einrichtung von schienenfreien Übergängen für Straßen und Wege im weitesten Umfange verlangt worden ist. Es mußten deshalb die Bahnen vielfach über und

---

[1]) **Acworth**, a. a. O. S. 10.

unter die Erdoberfläche verlegt und zahlreiche Bauwerke errichtet werden[1]).

Diese Umstände haben wesentlich dazu beigetragen, daß das Anlagekapital der englischen Bahnen, welches allerdings in einem verkehrsreichen Lande nicht niedrig sein kann, in außerordentlichem Maße die festländischen Summen überragt. 1 km Baulänge kostet in England 696 090 M., in Deutschland 292 753 M., in Frankreich 363 682 M., in Belgien 472 331 M., in Österreich 305 755[2]). Die Kosten und Schwierigkeiten des englischen Genehmigungsverfahrens hinderten nicht, daß sich wiederholt, wie 1846, ein förmliches Baufieber entwickelte und schwere Gewerbekrisen die Folge waren (vgl. S. 14).

Vereinigte Staaten von Amerika. Die Anlage von Eisenbahnen macht in den Vereinigten Staaten von Amerika weniger Umstände und Kosten als in England (vgl. S. 9). Der Grund und Boden, wenn auch in den Städten wie überall teuer, ist geringwertig in den schwach bevölkerten Landbezirken. Landschenkungen seitens des Bundes oder der Einzelstaaten in den zu erschließenden Gegenden (land grants) haben die Anlage der Bahnen wesentlich gefördert und zum Teil erst möglich gemacht. Schienenfreie Bahnübergänge sind nur in geringem Maße verlangt; die Kreuzungen mit Straßen im Bahnplanum werden neuerdings erst in und bei den großen Städten beseitigt. Selbst Schranken an den in Schienenhöhe durchgeführten Wegen werden nur selten errichtet. Eine Tafel mit „Achtung auf die Maschine" (look out for the locomotive) bildet meist die einzige Schutzvorrichtung für den Straßenverkehr.

Das Anlagekapital wird auf diese Weise von vielen Kosten entlastet und stellt sich durchschnittlich bei 381 701 km Gesamtlänge auf 192 718 M. für 1 km[3]), also auf einen Betrag, der selbst für ein Land mit vielen Ebenen niedrig ist. Zu der einzig dastehenden Schnelligkeit im Ausbau der nordamerikanischen Eisenbahnen (vgl. S. 3) hat auch die Billigkeit ihrer Ausführung wesentlich beigetragen.

Preußen. Durch die preußische Gesetzgebung ist das Genehmigungsverfahren für Eisenbahnen frühzeitig und vorsichtig geordnet. Nach dem Eisenbahngesetz vom 3. November 1838 wird das Gesuch dem

---

[1]) Der Act für die Liverpool-Manchester-Bahn verbot schon Kreuzungen öffentlicher Straßen in Schienenhöhe, Sachs a. a. O., S. 471, 475. Der Railway Clauses Act setzte diese Bestimmung und andere Vorschriften für Bau und Betrieb allgemein fest, der Company Clauses Act die Anordnungen für das Gesellschaftsrecht der Eisenbahnen. Cap. 20, Act 8 and 9, Victoria 1846.

[2]) Die Anlagekosten der englischen Bahnen sind für das Gesamtnetz nach der Rechnung von 1907 angegeben, bei Deutschland für 1910, bei Frankreich für 1908, bei Belgien und Österreich für 1909. Archiv a. a. O., 1911, S. 616.

[3]) Archiv a. a. O., 1911, S. 608 ff. Angabe für 1909.

Minister[1]) vorgelegt, welcher prüft, „ob sich gegen die Unternehmung im allgemeinen nichts zu erinnern findet"[2]).

Nützlichkeit des Unternehmens. Die Eisenbahn muß öffentlichen Nutzen haben, so geführt werden, daß dieser Vorteil am besten erreicht wird und nicht andern Anlagen und Erwerbszweigen (Eisenbahnen, Kanälen, Schiffahrt) Schäden bringen, die den Nutzen überwiegen. Das Unternehmen darf die volkswirtschaftlichen Mittel des Landes nicht in einem Maße in Anspruch nehmen, welches außer Verhältnis zu den erhofften Vorteilen steht.

Zuverlässigkeit des Unternehmers. Außer Zweifel hat ferner zu sein, daß der Unternehmer (Gesellschaft, Gemeindeverband usw.) zuverlässig und imstande ist, die Eisenbahn bedingungsgemäß zu bauen und zu betreiben.

Vorprüfung. Liegen hinsichtlich der Landesverteidigung Bedenken nicht vor, so wird die Erlaubnis zu den allgemeinen Vorarbeiten erteilt und damit der gesetzliche Schutz für Vermessungen und Bodenuntersuchungen auf fremden Grundstücken gewährt.

Landesherrliche Genehmigung. Nach Prüfung dieser Vorarbeiten, bei welcher Behörden und Gemeinden Gelegenheit haben, ihre Wünsche vorzubringen, und der Kostenanschläge wird die Zustimmung des Staatsministeriums und sodann die landesherrliche Genehmigung eingeholt. In der Genehmigungsurkunde wird das Enteignungsrecht verliehen[3]). Da im Gesetz ausdrücklich die Pflicht der Gesellschaft zur Herstellung und Erhaltung der Bahn ausgesprochen ist[4]), so wird ferner bei der Genehmigung eine Frist für die Ausführung bestimmt und kann auch die Bestellung eines Pfandes[5]) zur Sicherung rechtzeitiger und tüchtiger Arbeiten verlangt werden. Für Staatsbahnen tritt an die Stelle der besonderen landesherrlichen Genehmigung das

---

[1]) Damals dem Handelsminister, seit 1878 dem Minister der öffentlichen Arbeiten.

[2]) Eisenbahngesetz § 11.

[3]) Nach dem Enteignungsgesetz vom 11. Juni 1874. Früher stand diese Befugnis zufolge des Gesetzes vom 3. November 1838 jedem danach genehmigten Eisenbahn-Unternehmen ohne weiteres zu.

[4]) §§ 21, 24. Gesetz vom 3. November 1838. Der Minister der öffentlichen Arbeiten wird nach vorgängiger Vernehmung der Gesellschaft die Fristen bestimmen, in welcher die Anlage fortschreiten und vollendet werden soll, und kann für deren Einhaltung sich Bürgschaften stellen lassen. Die Gesellschaft ist verpflichtet, die Bahn nebst den Transportanstalten fortwährend in solchem Stande zu erhalten, daß die Beförderung mit Sicherheit und auf die der Bestimmung des Unternehmens entsprechende Weise erfolgen kann; sie kann dazu im Verwaltungswege angehalten werden.

[5]) In der Regel 5 % des Anlagekapitals. Bei bestehenden Eisenbahngesellschaften und anderen zuverlässigen Unternehmern wird davon abgesehen.

vom Landtag wegen der Baumittel nachgesuchte Gesetz; das Enteignungsrecht wird bei Bezeichnung der bauleitenden Behörde verliehen.

Zulänglichkeit des Aktienkapitals. Das Genehmigungsverfahren ist als Ausübung der Landeshoheit kostenfrei. Nur wird die Genehmigungsurkunde mit dem gesetzlichen, verhältnismäßig niedrigen Stempel belegt. Sie wird der Gesellschaft nicht eher ausgehändigt, als bis der Nachweis erbracht ist, daß das Anlagekapital, dessen Höhe als zulänglich anerkannt wurde, wirklich in zuverlässiger Weise voll gezeichnet ist. Wie das deutsche Handelsgesetzbuch verlangt, soll nach den Bedingungen der Genehmigung der Nennbetrag der Aktien in ganzem Umfange zur Vollendung des Unternehmens verwendet werden[1]). Es wird ferner von der Staatsregierung im allgemeinen darauf gehalten, daß die erste Herstellung der Bahn lediglich auf Aktien erfolgt und die Belastung mit Obligationen für spätere Erweiterungen vorbehalten wird. Das Unternehmen, dessen Anlage tief in die Verhältnisse der Gemeinden eingreift, und welches mit weitgehenden Vollmachten für den öffentlichen Verkehr ausgestattet wird, erhält auf diese Weise sicher die Mittel, um vollständig und rechtzeitig zur Ausführung zu kommen und seinen Betrieb sachgemäß zu entwickeln.

Wirkungen des Genehmigungsverfahrens. Diesem vorsichtigen Verfahren ist zu danken, daß der Ausbau des bedeutenden Privatbahnnetzes, welches in Preußen vor der Verstaatlichung bestand, meist ohne erhebliche wirtschaftliche Verluste vor sich gegangen ist. Für Preußen war behutsames Vorgehen um so mehr geboten, da das Land sich aus dem Elend langer Kriegsjahre erst langsam emporhob und weitgreifende Wirtschaftskrisen nicht so leicht überwunden hätte wie das damals schon reiche England oder die Vereinigten Staaten von Amerika, welche letzteren Ersatz für Verluste beständig in den unausgebeuteten Naturschätzen und in dem steigenden Strom erwerbskräftiger, vielfach auch vermögender Einwanderer fanden.

Von dem gleichen Streben nach möglichst sicherem Fortschreiten ging die Regierung aus, indem sie neben den Staatsbahnen vorzugsweise die älteren bewährten Privatbahnen mit der Herstellung neuer Strecken betraute. Wenn diese gut verwalteten Privatbahnen nicht glaubten, auf eigene Gefahr allein eine neue Linie bauen zu können, so half der Staat mit Zinsgewährleistungen nach[2]). Soweit die älteren Gesellschaften zum Bauen überhaupt nicht bereit waren, und in Gegen-

---

[1]) Handelsgesetzbuch für das Deutsche Reich vom 10. Mai 1897, RGBl. S. 219 ff., § 184. Für einen geringeren als den Nennbetrag dürfen Aktien nicht ausgegeben werden.

[2]) So bei der Bergisch-Märkischen Gesellschaft für die Ruhr-Sieg-Bahn, bei der Köln-Mindener für die Deutz-Gießener Bahn, bei der Berlin-Stettiner für die Hinterpommersche Bahn usw.

den, welche diesen fern lagen, wurden neue Unternehmer zugelassen
und bei letzteren dann auch einige ungünstige Erfahrungen gemacht,
als in den 60er Jahren und namentlich nach dem Fortfall früherer
politischer Schranken in den Jahren 1866 und 1870 ein wirtschaftlicher
Aufschwung gewaltig einsetzte und das Verlangen nach neuen Bahnen
sehr dringend wurde, vom Staat aber aus eigenen Mitteln nicht sogleich
vollständig befriedigt werden konnte.

Fehlschläge. Damals kam es vor, daß neue Bahnen jahrzehntelang
ohne Dividende blieben[1]), andere nicht aus eigenen Mitteln der genehmigten Gesellschaft vollendet werden konnten[2]), einzelne bankerott
wurden[3]). Das Genehmigungsverfahren war in diesen Fällen wie sonst
eingehalten worden. Allein die Vorarbeiten und Kostenanschläge
standen den Vorbereitungen der älteren Privatbahnen an Sorgfalt
nach. Der staatlichen Prüfung gelang es damals nicht, die Mängel zu
beseitigen und dem Gebahren einzelner der neuen Gesellschaften wirksam entgegenzutreten, welche sich im Wege der Finanz- und Bauverträge den strengen Vorschriften über die Kapitalbeschaffung zu
entziehen verstanden und ihr Unternehmen mit übermäßigen Gründungs-
gewinnen belasteten.

Baukrisis. Die öffentliche Meinung pries zuerst begeistert die
spekulativen Köpfe, welche, wie der Unternehmer Strouß berg,
Bahnen schafften, wo der Staat und die älteren Bahngesellschaften
versagten. Unter diesem Druck verstummten die Bedenken, welche
sich gegen das Bau- und Finanzverfahren solcher Unternehmer erhoben,
brachen dann aber stürmisch hervor, als die wirtschaftlichen Rückschläge
für ihre Schöpfungen eintraten. Nach dem Wiener Börsenkrach, von
welchem sich seit Mai 1873 eine tiefgehende Geschäftskrisis über die
Welt verbreitete, wurde auf Antrag des Abgeordneten Lasker vom
Preußischen Abgeordnetenhause in demselben Jahre ein Untersuchungs-
ausschuß für die Vorgänge bei der Genehmigung und Ausführung
von Privatbahnen eingesetzt. Der Ausschußbericht ist zur Verhandlung
in der Vollversammlung nie gelangt, hat aber die vorgekommenen

---

[1]) Die 1868 eröffnete Ostpreußische Südbahn gab erst von 1874 an für
die Stamm-Prioritäten, seit 1882 für die Stammaktien Dividenden, die für letztere
auch dann noch zeitweilig ausfielen. Die 1872 eröffnete Breslau-Warschauer
Bahn (Breslau-Russische Grenze) hatte bis 1879 keine Erträge, später nur für die
Stamm-Prioritätsaktien. Die damals ebenfalls entstandenen Halle-Sorau-Gubener,
Berlin-Dresdener, Hannover-Altenbekener Bahnen konnten sich nicht selbständig
erhalten, sondern wurden nach der Betriebseröffnung bald, die beiden ersten
vom Staat, die letztere von der Magdeburg-Halberstädter Eisenbahngesellschaft
übernommen.

[2]) Die Berliner Nordbahn (nach Stralsund), die Stadtbahn, in deren be-
gonnene Anlagen der Staat eintrat.

[3]) Die Pommersche Zentralbahn, die ebenfalls der Staat vollendete.

Ungehörigkeiten und die daraus entstandenen Nachteile festgestellt. Die anderswo beklagten Übel der Gewinnsucht sind damals auch im Eisenbahnbau Preußens aufgetreten, wenngleich nur in verhältnismäßig geringem Umfange. Die Staatsregierung hat die schlimmen Folgen zu verwischen gewußt, indem sie die davon betroffenen Bahnen selbst ausbaute oder später übernahm; einzelne dieser Strecken gingen in den Besitz älterer Bahngesellschaften über und wurden von diesen befriedigend für den allgemeinen Verkehr ausgerüstet[1]).

Wiedereintritt strengerer Prüfung. Seit jener Zeit sind einer großen Reihe neuer Gesellschaften Bahnen nach dem Gesetz von 1838 genehmigt worden, sind zustande gekommen, ordnungsmäßig gebaut und liefern Erträge. Sie sind meist von Kreisen, Städten und anderen örtlichen Unternehmern ins Leben gerufen. Durch das herkömmliche Genehmigungsverfahren mit seinen festen Grundsätzen werden nach Erlöschen des Gründungsfiebers wiederum ungesunde Unternehmungen ferngehalten.

Erleichterte Genehmigung der Kleinbahnen. Eine wesentliche Erleichterung trat in dem Genehmigungsverfahren ein, als 1892 ein besonderes Gesetz für Kleinbahnen in Preußen erlassen wurde[2]). Bis dahin waren nur für Privatanschlüsse und Straßenbahnen polizeiliche Genehmigungen von den Bezirksbehörden erteilt. Von nun an genügte eine solche Genehmigung für alle Kleinbahnen, welche dem öffentlichen Verkehr dienen, auch für die mit Maschinenkraft betriebenen. Als Kleinbahnen gelten diejenigen, welche „wegen ihrer geringen Bedeutung für den allgemeinen Verkehr nicht dem Gesetz vom 3. Novomber 1838 unterliegen, insbesondere den örtlichen Verkehr innerhalb eines Gemeindebezirks oder benachbarter Gemeindebezirke hauptsächlich vermitteln“ (§ 1 Kleinbahngesetz).

Der allgemeine Verkehr wird hier im Sinne der Reichsverfassung verstanden, nach welcher (Art. 42) Bahnen, wenn sie diesem Verkehr dienen, als ein einheitliches deutsches Netz verwaltet werden sollen. Ob eine Strecke als Kleinbahn anzusehen ist, entscheidet zunächst der Minister der öffentlichen Arbeiten, welcher im bejahenden Falle eine Eisenbahndirektion bezeichnet, um bei der Genehmigung mitzuwirken[3]). Gegen seine Verfügung findet eine Berufung an das Staatsministerium statt[4]).

---

[1]) Z. B. die Hannover-Altenbekener Bahn, welche von der später verstaatlichten Magdeburg-Halberstädter Eisenbahngesellschaft übernommen wurde.

[2]) Gesetz über Kleinbahnen und Privatanschlußbahnen vom 28. Juli 1892. GS. S. 225.

[3]) Ausführungsanweisung vom 13. August 1898 zu § 1 EVBl. 225. Wenn die Kleinbahn durch mehrere Regierungsbezirke reicht, bestimmt der Minister auch die zur Genehmigung berufene Regierungsbehörde.

[4]) Das Staatsministerium ist nur ein einziges Mal vor Jahren angerufen.

Polizeiliche Prüfung. Der Genehmigung, welche für öffentliche Kleinbahnen mit Maschinenbetrieb der Regierungspräsident im Einvernehmen mit der zuständigen Eisenbahndirektion erteilt, geht eine nur polizeiliche Prüfung voran, welche sich auf die Sicherheitsfragen und die Wahrung des öffentlichen Verkehrs beschränkt[1]. Die Behörden haben sich nicht darum zu bekümmern, ob für die Anlage ein Bedürfnis besteht, ob sie Ertrag verspricht, ob ihre Ausführung gesichert ist.

Kein Enteignungsrecht. Allerdings wird aber mit der Genehmigung der Bezirksbehörden das Enteignungsrecht nicht gewährt. Wird diese Befugnis in Anspruch genommen, wie es bei nebenbahnähnlichen Kleinbahnen meist, bei Straßenbahnen öfters nötig wird, so kann der Antrag auf landesherrliche Verleihung des Enteignungsrechts nur gestellt werden, wenn der öffentliche Nutzen der Kleinbahn und die Zuverlässigkeit der Ausführung erwiesen und deshalb, wie bei den unter das Gesetz von 1838 fallenden Bahnen, es gerechtfertigt ist, zugunsten des Unternehmens zwangsweise in die Rechte Dritter einzugreifen. Die Prüfung eines solchen Antrags erfolgt bei der Zentralbehörde[2].

Wirkung der Erleichterung. Die Erleichterung der Genehmigung hat auf die Entwicklung der Kleinbahnen, die im übrigen seitens der Staatseisenbahnverwaltung durch Entgegenkommen bei den Anschlüssen, dem Wagenübergang und dem Verkehrsaustausch gefördert werden, günstig gewirkt. Unternehmungen dieser Art können bei den ortskundigen Bezirksbehörden leichter angeregt und verfolgt werden, als bei dem Ministerium. Fehlschläge kommen vor, und zwar auch bei denjenigen Kleinbahnen, welche, wie die meisten nebenbahnähnlichen, vom Staat unterstützt und daher einer Prüfung bei der Zentralbehörde unterzogen werden. Indessen haben von 250 nebenbahnähnlichen Kleinbahnen, welche in Preußen 1910 das Jahr hindurch auf 9804 km Gesamtlänge im Betrieb waren, nur 19 keine Zinsen, 123 bis 3 % Zinsen des Anlagekapitals geliefert, die anderen mehr, bis 10 % und darüber[3]. Da alle diese Bahnen zum Zwecke der Verkehrsverbesserung,

---

[1] Kleinbahngesetz, a. a. O., § 4. Die Prüfung beschränkt sich auf 1. die betriebssichere Beschaffenheit der Bahn und der Betriebsmittel, 2. den Schutz gegen schädliche Einwirkungen der Anlage und des Betriebes, 3. die technische Befähigung und Zuverlässigkeit der in dem äußern Betriebsdienst anzustellenden Bediensteten, 4. die Wahrung der Interessen des öffentlichen Verkehrs.

[2] Auch die Genehmigung zum Betreten fremder Grundstücke für Vorarbeiten wird vom Bezirksausschuß nur für ein „die Enteignung rechtfertigendes Unternehmen" gegeben. Enteignungsgesetz vom 11. Juni 1874, § 5, GS. 221.

[3] Zeitschrift für Kleinbahnen, herausgegeben im Ministerium der öffentlichen Arbeiten 1912, S. 57, 76. Von den 19 sich nicht rentierenden Kleinbahnen waren 6, von den 123 bis 3 % tragenden 36 erst 1908 in Betrieb gekommen.

weniger des Gewinnes wegen gebaut sind, erscheint das Ergebnis nicht ungünstig. Bei den preußischen Straßenbahnen hatten 1910 von 164 Unternehmungen 16 keine Verzinsung, 30 ergaben bis 3 %, die andern darüber bis 10 und mehr Prozent [1]).

Versagung der Genehmigung. Da die Genehmigung nach dem Gesetz von 1838 nur erteilt, das Enteignungsrecht für Kleinbahnen nur gewährt werden soll, wenn ein öffentliches Bedürfnis vorliegt, so wird die Bauerlaubnis häufig versagt. Der Staatsregierung ist in solchen Fällen vorgehalten worden, daß die Ablehnung trotz vorliegenden Bedürfnisses erfolgt sei, weil von der geplanten Bahn ein Ausfall für die Staatsbahnen besorgt werde oder der Staat selbst die beanstandete Linie bauen wolle. Man verlangte, daß nützliche Unternehmungen nicht zugunsten des Staatsbesitzes verhindert oder aufgehalten würden, und daß, wenn der Staat selbst die Ausführung zu übernehmen wünsche, er damit alsbald vorgehen möge.

Im allgemeinen ist die tatsächliche Entwickelung diesen Wünschen gefolgt; die Ausdehnung des staatlichen und privaten Eisenbahnbaus hat mit dem Verkehrsbedürfnis Schritt gehalten. Von 1880 bis 1910 hat der Staat seinen 20 421 km älteren Strecken durch Neubau 15 443 km hinzugefügt und 963 km neue Privatbahnen unterstützt [2]). Daneben sind 11 670 km Kleinbahnen zugelassen, von denen die nebenbahnähnlichen Strecken, = 8760 km, größtenteils mit Hilfe des Staats zustande gekommen sind. Von seinen Beiträgen, welche fast 20 % des Anlagekapitals der unterstützten Kleinbahnen ausmachen, bezieht der Staat nur ½ % Verzinsung.

Die Verstaatlichung hat also nicht dazu geführt, den Eisenbahnbau ins Stocken zu bringen. Vielmehr sind die Staatsbahnen im ganzen Lande Jahr für Jahr ausgedehnt; zugleich ist der Privatbahnbau nicht gehindert, vielmehr durch Unterstützungen kräftig gefördert worden. Der Staat hat sich dabei die für den allgemeinen Verkehr wichtigen, teuren Linien vorbehalten, die Zubringer des Ortsverkehrs dem Unternehmungsgeist überlassen.

Außerpreußische Staaten des Festlandes. In den andern Staaten des europäischen Festlandes sind, wie in Preußen, neue Eisenbahnunternehmungen stets auf Nützlichkeit und Zuverlässigkeit geprüft,

---

[1]) Zeitschrift für Kleinb., a. a. O., S. 252. Die schnelle Entwickelung der nebenbahnähnlichen Kleinbahnen ist wesentlich den Unterstützungen zu danken, welche vom Staat, von den Provinzen, Kreisen und Gemeinden gewährt sind. Der Staat gewährt in der Regel ebensoviel, wie die Provinz gibt, zuweilen aber auch mehr aus dem vom Landtag bewilligten besonderen Fonds, über den die beteiligten Minister gemeinsam verfügen. In England kann nach Gesetz von 1896 das Schatzamt ebensoviel wie der Grafschaftsrat gewähren, aber nicht über ¼ der Gesamtkosten. Archiv 1911, S. 361.

[2]) Archiv, a. a. O., 1910, S. 907.

trotzdem aber fast überall Zeiten gewesen, in denen Gründung und Ausführung sich überstürzte.

Am ruhigsten vollzog sich die Entwicklung in den außerpreußischen deutschen Staaten, welche von Anfang an umfangreiche Staatsbahnen hatten und dem Privatbau nur einen mäßigen Spielraum ließen. In Thüringen, wo es an Staatsbahnen fehlte, brach eine Eisenbahn-Baugesellschaft in den 70er Jahren zusammen[1]).

Gute Ordnung im Eisenbahnbau hielten die reichen Länder Belgien und Holland, wo sich ebenfalls der Staat früh beteiligte. Belgien wollte für sein erst 1830 selbständig gewordenes Land die Verteidigung durch Staatsbahnen sichern und damit neben der von Holland beherrschten Rheinstraße eine unabhängige Verbindung zwischen Antwerpen und Köln gewinnen[2]). Als später der Ausbau des Nebenbahnnetzes von Unternehmern in die Hand genommen wurde und die Gründungen einen bedenklichen Umfang annahmen[3]), richtete Belgien die vom Staat und von Lokalbehörden unterstützte und beaufsichtigte Société des chemins de fer vicinaux ein, welche die Seitenbahnen übernahm und das nächste Recht hat, neue Ortslinien herzustellen.

In Holland baute die Regierung seit 1860, und zwar zuerst aus Überschüssen des Staatsschatzes, ein großes, sich mäßig verzinsendes Bahnnetz, neben welchem der Privatbahnbau nur langsam fortschritt[4]).

Für Österreich-Ungarn erging, als die Regierung von dem 1841 begonnenen Staatsbetrieb zum Privatbahnsystem zurückkehrte (vgl. S. 29), ein Eisenbahnkonzessionsgesetz unter dem 14. September 1854, welches an die Stelle der „Allgemeinen Bestimmungen über das bei Eisenbahnen anzuwendende Konzessionssystem" von 1837 trat (vgl. S. 12, Anm. 1)[5]). Es entwickelte sich dort ein maßloses Gründungstreiben, bei welchem in den Krisenjahren 1856, 1867 und 1873 erhebliche Verluste an Eisenbahnwerten entstanden. Als nun das Kapital von größeren Eisenbahn-Unternehmungen sich zurückhielt, suchte die Regierung den örtlichen Eisenbahnbau zu fördern und brachte schon 1880 in Österreich das erste nur für 2 Jahre geltende Lokalbahngesetz zustande, welches Unterstützungen von seiten des Staates und der Kronländer vorsah und regelmäßig erneuert wurde, bis die angewendeten Grund-

---

[1]) Die Pleßnersche Eisenbahnbaugesellschaft.

[2]) „Mémoire" aus Oktober 1830. Sachs, a. a. O., 491. Der Staatseisenbahnbau wurde durch Gesetz vom 1. Mai 1834 beschlossen. Ulrich, Eisenbahntarifwesen, S. 455.

[3]) In den 70er Jahren wurden diese Gründungen durch den Börsenmann Philippart zuerst in Belgien, dann in Frankreich betrieben.

[4]) Durch die Gesetze vom 18. August 1860, 21. Mai 1873, 10. November 1875 wurde der Bau von 20 Staatsbahnlinien angeordnet.

[5]) Unter Finanzminister Bruck.

sätze in einem Lokal- und Kleinbahngesetz vom 8. August 1910 dauernd festgestellt wurden. Etwa 9000 km Lokalbahnen stehen jetzt dort im Betriebe.

Frankreich mit seiner stark zentralisierten Staatsgewalt behandelte von Anbeginn das Eisenbahnwesen planmäßig und besaß auf Grund staatlicher Unterstützungen außerdem Befugnisse zum Eingreifen. Trotzdem traten die Eisenbahnkrisen von 1857, 1868, 1873 und 1882 ein, welche immer neue Regelungen von Staats wegen herbeiführten (vgl. S. 19).

Überblick. Das Genehmigungsrecht des Staates hat nicht immer genügt, um im Eisenbahnbau Ausschreitungen der Unternehmungslust und der Gewinnsucht zu verhüten. Auch wenn die Staatsmacht stark war und durch die Gesetzgebung unterstützt wurde, versagte zeitweilig unter dem Drängen der Wünsche die Gewalt der staatlichen Zügel. Die üblen Folgen sind in der Regel durch das Eintreten von Staat, Gemeindeverbänden und älteren Eisenbahngesellschaften in die gefährdeten Unternehmungen beseitigt.

Nachdem die Entwicklung ruhiger geworden ist, namentlich nach Ausbau der wesentlichen Linien, vermag die Staatsgewalt, sofern ihr ausreichender Einfluß gestattet ist, übertriebenen Entwürfen wirksam entgegenzutreten und kann verhüten, daß mit dem Enteignungsrecht und einer beherrschenden Stellung im öffentlichen Verkehr Unternehmungen ausgestattet werden, die keine Gewähr für sachgemäße Ausführung und Leistung bieten.

Sechster Abschnitt.

Bedingungen der Genehmigung.

Die Genehmigung der Eisenbahn gibt dem Staat das Mittel, seinen Einfluß auf die Gestaltung und Führung des Unternehmens auszuüben. Der Unternehmer, sei es der Staat selbst, ein Verband oder ein einzelner, muß wissen, welche Leistungen von ihm nach den Gesetzen oder besonderen Genehmigungsvorschriften verlangt werden; nur danach kann er beurteilen, ob er die Verantwortung für die Durchführung des Unternehmens zu tragen vermag.

Die staatlichen Forderungen dürfen nur so weit gestellt sein, daß sie vom Bau nicht abschrecken, sollen andererseits aber voll erreichen, daß die Rücksichten des öffentlichen Wohls gewahrt werden. Sie haben sich im wesentlichen auf folgende Punkte zu erstrecken.

Art der Bedingungen. 1. Da Eisenbahnen ebenso wie Straßen und Kanäle eine gleichmäßige Durchführung ihrer Anlage verlangen, und umgestaltend in die Umgebung eingreifen, so ist notwendig, daß die Linie in ihrer gesamten Führung einheitlich festgestellt wird. Diese Aufgabe wird überall der Staatsleitung zugewiesen, die allein die Macht hat, weit ausgedehnte Anlagen innerhalb der Grenzen des Staates durchzusetzen; der Staatsleitung fällt bei Meinungsverschiedenheiten mit Vertretern von Strömen und Wegen, Gemeinden und Einzelbesitzern die endgültige Entscheidung darüber zu, wo und wie gebaut werden soll.

2. Der Staat hat dem Unternehmen alle Einrichtungen und Anordnungen aufzuerlegen, welche dazu dienen, von Grundstücken, Wegen, Wasserläufen Gefahren und Nachteile abzuwenden. Solchen Belastungen wird jeder Eisenbahnunternehmer unterworfen.

3. Pflicht des Staates ist darüber zu wachen, daß seine Anordnungen für den Bau befolgt werden.

4. Nicht so selbstverständlich ist, daß jede für den öffentlichen Verkehr bestimmte Eisenbahn nach gemeinsamen Regeln eingerichtet und betrieben werden soll, um die Beförderung möglichst zweckmäßig zu gestalten. Vorschriften dieser Art haben zur Voraussetzung, daß die Bahn mit andern in räumlicher Verbindung steht, also ein gemeinsamer Verkehr statthaben kann [1]).

5. Im Zusammenhang damit steht die Frage, ob der Eisenbahn die Pflicht zum Betriebe auferlegt und deren Erfüllung gesichert werden soll. Sie wird wichtig, wenn das Unternehmen ein nicht zu entbehrendes Glied einer größeren Verkehrsgemeinschaft ist.

6. Noch weiter gehen Bedingungen, welche bei der Genehmigung zugunsten der Ausgestaltung des Fahrplans, für Einrichtung und Höhe der Tarife, über Benutzung der Bahn durch öffentliche Dienste und andere Unternehmer gestellt werden.

7. In die Leitung der Bahn greifen Vorschriften ein, welche die Befähigung und Auswahl der oberen Beamten und sonstigen Bediensteten regeln.

8. Die Dauer der Genehmigung, die Weiterführung, Ausdehnung, Umgestaltung des Unternehmens, seine Besteuerung, etwaige Staatsunterstützung und Übergang an den Staat geben Anlaß zu einer Reihe besonderer Bestimmungen.

9. Endlich ist vorzusehen, wie die Erfüllung der auferlegten Bedingungen überwacht werden soll.

Möglichkeit, dem Unternehmer Bedingungen aufzuerlegen. Jeder Unternehmer, jede Gesellschaft und jeder Gemeindeverband will Bau

---

[1]) Eine Zahnradbahn, die lediglich zu einem Aussichtspunkt fährt, kann öffentlichen Verkehr haben. Es fehlt aber jeder Anlaß, sie zu zwingen, daß sie ihre Einrichtungen mit denen des öffentlichen Bahnnetzes in Übereinstimmung bringt.

und Betrieb so gestalten, wie sie es für nützlich halten; sie werden lieber auf die beabsichtigte Eisenbahn verzichten, als Bedingungen ertragen, welche für sie den erstrebten Vorteil aufheben. Der Staat, wenn er sich von dem Unternehmen öffentlichen Nutzen verspricht und nicht selber die Ausführung in die Hand nimmt, wird Bedingungen nur so weit stellen dürfen, daß er den Unternehmer nicht abschreckt.

Bei gewinnversprechenden Strecken, für die es an Meldungen nicht zu fehlen pflegt, kann der Staatswille leicht durchgesetzt werden. Bei Bahnen, die nützlich sind, aber zunächst wenig Gewinn in Aussicht stellen, liegt es nahe, den Wünschen der Unternehmer nachzugeben, namentlich dann, wenn der Staat nicht in der Lage ist, durch Unterstützungen sich dieselben gefügig zu machen. Deshalb werden Bedingungen, die als unentbehrlich gelten, am besten durch die Gesetzgebung für die Genehmigung vorgeschrieben, so daß kein Unternehmer sich denselben entziehen kann. Soweit dies nicht geschieht, geben allgemeine Verwaltungsgrundsätze den Staatsleitern eine Stütze bei ihren Anforderungen. Gelangen diese notwendigen Einschränkungen gegenüber den Unternehmern ins Wanken, wie in Zeiten, da stürmisch nach neuen Bahnen verlangt wird und der Staat aus eigenen Mitteln nicht helfen kann, dann treten regelmäßig Mißgriffe und Verluste ein (vgl. S. 38).

Feststellung des Bauplans (S. 43, Nr. 1). Über die Lage der Linie und die Einzelheiten der Anlage entscheidet in letzter Stelle stets die Staatsleitung, welche für die Behandlung des öffentlichen Verkehrs im Lande verantwortlich bleiben muß, und die endgültige Feststellung bei dem bedeutsamsten Verkehrsmittel nicht aus der Hand geben kann. Da häufig über die Wahl der Linie und ihre Einrichtungen heftig gestritten wird, so ist es wichtig, die Entscheidung sorgfältig vorzubereiten. Daß sie sachgemäß ausfällt, müssen Unternehmer, Anlieger, Publikum und Behörden gleicherweise wünschen.

Preußen. Das Eisenbahngesetz von 1838 überträgt in Preußen die Feststellung des Bauplans dem Minister der öffentlichen Arbeiten[1]). Das Verfahren, in welchem seine Entscheidung vorbereitet wird, beruht auf Anordnungen der zuständigen Minister[2]). Die ausführlichen Vorarbeiten des Unternehmers werden darin von den Bezirksbehörden (Regierungspräsident, Eisenbahndirektion, Eisenbahnkommissar) unter

---

[1]) § 4 Gesetz vom 3. November 1838. Vgl. S. 36, Anm. 1. Die Genehmigung der Bahnlinie in ihrer vollständigen Durchführung durch alle Zwischenpunkte wird dem Minister der öffentlichen Arbeiten vorbehalten, ebenso sind die Verhältnisse der Konstruktion sowohl der Bahn als der anzuwendenden Fahrzeuge an diese Genehmigung gebunden.

[2]) Erlaß des Ministers der öffentlichen Arbeiten vom 12. Oktober 1892, EVB. 347, desgl. vom 20. April 1903, EVB. 117.

Zuziehung der Gemeinden und Sonstbeteiligten vom Standpunkt des öffentlichen Schutzes und Verkehrs geprüft, nach Bedarf die Pläne öffentlich ausgelegt und an Ort und Stelle erörtert.

Wenn Enteignungen vorzunehmen sind, findet nach dem besonderen Gesetz von 1874 ein formelles Verfahren statt[1]), in welchem die berührten Grundbesitzer und Vertreter von Wegen und Wasserläufen nach Offenlage der Pläne gehört und eine erste Entscheidung über die zu entnehmende Fläche vom Bezirksausschuß der Regierung gefällt wird, unter Vorbehalt der Berufung an die endgültige Bestimmung des Ministers der öffentlichen Arbeiten. Entschädigungen, welche für zwangsweise Entziehung des Grundeigentums zu zahlen sind, stellt der Bezirkssauschuß fest, wogegen die Klage bei den ordentlichen Gerichten zulässig ist.

Abänderungswünsche. Für das Verfahren bei Enteignungen wurde zeitweilig größere Beschleunigung gewünscht[2]); indes hat eine Abänderung der gesetzlichen Vorschriften nicht stattgefunden, sondern es ist nur im Verwaltungswege eine anscheinend ausreichende Abhilfe gesucht worden. Im übrigen hat die Feststellung des Bauplans, wie sie in Preußen auf Grund des Gesetzes von 1838 gestaltet ist, allen Ansprüchen in der ganzen Entwickelungszeit des Eisenbahnnetzes standgehalten. In einem allerdings wesentlichen Punkte aber sind größere Meinungsverschiedenheiten aufgetreten.

Die Machtvollkommenheit, welche das Gesetz (vgl. S. 45, Anm. 1 und S. 46, Anm. 1) dem Minister der öffentlichen Arbeiten zuschreibt, die Linie mit allen Nebenanlagen festzusetzen, ist zugunsten derjenigen Behörden angefochten worden, welchen die Obhut über den Zustand von Wegen, Baufluchten, Wasserläufen, Deichen, Forsten, Verteidigungswerken übertragen ist. Daß die Ansprüche, welche für diese ebenfalls dem Staatswohl dienenden Anlagen bei dem Bau der Eisenbahn erhoben werden, der ausschließlichen Bestimmung des für den Bau verantwortlichen Ministers unterworfen sein sollen, wird als einseitige Bevorzugung der Eisenbahnzwecke angesehen. Stärker ist der Widerspruch gegen die Machtfülle des Ministers geworden, seitdem der größte Teil der Bahnen in die Hand des Staates gekommen ist und in der Hauptsache nur noch Staatsbahnen gebaut werden.

Bei Entscheidungen über Nebenanlagen, deren Ausführung von den Staatsbahnen verlangt wird, soll der Minister nach Meinung der Befürworter einer Gesetzesänderung nicht Richter in eigener Sache sein und der ihm unterstellten Staatsbahn durch seinen Spruch Vorteile zuwenden oder Kosten abnehmen können. Behörden, die unab-

---

[1]) Gesetz betr. Enteignung von Grundeigentum, 11. Juni 1874, § 15 ff.
[2]) Erlaß des Ministers der öffentlichen Arbeiten und des Innern vom 20. Mai 1899, EVB. 162, 12. Juni 1902, EVB. 306.

hängig von diesem Minister sind und daher als unparteiisch gedacht werden, wünscht man die Entscheidung bei Streitfällen zwischen der Bahn und den Anliegern zu überweisen. Nicht bloß für Gemeinden, Gemeinde-Verbände, andere Staatsdienstzweige, auch für Einzelbesitzer soll auf diese Weise ein besserer Schutz gegenüber der Eisenbahnbehörde gewonnen werden.

Einen besonderen Anstoß zu solchen Bestrebungen geben die schwierigen Verhandlungen, welche entstehen, wenn Umgestaltungen vorhandener Eisenbahnanlagen gefordert werden, weil die bisherigen Vorkehrungen für die Kreuzung mit Wegen, Wasserläufen u. dgl. nicht mehr genügen[1]. Wenn die Eisenbahnverwaltung durch ihren Verkehr nicht selbst zur Umgestaltung der eigenen Anlagen gedrängt wird, so liegt kein Grund für sie und den vorgesetzten Minister vor, den Bauplan anderweit auf- und festzustellen. Die Bedürfnisse der Anlieger haben dann keinen anderen Weg zur Befriedigung als die Verständigung mit der Eisenbahnverwaltung. Hier sucht man nach einer Stelle, die über die Berechtigung solcher Begehren gegen die Meinung der Eisenbahnverwaltung entscheiden kann.

Bis jetzt sind alle Versuche, die alleinige Feststellung des Bauplans durch den verantwortlichen Eisenbahnminister zu beseitigen, gescheitert. Die Bezirksregierungen und sonstigen Behörden haben bei der Prüfung der Bauentwürfe, insbesondere für Nebenanlagen, mitzuwirken, aber nie zu entscheiden. Auch die anderen Ministerien vertreten ihre Zwecke nur durch Äußerungen gegenüber dem Bauplan; aber die Feststellung erfolgt nach wie vor lediglich durch den Minister der öffentlichen Arbeiten, welcher damit allein die unteilbare Verantwortlichkeit für die angemessene Gestaltung des Baues und seine Brauchbarkeit für den Betrieb übernimmt.

Bei den Angriffen auf die Stellung des Ministers wird meist nicht genug gewürdigt, daß die Eisenbahn, um ihren Zwecken zu entsprechen, nach einheitlichen Grundsätzen durch das ganze Land, ja in manchen Beziehungen durch die ganze Welt geführt werden muß und daher in irgendwelchen Einzelheiten die Entscheidung über die Anlage nicht dem Eingreifen anderer Stellen als der für den Betrieb verantwortlichen Behörde überlassen werden kann. Auch wird nicht beachtet, daß Gegensätze, welche bei dem Bau und Betrieb von Eisenbahnen zu anderen wirtschaftlichen

---

[1] § 14 Eisenbahngesetz von 1838, § 14 Enteignungsgesetz von 1874 legen die Kosten für Nebenanlagen dem Eisenbahnunternehmer auf; entsteht ihre Notwendigkeit erst nach Eröffnung der Bahn durch Veränderung des Grundstücks, so erfolgt nach § 14 des Ges. von 1838 die Ausführung auf Rechnung des Grundbesitzers. Für später nötige Änderungen öffentlicher Wege usw. ist eine Bestimmung im Gesetz nicht getroffen. Kein Unternehmer wird sich aber darauf einlassen, die Kosten für jede Veränderung der Bahn und ihrer Nebenanlagen zu tragen, welche durch spätere Bedürfnisse des Nachbarn notwendig wird.

Bestrebungen entstehen, sobald sie nicht lediglich das Gebiet des Privatrechts betreffen, ebensowenig wie bei anderen Unternehmungen durch Rechtsprüche, sondern nur durch Anpassung und Verständigung gelöst werden können[1]). Dazu bietet gerade die Stellung der Staatsbahnen die beste Gelegenheit, da diese unter einem Staatsminister stehen, der die gesamten Bedürfnisse der Staatsbürger bei seinen Entscheidungen ins Auge zu fassen hat und dessen Verwaltung in jeder Beziehung dem Urteil des Landtags unterliegt[2]).

Abwendung von Gefahren und Nachteilen (s. S. 44 Nr. 2). Schienenfreie Übergänge. Die größte Gefahr für die Umgebung der Eisenbahnen liegt in den Zusammenstößen mit der niederschmetternden Gewalt ihrer Züge. Sie erscheint weniger bedeutend in einem menschenarmen Lande und wächst mit der Zunahme des Verkehrs. Schienenfreie Übergänge sind daher in Nordamerika nur in geringem Umfange, in England fast durchweg vorhanden (vgl. S. 34, 35). In Deutschland kommen Übergänge in Schienenhöhe durchschnittlich 1,5 auf 1 km Bahnlänge. Preußen hat davon 1,48, Baden 1,29, Württemberg 1,18, Bayern und Sachsen dagegen 1,7, Mecklenburg 1,8, Oldenburg 2,5 für 1 km[3]).

Die in gebirgiger und in bevölkerter Gegend liegenden Bahnen sind mehr darauf hingewiesen, Übergänge in Schienenhöhe zu vermeiden als die hauptsächlich flaches oder schwach besetztes Land durchschneidenden Strecken, für welche die Anlage der Unter- und Überführungen meist kostspieliger ist und größerem Widerstande bei den Anliegern wegen der mit den Wegerampen verbundenen Steigungen begegnet.

Die Unterdrückung der Schienenübergänge schreitet bei den Hauptbahnen in Deutschland in bemerkenswerter Weise vor. Verschwunden sind sie fast im Weichbild großer Städte, während sich früher Züge, selbst Schnellzüge, in Berlin, Dresden, Leipzig, Hamburg, über belebte Straßen unter Vorantritt eines Beamten mit Glocke bewegten. Selten werden sie noch bei neuen Hauptbahnen zugelassen.

---

[1]) Entscheidung des Oberverwaltungsgerichts vom 28. Februar 1883, Archiv 1883, S. 388.

[2]) Privatbahnen können zu einer Änderung ihrer Anlagen nur aus Gründen der Betriebssicherheit (vgl. S. 36 Anm. 4) angehalten werden. Einen gewissen Stützpunkt gibt auch die allgemeine Pflicht des Staates, für Sicherheit in seinem Gebiet zu sorgen. Allgemeines preußisches Landrecht, Teil II, Tit. 13, § 2. In neueren Genehmigungsurkunden hat sich der Minister der öffentlichen Arbeiten vorbehalten, Änderungen und Erweiterungen der Bahnanlage nach Eröffnung des Betriebes auch im Verkehrsinteresse und für die Landesverteidigung zu verlangen. EVB. S. 171.

[3]) Statistik der Eisenbahnen des Deutschen Reichs für 1909. Herausgegeben vom Reichseisenbahnamt. Unfälle durch Überfahren von Fuhrwerken kamen 1908 208 vor.

Dagegen verbleiben die Übergänge in Schienenhöhe auf den Neben- und Kleinbahnen, meist sogar ohne Schranken und unbewacht[1]). Man vertraut auf die Gewöhnung der heutigen Zeit, sich bei Benutzung der Straßen vorzusehen.

Schutz vor Rauch, Feuer usw. Auch außerhalb der Wege wird die Strecke abgeschlossen, wo sich Gefahr für Menschen und Tiere durch Abirren, Scheuwerden, Rauch oder herabfallende Asche ergibt. Um die Rauchplage zu verhüten, ist auf der Berliner Stadtbahn die Koksfeuerung eingeführt.

Bauabnahme (s. S. 44 Nr. 3). Da die Staatsregierungen überall die Bahnlinien festsetzen und Forderungen für den Schutz der Nachbarschaft stellen, so sollte man meinen, daß immer vor Eröffnung des Betriebes eine Prüfung stattfinden müßte, ob den staatlichen Festsetzungen beim Bau wirklich entsprochen sei. Dies ist indes durchaus nicht allerwärts der Fall gewesen.

England. Das erste Eisenbahngesetz (Act), welches in England für die Liverpool-Manchester Bahn erlassen wurde (vgl. S. 6), setzte ein Kontrollorgan zur Nachprüfung der Bauausführung nicht ein[2]). Erst in dem Gesetz vom 10. August 1840[3]) erhielt das Board of Trade eine allgemeine Vollmacht zur Beaufsichtigung der Bahnen; zugleich wurde eine Inspektion für die baulichen Einrichtungen eingesetzt. Im Jahre 1842 mußte aber durch ein Gesetz noch besonders vorgeschrieben werden, daß die Betriebseröffnung vor stattgehabter Untersuchung durch das Handelsamt nicht erfolgen dürfe.

Vereinigte Staaten von Amerika. Für den Staat New York wurde erst in dem Gesetz vom 14. April 1855 eine Eisenbahn-Aufsichtsbehörde eingesetzt, diese aber 1857 wieder beseitigt und 1882 von Neuem errichtet. Andere Staaten der Union gingen in den Siebziger und Achtziger Jahren mit Einrichtung einer behördlichen Aufsicht über die Bahnen vor[4]).

Preußen. In Preußen schrieb schon das Eisenbahngesetz von 1838 ausdrücklich[5]) vor, daß die Bahn nicht eher dem Verkehr eröffnet werden darf, als bis die Genehmigung dazu von der Regierung nach vorgängiger Revision der Anlage erteilt ist.

---

[1]) Auf den Nebenbahnen der preußischen Staatsbahnverwaltung sind allein mehr als 20 000 Übergänge in Schienenhöhe vorhanden.

[2]) Sachs, a. a. O. S. 471.

[3]) Act for the regulation of railways 3 u. 4 Vict. Cap. 97, vom 10. August 1840. Act for better regulation 5 u. 6 Vict. Cap. 55, vom 30. Juli 1842. Sachs, a. a. O. S. 473.

[4]) von der Leyen, die nordamerikanischen Eisenbahnen 1885. S. 126. Sachs, a. a. O. S. 534.

[5]) Gesetz vom 3. November 1838, § 22.

Siebenter Abschnitt.

Staatliche Regeln für Bau und Betrieb.
(S. 44 Nr. 4.)

Durch die Genehmigung erhält der Unternehmer das Recht, auf einer bestimmten Bahnstrecke innerhalb ihrer Endpunkte Reisende und Güter oder eins von beiden zu befördern. Darüber hinaus entstehen ihm weder Rechte noch Pflichten, wenn dies nicht besonders vorgesehen wird. Hierzu liegt nur dann Grund vor, wenn die Bahn derart angelegt ist, daß sie mit andern gemeinsam den Verkehr bedienen kann.

Spurweite. Unerläßliche Voraussetzung eines gemeinsamen Verkehrs ist, daß die Bahnen aneinander anschließen, und von größter Wichtigkeit für die Entwicklung, daß sie dieselbe Gleisspur haben. Nur bei gleicher Spur können die Betriebsmittel von einer Bahn zur andern ohne Schwierigkeit übergehen; Zeitverluste und Kosten werden vermieden, die mit dem Wechsel der Betriebsmittel verbunden sind. Ist die Spur übereinstimmend, so können Einrichtungen getroffen werden, um Verkehr und Betrieb durch gleichmäßige Anlagen und Fahrzeuge in weitgehendem Maße zu erleichtern. Solange die Spur verschieden ist, geht die Gemeinsamkeit der Einrichtungen selten über Anordnungen für die Abfertigung des Verkehrs hinaus[1]).

Die Spur von 4 Fuß 8½ Zoll englisch oder 1,435 m, welche heute den größeren Teil der Welt beherrscht, war keineswegs von Anfang allgemein verbreitet. Im Mutterlande der Eisenbahnen hatten lange Zeit große Netze, wie die Great Western Bahn, die Spur von 6 Fuß englisch = 1,828 m. Erst durch ein Gesetz von 1848 wurde in England die Spur von 4′ 8½″ für künftige Bahnen vorgeschrieben[2]) und viele Jahre später von der Great Western Bahn für ihr ganzes Netz angenommen.

Auf dem europäischen Festlande wurde diese Spur allmählich durch Einzelentscheidungen eingeführt, in durchgreifender gesetzlicher Form aber für Eisenbahnen des allgemeinen Verkehrs erst durch Ver-

---

[1]) Von breiterer Spur auf schmalere werden Güterwagen mittels Rollwagen auf Anschluß- und Kleinbahnen übergesetzt und im Güterverkehr zwischen Preußen und Rußland besonders eingerichtete Wagenkasten durch Anwendung von Rädergestellen verschiedener Breite übergeführt. Beides erschwert, verteuert und verlangsamt die Beförderung, so daß diese Umstellungen nur in beschränktem Umfange zur Anwendung kommen. Wenn Fähren den Übergang von Eisenbahnwagen über Ströme, Seen, Meere, wie bei Trelleborg, vermitteln, so bilden die Geleise der Fähren die Fortsetzung der Bahnen auf dem Lande.

[2]) Act 9 and 10 Vict. Cap. 57, vom 18. August 1848.

einbarungen der Festlandsstaaten angeordnet, die für Deutschland nach einer Bekanntmachung des Reichskanzlers am 1. April 1887 in Kraft traten[1]). Rußland allein wendet in seinem großen Netz fast ausschließlich[2]) die Spur von 6' englisch an, welche die englischen Unternehmer für die erste große Bahn von Petersburg nach Moskau vorgeschlagen hatten. Einzelne Bahnen in Südamerika (z. B. in Chile Linien der Staatsbahn) haben eine Spur von 1,676 m.

Für den örtlichen Verkehr bestehen in umfangreichem Maße Bahnen mit schmaleren Spuren, 1,067, 1,00, 0,90, 0,80, 0,75 m und 0,60 m. In Preußen waren am 31. März 1911 von den Schmalspurbahnen, die unter das Gesetz von 1838 fallen, 357 km vorhanden, von den nebenbahnähnlichen Kleinbahnen 5885 km neben 3918 km mit Vollspur[3]).

Bau- und Betriebsregeln. Wie sich erst allmählich das Verlangen nach gleicher Spurweite geltend machte, so wurde zunächst auch davon abgesehen, den Bahnen gleichmäßige Regeln für Bau und Betrieb vorzuschreiben. Erfahrungen waren nötig, um zu wissen, was angeordnet werden konnte.

Noch 1855, als im Parlament wegen zahlreicher Bahnunfälle staatliches Einschreiten verlangt wurde, bestritt die englische Regierung, daß sie befugt sei, Unsicherheiten im Betriebe abzustellen, weil dadurch die Verantwortlichkeit der Eisenbahngesellschaften nur geschwächt und die Gefahr vergrößert werde[4]).

Auch die preußische Regierung, welche von Anfang an das Eisenbahnwesen staatlich regelte und sich nicht scheute, von Aufsichts wegen einzugreifen, beschränkte sich in ihrem Gesetz von 1838 darauf, ein Reglement lediglich für die Bahnpolizei zu erlassen, deren Handhabung den Gesellschaften übertragen wurde[5]). Für den Verkehr galten lediglich die allgemeinen landrechtlichen Vorschriften.

Vereinbarungen der deutschen Eisenbahnverwaltungen. Auf Seite der Bahnverwaltungen zuerst entstand mit der Verknüpfung ihrer Linien und der sich schnell vollziehenden Entfaltung eines allgemeinen Verkehrs das Bedürfnis nach gemeinsamen Einrichtungen. Sie mußten wünschen, jedes Gut tunlichst ohne Zwischenabfertigung und Um-

---

[1]) Bekanntmachung betr. die technische Einheit im Eisenbahnwesen vom 17. Februar 1887, RGBl. S. 111.

[2]) Die jetzt dem Staat gehörige Warschau-Wiener-Bahn hat noch die Spur von 1,435 m auf ihren Strecken nach Alexandrowo und Sosnowice.

[3]) Geschäftliche Nachrichten Ausgabe 1912, I, S. 14—15. Zeitschrift für Kleinbahnen 1912, S. 61.

[4]) Cohn, a. a. O., I, S. 282.

[5]) Gesetz vom 3. November 1838, § 23. Die Handhabung der Bahnpolizei wird nach einem darüber von dem Minister der öffentlichen Arbeiten s. S. 36 Anm. 1) zu erlassenden Reglement der Gesellschaft übertragen.

ladung bis zum Ziel durchlaufen zu lassen und die Reisenden ohne neue Fahrkarten, Umschreibung des Gepäcks und, wo möglich, ohne Umsteigen zu befördern. Zugleich bilden einheitliche Regeln für die Bahnen den besten Schutz gegen übermäßige Anforderungen des Einzelnen wie der verschiedenen Behörden.

Bestimmungen des Vereins deutscher Eisenbahnverwaltungen. In Preußen traten die Privatbahnen schon 1838 zur Beratung über gemeinschaftliche Angelegenheiten zusammen. Zehn preußische Privatbahnen bildeten 1846 „zur einmütigen Förderung ihrer Interessen und derer des Publikums" eine dauernde Vereinigung, die 1847 sich auf sämtliche deutsche Bahnen auszudehnen beschloß. Dieser „Verein deutscher Eisenbahnen", dem heute alle Staats- und größeren Privatbahnen des Deutschen Reichs und viele Bahnen von Nachbarländern[1]) angehören, schuf eine Reihe gemeinsamer Einrichtungen.

Schon 1847 gab der Verein Normativbestimmungen für Reglements über Personen- und Viehbeförderung, dann 1850 Grundzüge für die Gestaltung der Eisenbahnen Deutschlands und ein Reglement für den Güterverkehr mit einheitlichem Frachtbriefmuster heraus. Es folgten sicherheitspolizeiliche Anordnungen, einheitliche Vorschriften für den durchgehenden Verkehr, technische Vereinbarungen[2]). Durch letztere wurde nicht allein auf Festhaltung der gleichen Spur von 1,435 m hingewirkt, sondern auch eine bedeutende Übereinstimmung in anderen Regeln für die Anlage und Ausrüstung der Bahnen erreicht. Allerdings blieben wichtige Dinge verschieden. Während in Preußen rechts gefahren wurde, verharrten andere Bahnen bei dem Linksausweichen[3]). Große Unterschiede blieben in Signalen und Weichen. 1855 wurde durch ein Übereinkommen die gegenseitige Wagenbenutzung im Vereinsgebiet geregelt, 1869 wurden vom Verein Grundzüge für Sekundär-(später Neben-) Bahnen aufgestellt.

Neben dem Verein waren engere Verbände[4]) bemüht, übereinstimmende Einrichtungen zu schaffen, soweit sie für die Durchführung gemeinsamer Personen- und Güterzüge notwendig wurden.

Gesetzliche Vorschriften in Deutschland. Eine vollkommnere Gleichmäßigkeit in Bau und Betrieb trat erst ein, als nach Begründung des Norddeutschen Bundes 1867 und des Deutschen Reiches 1871 das

---

[1]) Die meisten Bahnen von Österreich-Ungarn, Rumänien, Holland, Luxemburg, eine russische und eine belgische Bahn.

[2]) Festschrift über die Tätigkeit des Vereins deutscher Eisenbahnverwaltungen, Berlin 1896, S. 189 ff. Berlin und seine Eisenbahnen 1846—1896, herausgegeben im Ministerium der öffentlichen Arbeiten, Bd. II, S. 165.

[3]) Ganz Süddeutschland fuhr links, wie Österreich und die westlichen Nachbarstaaten.

[4]) Der Norddeutsche (seit 1848), der Mitteldeutsche (seit 1851), der Süddeutsche (seit 1863), der Preußisch-Braunschweigische Verband (seit 1865) u. a.

Eisenbahnwesen der Beaufsichtigung und Gesetzgebung des neuen Bundesstaates unterstellt wurde[1]). Nun verpflichteten sich die Bundesregierungen, „die deutschen Eisenbahnen im Interesse des allgemeinen Verkehrs wie ein einheitliches Netz zu verwalten und zu diesem Behuf auch die neu herzustellenden Bahnen nach einheitlichen Normen anlegen und ausrüsten zu lassen"[2]).

Auf der breiten Grundlage dieser Bestimmungen und mit der bereitwilligen Unterstützung der in fast allen deutschen Ländern vorhandenen Staatsbahnen konnte sich die Einheitlichkeit der Einrichtungen kräftig entwickeln. Vom Bundesrat, der einen Ausschuß für Eisenbahnen, Post und Telegraphen bildet[3]), werden die regelnden Verordnungen für die deutschen Bahnen erlassen. Das Reichseisenbahnamt[4]) überwacht die Ausführung.

Technische Vorschriften. So ist die „Eisenbahn-Bau- und Betriebs-Ordnung"[5]) entstanden, welche für Haupt- und Nebenbahnen Vorschriften über Bau der Bahnanlagen und Fahrzeuge sowie über die Handhabung des Betriebes gibt und zugleich die Bahnpolizei regelt. Vom Bundesrat sind die Signalordnung für die Eisenbahnen Deutschlands[6]) und die Vorschriften für die Befähigung von Eisenbahnbetriebsbeamten[7]) erlassen, durch welche letzteren die sorgfältige Auswahl der für die Unterhaltung der Bahn und den Fahrbetrieb verantwortlichen Bediensteten gesichert wird. Nach Beschluß des Bundesrats wurden die Bestimmungen über die technische Einheit im Eisenbahnwesen 1887 veröffentlicht, welche damals nur zwischen Frankreich, Schweiz, Italien, Österreich-Ungarn und Deutschland ver-

---

[1]) Art. 4, Nr. 8 Reichsverfassung vom 16. April 1871, RGBl. S. 63.

[2]) Art. 42 Reichsverfassung. Nach Art. 43 sollen übereinstimmende Betriebseinrichtungen getroffen, insbesondere gleiche Bahnpolizeireglements eingeführt werden. „Das Reich", heißt es weiter, „hat dafür Sorge zu tragen, daß die Eisenbahnverwaltungen die Bahnen jederzeit in einem die nötige Sicherheit gewährenden baulichen Zustande erhalten und dieselben mit Betriebsmaterial so ausrüsten, wie das Verkehrsbedürfnis es erheischt."

[3]) Art. 8, Nr. 5 Reichsverfassung.

[4]) Eingesetzt durch Gesetz vom 27. Juni 1873, RGBl. S. 164.

[5]) Jetzt vom 4. November 1904, RGBl. S. 387. Das erste Reglement dieser Art wurde vom Norddeutschen Bunde 1870 erlassen, das Bahnpolizeireglement am 3., das Betriebsreglement am 10. Juni. Das erste Betriebsreglement des deutschen Reichs erging unter dem 11. Mai 1874, die Betriebsordnung für die Haupteisenbahnen Deutschlands, welche an die Stelle des Bahnpolizeireglements trat, am 5. Juli 1892.

[6]) Jetzt vom 24. Juni 1907, RGBl. S. 377. Die erste deutsche Signalordnung erging unter dem 4. Januar 1875.

[7]) Jetzt vom 8. März 1906, RGBl. S. 391, EVBl. S. 86. Die allgemeinen Verordnungen des Bundesrats sind inhaltlich auch für Bayern zur Geltung gelangt, wenngleich dort die Gesetzgebung des Reichs nur bei den für die Landesverteidigung wichtigen Bahnen Platz greift (Art. 46 Abs. 2 Reichsverfassung).

einbart waren, seither aber von allen übrigen Staaten des europäischen Festlandes, soweit sie die Spur von 1,435 m haben, angenommen sind (vgl. S. 51).

Neben diesen behördlichen Anordnungen bestehen noch für den Verein deutscher Eisenbahnen technische Vereinbarungen für Bau und Betriebseinrichtungen der Haupt- und Nebenbahnen (letzte Ausgabe 1909) sowie Grundzüge für Lokaleisenbahnen und dienen dazu, die Übereinstimmung der Anschauungen in dem weiten Gebiet dieses Vereins zu erhalten.

In Preußen sind außerdem, seit die Kleinbahnen als besondere Gattung von Eisenbahnen anerkannt wurden, eigene technische Vorschriften auf einfacherer Grundlage erst 1898 für nebenbahnähnliche Kleinbahnen, dann 1906 für Straßenbahnen erlassen[1]).

Verkehrsvorschriften. Die Vorschriften des Vereins deutscher Eisenbahnen für den Güterverkehr (vgl. S. 52) dienten zum Anhalt, als 1861 durch das Allgemeine deutsche Handelsgesetzbuch die Bedingungen für die Güterbeförderung in ihren Grundzügen gesetzlich festgelegt wurden[2]). In weiterem Umfange wurden die Bestimmungen des Vereins, so namentlich die reglementarischen Anordnungen, der einheitliche Frachtbrief, in die „deutsche Eisenbahn-Verkehrsordnung" aufgenommen, welche der Bundesrat erläßt. Diese Ordnung, welche Gesetzeskraft hat[3]), regelt in Verbindung mit allgemeinen Zusatzbestimmungen der deutschen Bahnen (siehe S. 52) in umfassender Weise Rechte und Pflichten der Reisenden und Frachtkunden wie der Verwaltungen. Die Frachtpreise und die Bestimmungen für deren Anwendung sind darin nicht berücksichtigt und werden den Tarifen überlassen.

Seit Januar 1893 gilt ein internationales Übereinkommen für den Eisenbahnfrachtverkehr mit Gesetzeskraft, welches auf schweizerische Anregung am 14. Oktober 1890 zwischen den Staaten Mitteleuropas geschlossen wurde und seitdem unter Leitung eines in Bern errichteten Zentralamts nach Bedürfnis fortgebildet wird. Soweit seine Bestimmungen nicht maßgebend sind, kommt für den internationalen Verkehr der Verwaltungen des deutschen Eisenbahn-Vereins untereinander noch immer dessen Betriebsreglement mit Zusatzbestimmungen und ein Übereinkommen dazu in Anwendung.

---

[1]) Die Kleinbahnen Deutschlands bilden einen besonderen Verein, der bestrebt ist, über gemeinsame Einrichtungen eine Verständigung herbeizuführen, und die Behörden in der Fortbildung ihrer Anordnungen unterstützt.

[2]) Der Entwurf des Allg. deutschen Handelsgesetzbuchs wurde durch Gesetz vom 24. Juni 1861 in Preußen mit Geltung vom 1. März 1862 eingeführt.

[3]) Nach dem deutschen Handelsgesetzbuch vom 10. Mai 1897, RGBl. S. 219, Art. 453, 471, 472. Die jetzt geltende Eisenbahn-Verkehrsordnung ist seit 1. April 1909 in Kraft.

Vorschriften über Benutzung der Betriebsmittel. Über die gemein same Benutzung der Fahrzeuge verständigten sich die deutschen Bahnen für den Reiseverkehr, soweit ein Durchgang von Personen- und Gepäckwagen in gemeinsamen Zügen oder einzeln zweckmäßig erschien. Darüber wurden im wesentlichen besondere Verein barungen nur für jeden Fall getroffen. Dagegen sind schon 1855 die Regeln für den Austausch der Güterwagen durch das Übereinkommen des Vereins deutscher Eisenbahnverwaltungen über die Wagenbenutzung in umfassender Weise eingehend geordnet worden. Dadurch wurde es möglich, daß der beladene Güterwagen über das ganze große Vereinsgebiet ungehindert rollte und die Abrechnung über Miete, Versicherungen, Beschädigungen sich nach gemeinsamen Grundsätzen abwickelte.

Die Reichsverfassung von 1871 brachte für diesen Teil des Dienstes nur die Verpflichtung der Eisenbahnverwaltungen, „direkte Expeditionen im Personen- und Güterverkehr unter Gestattung des Übergangs der Transportmittel von einer Bahn auf die andere gegen die übliche Vergütung einzurichten"[1]. Ausführungsvorschriften hierzu vom Bundesrat ergingen nicht, so daß die Vereinsbestimmungen maßgebend blieben. Erst nachdem die Verstaatlichungen durchgeführt waren und im großen Gebiet der preußischen Staatsbahn die unbeschränkte Benutzung der Güterwagen sich längere Zeit bewährt hatte, wurde zwischen allen deutschen Staatsbahnen die gemeinschaftliche Verwendung der Güterwagen vereinbart[2]. Soweit die deutschen Privatbahnen ihre Wagen nicht in den Park einer Staatsbahn haben aufnehmen lassen[3], besteht im Verkehr mit ihnen das Wagenübereinkommen des deutschen Eisenbahnvereins fort; ebenso gilt es im Verkehr mit den Vereinsbahnen außerhalb des deutschen Reichs. Über dessen Grenzen hinaus kommen internationale Reglements für die Wagenbenutzung zur Anwendung[4].

Lokomotiven wurden früher nur ausnahmsweise außerhalb der Eigentumsbahn verwendet. Jede Verwaltung behielt gern diese kunstvollen Maschinen unter eigener Aufsicht. Seitdem die Direktionen der preußischen Staatsbahnen ihre Lokomotiven vielfach von einem Bezirk in den andern übergehen lassen, geschieht dies auch in größerem

---

[1] Art. 44 Reichsverfassung vom 16. April 1871, RGBl. 63.

[2] Die Verhandlungen darüber dauerten von 1902—1909. Sie wurden zuerst auch auf Personenwagen und Lokomotiven erstreckt (Betriebsmittelgemeinschaft), später auf Güterwagen (Staatsbahnwagenverband) beschränkt.

[3] Auch Kleinbahnen lassen ihre Wagen in den Park der Staatsbahnen aufnehmen, um aus diesem versorgt zu werden. Soweit dies nicht der Fall ist, hängt der Übergang der Wagen im Verkehr mit ihnen von besonderer Erlaubnis ab.

[4] Im Verkehr mit Frankreich, Belgien, Schweiz, Italien usw.

Umfange zwischen den Bahnen verschiedener Staaten. Allgemeine Vereinbarungen darüber bestehen nicht.

Gang der Entwicklung. Für Bau sowohl als für Betrieb und Verkehr sind die gemeinsamen Regeln und Einrichtungen in Deutschland zuerst von den Eisenbahn-Unternehmungen ausgegangen. Bei den Vereinbarungen hierüber haben die Staatsbahnen tätig mitgewirkt. Zu gesetzgeberischen Anordnungen sind aber auf dem Gebiet der Technik und des Dienstes die deutschen Regierungen erst 30 Jahre nach Auftreten der Eisenbahnen in Deutschland übergegangen, als es möglich war, die Bestimmungen einheitlich über das Reichsgebiet auszudehnen. Was die Bahnen im Wege der Verständigung schufen, bildete die Grundlage für die spätere stets im Einklang mit den Bahnverwaltungen fortgeführte Gesetzgebung und zeigt sich deutlich in Aufbau und Inhalt ihrer Vorschriften, die bei diesem Gange der Entwicklung sich den Bedürfnissen genau anpaßten.

Österreich-Ungarn. Nachdem die österreichische Monarchie sich anfänglich, ebenso wie Preußen, darauf beschränkt hatte, polizeiliche Bestimmungen für den Eisenbahnverkehr zu geben (vergl. S. 12), wurde dort schon unter dem 16. November 1851 eine Eisenbahnbetriebsordnung vom Kaiser erlassen. Hierzu gab der sich damals in Österreich kräftig entwickelnde Staatseisenbahnbetrieb (s. S. 29 Anm. 1) Veranlassung, für den ebenfalls durch kaiserliche Entschließung eine Dienstordnung für Beamte und Diener festgestellt wurde[1]). Auf den Inhalt der Betriebsordnung hatten die Vorschriften des Vereins deutscher Eisenbahnen nicht minder als nachmals in Deutschland wesentlichen Einfluß.

Frankreich. In Frankreich, wo der Staat anfänglich die Herstellung des Unterbaus übernahm (siehe S. 10) und die Erweiterung des Eisenbahnnetzes immer wieder mit finanziellen Unterstützungen förderte, war die Regierung durch ihre Beteiligung an den Unternehmungen darauf hingewiesen, Gleichmäßigkeit in den Anlagen und Einrichtungen anzustreben. Die Staatsaufsicht hatte mit den Gesellschaften beständig zusammenzuarbeiten. Die Unterstützungen, welche der Staat gewährt hatte, gaben besondere Rechte zum Eingreifen in den Betrieb. Der Besitz von Staatsbahnen, welche in einem späteren Zeitpunkt in die Hand der Regierung kamen (s. S. 19), bot ihr gleichfalls Gelegenheit, in den Dienst der Eisenbahnverwaltung einzudringen, und befähigte sie, die Anordnungen für den Betrieb im ganzen Lande zweckentsprechend zu gestalten.

---

[1]) Kaiserl. Entschließung vom 26. November 1852 betreffend Dienstordnung für die Beamten und Diener der Generaldirektion der Kommunikationen, v. Buschmann, a. a. O., S. 189.

von Sprache, Recht und Münze auf den Linien der Welt schnell zurecht finden kann. Auf der anderen Seite wird die Befriedigung der tausendfachen Bedürfnisse von Bau und Betrieb auf das wirksamste unterstützt, wenn es gelingt, die Bezüge auf gleiche Formen zurückzuführen. Die Beschaffung, die Unterhaltung, der Ersatz wird erleichtert, wenn derselbe Gegenstand überall zu haben, überall bekannt ist. Der Preis verringert sich, da die Fabrikation weniger verschiedenartige Werkzeuge und Anlagen nötig hat, also billiger arbeiten kann. Die Industrie, besonders die Großindustrie, tritt deshalb gern für einheitliche Formen ein.

Demgegenüber geben neue Verkehrsbedürfnisse, neue Erfindungen beständig Anregung zu Abweichungen, welche die Bahnverwaltungen verfolgen müssen, um hinter berechtigten Anforderungen nicht zurückzubleiben. Jede Bahnverwaltung ist dabei, soweit die vielverschlungene Gemeinsamkeit der Einrichtungen reicht, von andern abhängig und hat diese mit sich fortzuziehen, ehe sie eine Änderung vornehmen kann.

Unter solchen gegeneinander wirkenden Strömungen ist bei jedem weitergreifenden Schritt in den Regeln für Bau und Betrieb die Verständigung unter den Bahnen nicht zu entbehren. Sie hat auf diesem Gebiet die ersten Erfolge erzielt und vollzieht sich noch Tag für Tag in unzähligen Verhandlungen. Das Eingreifen von Aufsichtsbehörden und Gesetzgebung führt aber, wo es, wie in Deutschland, im Anschluß an die Erfahrungen der Bahnen und planmäßig geschieht, zu einer durchgreifenderen Regelung in diesen Einrichtungen und fördert damit wesentlich den Fortschritt, die schnelle Anwendung aller Verbesserungen.

Achter Abschnitt.

Gesetzliche Verpflichtung zu Bau und Betrieb.
(S. 44 Nr. 5.)

Recht und Pflicht zum Betriebe. Wer die Genehmigung zum Bau einer Bahn des öffentlichen Verkehrs erhält, übernimmt damit die staatsrechtliche Pflicht, sie herzustellen, und wenn zugleich das Recht auf Betrieb verliehen wird, ebenfalls die Verpflichtung, die Bahn zu betreiben. Da für Bedienung des öffentlichen Verkehrs gesorgt werden soll, so kann die Erfüllung der übernommenen Verpflichtung vom Staat gefordert und erzwungen werden.

Die Genehmigung einer öffentlichen Eisenbahn unterscheidet sich durch die Pflicht der Ausführung von staatlichen Genehmigungen, welche für die Errichtung gefährlicher gewerblicher Anlagen nach den Gewerbeordnungen erforderlich sind[1]). Bei diesen Bewilligungen wird nur festgestellt, daß und auf welche Art die Anlage am gewünschten Platze eingerichtet werden kann, und nötigenfalls, daß der Bewerber die Fähigkeit zur Leitung des Betriebes besitzt. Dem Träger der Genehmigung steht es aber frei, von der erteilten Erlaubnis Gebrauch zu machen oder nicht, den Betrieb fortzusetzen oder einzustellen. Eine Pflicht zur Errichtung der Anlage und zur Ausübung des Gewerbes wird in der Regel nicht auferlegt. Ebensowenig geschieht dies bei Privatanschlußbahnen.

Gegenüber dem Unternehmer dagegen, der eine Anlage für öffentlichen Eisenbahnverkehr herstellt, hat jedermann ein Recht, Bedienung dieses Verkehrs zu fordern; das Recht der Allgemeinheit ist vom Staat zu wahren. Die Gesellschaft, welche ermächtigt wird, eine Bahn zu bauen und zu betreiben bewirkt die Ausführung im Auftrage des Staates und haftet diesem für Erfüllung des Auftrags[2]).

Preußen. In Preußen ist die Pflicht des Unternehmers durch die Gesetzgebung deutlich ausgesprochen. Die Konzession wird verwirkt und die Bahn für Rechnung der Gesellschaft versteigert, wenn eine der allgemeinen oder besonderen Bedingungen nicht erfüllt wird und eine Aufforderung zur Erfüllung binnen einer Frist von mindestens drei Monaten ohne Erfolg bleibt[3]). Die Gesellschaft kann im Verwaltungswege — durch Strafbefehle bis zu 300 M. (Exekutivstrafen) gegen jedes Mitglied der Direktion — dazu angehalten werden, daß sie die Bahn in „solchem Stand erhält, um die Beförderung mit Sicherheit und auf die der Bestimmung des Unternehmens entsprechende Art‘‘ zu bewirken[4]).

In den Genehmigungs-Urkunden wird außerdem in der Regel für den Fall nicht plan- und anschlagsgemäßer rechtzeitiger Ausführung eine Strafe von 5% des Anlagekapitals festgesetzt, über deren Verfall der zuständige Minister mit Ausschluß des Rechtswegs entscheidet, auch erforderlichenfalls die Bestellung einer Kaution verlangt.

---

[1]) Reichsgewerbeordnung, Bekanntmachung des Reichskanzlers betr. Feststellung des neuen Textes auf Grund des Gesetzes vom 30. Juni 1900 RGB. § 16 „Zur Errichtung von Anlagen, welche durch örtliche Lage und Beschaffenheit der Betriebsstätte für Nachbarn oder Publikum erhebliche Nachteile, Gefahren oder Belästigungen herbeiführen können‘‘, ist Genehmigung erforderlich.

[2]) Colson, a. a. O., bezeichnet die großen Eisenbahngesellschaften Frankreichs wiederholt als délégués de l'État. Die charters der Vereinigten Staaten von Amerika behandeln die Eisenbahn-Gesellschaften quasi als öffentliche Korporationen.

[3]) Gesetz vom 3. November 1838, § 47.

[4]) Gesetz von 1838, § 24. Regierungs-Instruktion vom 23. Oktober 1817, Beilage § 48, Ziffer 2 (V. V. 861). Regulativ, die Eisenbahnkommissariate betreffend, vom 24. November 1848. (V. V. 842) Gesetz über die Polizeiverwaltung vom 11. März 1850, GS. 265, § 20.

Für Kleinbahnen ist im Gesetz desgleichen der Verfall der Genehmigung bei Nichteinhalten der Bedingungen in Aussicht gestellt[1]).

Eine strenge Auffassung der Unternehmerpflicht ist bei Eisenbahnen umsomehr geboten, als diese großen Anlagen regelmäßig nicht ohne Zuhilfenahme der Enteignung und ohne Eingriffe in andere öffentliche Verkehrswege zu Stande kommen. Nur soweit beides nicht der Fall und ein öffentliches Bedürfnis nicht vorhanden ist, wie etwa bei Bahnen, die lediglich zu einzelnen Vergnügungspunkten führen, wird von der Auferlegung einer Pflicht zum Bau und Betrieb abgesehen werden können[2]).

Öffentliche Meinung. Die öffentliche Meinung verlangt in Deutschland die sorgsame und volle Erfüllung der den Eisenbahnen obliegenden Verpflichtung. Nicht bloß bei der ersten Einrichtung sollen Anlagen und Betriebsmittel ausreichend für den Verkehr bemessen sein, sondern auch in der Folge stets auf der Höhe des Bedarfs gehalten werden. Wenn gleich nach Gesetz und Verkehrsordnung[3]) die Beförderung verweigert werden kann, „sofern sie mit den regelmäßigen Transportmitteln nicht möglich ist", so wird doch andrerseits gefordert, daß die Eisenbahnen mit Betriebsmitteln so weit versorgt sind, um allen Ansprüchen jederzeit zu genügen. In den Volksvertretungen finden Klagen über unzulängliche Anlagen, über Mangel an Wagen und Maschinen die lebhafteste Unterstützung. Die Bahnen sollen alle Waren übernehmen können, die ihnen übergeben werden; „prendre tous les transports, qui leur sont offerts", so lautet die Forderung in Frankreich und Belgien bei Eintritt von Wagenmangel. Es gibt wohl kein Land, in welchem nicht derselbe Anspruch an die

---

[1]) Gesetz, betr. Kleinbahnen vom 28. Juli 1892, §§ 23, 24, 25. Hier wird die Zurücknahme der Genehmigung noch besonders für den Fall angedroht, daß Bau und Betrieb ohne genügenden Grund unterbrochen oder gegen die Bedingungen der Genehmigung in wesentlicher Beziehung wiederholt verstoßen wird.

[2]) Die Verfallklauseln sind in Preußen wiederholt, wenn auch selten, während des ersten Baues zur Anwendung gekommen, so bei der Berliner Nordbahn, der Pommerschen Zentralbahn, der Berliner Stadtbahn, die in der Ausführung aus Mangel an Mitteln stecken blieben. Die eingezogenen Kautionen wurden in diesen Fällen, wie in solchen, bei denen es gar nicht zur Ausführung kam, zugunsten späterer in gleicher oder ähnlicher Richtung verwirklichter Entwürfe verwendet. Wegen Unterbrechung des Betriebes oder sonstiger Verletzung der Betriebsbedingungen sind Genehmigungen nicht zurückgenommen. Wenn der Zusammenbruch einer in Betrieb befindlichen Bahn drohte, schritt die Regierung nötigenfalls helfend ein, wie bei der Berlin-Dresdener Eisenbahngesellschaft 1877 durch Gewährung von Zinsbürgschaft für eine Anleihe unter gleichzeitiger Übernahme des Betriebes für den Staat.

[3]) Eisenbahn-Verkehrsordnung § 6, RGBl. 1899, S. 6. In die Verkehrsordnung ist die Vorschrift aus dem Handelsgesetzbuch für das Deutsche Reich — jetzt vom 10. Mai 1897 RGBl., S. 219 f. — übernommen. Dieselbe Bestimmung findet sich in dem Internationalen Übereinkommen über den Frachtverkehr vom 22. Dezember 1908 (in der Fassung des Zusatzübereinkommens vom 19. September 1906).

Bahnen erhoben wird. Nicht leicht findet die Entschuldigung Anerkennung, daß außergewöhnliche Verhältnisse vorliegen, welche die sofortige volle Befriedigung des angebotenen Verkehrs unmöglich machen können.

Grenzen der Betriebspflicht. Die Möglichkeit, dem Verkehr im ganzen Umfange zu genügen, hat indessen ihre Grenzen. Da der Betrieb an die Benutzung der Geleise und die Einhaltung von Sicherheitsvorschriften — Höchstgeschwindigkeit, Höchstbelastung, größte Zuglänge, Blockabstand usw. — gebunden ist, so gibt es ein äußerstes Maß, bei dem die Leistungsfähigkeit der Bahn erschöpft wird. Dieser Fall kann überall eintreten, wo infolge besonderer Ereignisse, Feste, Ausstellungen, Manöver usf. Menschenmassen sich sammeln und in kurzer Feit hin oder zurück befördert sein wollen. Er erscheint fast regelmäßig im Verkehr der großen Städte für die Stunden der Beförderung zu oder von den Orten der Beschäftigung oder Erholung[1]). Bei der Güterbeförderung tritt die Unzulänglichkeit der Mittel meist nur dann hervor, wenn der Andrang der Waren infolge starker Anspannung der gewerblichen Tätigkeit oder reicher Ernten ungewöhnlich steigt oder die Schiffahrt bei Hoch- oder Niedrigwasser ihre Mithilfe versagt[2]).

Die Bahnverwaltungen finden in der Aussicht auf größere Einnahmen einen Antrieb, um den Bedürfnissen des Verkehrs durch Vergrößerung der Anlagen und Vermehrung der Betriebsmittel entgegenzukommen. Andererseits ist die damit verbundene Steigerung der Ausgaben zu scheuen, wenn die Möglichkeit besteht, daß die Verbesserungen ungenügend ausgenutzt werden. Zu solcher Besorgnis liegt mehr Grund für kleinere Unternehmungen vor als für umfangreiche Netze, bei denen Ablenkungen des Verkehrs weniger möglich sind und die Betriebsmittel an den verschiedensten Punkten Beschäftigung haben können.

Wenn die Bahnverwaltungen nicht bereit sind, ihre Anlagen so zu verbessern und die Betriebsmittel zu vermehren, wie es das Verkehrsbedürfnis erheischt, so bleibt nur übrig, daß der Staat vom Unternehmer die Erweiterung seiner Einrichtungen auf Grund der übernommenen Betriebspflicht verlangt. In Preußen gibt dafür das Gesetz von 1838 die rechtliche Unterlage (siehe S. 36 Anm. 4, S. 48 Anm. 2, S. 53

---

[1]) Wer kennt nicht die Überfüllungen, welche in den Berliner Stadt-, Untergrund- und Straßenbahnen zu gewisser Zeit eintreten?

[2]) Der Wagenmangel zeigt sich am häufigsten in den Kohlen- und Industrierevieren, wenn die großgewerbliche Tätigkeit nach längerem Nachlassen wieder einen Aufschwung nimmt. Der Ausfall der Welternte hat einen Einfluß namentlich auf die Strecken, welche die Häfen und den russischen Verkehr bedienen. Im Inlande verursacht das Zusammentreffen reicher Rüben- und Kartoffelerträge Wagenknappheit. Verschärft wird letztere, wenn zugleich größere Truppenübungen Wagen dem öffentlichen Verkehr entziehen.

Anm. 2) [1]). Im Anschluß an den dort ausgesprochenen Grundsatz wird überdies in den Genehmigungsurkunden seit längerer Zeit vorbedungen, daß „nach Eröffnung des Betriebes der Konzessionar zur Änderung und Erweiterung der Bahnanlagen sowie zur Vermehrung der Geleise auf den Bahnhöfen und der freien Strecke verpflichtet ist, soweit der Minister der öffentlichen Arbeiten solches im Verkehrsinteresse oder im Interesse der Betriebsicherheit oder der Landesverteidigung für erforderlich erachtet"[2]).

Von diesen Befugnissen kann der Staat Gebrauch machen und macht tatsächlich Gebrauch, wenn das Verkehrsbedürfnis eine Änderung an der genehmigten Strecke fordert. Aber sie geben keine Möglichkeit der Hilfe, sobald auf der genehmigten Strecke der Verkehr überhaupt nicht mehr in ausreichender Weise bewältigt werden kann, sondern der gesteigerte Bedarf nur mittels neuer Bahnstrecken zu decken ist. Zu einem Neubau von Bahnen ist der Unternehmer der älteren Linie nicht verpflichtet, da die ihm erteilte Genehmigung sich lediglich auf eine bestimmte Strecke bezieht. An diesem Punkte hat seine Pflicht zum Betriebe ebenso ihre Grenzen wie zu den Zeiten, in welchen die Bahn dem Andrang mit allen Mitteln nicht genügen kann. In beiden Fällen ist die Abhilfe nur von neuen Unternehmungen zu erwarten.

Ob die Hilfe dann von Unternehmern kommt, hängt in der Hauptsache davon ab, daß Gewinn von den erforderlich gewordenen Neubauten zu erhoffen ist. Geschaffen sind die Entlastungsbahnen in Deutschland, solange das Privatbahnsystem bestand, meist aus Gründen des Mitbewerbs, so die Berlin-Lehrter Bahn gegenüber der älteren Berlin-Potsdamer Bahn durch die Magdeburg-Halberstädter Gesellschaft, die Berlin-Dresdener Bahn gegenüber der Berlin-Anhaltischen Gesellschaft usf. [3]). Der Staat und die Gemeindeverbände können neue Bahnen auch dann bauen, wenn kein unmittelbarer Gewinn winkt, sondern nur der Verkehr besser und so, wie das Bedürfnis es nötig macht, bedient wird. Wie in der gleichmäßigen Ausdehnung des Netzes durch das

---

[1]) Für Kleinbahnen besteht nur die Befugnis der Behörde, die vorgängige polizeiliche Prüfung des Unternehmens auf „die Wahrung der Interessen des öffentlichen Verkehrs" zu erstrecken, und der Vorbehalt, „zur Sicherung der Aufrechterhaltung des ordnungsmäßigen Betriebes während der Dauer der Genehmigung" Geldstrafen und Sicherheitsbestellung bei der Genehmigung vorzusehen. Kleinbahngesetz vom 28. Juli 1892, § 4, Nr. 4, § 11 Abs. 3. Auf Grund dieser Vorschrift sind in die Genehmigungsurkunden mannigfache Bestimmungen aufgenommen, um den Aufsichtsbehörden das Eingreifen bei Mängeln des Betriebes zu ermöglichen.

[2]) Fritsch, Eisenbahngesetzgebung, 2. Aufl., S. 30.

[3]) Die rheinische Eisenbahngesellschaft baute auf beiden Ufern des Rheins Durchgangslinien, die zum Teil nur demselben Verkehr dienten, aber den ertragsreichen Talweg damit anderen Unternehmern verlegten.

ganze Land (siehe S. 32, 33) so führt auch in der Herstellung ausreichender Durchgangslinien das staatliche Bahnsystem am weitesten, sofern es tatkräftig gehandhabt wird. Das gleiche gilt von den Gemeinden, welche den Bau und Betrieb der örtlichen Verkehrseinrichtungen selbst in die Hand nehmen (siehe S. 27).

England. In England nahm man anfänglich eine Verpflichtung des Unternehmers zur Ausführung nur für den Bau an, während die Gesellschaft für den Betrieb als common carrier angesehen wurde, als gewöhnlicher Frachtführer, der nicht mehr wie jeder andere auf der Bahn zu fahren brauchte[1]). Die englischen Bahnen durften deshalb die Beschaffung der Güterwagen in großem Umfange den Frachtaufgebern überlassen. Sie werden nicht für verpflichtet gehalten, wie auf dem Festlande alle angebotenen Sendungen zu befördern, sondern können den einzelnen darauf verweisen, selbst für Fortschaffung zu sorgen. Gegenwärtig, wo die Rente englischer Eisenbahnen zurückgegangen ist, wird allerdings herausgefunden, daß durch die massenhaften Privatwagen, welche nur für Sendungen der Eigentümer benutzt werden dürfen, daher Leerläufe und Verschubarbeiten verursachen und vielfach leer stehen, die Betriebsausgaben verteuert und kostspielige Erweiterungen der Bahnhöfe nötig werden. Nicht bloß die Frachtkundschaft, sondern auch die Aktionäre verlangen daher nach einem einheitlichen, leistungsfähigen Wagenpark.

Vereinigte Staaten von Amerika. In den Vereinigten Staaten von Amerika sind die Eisenbahnen nach der anfänglichen Schrankenlosigkeit (vgl. S. 9, 16) scharfen Regelungen unterworfen worden. Nach dem Bundesgesetz von 1887 hat die verfrachtende Gesellschaft „alle vernünftigen geeigneten und gleichmäßigen Erleichterungen für den Verkehr" zu treffen. Die Erfüllung der verschiedenen hieraus entspringenden Verpflichtungen wird mit Strafen erzwungen, die bis zu 5000 $ im Einzelfalle gehen, bei Scheinmanövern und Begünstigungen Zuchthausstrafe vorsehen und sowohl die Gesellschaften wie ihre Beamten und die mitbeteiligte Kundschaft treffen. In ähnlicher Weise wie der Bund für den zwischenstaatlichen und Auslandsverkehr haben die Einzelstaaten Bestimmungen für ihre Gebiete getroffen[2]).

---

[1]) Vgl. S. 8.

[2]) Das Bundesgesetz vom 4. Februar 1887 ist durch Gesetze vom 2. März 1889, 10. Februar 1891, 8. Februar 1895, 29. Juni 1906, 13. April 1908, 25. Februar 1909 und 18. Juni 1910 abgeändert und ergänzt. Der Titel des ursprünglichen Gesetzes lautet: „An Act to regulate Commerce"; es erstreckt sich auch auf Erdölleitungen, Wasserstraßen, Telegraphen-, Telephon-, Telefunken- und Kabelgesellschaften. Archiv 1912, S. 12.

Neunter Abschnitt.

Staatliche Anforderungen betreffs des Fahrplans.
(S. 44 Nr. 6.)

Anfängliche Behandlung Die anfängliche Vorstellung, daß die Eisenbahn wie eine Straße von jedem befahren werden könnte, der sein Fuhrwerk für den Eisenbahnbetrieb einrichtet, führte dazu, daß Forderungen in bezug auf die Einrichtung des Fahrdienstes bei der Genehmigung zunächst nicht gestellt wurden. Im preußischen Gesetz, welches über das von fremden Benutzern zu erhebende Bahngeld eingehende Bestimmungen[1]) enthält, wird über die Regelung der Fahrpläne nichts festgesetzt. Die Bahnverwaltungen konnten über die Zahl und den Gang der Züge in der ersten Zeit frei verfügen.

Fahrpläne für Personen- und Güterzüge. Da Reisende sich aber auf Abfahrts- und Ankunftszeiten einrichten müssen, so wurden alsbald für Personenzüge Fahrpläne aufgestellt und behufs Anschlusses und Weiterführung der Züge mit anderen Bahnen von den Verwaltungen vereinbart. Die freiwillige Einigung der Bahnen, deren Netz bis in die äußersten Verzweigungen für den Reisenden ein Ganzes bildet, ist die Grundlage für die Weiterbildung der Fahrpläne geblieben. Ihrer Verständigung untereinander ist der wunderbare Zusammenhang der Zugverbindungen zu danken, welcher Jedem gestattet, seine Reise bis in die weitesten Fernen über alle Landesgrenzen auf Grund der Kursbücher hinaus genau zu berechnen.

In den Verhandlungen der Bahnen bilden sich die gemeinsamen Regeln für die Aufstellung der Fahrpläne aus. Die größte dieser Versammlungen, die Internationale Fahrplankonferenz, an welcher jetzt Bahnen fast aller europäischer Staaten beteiligt sind, stellt jährlich die Personenzugverbindungen von Land zu Land fest und gibt damit die Zeiten an für die Anschlüsse an die Seitenlinien und Zwischenstationen in den verschiedenen Ländern. In diese Grenzen fügt sich dann der Fahrplan für die Binnenzüge jedes Staates.

Weitgehende Vereinfachungen und Verbesserungen des Verkehrs sind durch Vereinbarungen der Bahnen erreicht. Hier sei als Beispiel hervorgehoben, daß auf Grund ihrer Beschlüsse die Personenzugfahrpläne überall zu einem bestimmten Zeitpunkt in Geltung treten — jetzt jährlich nur einmal zum ersten Mai[2]) — und daß das Bedürfnis der Bahnen nach einfacherer Regulierung ihrer Fahrpläne einen mächtigen

---

[1]) Gesetz vom 3. November 1838, §§ 29—31. Niemals ist auf Grund dieser Vorschriften eine Mitbenutzung von Eisenbahnen zustande gekommen (vgl. S. 11).

[2]) Im Laufe des Jahres nach dem 1. Mai werden nur Sonder-, Saison- und Ergänzungszüge eingelegt, für welche die Geltungsdauer beliebig festgesetzt wird.

Anstoß bei der Einführung der Welteinheitszeit gegeben hat[1]). Die Züge, welche über alle Grenzen bis zu den großen Endpunkten laufen, die durchgehenden Personen-Schlaf- und Speisewagen, die Zollabfertigung während der Fahrt, alle bedeutenden Erleichterungen des Fernverkehrs werden durch die Verhandlungen unter den Bahnen möglich gemacht.

Für die regelmäßigen Güterzüge werden in Deutschland wie in anderen europäischen Ländern ebenfalls feste Fahrpläne aufgestellt und mit den Nachbarbahnen soweit nötig vereinbart.

Staatliche Anforderungen. Die staatliche Gesetzgebung und Aufsicht hat in die Fahrpläne erst allmählich und behutsam eingegriffen.

Deutsches Reich. Die deutsche Reichsverfassung vom 16. April 1871 verpflichtet in Artikel 44 die Eisenbahnverwaltungen, „die für den durchgehenden Verkehr und zur Herstellung ineinandergreifender Fahrpläne nötigen Personenzüge mit entsprechender Fahrgeschwindigkeit, desgleichen die zur Bewältigung des Güterverkehrs nötigen Güterzüge einzuführen". Das Reichseisenbahnamt wirkt bei der Prüfung der Fahrpläne mit, soweit der durchgehende Verkehr und der Zusammenhang der Züge in Betracht kommt[2]).

Preußen. Weiter geht Preußen, dessen Aufsichtsbehörde auf Grund der allgemeinen Bestimmungen des Eisenbahngesetzes und der Genehmigungsurkunden die Feststellung und Abänderung der Fahrpläne bei Haupt- und Nebenbahnen überhaupt in Anspruch nimmt[3]). Diese Befugnis wird indessen in den Bedingungen der Genehmigung vielfach — bei Bahnen schwächeren Verkehrs — beschränkt, indem der Unternehmer nur verpflichtet wird, eine geringere Zahl von Wagenklassen[4])

---

[1]) Infolge der Einführung der mitteleuropäischen Zeit können die Bahnen von Deutschland, Luxemburg, Österreich-Ungarn, Dänemark, Schweden, Norwegen, Schweiz, Italien, Bosnien, Serbien, westliche Türkei und Malta ihre Fahrpläne auf Grund derselben Stundenzeit festsetzen, während früher an den Grenzen der Staaten die Zeit nach der Hauptstadt umgerechnet werden mußte. Die gemeinsame Zeit wurde zuerst nur für den Bahnverkehr angenommen (Eisenbahnzeit).

[2]) Nach dem Gesetz betreffend die Errichtung eines Reichseisenbahnamts vom 27. Juni 1873, RGBl. 164, ist die Aufgabe der Behörde umfassend. Sie hat das Aufsichtsrecht über das Eisenbahnwesen, die Fürsorge für die Ausführung der gesetzlichen und verfassungsmäßigen Vorschriften sowie für Abstellung von Mängeln und Mißständen, § 4 a. a. O. Die machtvolle Stellung der staatlichen Verwaltung und Aufsicht in den Einzelländern beschränkt aber die Gelegenheiten zur Einwirkung seitens des Reichseisenbahnamts.

[3]) Im Eisenbahngesetz vom 3. November 1838 (siehe S. 11) ist vorbehalten, nach Maßgabe weiterer Erfahrung die im Gesetz gegebenen Bestimmungen durch allgemeine Anordnungen und künftige Konzessionen abzuändern und neue Bestimmungen hinzuzufügen, § 49 a. a. O. Dies ist besonders in den Konzessionsurkunden schon seit früher Zeit geschehen.

[4]) Nicht wie auf den Hauptbahnen I., II., III. und IV. Klasse, sondern nur 3. oder 2. Klassen. **Fritsch,** a. a. O., 2. Auflage, S. 28.

einzustellen und nicht mehr als eine bestimmte mäßige Zahl von Personenzügen zu fahren.

Nach den Anordnungen der Aufsichtsbehörde, bei Kleinbahnen ausdrücklich nach dem Kleinbahngesetz[1]), sind die Fahrpläne und ihre Änderungen vor der Einführung öffentlich bekannt zu machen.

Im übrigen wirken in Preußen wie in anderen deutschen Staaten die Regierungen als oberste Leiter der Staatsbahnen bei Vorbereitung der Fahrpläne mit; ihre Zustimmung ist für den Gesamtentwurf des Fahrplans bei Staats- wie bei Privatbahnen erforderlich[2]).

Bei Kleinbahnen können sich in den Genehmigungsurkunden die Bezirksbehörden eine Einwirkung auf den Fahrplan vorbehalten. Sie sind dazu nach dem Gesetz befugt, wenn die Interessen des öffentlichen Verkehrs es erheischen[3]), Außerdem werden den Kleinbahnen, welche mit Unterstützungen des Staates oder der Gemeindeverbände gebaut sind, Verpflichtungen betreffs der Aufstellung und Prüfung der Fahrpläne auferlegt.

England. In England wurde schon 1844 den Eisenbahngesellschaften durch Gesetz aufgegeben, zu den für den Arbeiterverkehr wichtigen Zeiten besondere Züge III. Klasse mit dem Preise von 1 Penny pro mile zu fahren[4]). Im übrigen ist in die Zugbildung und Fahrplanaufstellung von seiten des Staats wenig eingegriffen. Die heimischen Gesellschaften verfahren umso unabhängiger, weil sie in ihrem vom Meer umgebenen Lande auf auswärtige Bahnen wenig Rücksicht zu nehmen brauchen.

Nordamerika. Ähnlich liegt es in den Vereinigten Staaten von Amerika, wo die Verbindungen mit den Grenzländern weitaus nicht so zahlreich und wichtig sind wie z. B. in Deutschland.

---

[1]) Kleinbahngesetz vom 28. Juli 1892, § 21.

[2]) Erlaß des Ministers der öffentlichen Arbeiten vom 2. Mai 1904 (EVBl. 178) betr. Vorlage der Fahrplanentwürfe der Privatbahnen.

[3]) Kleinbahngesetz § 4, Nr. 4. Nach § 14 dieses Gesetzes und der Ausführungsanweisung vom 13. August 1898 zu § 4 Abs. 9 sind die Vorbehalte in der Genehmigungsurkunde auszudrücken, „so daß aus derselben Maß und Art der dem Unternehmer obliegenden Verpflichtungen mit Sicherheit erhellt". Ein Grund für derartige Vorbehalte liegt z. B. vor, wenn von der Kleinbahn öffentliche Straßen benutzt werden.

[4]) Der Preis, 8,5 Pf. für 1,6 km, erscheint neben den Sätzen der IV. Klasse von 2 Pf. für 1 km und den noch weit niedrigeren der Arbeiterwochenkarten in Preußen hoch. Act 7 und 8 Vict. Cap 85 vom 29. August 1844 schrieb vor, daß zu diesem Preise täglich mindestens ein Zug mit Sitzwagen, gegen Wetter geschützt, auf der ganzen Linie mit 12 miles Geschwindigkeit in der Stunde einschl. Aufenthalt gefahren werden sollte. Cohns engl. Eisenbahnpolitik Bd. I, S. 168, 169.

Zehnter Abschnitt.

Staatliche Einwirkung auf die Tarife in Deutschland.

(S. 44 Nr. 6.)

Anfängliche Behandlung. Bei der Entstehung der Eisenbahnen beschränkte man sich in England damit, für die Benutzung der Strecke ebenso wie bei einer Straße, ein Wege- oder Bahngeld (toll, droit de péage) festzusetzen. Die Höhe der Preise, welche für die Beförderung genommen werden, wurde der Eisenbahn überlassen (siehe S. 7). Der Mitbewerb zwischen den die Bahn befahrenden Unternehmern sollte nach damaliger Meinung wie bei dem Fuhrwerk und der Schiffahrt (common carriers) ausreichen, um zu einer befriedigenden Gestaltung der Frachten zu gelangen.

Deutschland. Im preußischen Eisenbahngesetz vom 3. November 1838 wurde zwar auch die Festsetzung eines Bahngeldes vorgesehen (vgl. S. 11), zugleich aber der Gesellschaft das Recht zugestanden, in den ersten drei Jahren den Transportbetrieb allein zu übernehmen. Die Preise für den Personen- und Warentransport darf sie nach ihrem Ermessen bestimmen, jedoch muß sie

1. „den angenommenen Tarif bei Beginn des Transportbetriebes und die späteren Änderungen sofort bei deren Eintritt, im Fall der Erhöhung aber sechs Wochen vor Anwendung derselben, der Regierung anzeigen und öffentlich bekannt machen", und

2. „für die angesetzten Preise alle zur Fortschaffung aufgegebenen Waren, ohne Unterschied der Interessenten, befördern"[1]), soweit der Transport polizeilich zulässig ist.

3. Auch kann sie nach Ablauf der ersten drei Jahre seit Eröffnung der Bahn „den Frachttarif (sowohl für den Waren- als für den Personentransport) ohne Zustimmung des Ministers der öffentlichen Arbeiten nicht erhöhen"[2]).

Die Feststellung des Tarifs durch den Staat wird in diesem Gesetz, wie in England, allein für das Bahngeld, die Benutzung der Bahn als Straße, in Anspruch genommen und die Bildung der Frachtpreise der

---

[1]) Gesetz a. a. O., § 26.

[2]) Gesetz, a. a. O. §§ 32, 33 bestimmt noch, daß die Fahrpreise herabgesetzt werden müssen, sobald für die zuletzt verlaufene Periode sich an Zinsen und Gewinn ein Reinertrag von mehr als 10 % ergeben hat. Diese Vorschrift ist nicht zur Anwendung gekommen, nachdem der Minister anerkannt hatte, daß der Reinertrag „des in dem Unternehmen angelegten Kapitals" sich auch auf den Betrag der ausgegebenen Obligationen beziehe, also das ganze im Unternehmen angelegte Kapital umfasse.

Bahngesellschaft überlassen. Die öffentliche Bedeutung der Eisenbahnfrachten ist indes bereits voll erkannt und soweit unter staatlichen Schutz gestellt, als es möglich war, ohne in die für die erste Zeit wünschenswerte freiere Bewegung der Tarifgestaltung störend einzugreifen. Auf dem völlig neuen Gebiet der Eisenbahnfrachten wird also der Entschließung der verantwortlichen Unternehmer in weitem Umfang freie Bahn gelassen. Die Anzeige und Bekanntmachung der Preise gibt der Kundschaft die Möglichkeit der Unkostenberechnung und die Sicherheit vor geheimen Begünstigungen. Die gleiche Behandlung aller Waren und Interessenten schließt persönliche Bevorzugungen aus. Die Einhaltung einer längeren Frist vor Erhöhungen des Tarifs verhütete Überraschungen, und die Zustimmung der Regierung zu Erhöhungen sicherte die Beständigkeit der Frachtpreise. Da die Aufsichtsbehörde unbeliebten Verteuerungen nicht ohne gründliche Prüfung beitritt, so werden Erhöhungen der Frachten nur bei wirklicher Notwendigkeit zugelassen; andererseits gehen die Bahnen vorsichtig an Frachtherabsetzungen heran, die sie allein nicht·rückgängig machen können.

Keine Vorschrift des Gesetzes von 1838 zeigt besser, daß den Verfassern trotz der von England überkommenen Vorstellung der Bahn als Straße der wirtschaftliche Unterschied vollkommen klar war, welcher zwischen den einzelnen sich frei bewegenden Fuhrleuten und Schiffern und dem andere ausschließenden Betriebe einer Eisenbahngesellschaft besteht.

Tarifverbände. Die Gestaltung des Tarifs ist nach diesem Gesetz bis auf die erwähnten Einschränkungen in Preußen frei. Lange Jahre hindurch hat in Deutschland die gesetzliche Staatsaufsicht in die Tarife tatsächlich nur wenig eingegriffen.

Die einzelnen Eisenbahnverwaltungen wählten anfänglich nach Ermessen ihre Tarife sowohl für Personen wie Güter, mußten aber bald, sowie sie Verbindung untereinander erhielten und den Verkehr ohne Umsteigen, Umladung, Neuabfertigung übergehen lassen wollten, für diesen Teil der Beförderung sich über Fassung und Anwendung der Tarife mit den Nachbarn verständigen. So entstanden größere Verbände, welche Tarifklassen und Tarifvorschriften vereinbarten. Sie bezogen sich an erster Stelle auf den Güterverkehr, dessen Vielgestaltigkeit umfassende Vereinbarungen nötig macht, und dehnten sich immer weiter aus, je mehr die Frachtbeziehungen in die Ferne gingen[1]).

---

[1]) Seit 1848 bestand ein norddeutscher Tarifverband für die Verwaltungen von der deutschen Westgrenze bis Berlin und Stettin, seit 1853/4 ein mitteldeutscher für die Bahnen von Berlin nach Thüringen, dem Harz, Mittelrhein und Süddeutschland, außerdem ein süddeutscher Verband. Der Osten Preußens, in welchem die vom Staat verwalteten Bahnen überwogen, kam auch ohne besondere Verbandseinrichtungen zu der damals erforderlichen Einheitlichkeit. Vgl. S. 22. Ulrich, Eisenbahntarifwesen, S. 221, 222.

Die Beschlüsse dieser Verbände galten nur für den Wechselverkehr der zugehörigen Bahnen, aber wurden auch in dem inneren Verkehr der einzelnen Bahngebiete angenommen, sobald sich ergab, daß Abweichungen zwischen Binnen- und Verbandstarif zu Schwierigkeiten und Irtümern führten. Mit der Festsetzung der Fahrpreise befaßten sich die größeren Verbände zunächst nicht[1]), überließen dies vielmehr den einzelnen Verwaltungen sowie den engeren Gruppen, welche sich um die durchgehenden Linien bildeten[2]). Im Lauf der Zeit machte sich aber die Notwendigkeit gleicher Frachtsätze in den untereinander verschlungenen Linien immer stärker geltend und trieb die Verbände dazu, auch Preis-Skalen für ihre Tarifklassen zu vereinbaren, welche wiederum eine mehr oder minder starke Einwirkung auf den inneren Verkehr der einzelnen Bahnen hatten.

Mitwirkung der Regierungen. Bis in die siebziger Jahre hinein blieb die Ausbildung der Tarife und ihr allmähliches Fortschreiten zu einheitlichen Formen und Sätzen bei den einzelnen Bahnen und ihren Verbänden. An deren Entschließungen waren die Regierungen als Eigentümer von Staatsbahnen beteiligt, aber übten auch vielfach bei Tarifen, welche Staatsbahnen nicht berührten, das Recht der Genehmigung aus[3]). In Preußen erhielt der Minister von allen Tarifänderungen Anzeige, hatte also jederzeit einen Überblick über den Tarifzustand des ganzen Landes. Er konnte Erhöhungen fast überall verhindern, Ermäßigungen, welche bedenklich erschienen, wenigstens bei den vom Staat verwalteten Bahnen, zurückhalten[4]). Der Einfluß der Regierungen in der damaligen Zeit ging nicht so weit, um für die deutschen Bahnen ein gemeinsames Tarifsystem und einheitliche Sätze vorschreiben

---

[1]) Sie wollten nur einheitliche Tarifklassen bilden und die Vorschriften dazu geben.

[2]) Eine norddeutsche Route bestand für Köln—Berlin über Hannover, eine preußisch-braunschweigische von Aachen über Elberfeld—Kreiensen nach Berlin, eine rheinisch-thüringische von Aachen über Elberfeld—Kassel—Erfurt nach Leipzig—Dresden.

[3]) Die Genehmigung konnte in der Verleihungsurkunde für die Privatbahn vorbehalten sein und war bei Tariferhöhungen in Preußen nach dem Gesetz erforderlich (vgl. S. 68). Einzelne Bahnen, deren Strecken vor dem Gesetz von 1838 genehmigt waren, wie die Rheinische Eisenbahngesellschaft, glaubten für diese Strecken und die nach der ersten Urkunde bewilligten Erweiterungen die Genehmigung zur Erhöhung nicht nötig zu haben. Da die Strecken meist mit andern, für die das Gesetz galt, in engem Zusammenhang standen, hatten solche Ausnahmen nur beschränkte Bedeutung.

[4]) Ermäßigungen wurden, so lange es noch einheitliche Sätze für das ganze Land nicht gab, selten beanstandet, wenn Privatbahnen, auch die vom Staat verwalteten, sie bei dem Minister beantragten. Wenn die Ermäßigung nur für das Einzelgebiet wirksam wurde, konnte angenommen werden, daß die Privatbahn ihren Vorteil dabei genügend wahrgenommen habe und niemand geschädigt wurde.

zu können, trug aber wesentlich dazu bei, die allmähliche Entwicklung der Tarife in einem der Allgemeinheit nützlichen Sinne zu fördern.

Einfluß der öffentlichen Meinung. Die Öffentlichkeit der Tarife rief zeitig das allgemeine Urteil über die Zweckmäßigkeit der Tarifbildung auf den Plan. Das Verständnis für die Wichtigkeit der Eisenbahnfrachten wuchs schnell. Die Verschiedenheiten der Tarife bei den einzelnen Bahnen und Verbänden wurden als lästig, die Unbeständigkeit der Sätze als gefährlich für die gewerbliche Unternehmungslust empfunden. Bald trat die Überzeugung allgemein hervor, daß für die Tarife eine grundsätzliche und gleichmäßige Regelung innerhalb Deutschlands nötig sei. Die Eisenbahnverwaltungen hatten beständig mit Anträgen von Einzelnen, Gemeinden, Handelskammern und anderen wirtschaftlichen Körperschaften zu tun, welche eingehend die Tariflage beleuchteten, und konnten bei ihren Entschließungen diese Wünsche nicht unbeachtet lassen [1]).

Ausschließung geheimer Bevorzugungen (Refaktien). Die Fortbildung der Tarife schritt so allmählich voran und wurde gesund dadurch erhalten, daß mit der vorgeschriebenen Öffentlichkeit und Gleichmäßigkeit für alle Kunden die Gewährung geheimer Vergünstigungen an Einzelne ausgeschlossen war. Das Refaktienwesen [2]) hat sich deshalb in Deutschland und besonders in Preußen zu einem gemeinschädlichen Umfange nicht entwickeln können. Allerdings dauerte es längere Zeit, bis die Meinung sich allgemein gegen die Zulässigkeit der Refaktien im Eisenbahnverkehr wandte [3]).

Bevorzugungen im Preise werden nach Handelsbrauch demjenigen gewährt, der große Mengen abnimmt. Durch umfangreiche Bestellungen wird die Arbeit des Verkäufers erleichtert, seine Beschäftigung gesichert,

---

[1]) Es wurde schon damals gebräuchlich, daß sich Handelskammern, andere wirtschaftliche Körperschaften, große Firmen besondere Bureaus für die Sammlung und Durchforschung von Eisenbahntarifen einrichteten.

[2]) Refaktien werden die Vorzugspreise genannt, wenn sie in Form von teilweiser Rückvergütung der Fracht auf die vorher erhobenen öffentlichen Tarifsätze gewährt werden. Werden die Rückvergütungen bekannt gemacht, z. B. für den Fall der Aufgabe größerer Beförderungsmengen in bestimmter Frist, so nennt man sie Rabattarife.

[3]) Die Begründung des preußischen Gesetzentwurfs betr. den Erwerb mehrerer Privatbahnen für den Staat vom 29. Oktober 1879, IV, S. 69 hob besonders hervor die vielfältige, der Aufsichtsinstanz sich entziehende Umgehung des Refaktienverbots durch zweite und dritte Hand, geheime Vermittlung von Agenten, durch prominente Behandlung unbegründeter Reklamationen, durch unentgeltliche Lagerung, Verzicht auf Standgeld, bevorzugte Wagengestellung, Freistellen, alles für große Versender. In der preußischen Denkschrift betr. die Erfolge der Verstaatlichung von 1880, Berlin 1882, werden Fälle vorgeführt. in denen Privatbahnen z. B. die Rheinische allein in 184 Fällen zwischen 1876 bis 1880 gegen das Gesetz Frachtsätze ohne Publikation anwendete.

sein Gewinn vermehrt. Aus diesem Grunde werden auch in dem Verkehr mit Fuhrwerken und Schiffen Vorzugspreise regelmäßig zugestanden. Für Eisenbahnen konnte die gleiche Begründung nur in Frage kommen, wenn sie wirklich, wie anfänglich angenommen wurde, Straßen waren, auf denen Jedermann fuhr, wie er wollte. Da sie tatsächlich nur von der einen Betriebsverwaltung beherrscht werden, hat diese keinen Vorteil von der Zusicherung größerer Sendungen, da ihr jede auf ihre Linien angewiesene Fracht zufallen muß, mag sie groß oder klein sein. Die Bevorzugung von einzelnen Massenverfrachtern muß andererseits im Bahnverkehr, dem sich niemand entziehen kann, den kleineren Versender in Nachteil bringen und ihn zum Aufgeben des Mitbewerbs, zum Verlust seiner wirtschaftlichen Selbstständigkeit treiben. Die regelmäßige Gewöhnung von Vorzugspreisen führt dazu, daß es nicht mehr auf die öffentlichen Tarife und deren planmäßige Ausbildung für den Verkehr ankommt, sondern lediglich auf die geheimen Einzelabmachungen mächtiger Versender mit den Eisenbahnverwaltungen.

Auf das klare Verbot des Gesetzes von 1838 gründet sich die ablehnende Haltung, welche von jeher die preußische Regierung gegenüber Vorzugspreisen und Refaktien eingenommen hat. Refaktien sind auch dann nicht zugelassen, wenn sie von außerpreußischen Bahnen oder Schiffahrtslinien im Mitbewerb gegen preußische Verwaltungen gewährt wurden[1]). Obwohl die letzteren dadurch in die ungünstige Lage kommen, daß ihre Tarife den Gegnern bekannt werden, während die feindlichen Frachten geheim bleiben, beharrte die preußische Regierung auf ihrem Standpunkt und brachte ihn in Deutschland zur Anerkennung[2]). In Österreich wurde aus Anlaß des Art. XV des Handelsvertrags mit

---

[1]) Den preußischen Bahnen können auf ihren langen Linien von West nach Ost durch die Seeschiffahrt und die südlichen deutschen und österreichischen Verwaltungen, von Nord nach Süd durch die Stromfahrt und die anschließenden Linien vorteilhafte Frachten entzogen werden. Um solche Sendungen, z. B. die damals starke Getreideeinfuhr von Ungarn nach dem Westen Deutschlands, wurde der Kampf in den 60er und 70er Jahren mit Tarifen und vielfach auch mit Refaktien geführt.

[2]) Im deutschen Eisenbahnverkehr spielen Refaktien oder Vorzugspreise keine Rolle mehr. Dagegen haben die Einzelvereinbarungen für Schiffsfrachten nach wie vor Einfluß auf die Bahnsendungen und werden ebensowenig beseitigt werden können, wie die mit Wasserstand und Frachtgelegenheit schwankende Veränderlichkeit der Wasserfrachten. Diese Verschiedenheit in der Handhabung der Tarife hängt mit der Art der beiden Beförderungsmittel zusammen. Ob darin bei der sich anbahnenden Neugestaltung der Binnenschiffahrt irgend welche Änderung eintreten wird, ist abzuwarten.

Im Personentarif wurden früher Ermäßigungen gegen die allgemeinen Preise von einem Teil der deutschen Bahnen an einzelne Reisebureaus gewährt. Seit der Tarifreform verkaufen die Reisebureaus zu gleichen Preisen wie die Eisenbahnen.

Deutschland vom 15. Dezember 1878 im Jahre 1879 durch den Handelsminister angeordnet, daß Rückvergütungen ebenso wie Tarife bekannt gemacht werden müssen[1]). In Frankreich sind die Refaktien durch die Eisenbahnkonzessionen untersagt. In England und Nordamerika sind sie dagegen für Personen und Güterverkehr in großem Umfange üblich und werden, namentlich in Amerika, durch Agenten gefördert. In Nordamerika werden heimliche Refaktien seit dem Bundesgesetz vom 4. Februar 1887 als Vergehen (misdemeanor) angesehen und mit Geldbuße bis 5000 £ oder Zuchthaus bis zu 2 Jahren für Bahnen, Bahnbeamte und Nehmer der Vergütungen bedroht. Archiv 1912, S. 22—23.

Im deutschen Tarif selbst wird den Bevorzugungen umfangreicherer Sendungen nur ein beschränkter, der Sache angemessener Spielraum gewährt. Neben den billigsten Frachten, welche aus wirtschaftlichen Gründen bei Ausnützung der vollen Wagentragkraft (30, 20, 15, 12^5, 10 t) erhoben werden, kommen etwas erhöhte Preise für die Menge von 5 t zum Besten der Versender kleinerer Posten zur Berechnung. Ausnahmetarife für Massensendungen, die zum Teil aus Gründen der Betriebserleichterung die gleichzeitige Auflieferung mehrerer Wagen voraussetzen, gehen nicht über die Forderung von 5 oder 10 Wagen hinaus, um nicht die Anwendung zum Privileg weniger Einzelner zu machen[2]). Dem Grundsatz gleicher Behandlung der Interessenten, welchen das Gesetz von 1838 aufgestellt hat, wird in den Bestimmungen der deutschen Eisenbahntarife durchaus Rechnung getragen[3]).

Reichsrecht. Das Gesetz von 1838 hat für die Tarife seine Wirksamkeit nicht verloren, als der Norddeutsche Bund und darauf das Deutsche Reich mit Vorschriften hinzutrat. In der Verfassung von 1871 wird dem Reiche die Kontrolle über das Tarifwesen beigelegt und ihm aufgegeben, dahin zu wirken, daß

„die möglichste Gleichmäßigkeit und Herabsetzung der Tarife erzielt, insbesondere, daß bei größeren Entfernungen für den Transport von Kohlen, Koks, Holz, Erzen, Steinen, Salz, Roheisen, Düngungsmitteln und ähnlichen Gegenständen ein dem Bedürfnis der Landwirtschaft und Industrie entsprechender ermäßigter Tarif und zwar zunächst

---

[1]) Durch weitere handelsministerielle Verordnung vom 20. November 1885 (R. G. Bl. Nr. 187) ist in Österreich die Behandlung der Rückvergütungen durchgreifend geregelt und damit erst der gewollte Erfolg wirklich erreicht.

[2]) Solche Ausnahmetarife bestehen für Kohlen u. dergl. nach See- und Flußhäfen.

[3]) So besorgt war man in Preußen, Bevorzugungen zu vermeiden, daß der Minister für den ersten Ostbahntarif 1852 ablehnte, bei vollen Wagenladungen einen Rabatt von 15% zu genehmigen, weil er darin „eine kaum zu rechtfertigende Begünstigung des größeren Verkehrs" sah. Archiv 1911, S. 1136.

tunlichst der Einpfennigtarif gewährt werde[1]). Ferner werden die Eisenbahnverwaltungen verpflichtet, „direkte Expeditionen im Personen- und Güterverkehr, unter Gestattung des Überganges der Transportmittel von einer Bahn zur anderen, gegen die übliche Vergütung einzurichten" und bei Notständen niedrige vom Kaiser festzustellende Spezialtarife einzuführen [2]).

Die Vorschriften des Reichs lassen die rechtlichen Anordnungen des Gesetzes von 1838 betreffs der Öffentlichkeit der Tarife, ihrer ununterschiedlichen Anwendung, der behördlichen Zustimmung zu Frachterhöhungen unberührt. Sie geben nur für die Tarife, ebenso wie der vorhergehende Artikel 42 für die gesamte Verwaltung des Bahnnetzes[3]), eine allgemeine Anregung zur Entwicklung in der Richtung der Ausgleichung, Ermäßigung, Vereinfachung. Ein Gesetz, welches die Befugnisse des im Jahre 1873 errichteten Reichseisenbahnamtes klarstellen und dieses besonders ermächtigen sollte, auf die Tarife nach den Andeutungen der Reichsverfassung umgestaltend einzuwirken, war in Aussicht genommen, ist jedoch nicht zustande gekommen[4]).

Die vom dem Reich gewünschte Gleichmäßigkeit, Herabsetzung und Vereinfachung der Tarife wurde aber trotzdem in jener Zeit, wenn auch auf anderem Wege erreicht. Wesentlich hat dabei der Umstand mitgewirkt, daß das Reich bei seiner Entstehung zugleich in den Besitz der elsaß-lothringischen Bahnen kam[5]).

Elsaß-Lothringischer Gütertarif. Bei dem Übergang der elsaß-lothringischen Bahnen an das Reich konnten die bis dahin gültigen französischen

---

[1]) Reichsverfassung vom 16. April 1871 (R. G. Bl. 63) Art. 45 Der Einpfennigtarif bedeutet nach den damals gültigen Münzen und Maßen einen Silberpfennig für 1 Zentner = 50 Kilogramm, und 1 Meile = 7,5 Kilometer. Er entspricht 2,22 Pfennig für 1 Tonnenkilometer. Der gegenwärtige Satz der untersten regelmäßigen Tarifklasse (Spezialtarif III) beträgt 2,2 Pfennig für 1 Tonnenkilometer.

[2]) Reichsverfassung Art. 44, 46. Die Vorschrift betreffs der Notstandstarife ist nicht zur Anwendung gekommen, weil die deutschen Verwaltungen sich über diese Maßnahmen immer im Wege der Vereinbarung schnell geeinigt haben.

[3]) Vgl. S. 53.

[4]) Gesetz betr. die Errichtung eines Reichseisenbahnamts vom 27. Juni 1873, RGBl. 164, § 5. „Bis zum Erlaß eines Reichseisenbahngesetzes gelten folgende Vorschriften" d. i. in Bezug auf Befugnisse des Reichseisenbahnamts. Drei Entwürfe zu diesem Gesetz wurden 1874, 1875 und 1879 ausgearbeitet; der letzte gelangte an den Bundesrat, scheiterte aber an dem Widerspruch der Bundesregierungen, welche zu weitgehende Eingriffe in die Selbständigkeit der staatlichen Bahnverwaltungen besorgten.

[5]) Die elsaß-lothringischen Bahnen (766 km) standen vor dem Kriege von 1870/1 im Eigentum und zum Teil im Pachtbesitz der französischen Ostbahngesellschaft, von welcher sie nach dem Friedensvertrage mittels einer Aufrechnung von 320 Millionen Franken auf die Kriegsentschädigung von 5 Milliarden an das Reich übergingen.

von den deutschen inhaltlich ganz verschiedenen Tarife nicht beibehalten werden. Andererseits waren die deutschen Tarife, obwohl untereinander verwandt, doch in vielen Punkten verschieden und keiner von ihnen so ausgebreitet und anerkannt, daß er ohne weiteres auf das hinzutretende Land hätte übertragen werden können. Deshalb wurde für den Güterverkehr, in welchem die Unterschiede der deutschen Tarife weitaus größer als im Personenverkehr waren[1]), in Elsaß-Lothringen ein neues Tarif-System vorläufig angenommen. Es wich von den in Deutschland verbreiteten Formen erheblich ab[2]), war aber einfach und schien besonders geeignet, die von der Reichsverfassung angestrebte Gleichmäßigkeit und Vereinfachung herbeizuführen, ja auch, da die Sätze für höherwertige Waren niedrig gehalten waren, die Herabsetzung der Tarife zu fördern.

Dieser elsaß-lothringische Tarif, welcher bald auf den Wechselverkehr mit den anderen deutschen Bahnen ausgedehnt wurde[3]), griff infolge seiner grundsätzlichen Abweichungen außerordentlich störend in die bestehenden Zustände ein. Während bis dahin bei Bildung neuer Frachtsätze, namentlich für weitere Entfernungen, sorgsam verhütet war, daß nicht ungewollte Unterbietungen vorhandener Frachtsätze entstehen, ergab sich jetzt auf einer großen Zahl von Punkten, daß die Frachten bald nach dem elsaß-lothringischen System, bald nach den älteren Tarifformen um hohe Beträge günstiger waren, und daß sich die Ausgleichung bei den ganz verschiedenen Grundregeln nicht bewerkstelligen ließ. Darunter litten die Verkehrstreibenden, denen die örtlichen Verhältnisse des Mitbewerbs verschoben wurden, nicht minder wie die Bahnen, deren Erträge vermindert und deren Arbeiten auf das äußerste erschwert wurden. Der Ruf nach einheitlichen und beständigen Tarifen wurde in Deutschland allgemein, während bis dahin zwar die Vereinfachung gewünscht, die Ermäßigung der Tarife aber immer als das Wichtigste angesehen war.

Zwanzigprozentige Erhöhung der Gütertarife. Für die Regierungen bot sich zugleich noch eine weitere Handhabe, um die Bahnverwaltungen

---

[1]) Auf allen deutschen Bahnen bestanden 3 Wagenklassen mit wesentlich gleichen Benutzungsvorschriften. In Preußen und einigen norddeutschen Staaten trat die 4. Klasse hinzu. Norddeutschland gewährte Freigewicht, worin die hauptsächlichste Abweichung gegen die süddeutschen Verwaltungen lag, welche durchweg Gepäckfracht erhoben.

[2]) Nur auf den im Jahre 1866 mit dem Erwerb des früheren nassauischen Staats in den Besitz der preußischen Regierung gelangten Bahnen war ein dem elsaß-lothringischen System ähnlicher Gütertarif am 1. September 1867 eingeführt worden. Ulrich, Eisenbahntarifwesen, S. 230.

[3]) Der elsaß-lothringische Tarif wurde im mitteldeutschen Verkehr bis Berlin, Görlitz und darüber hinaus angewendet. Er wurde vom südwestdeutschen Verbande 1872 angenommen und drang bis zu den Häfen Belgiens und Hollands. Ulrich, Eisenbahntarifwesen, S. 225.

dahin zu bringen, daß sie durch eigenen Entschluß die überkommenen Ungleichheiten in der Form und in den Vorschriften der Gütertarife durch Annahme eines einheitlichen Systems beseitigten.

Bei dem Aufschwung, welchen das gewerbliche Leben nach Entstehung des Norddeutschen Bundes und des Reiches nahm, war der Bahnverkehr gewaltig gestiegen, die Bautätigkeit der Bahnen stark angespannt worden und ihr Ertrag in die Höhe gegangen. Als 1873[1]) der Rückschlag in Handel und Wandel mit unheimlicher Kraft einsetzte, gingen die Bahneinnahmen erheblich herunter, die Ausgaben erhielten sich aber auf bedeutender Höhe, weil in den vorhergehenden Kriegsjahren für Ausbesserung und Ergänzung der Betriebseinrichtungen nicht genug hatte geschehen können und weil infolge der eingetretenen Anspannung der Arbeitskräfte Gehälter und Löhne zu erhöhen waren. Die Erträge selbst gut verwalteter älterer Bahnen sanken in erschreckender Weise[2]).

Unter diesen Umständen kamen die deutschen Bahnen zu dem Entschluß, ihre ungünstige Lage durch eine Erhöhung der Gütertarife zu verbessern, die gleichmäßig durch einen Zuschlag von 20% zu den bestehenden Frachten durchgeführt werden sollte, um Verschiebungen in den Wettbewerbsverhältnissen der Bahnen zu vermeiden. Der Wunsch, von dem sich nur wenige Verwaltungen[3]) ausschlossen, mußte den Regierungen vorgetragen werden, an deren Zustimmung die staatlich verwalteten Bahnen gebunden waren, während in Preußen außerdem nach dem Gesetz der Minister jede Erhöhung zu genehmigen hatte. Weil die Frage sich auf das ganze Reich erstreckte, wurde sie verfassungsmäßig an den Bundesrat gebracht, welcher durch Beschluß vom 11. Juni 1874 einer mäßigen Erhöhung bis zu 20 % zustimmte, aber die Bedingung daran knüpfte, daß bis zum 1. Januar 1875 ein einheitliches Tarifsystem für Deutschland angenommen würde[4]).

Einheitliches Tarifsystem. Tarifreform. Wenn nun auch die Tariferhöhung unter dem Drängen der Verfrachter da, wo sie sich als verkehrshemmend erwies, von den Bahnverwaltungen selbst rückgängig gemacht wurde, so blieb davon doch genug, namentlich auf kürzeren

---

[1]) Nach dem Wiener Börsenkrach im Mai 1873. Vgl. S. 29.

[2]) Die Dividende der Bergisch-Märkischen Eisenbahn-Gesellschaft zu Elberfeld ging von 6% auf 3% im Jahre 1873 zurück.

[3]) z. B. die besonders gut rentierende Berlin—Hamburger Bahn.

[4]) Der Beschluß empfahl ein vom Reichseisenbahnamt in einer Denkschrift von 1874 befürwortetes System, welches eine Vermittelung zwischen dem elsaßlothringischen, dem System des Norddeutschen Tarifverbandes und dem damaligen Süddeutschen Tarif darstellte und in Braunschweig von norddeutschen Privatbahnen aufgestellt war, das sogenannte Braunschweigische System. Er wollte im übrigen das Fortbestehen des elaß-lothringischen Tarifs nicht hindern. Ulrich, Eisenbahntarifwesen, S. 251.

Entfernungen, bestehen, um die Bahnen den Absichten der Regierungen gefügig zu machen. Außerdem glaubten die Privatbahnen sowohl wie die Verwaltungen der mittleren Einzelstaaten den damals stark auftretenden Bestrebungen auf Vereinigung des Eisenbahnbesitzes in der Hand des Reichs[1]) entgegenwirken zu können, wenn durch Annahme eines einheitlichen Tarifsystems die Grundlage für größere Klarheit in den Güterfrachten gewonnen würde. Unter solchen Einflüssen kam nach längeren Vorverhandlungen in einer von dem preußischen Handelsminister einberufenen Generalkonferenz aller deutschen Eisenbahnen am 12. Februar 1877 zu Berlin durch einstimmigen Beschluß eine einheitliche Güterklassifikation zur Annahme und zugleich eine Vereinbarung, zufolge deren die Generalkonferenz nach Vorberatung in einer „ständigen Tarifkommission" Abänderungen des Systems vornehmen konnte[2]). Die Beschlüsse werden rechtsverbindlich, wenn nicht binnen bestimmter Frist von einem gewissen Teil der nach Betriebslängen abgestuften Stimmen widersprochen wird[3]).

Die Beschaffenheit des angenommenen Tarifsystems und seine Fortentwicklung wird an einer späteren Stelle dieses Buchs zur Darstellung gebracht[4]). Hier ist noch hervorzuheben, daß die ständige Tarifkommission, welcher „ein Verkehrsausschuß" von Sachverständigen aus Erwerbskreisen beigegeben ist, alle Vorschläge der Verwaltungen zu Änderungen der Güterklassifikation und der Tarifbedingungen gründlich untersucht und daß es auf diesem Wege ohne Schwierigkeit gelungen ist, die unter dem Zwang der Umstände vereinbarte Einheitlichkeit aufrechtzuerhalten. Der Anstoß, der damit der Verständigung der Bahnen unter sich gegeben wurde, hat die Neigung zu übereinstimmenden Anordnungen auf dem Gebiet der Tarife verstärkt. Später sind die Nebengebühren der Güterbeförderung gemeinsam für alle deutschen Bahnen festgesetzt, die Vorschriften für den Personenver-

---

[1]) Siehe S. 27 f.

[2]) Die Bestimmungen finden sich in der Geschäftsordnung für die Generalkonferenz und die ständige Tarifkommission.

[3]) Eine Generalversammlung des Vereins deutscher Eisenbahnen hatte im Januar 1873 zu Frankfurt a. M. das elsaß-lothringische System verworfen und einen Vermittlungsvorschlag angenommen, der nicht zur Durchführung kam, weil die erforderliche Zustimmung wichtiger, namentlich staatlicher Verwaltungen ausblieb. Auch der Bundesrat verfolgte die Einführung des von ihm empfohlenen Systems (s. S. 76, Anm. 4) nicht weiter, als in den vom Reichseisenbahnamt geleiteten Beratungen von Sachverständigen (Tarif-Enquete-Kommission) eine Verständigung nicht zu erreichen war. Darauf hatten erst die deutschen Privat- und Staatsbahnen ohne das Reich und Preußen in einer Konferenz zu Dresden, Juli 1876, dann die preußischen Staats- und die Reichsbahnen im Dez. 1876 sich über Vorschläge geeinigt, die sich mehr und mehr entgegenkamen. So war die Generalkonferenz vom Februar 1877 hinreichend vorbereitet. Ulrich, Eisenbahntarifwesen, S. 242—260.

[4]) Vergl. Abschnitt 21.

kehr bis auf kleine Abweichungen einheitlich gemacht und auch die Einheitssätze der Fahr- und Frachtpreise im wesentlichen gleich gestaltet worden. Die Erkenntnis brach sich mehr und mehr Bahn, daß in dem fortgeschrittenen Stande des Verkehrs die Unterschiede in den Preisansätzen der einzelnen Bahnen nicht die früher angenommene Wichtigkeit haben, daß jedenfalls die Gleichheit der Berechnung in einem großen Gebiet und die damit verbundene Vereinfachung und Ausbreitung des Tarifs überwiegende Vorteile bietet.

Weitergehende Vorschriften der Genehmigungsurkunden. Die preußische Regierung unterstützt den Einheitsgedanken für ihr Gebiet dadurch, daß sie in den Genehmigungen den nach Gesetz von 1838 entstehenden Privatbahnen die Verpflichtung auferlegt, das jeweilig auf den preußischen Staatseisenbahnen bestehende Tarifsystem anzunehmen und auf Verlangen des Ministers hinsichtlich der Einrichtung direkter Tarife die für die preußischen Staatsbahnen jeweilig bestehenden Grundsätze zu befolgen. Auch die Bemessung der Sätze wird der Genehmigung der Aufsichtsbehörde unterworfen, soweit der allgemeine Verkehr des Landes berührt wird[1]). Dient die Bahn vorwiegend örtlichen Zwecken, so setzt der Minister von Zeit zu Zeit Höchsttarife fest, innerhalb deren sich der Unternehmer frei bewegen kann[2]).

Durch diese Behandlung wird verhütet, daß Privatbahnen, mit denen nach der Reichsverfassung [3]) direkte Expeditionen eingerichtet werden müssen, in störender Weise die Einheitlichkeit der Tarife beeinflussen. Kleinbahnen gegenüber kann eine derartige Einwirkung trotz der ihnen in größerem Umfange gewährten Tariffreiheit[4]) ferngehalten werden, da eine gesetzliche Verpflichtung, mit ihnen direkte Expeditionen einzurichten, nicht besteht. Sie erhalten in Preußen Verbandstarife nur, wenn diese in voller Übereinstimmung mit System und Sätzen der Staatsbahnen eingerichtet werden.

Gesamtergebnis für Deutschland. In den übrigen deutschen Staaten ist ebenso wie in Preußen die Einheitlichkeit des Tarifs gegenüber Privateisenbahnen und Kleinbahnen, die dort nur einen verhältnismäßig geringen

---

[1]) Fritsch, Eisenbahngesetzgebung, 2. Auflage, S. 28.

[2]) Als Höchsttarife werden meist diejenigen Beträge vorgeschrieben, welche zur Zeit der Festsetzung auf der betreffenden Bahn Geltung haben.

[3]) Vgl. S. 74. Diese Verpflichtung gilt für die Eisenbahnen des allgemeinen Verkehrs, auf welche sich die Reichsverfassung Art. 44, 46 allein bezieht, dagegen nicht für Kleinbahnen.

[4]) Preußisches Kleinbahngesetz v. 28. Juli 1892, § 14, Absatz 3. Tariffreiheit steht den Unternehmern mindestens während 5 Jahre nach der Betriebseröffnung zu. Später kann die Behörde Höchsttarife unter Rücksichtnahme auf die Verzinsung des Anlagekapitals genehmigen. Für Kleinbahnen, welche mit Staatsunterstützung gebaut werden, wird in der Regel die staatliche Zustimmung zu den Tarifen vorbehalten.

Umfang haben, vollständig gewahrt worden. Dieses günstige Ergebnis ist in Deutschland nicht durch bestimmte gesetzliche Vorschriften erreicht worden, sondern durch eine Reihe von Verwaltungsmaßnahmen, welche allerdings in den Grundsätzen der älteren Eisenbahngesetze, für Preußen das Gesetz von 1838, und in den allgemeinen Zusagen der Reichsverfassung ihre rechtliche Unterlage fanden. Die Eingriffe der Regierungen wurden wesentlich gefördert durch die frühzeitige Ausbreitung der Staatsbahnen, deren Leitung nicht bloß einen wirksamen Einfluß auf die Bildung der Tarife gab, sondern auch das volle Verständnis für die Behandlung dieser schwierigen Fragen in die Regierungskreise trug. So konnte eine Hauptentscheidung wie die Tarifreform von 1877 erlangt werden, bevor die große Verstaatlichung in Preußen begonnen hatte und Privatbahnen noch den überwiegenden Teil des Verkehrs beherrschten.

Elfter Abschnitt.

Staatliche Einwirkung auf die Tarife in den außerdeutschen Staaten.

(S. 44 Nr. 6.)

Österreich-Ungarn. Während das preußische Gesetz von 1838 nur für die ersten 3 Jahre der Eisenbahngesellschaft das ausschließliche Recht zum Transportbetriebe zuerkennen wollte (S. 68), sahen die „Allgemeinen Bestimmungen über das Konzessionssystem" von 1838 in Österreich-Ungarn vor, daß die Eisenbahnunternehmung überhaupt „das ausschließliche Recht erhält, zu transportieren"; sie kann die Preise nach Umständen festsetzen, hat sie aber öffentlich bekannt zu machen und bei mehr als 15% Dividende auf „die Einlagen" nach Verlangen der Staatsregierung herabzusetzen[1]).

Sehr bald wurden scharfe Aufsichtsrechte für die Regierung eingeführt. Nach dem Eisenbahnkonzessionsgesetz von 1854 übernimmt die Gesellschaft die Beförderung „nach festgesetzten Tarifen", die alle 3 Jahre zu revidieren und vom Ministerium zu genehmigen sind. Auch direkte Tarife kann das Ministerium „anordnen"[2]). Für die Per-

---

[1]) Allgemeine Bestimmungen vom 18. Juni 1838, § 8 e. Ulrich, a. a. O. S. 320.

[2]) Konzessionsgesetz vom 14. September 1854, §§ 9 und 10. Die Eisenbahnbetriebsordnung vom 16. November 1851 hatte schon Veröffentlichung der Tarifänderungen 14 Tage vor Geltung, vorherige Anzeige bei der Regierung vorgeschrieben und letzterer die Befugnis beigelegt „übertriebene Anforderungen aus öffentlichen Rücksichten zu ermäßigen". Ulrich, a. a. O. S. 321.

sonenbeförderung bestimmte später ein Gesetz von 1877 in dem österreichischen Teil der Monarchie sogar allgemeine Maximaltarife, allerdings unter Vorbehalt besonderer Rechte der Bahnen. Im übrigen wurden in den Konzessionen weitgehende Vorbehalte auf Genehmigung und Herabsetzung der Tarife gemacht[1]). Auf Grund dieser Bestimmungen konnte der österreichische Handelsminister, als nach der schrankenlosen Bewegung der Gründerzeit das Verlangen nach staatlicher Leitung wiedererwachte, in die Gestaltung der Tarife eingreifen. Er empfahl zunächst den Tarif der damals führenden österreichischen Staatsbahngesellschaft und genehmigte 1876 einen Reformtarif, den die österreichischen Bahnen ausschließlich der Südbahn vereinbart hatten, und der in wesentlichen Punkten mit dem fast gleichzeitigen deutschen Reformtarif übereinstimmte.

Trotz der Einigung im Tarifsystem blieb die Menge der Gütertarife unter den zahlreichen Privatbahnen, in welche das österreichische Netz damals zerfiel, und ihre Verschiedenheit so groß, daß eine Tarifenquete in den Jahren 1892/93 nötig wurde[2]). Ihre Ergebnisse gelangen erst mit der seither in zunehmendem Maße eingetretenen Verstaatlichung zur allmähligen Durchführung.

In Ungarn nahm die Staatsbahn einen dem elsaß-lothringischen System nachgebildeten Tarif 1874 an, ging dann aber zu dem österreichischen Reformtarif von 1876 über.

Obwohl die Regierung den Privatbahnen gegenüber in beiden Ländern mindestens gleiche Befugnisse in bezug auf das Tarifwesen besitzt wie in Deutschland, ist die Gleichmäßigkeit und Einheitlichkeit der Frachtverhältnisse zurückgeblieben und schreitet erst mit der Einführung staatlicher Verwaltung vor, zu welcher Österreich später, wie die deutschen Staaten, sich endgültig entschlossen hat.

Ebenso wirksam hat sich in den kleineren Nachbarländern des Deutschen Reichs der Staatsbesitz für das Eingreifen der Regierung in die Tarife erwiesen.

---

[1]) Seit der Teilung der Monarchie in Cis- und Transleithanien sind die Eisenbahngesetze nach Vereinbarung möglichst einheitlich gestaltet. Im provisorischen Übereinkommen vom 29. Juli und 21. August 1867 betreffend Eisenbahnen wurde Einverständnis über möglichste Herabsetzung der Tarife und einheitliche Gestaltung für „die gemeinsamen Linien" festgestellt. Die Konzessionen enthielten nicht nur Maximalsätze, sondern verlangten auch die obrigkeitliche Genehmigung jeder Änderung und gaben der Regierung das Recht, bei Erträgen von 10, 7 und 5% die Ermäßigung der Frachten vorzuschreiben.

[2]) Am 1. April 1882 bestanden auf 39 Bahnen Österreichs für Güter 46 Lokaltarife mit 36 Nachträgen und 14 Spezial- und Ausnahmetarifen, 75 interne Verbandstarife mit 55 Nachträgen und 56 Getreide- und Kohlentarifen, 186 Auslandstarife mit 441 Nachträgen und 134 Getreide- und Kohlentarifen. Dazu noch 2869 Refaktien.

Belgien. In Belgien war mit dem von Anfang an ausgedehnten Staatseisenbahnbau die Einheitlichkeit der Tarife stets in weitem Umfange vorhanden; durch Bedingnishefte werden die Tarife der Privatbahnen in Einklang mit den Staatsbahnen erhalten (s. S. 42) [1]).

Niederlande. Die Niederlande haben sich weitgehende Befugnisse betreffs der Eisenbahntarife gesetzlich und in dem Pachtvertrage über den Betrieb der Staats-Eisenbahnen vorbehalten. Schon 1876 erreichte dieser Staat, daß die Lokaltarife aller niederländischen Bahnen in System, Vorschriften und Einheits- oder Maximalsätzen zur Übereinstimmung gebracht wurden. Für den Verkehr mit Deutschland gilt der deutsche Reformtarif [2]).

Schweiz. In der Schweiz hat der Bund zwar auf Grund des Gesetzes über Bau und Betrieb der Eisenbahnen von 1872 (s. S. 29) in verschiedenen wichtigen Punkten eine gleichmäßige Haltung der schweizerischen Bahnen für die Tarife durchgesetzt, darunter 1882 auch die fast allseitige Annahme des deutschen Reformsystems. Die Einheitlichkeit der Taxen ist aber erst mit der seither vorgenommenen Verstaatlichung der Mehrzahl der Bahnen weiter gediehen [3]).

Italien. Die italienische Regierung hatte nach den Verträgen, mittels welcher sie 1885 ihre Bahnen an drei Gesellschaften verpachtete, zwar das Recht, die Tarife zu genehmigen, auch, soweit die Konzessionen es bedingten, Ermäßigungen zu fordern; für Herabsetzungen, die darüber hinausgingen, mußte sie die Unternehmungen entschädigen. Erst mit dem 1905 eingetretenen Staatsbetrieb ist die durchgreifende Gestaltung der Tarife nach öffentlichen Rücksichten gesichert [4]).

---

[1]) Für die belgischen Staatsbahnen werden die péages nach Gesetz vom 1. Mai 1834 jährlich gesetzlich, nach weiterem Gesetz vom 12. April 1835 durch königliche Verordnung festgestellt. Eine königliche Verordnung vom 2. September 1840 ermächtigt den Minister der öffentlichen Arbeiten zu gewissen Änderungen, eine andere vom 20. Februar 1866 zur Feststellung der Lasten und Bedingungen für Privatbahnen. Ulrich, Eisenbahntarifwesen, S. 455.

[2]) Nach niederländischem Gesetz über das Eisenbahnwesen vom 9. April 1875 (an Stelle eines Gesetzes vom 21. August 1859) Art. 28 bedürfen alle Tarife der Genehmigung des Ministers des Innern, und können nach Art. 29 Ermäßigungen der Tarife jederzeit vom Könige, allerdings gegen eventuelle Entschädigung bei Rückgang des Reingewinns unter 8%, befohlen werden. Ulrich, S. 484. Zur Zeit besteht für die Niederlande das Allgemeine Transport-Reglement vom 4. Januar 1901, Archiv 1902, S. 1151, 1359 nebst Nachtrag vom 28. Januar 1904, Archiv 1904, S. 755.

[3]) Nach dem Transportreglement, welches der Bundesrat auf Grund des Gesetzes von 1872 beschloß, kontrolliert der Bund die Tarife (Art. 35), kann sie auch auf Beschwerde aufheben oder behufs gleichmäßiger Behandlung der Frachtkundschaft Modifikation oder Rückvergütung verlangen. Ulrich, S. 363. Jetzt gilt das Bundesgesetz vom 29. Juni 1901 betreffend das Tarifwesen der schweizer Bundesbahnen u. s. w. Archiv 1901, S. 1362.

[4]) Das Organisationsgesetz vom 5. Juli 1907, Art. 38—52, trifft darüber Bestimmung. Archiv 1908, S. 288 und folgende. Vergl. S. 30.

Frankreich. Während in allen vorangeführten Ländern das Vorgehen der Regierung in Eisenbahntariffragen auf den Besitz von Staatsbahnen sich stützen konnte, ist der französische Staat bis in die neueste Zeit auf die Befugnisse angewiesen gewesen, welche ihm die Gesetzgebung und die Bedingnishefte der großen Eisenbahngesellschaften verleihen. Der seit 1878 allmählich erworbene Staatsbesitz an Bahnen ist nioht bedeutend genug, um die Macht des Staats wesentlicb zu verstärken (s. S. 19).

Schon in der Verordnung vom 15. November 1846 war der Regierung betreffs der Tarife ein weitgehendes Aufsichtsrecht, die Homologation, vorbehalten, dessen Tragweite allerdings bis heute streitig blieb[1]). Die Initiative für Tariffestsetzungen behaupteten jedenfalls die Unternehmer und verharrten dabei mit Erfolg auch in allen späteren Verhandlungen über ihre Genehmigungsurkunden, namentlich 1857 und 1883. Öffentlich müssen aber die Tarife sein; sie erscheinen regelmäßig in den Livres Chaix[2]). Auch soll keine Begünstigung einzelner stattfinden[3]). Trotz der verschiedensten Untersuchungen der Tarifzustände durch die Kammern[4]) ist es zu einer befriedigenden Übersichtlichkeit und Gleichmäßigkeit der Tarife nicht gekommen.

England. Am stärksten tritt die Machtlosigkeit der Regierung betreffs der Eisenbahntarife in England und Amerika hervor, wo gar keine Staatsbahnen bestehen und dem Eingreifen der Regierung überall der hochgehaltene Grundsatz schrankenloser Freiheit in wirtschaftlichen Dingen entgegentritt. Als common carriers galten die Bahnen anfänglich nicht einmal für verpflichtet zur Beförderung. Gründe der Betriebssicherheit, welche die Bahnen zu wahren hatten, konnten für die obrigkeitliche Regelung der Tarife nicht angeführt werden.

---

[1]) Art. 44—49 Ver. Kein Tarif ist gültig ohne Homologation. Jeder Tarif ist dem Minister vorzulegen, welcher darüber den Handelskammern wöchentliche Verzeichnisse behufs Äußerung von Bedenken binnen 3 Wochen überschickt. Léon Aucoc, Les tarifs de chemin de fer et l'autorité de l'Etat, S. 15. Ulrich, a. a. O. S. 423—428. Für Lokalbahnen wurde die Homologation durch ein Gesetz vom 11. Juni 1880 dem Präfekten in seinem Bezirk übertragen.

[2]) Der bahnamtlichen Ausgabe einer großen Pariser Buchhandlung.

[3]) Art. 45, 50 Ver. von 1846.

[4]) 1863, 1870, 1876. Berichte des Senators George 1878 aus Anlaß der Erwerbung von Lokalbahnen durch die Société d'Orleans und des Abgeordneten Waddington 1879 (Eisenbahn-Archiv 1880, S. 150). Letzterer stellte fest, daß in der von den Gesellschaften vereinbarten Klassifikation 1500 Güter unter 72 Gattungen in 4 Klassen verteilt wären, aber noch Zerlegung in weitere Klassen stattfinden könne. Jede Gesellschaft hätte tatsächlich ihre besondere Klassifikation und nur eine unter ihnen feste Einheitssätze (die Nordbahn). Reformtarife sind seither von einzelnen der großen Gesellschaften für ihren Bezirk angenommen, z. B. Est 1884, Paris—Lyon-Med. 1885.

In dem gewerblich stark entwickelten England entstand indes bei den Bahnen selbst das Bedürfnis nach einheitlichen Tarifformen, die sie für ihren großen wechselseitigen Verkehr brauchten, um die überwiesenen Fuhrpreise abzurechnen. Sie richteten schon 1850 ein gemeinsames Abrechnungsbureau, Railway Clearing house, ein und verabredeten für den Wechselverkehr ein Verzeichnis aller Güter von sieben Klassen, neben welchen noch Ausnahmetarife zulässig sind. Diese Einteilung ist lediglich eine innere Verwaltungseinrichtung. Für die Öffentlichkeit galten weiter die durchaus unbrauchbaren und beinahe vergessenen Tarifbestimmungen, welche in den Genehmigungs-Urkunden der Bahnen (Acts) gegeben waren[1].

Regellosigkeit der Tarife. Die Klassifikation des Railway Clearing house hinderte die Bahnen ebensowenig wie die statutarischen Tarifvorschriften, ihre Sätze nach Ermessen zu bestimmen. Klagen erhoben sich trotz dieser scheinbaren Gemeinsamkeit gegen die Regellosigkeit der Frachtpreise, ihre Ungleichheit und den Mangel unmittelbarer Abfertigung im Verkehr unter den Bahnen, weniger gegen ihre Höhe. Sie führten 1854 zu der Railway and canal traffic act 17 & 18 Vict., cap. 31, nach welcher Schikanen in der Tarifbemessung nicht angewendet werden sollen und jede „billige Förderung" der Transporte, die „Unterlassung jedes unbilligen Vorzugs", auch im Verkehr mit Anschlußbahnen die Einrichtung von Durchgangsabfertigungen verlangt wird.

Für die Durchführung dieser Vorschriften wird auf den Rechtsweg verwiesen, ihre Wirksamkeit also davon abhängig gemacht, daß jemand klagend seinen Anspruch gegenüber den Bahngesellschaften durchsetzt. Selbstverständlich ist es schwer, im Prozeßwege die Unbilligkeit einer Verwaltungseinrichtung nachzuweisen. Der Verfrachter konnte überdies durch Urteil zwar die Beseitigung einer undue preference erreichen; die Bahn aber war nicht verpflichtet, den billigeren Satz auf den Versand des Klägers zu übertragen, sondern beseitigte, wenn es ihr beliebte die bemängelte Ungleichheit durch Erhöhung des angefochtenen niedrigeren Preises[2]. Das Gesetz hatte keinen entsprechenden Erfolg.

Zwei Parlamentskommissionen untersuchten von neuem die Tariffrage 1865 und 1872 unter Herbeiziehung weitschichtiger Auskünfte, aber kamen nicht zu annehmbaren Vorschlägen. Als jedoch nach

---

[1] Vgl. S. 7, 8. Acworth, The elements of Railway economics S. 111, 131. Der Tarif, welcher der 1830 eröffneten Bahn von Liverpool nach Manchester vorgeschrieben wurde, ist nach Acworth S. 107 in Anlage II mitgeteilt.

[2] Acworth, a. a. O. S. 131. Selbst wenn der Kläger die Ermäßigung der Fracht für seine Ware durchsetzte, so entstand durch das Urteil nur eine neue Regelung für den einzelnen Artikel und die einzelne Station. An dem regellosen Zustand der übrigen Frachten wurde dadurch nichts geändert, vielmehr meist nur eine Ausnahme mehr hinzugefügt.

dem gewaltigen Aufschwung des Handels im Anfang der 70er Jahre der starke Rückschlag erfolgte, fingen die Geschäftsleute an, ihre Klagen nicht bloß gegen die Verworrenheit, sondern auch gegen die Höhe der Tarife zu richten, während diese ihnen in Tagen guten Geschäftsganges nicht beschwerlich, vielmehr im Vergleich zu älteren Zeiten noch immer niedrig genug erschienen waren[1]).

Eisenbahnkommission. Im Jahre 1873 wurde durch Gesetz vom 21. Juli (36 und 37 Vict., cap. 48) zunächst auf 5 Jahre eine Eisenbahnkommission eingesetzt, welche die Einrichtung von Durchgangssätzen erzwingen, Nebengebühren festsetzen, Betriebsverträge sollte genehmigen können. Sie trat aber nur auf Anrufen der Beteiligten in Tätigkeit, welche sich selbstverständlich dem Übelwollen der mächtigen Bahngesellschaften nicht gern durch Beschwerdeführung bei zweifelhaftem Erfolge aussetzten. Die Kommission, deren Entscheidung der Berufung an die Gerichtshöfe unterlag, hatte nur wenige Fälle zu erledigen und hörte auf, da ihre Vollmacht nach der vorgesehenen Frist nicht erneuert wurde[2]).

Vergeblich suchten nun die Verfrachter bei den Gerichten Hilfe, indem sie nachweisen wollten, daß die Preise der Gesellschaften über die genehmigten Höchstsätze hinausgingen. Es war nicht klarzustellen, welche Grenzen den Bahnen gesteckt waren. Die Durchfrachten gingen über mehrere Strecken, von denen jeder, vielfach sogar bei derselben Gesellschaft, eine andere Klassifikation und Preisskala genehmigt war. Stellenweise war gar kein Höchstsatz bestimmt, andere Male nicht zu erkennen, unter welche Festsetzung eine Strecke fiel. Bestritten war, ob die Abfertigungsgebühren in den für die services of a carrier genehmigten Sätzen einbegriffen sind oder für Benutzung des Bahnhofs, Abfertigen, Verwiegen, Be- und Entladen usw. besondere Vergütungen erhoben werden dürfen. Die Bahngesellschaften vermochten bei der Unsicherheit der rechtlichen Unterlagen die gerichtlichen Angriffe auf ihre Tarife siegreich abzuweisen.

Reformbestrebungen. Im Jahre 1881 ging das Parlament, welches sich damals 13 Jahre lang fast beständig mit Frachtfragen beschäftigte, dazu über, ein besonderes Committee einzusetzen, welches 1882 dem Hause empfahl:

1. eine einheitliche Klassifikation für das ganze Eisenbahnsystem vorzuschreiben,
2. Abfertigungsgebühren (terminal charges) erheben, aber sie durch die Gesellschaften veröffentlichen zu lassen und im Streitfall

---

[1]) **Acworth**, a. a. O., S. 153.
[2]) **Sachs**, Die Verkehrsmittel in Volks- und Staatswirtschaft, Bd. II, S. 479.

der Festsetzung durch die Eisenbahnkommission (Railway commission) zu unterwerfen,

3. bei Nachsuchung parlamentarischer Genehmigung für neue Eisenbahnpläne die vorgeschlagenen und die bestehenden Frachtsätze einer Prüfung durch das Committee zu unterziehen.

Das Committee sprach ferner aus, daß in jedem Falle Höchstsätze festzustellen seien.

Der Vorschlag blieb unerledigt, da bedenklich schien, bei Nachsuchung um irgendeine neue Genehmigung fordern zu können, daß die gesamten Tarife einer Gesellschaft umgestaltet werden. 1888 aber setzte das Board of Trade einen Railway and traffic act durch, nach welchem jede Bahngesellschaft und im Weigerungsfall an ihrer Stelle das Board of Trade für Güter eine neue Klassifikation und Tarifskala vorzulegen hatte; diese sollte nach Billigung durch das Parlament die seitherigen Bestimmungen der Genehmigungs-Acte ersetzen. In einer Untersuchung, die bei einer Kommission des Board, dem Board selbst und dem Parlament 4 Jahre in Anspruch nahm, wurden 35 Ordres (Nachträge zu den Genehmigungs-Acts), und zwar für jede größere Gesellschaft eine, für kleinere Bahnen gruppenweise zustande gebracht und gesetzlich bestätigt[1]). Sie traten alle mit dem 1. Januar 1893 in Kraft.

Die Klassifikation, welche damit für das ganze Land gesetzlich festgestellt wurde, unterschied sich nur wenig von der geltenden (working) Clearing-house-Klassifikation. Sie bildete überdies auch nur die Höchstgrenze; jede Bahn konnte beliebig Artikel in niedrigere Klassen setzen. Veränderungen der working-Kassifikation werden nach wie vor nur durch Vereinbarung der Bahnen untereinander bewirkt, indes stets unterhalb des durch die gesetzliche (statutary) Klassifikation gesteckten Rahmens gehalten.

Eingreifender war, daß neue Höchsttarife vom Board of Trade festgestellt werden durften, welchem im Gesetz die Weisung gegeben wurde, daß sie „just and reasonable" sein sollten[2]). Acworth nennt diesen formell allerdings stark scheinenden Eingriff in die Vermögensrechte der alten Genehmigungs-Urkunden eine „friedliche Revolution". Die sachliche Wirkung erwies sich als wenig erheblich.

---

[1]) A. B. Railway Co. (Rates and Charges), Ordre Confirmation Act 1891/1892. Acworth, a. a. O., S. 135.

[2]) Das Committee von 1882 hatte noch davon gesprochen, daß bei der Tarifrevision „gebotene Rücksicht auf das Interesse der bestehenden Gesellschaften genommen werden solle" und das House of lords ursprünglich in der bill von 1888 vorgesehen, daß die neuen Maxima „im ganzen gleichwertig" mit den früheren sein sollten.

Die beiden Kommissionen, welche das Board of Trade bestellte, um zu prüfen, in welcher Weise die Höchsttarife festzusetzen seien, gingen davon aus, daß diese in großem Umfang auf die bestehenden Sätze gestützt werden müßten (based to a great extent on existing rates) und ein angemessener Spielraum (a reasonable margin of profit) für Erhöhungen bei ungünstigen Änderungen der Einnahmen oder Ausgaben zu lassen sei. Sie bemühten sich dabei, eine Ausgleichung zwischen den niedrigen Sätzen herbeizuführen, welche die Bahnen im Mitbewerb gegenüber der Schiffahrt usw. angenommen hatten, und den höheren Frachten der übrigen Strecken (non competitive charges) [1]. So brachten die Kommissare Höchstsätze (maximum rate schedules) zustande, welche auch von dem Parliament Joint Committee [2] genehmigt wurden. Einheitliche Höchstsätze wurden im ganzen Lande für 1. Vieh, Fuhrwerke, Lokomotiven, verderbliche Güter und Pakete, 2. für die Abfertigungs- und Nebengebühren bei Frachtgütern eingeführt, außerdem aber für die einzelnen Bahnen betreffs der Beförderung besondere Höchstsätze festgestellt [3]. Die meisten größeren Gesellschaften erhielten mehrere Höchsttarife bis zu 3 oder 4 für die einzelnen Abteilungen ihrer Netze; für kostspielige Brücken und Tunnel wurden Meilenzuschläge gegeben [4].

Die neuen Höchsttarife, über welche nunmehr die Frachten nicht hinausgehen durften, machten so viel Änderungen in den bestehenden Sätzen nötig, daß die Bahnen sämmtliche Stationstarife [5] zurückzogen und neu aufstellten. Bei dieser Arbeit mußte jeder Frachtsatz der damals 7000 Eisenbahnstationen des Vereinigten Königreichs mit den neuen Höchsttarifen und Anwendungsbedingungen verglichen und erwogen werden, ob der Satz bestehen bleiben könne, ob er im Betrage oder in den Nebenbestimmungen zu ändern, ob er endlich in der allgemeinen Klassifikation oder als Ausnahmesatz (special class) weiter zu führen sei.

Die Bahnen, welche wegen später Mitteilung ihrer neuen Höchsttarife zum Teil erst im Laufe des Jahres 1892 mit der Umrechnung hatten beginnen können, brachten bis zu dem Pflichttermin am 1. Januar 1893 in den meisten Fällen nur die Sätze für die allgemeinen Klassen

---

[1] Acworth, a. a. O., S. 139, 140.

[2] Für besondere Fälle wird ein Ausschuß aus dem Ober- und Unterhaus zusammen bestellt.

[3] Maximum terminals for station at each end and service — loading, unloading, covering, uncovering — und Maximum rates for conveyance.

[4] Bonus mileage, Acworth a. a. O., S. 145.

[5] Verzeichnisse der Sätze, welche die Stationen für ihren Verkehr führen und die in Ermangelung gedruckter Tarife jedermann nach dem Gesetz zur Einsicht offen stehen sollen. Wehrmann, Reisestudien über englische Eisenbahneinrichtungen, Elberfeld 1877, S. 39.

heraus. Es entstanden, obwohl mit Einführung der Höchsttarife nach Berechnung der Bahngesellschaften eine zwangsweise Ermäßigung von im Ganzen 500 000 £ = 10 000 000 M. verbunden sein sollte, erhebliche Erhöhungen für viele Güter, welche bis dahin nach den älteren, nun aufgehobenen und noch nicht wieder hergestellten Ausnahmesätzen behandelt waren[1]).

Die allgemeine Aufregung, die darüber entstand, rief alsbald neue Parlamentsbeschlüsse hervor. Obwohl nicht behauptet werden konnte, daß die Bahnen über die nach zehnjähriger Prüfung endlich vom Parlament festgestellten Sätze hinausgegangen wären, sollten sie doch nach der Erklärung, welche der Präsident des Board of Trade bei der parlamentarischen Erörterung abgab, „zu Verstand gebracht werden"[2]). Ein Railway and traffic act von 1894 bestimmte „mit rückwirkender Kraft", daß jeder Verfrachter mit Klage bei dem Eisenbahngerichtshof (Court of the Railway Commission) Erhöhungen der Fracht, welche vor oder nach dem 1. Januar 1893 eingetreten seien, angreifen könne und daß die Bahngesellschaft dann die Erhöhung vor Gericht zu begründen habe. Auf Grund dieses Gesetzes sind zahlreiche Klagen eingelegt, haben auch die Abstellung einzelner Absonderlichkeiten hie und da erreicht, auf die gesamte Lage der Tarife aber keinen bemerkbaren Einfluß geübt. Infolge der überstürzten Durchführung verlor die ganze zur Vereinfachung der Tarife unternommene Maßregel den ̇größeren Teil der Bedeutung, den sie sonst allenfalls gehabt haben möchte[3]).

Gesamtergebnis der Reformversuche. Das Ergebnis der langjährigen Bemühungen des Parlaments konnte kein anderes sein, da streng an dem Grundsatz festgehalten wurde, nur Höchstsätze für die Tarife vorzuschreiben[4]). Von Schriftstellern und Komitees des House of commons war seit 1836 wiederholt darauf hingewiesen, daß gesetzliche Höchsttarife nur wenig zum Schutz der Publikums beitrügen[5]). So lange innerhalb weit gezogener Grenzen, wie sie für die Mannigfaltigkeit der Artikel und alle Entfernungen nötig sind, jede Bahn die Sätze nach Ermessen bestimmen kann, ist Einfachheit, Gleichmäßig-

---

[1]) Acworth, a. a. O. S. 151.

[2]) „be brought to their senses". Acworth, a. a. O. S. 154.

[3]) So bemerkt Acworth, a. a. O. S. 147.

[4]) Im Jahre 1844 war allerdings durch Act. 7 und 8 Vict. cap. 85 dem Staat das Recht zugesprochen, nach 21 jährigem Bestehen einer Bahn die Tarife festzusetzen, sobald die Dividende über $10^0/_0$ hinausgeht. Der Vorbehalt konnte Erfolg nicht haben, weil Dividenden über $10^0/_0$ bei Eisenbahnen selten vorkommen und Bahntarife, von deren Höhe die Möglichkeit wirtschaftlicher Arbeit heut abhängt, nicht mit wechselnden Dividenden schwanken dürfen. Sachs, Verkehrsmittel, Bd. II. S. 473. Vgl. S. 68, Anm. 2.

[5]) Legal maximum rates afford little real protection to the public. Acworth, a. a. O. S. 137.

keit und Beständigkeit in den Tarifen nicht zu erreichen; der Willkür wird dadurch eine wirksame Beschränkung nicht auferlegt. Am wenigsten kann dazu eine einzelne Klage führen, vermittelst welcher allein nach englischer Anschauung ein Zwang gegen die Bahngesellschaften auf dem Gebiet der Tarife endgültig durchgesetzt werden kann.

Es ist deshalb in England dabei geblieben, daß die Regelung der Fuhrpreise, insbesondere der Gütertarife, den Bahngesellschaften selbst in der Hauptsache überlassen ist. Wie weit diese sich zu gemeinsamem Handeln vereinigen und den Wünschen der Verfrachter entgegenkommen wollen, hängt lediglich von dem Gewicht ihrer Gewinnaussichten und Beziehungen sowie von dem Einfluß der öffentlichen Meinung ab. Gegen Anforderungen der letzteren sich zu wehren, besitzen die Eisenbahngesellschaften eine erhebliche Macht, da ihre Direktoren und Verwaltungsräte in beiden Häusern des Parlaments stark vertreten sind[1]). Bis jetzt haben sie ihre Unabhängigkeit erfolgreich zu verteidigen vermocht.

Vereinigte Staaten von Amerika. Während in England nur das eine Parlament sich mit der Eisenbahngesetzgebung beschäftigt, sind dafür in Nordamerika neben dem Bunde die gesetzgeberischen Vertretungen von 48 Staaten und 2 Distrikten tätig. (Vgl. S. 16.) Der Einfluß der 50 Staaten reicht aber nur bis an ihre Grenze und der Bund kann lediglich über den Verkehr zwischen den Staaten (Interstate commerce) bestimmen. Außerdem sind bei der Ausdehnung des Gebietes und seiner gährenden Entwicklung noch schwerer wie in den europäischen Ländern gemeinsame Gesichtspunkte für die Behandlung der Tarife zu gewinnen.

Vereinbarungen der Bahngesellschaften. Die Eisenbahngesellschaften sind auch hier wie in England behufs der Abrechnung über den Wechselverkehr dazu übergegangen, gemeinsame Güterklassen aufzustellen, welche schließlich zu drei großen Gruppen vereinigt wurden, der Official classification (östlich Mississippi, nördlich Ohio), der Western classification (westlich Mississippi) und der Southern classification (südlich Ohio, östlich Mississippi[2])). Die Klassifikationen werden von Joint committees der Bahnen fortgebildet, an welche jede beteiligte

---

[1]) Nach Bradshaw's Railway Manual von 1875 war das Railway interest in Parliament durch 48 Mitglieder des Oberhauses und 129 Mitglieder des Unterhauses, welche namentlich aufgeführt werden, vertreten. Ein Direktor einer großen englischen Bahn erklärte damals, daß die englischen Bahnen mächtig genug seien, um jeden Angriff abzuwehren, wenn sie unter sich einig wären. Wehrmann, Reisestudien, S. 81.

[2]) Eine einheitliche Klassifikation wurde 1889 von der Interstate commerce commission des Bundes zwar vorgeschlagen und wird von einer Vereinigung der einzelstaatlichen Eisenbahnkommissionen (National Association of Railway

Bahn Anträge richten kann. Streitigkeiten der verbundenen Bahnen wurden nach Vereinbarung durch den Vorsitzenden eines Joint executive committee[1]), später durch drei Schiedsrichter entschieden; Refaktien sollen verboten sein, Mitbewerbsverkehre zur prozentualen Verteilung kommen. Trotzdem erfolgen immer wieder heimliche Unterbietungen und Tarifkriege, die mit außerordentlichen Preisschwankungen verbunden sind.

Die Störungen erhalten ihren Anstoß zum Teil von den Neubauten, welche das Bahnnetz beständig und erheblich vergrößern und Anteil am durchgehenden Verkehr beanspruchen, hauptsächlich aber von den in Konkurs geratenen Bahnen (vgl. S. 16), deren receivers ohne jede Rücksicht auf bestehende Verhältnisse Frachten heranziehen wollen[2]).

Eingreifen der Regierungen. Verschiedene Staaten haben versucht, durch Einzelanordnungen Regel in die Frachtverhältnisse zu bringen, vermochten aber, da der Verkehr in der Hauptsache über ihr Gebiet hinausging, Nennenswertes nicht zu schaffen. Der Bund beschäftigt sich seit 1878 mit Gesetzentwürfen, welche bestimmt waren, im zwischenstaatlichen Verkehr Frachtungerechtigkeiten zu verhindern[3]).

Erst das Bundesgesetz vom 4. Februar 1887 stellte für den zwischenstaatlichen Verkehr den früher schon in England anerkannten Grundsatz auf, daß die Eisenbahntarife gerecht und billig (just and reasonable) sein sollen (§ 1, Nr. 4). Sie müssen nach diesem Gesetz veröffentlicht werden, Änderungen der Gebühren 30 Tage vor Inkrafttreten (§ 6, Nr. 3). Refaktien und Verständigungen über Verkehrsteilung[4]) wurden ebenso wie Differenzialtarife (long and short haul clause) verboten. Sendungen anschließender Bahnen mußten weiterbefördert werden. Die Interstate commerce commission wurde ermächtigt, von allen Einrichtungen für den zwischenstaatlichen Verkehr Einsicht zunehmen, auch einzugreifen, sogar nach einem weiteren Gesetz vom 2. März 1889 mit Zwangsmaßregeln. Sie wurde mit Arbeitskräften reichlich ausgestattet.

Entscheidungen des Bundesgerichts. Die Macht der Kommission ist jedoch 1895 durch Entscheidungen des Bundesgerichts in hohem Grade eingeschränkt worden, nach welchen sie zwar Frachtsätze für

---

commissions) weiter angestrebt, ist aber bis jetzt nicht zustande gekommen. Hoff und Schwabach, Nordamerikanische Eisenbahnen, S. 98; v. d. Leyen, dgl. 1885, S. 274.

[1]) Die Einsetzung des Schiedsgerichts wurde 1878 durch den angesehenen Eisenbahndirektor Fink erreicht.

[2]) Die receivers üben damit zum Teil Vergeltung gegen die mächtigeren Gesellschaften, welche durch Verkehrsentziehung ihre Linie zum Konkurs getrieben haben.

[3]) „to regulate interstate commerce and to prohibit unjust discriminations by common carriers." v. d. Leyen, a. a. O. S. 19.

[4]) Pooling, Gesetz von 1887, § 5.

übertrieben erklären, aber nicht anderweit festlegen darf, und ferner das
Verbot der Differentialtarife bei Wettbewerbsverhältnissen nicht Platz
greifen soll[1]). Die Interstate commerce commission konnte hiernach
einen wirksamen Einfluß auf die Regelung der Tarife nicht ausüben
und hat bei späteren Verhandlungen selbst empfohlen, ihre Befugnisse
so lange nicht zu erweitern, als ihr nicht die Macht zur selbständigen
Ausführung ihrer Beschlüsse verliehen sein würde. Der Berufung an
das Bundesobergericht sind indes auch heut noch ihre Entscheidungen
unterworfen, obwohl inzwischen durch das unter dem Präsidenten Taft
ergangene Gesetz von 1910 wiederum ihre Zuständigkeit ausgedehnt
ist. Sie kann nunmehr ungerechte Frachtsätze herabsetzen und Frachterhöhungen verhindern. Letzteres ist schon mit Erfolg geschehen, da
Bahnen, welche während der Beratung des Gesetzes von 1910 ihre
Tarife wegen der gestiegenen Ausgaben von Gehältern, Löhnen usw.
im Jahre 1911 erhöhen wollten, auf Einspruch der Kommission von
dem Beschreiten des Rechtswegs gegen diese Anordnung Abstand
nahmen[2]).

Gesamtergebnis der Reformversuche. Ist somit hier auch in einem
einzelnen Falle durch Eingreifen des Bundes die Abstellung von Frachtungerechtigkeiten erreicht, so bleibt doch der Zustand der Tarife im
wesentlichen den Bahngesellschaften überlassen, deren Macht durch
die Zusammenballung in den Trusts noch gewachsen ist. In England
wie in Amerika ist es trotz aller gesetzgeberischen Bemühungen nicht
gelungen, die Regelmäßigkeit und Stetigkeit der Tarife zu erreichen,
welche durch die staatliche Verwaltung in Deutschland wie in andern
europäischen Ländern hergestellt ist. Auch in Frankreich mit seinen
planmäßig geordneten großen Gesellschaften ist der Einfluß der Regierung wirksamer gewesen und eine größere Ordnung im Gebiet der Fuhrpreise ermöglicht.

---

¹) Nach dem Verbot sollten die Frachten für eine weiter entfernte Station
nicht niedriger sein, wie für eine näherliegende derselben Strecke. Nach dem
Bundesgericht kann die Gesellschaft trotzdem der entfernteren Station einen geringeren Satz geben, wenn sie dazu durch Mitbewerb von Wasserstraßen oder
andere Bahnen genötigt ist. Franke, Reisebericht über amerikanische
Bahnen, 1904, S. 268.

²) Erhöhungen, zum Teil um 25%, waren von sämtlichen Bahnen im Norden
der Union zwischen Stillem und Atlantischem Ozean geplant worden. Der Entscheidung des Bundesverkehrsamts ging eine monatelange gründliche Untersuchung
voraus. Archiv 1912, S. 6.

Die Interstate commerce commission ist auch wegen Herabsetzung der
Frachten nach den nicht begünstigten Seeplätzen und wegen Auflösung der Lehigh
Valley Coal Company angerufen worden, welche von einer Reihe Bahnen gebildet sein soll, um die Begünstigung durch niedrige Kohlenfrachten zu verschleiern. Der Erfolg ist noch nicht bekannt.

Zwölfter Abschnitt.

Staatliche Anforderungen betreffs der Benutzung der Eisenbahnen durch öffentliche Dienste sowie betreffs von Anschlüssen.

(S. 44 No. 6.)

Anforderungen für öffentliche Dienste. Die Eisenbahnen sind wie jede andere Anlage allen Anforderungen unterworfen, welche für die Wege-, Stromdeich-, Bau- und Feuerpolizei gestellt werden müssen, Darüber hinaus aber werden an sie, weil ihr Netz eine das ganze Land beherrschende Beförderungsanstalt bildet, noch weitere Ansprüche gemacht betreffs der Landesverteidigung, des Post- und Telegraphenwesens, der Zollverwaltung und für Anschlüsse anderer Bahnen.

Landesverteidigung. Für die Landesverteidigung sah das preußische Gesetz von 1838 nur vor, daß bei Kriegsbeschädigungen die Eisenbahngesellschaft Ersatz nicht fordern dürfe[1]). Nachdem sich seither die Bahnen als ein wichtiges Hilfsmittel der Kriegsverwaltung im Kampfe wie im Frieden erwiesen hatten, verpflichtete die Reichsverfassung von 1871 die Bahnen, den Anforderungen der Behörden des Reiches zum Zwecke der Verteidigung Deutschlands unweigerlich Folge zu leisten, und gab dem Reiche das Recht, durch Gesetz einheitliche Normen für die Einrichtung der für Landesverteidigung wichtigen Bahnen aufzustellen[2]). Auf diese grundlegenden Vorschriften ist eine Reihe späterer Gesetze und Verordnungen des Reichs aufgebaut, durch welche die Eisenbahnen in Bau, Betrieb und Verwaltung nach jeder Richtung den Bedürfnissen der Landesverteidigung angepaßt werden[3]).

---

[1]) Gesetz v. 3. November 1838, § 43.

[2]) Diese Bestimmungen gelten auch für Bayern, welches sich von anderen Vorschriften der Reichsverfassung über das Eisenbahnwesen ausgeschlossen hat. Art. 47 der Verfassung vom 16. April 1871 (RGBl. 63) lautet: „Den Anforderungen des Reichs in betreff der Benutzung der Eisenbahnen zum Zweck der Verteidigung Deutschlands haben sämtliche Eisenbahnverwaltungen unweigerlich Folge zu leisten. Insbesondere ist das Militär und alles Kriegsmaterial zu gleichen ermäßigten Sätzen zu befördern". Vgl. Art. 4 Ziffer 8 und Art. 41 der Verfassung, nach welchem das Reich auch Eisenbahnen im Interesse der Verteidigung und des gemeinsamen Verkehrs gegen den Widerspruch der berührten Bundesstaaten auf Grund eines Reichsgesetzes anlegen darf. Von letzterer Bestimmung ist kein Gebrauch gemacht; wohl aber sind Bahnen der Bundesstaaten für Verteidigungszwecke mit Reichsunterstützung gebaut worden.

[3]) Das Gesetz über die Kriegsleistungen vom 13. Juni 1873 nebst Ausführungsvorschrift vom 1. April 1876. Das Gesetz über Naturalleistungen für die bewaffnete Macht im Frieden vom 13. Februar 1875, in neuer Fassung vom 24. Mai 1898, die Militär-Transport-Ordnung mit Militärtarif vom 18. Januar 1899. Auch das Gesetz über die Beschränkung des Grundeigentums in der Nähe von Festungen vom 21. Dezember 1871 gehört bezüglich der Anlage von Eisenbahnen hierher.

Über den Rahmen der hierdurch auferlegten Verpflichtungen hinaus haben die Bundesstaaten für ihre Bahnen zugunsten der Landesverteidigung noch Zugeständnisse gemacht, indem sie für die Beförderung der Militärpersonen in Dienst und Urlaub den Satz von 1 Pf. für 1 km (die Hälfte des Satzes der IV. Wagenklasse) in III. Klasse annahmen[1]) und Fahrtermäßigungen auch den Veteranen für militärische Feiern zugestehen. Den Privatbahnen wird in den Genehmigungsurkunden auferlegt, sich betreffs der Leistungen für militärische Zwecke den ergangenen und künftig ergehenden gesetzlichen und reglementarischen Vorschriften des Reichs zu unterwerfen.

Im Kriege haben sich die Leistungen der deutschen Eisenbahnen bereits 1866 und 1870/1 bewährt. Auf 5 Eisenbahnlinien erfolgte 1866, auf 9 im Jahre 1870 der Vormarsch. Am 19. Mobilmachungstage standen 1870 nach 11 tägiger Beförderung 356 000 Mann, 87 000 Pferde, 8400 Geschütze und Fahrzeuge an der französischen Grenze; in den nächsten Tagen folgten noch 100 000 Mann, 48 000 Pferde, 3590 Geschütze und Fahrzeuge. Erforderlich waren dafür 1205 Züge mit 115 000 Achsen; 12—18 Züge mit je 60 bis 100 Achsen bewegten sich täglich auf einzelnen Linien. Diese gewaltige Leistung vollzog sich noch unter dem zersplitterten Besitz des Bahnnetzes ohne Störung dank der vorzüglichen Anordnung des Generalstabes und der hingebenden Vaterlandsliebe aller Bahnverwaltungen, der privaten wie der staatlichen[2]).

Seitdem ist für die militärische Benutzung der Bahnen neben deren regelmäßige Verwaltung eine ausgebildete Organisation getreten, durch deren Vermittlung alle Beförderungen für das Heer im Frieden wie für den Fall des Krieges geleitet werden. Mit dem Bestand von Heer und Flotte, mit der Zahl besonderer großer Übungsplätze für die Truppen, haben sich auch die Leistungen der Eisenbahnen für die Landesverteidigung vermehrt. Während im Jahre 1899 7 078 997 Militärpersonen auf der preußisch-hessischen Staatsbahn 564 602 399 Kilometer zurückgelegt haben, stellte sich die Beförderung des Militärs 1909 auf 11 395 098 (+ 60,97%) Personen und 1 079 048 944 Kilometer (+ 81,12%; sie betrug 4,48% der Gesamtleistung an Personenkilometern[3]). Die Belastung mit Militärfahrten ist also erheblich.

---

[1]) So niedrige Sätze kommen sonst nur für den regelmäßigen Verkehr der Arbeiter zu ihren Arbeitsstätten oder für Massentransporte vor. Der Fahrpreis von 1 Pf. gilt seit dem Militärtarif von 1899.

[2]) Deutsches Eisenbahnwesen der Gegenwart, S. 502/3. Das deutsche Eisenbahnnetz zerfiel damals in 50 getrennte Verwaltungen.

[3]) Die Verwaltung der öffentlichen Arbeiten in Preußen 1900—1910 Berlin 1910. Jede Militärperson ist durchschnittlich befördert auf 94,69 km, während die durchschnittliche Beförderung aller Personen sich nur auf 36,46 km erstreckt. Die durchschnittliche Einnahme aller Personen für 1 km beträgt 2,75 Pf. gegen 1 Pf. für das Militär.

Nicht minder als im Deutschen Reich haben sich in anderen Ländern die Eisenbahnen als wirksames Mittel für den Angriff wie die Verteidigung erwiesen. Im russisch-japanischen Kriege, im Burenkampf in Südafrika, im chinesischen Aufstande drehte sich der Kampf um den Besitz der Bahnlinien. Ohne ihre Unterstützung ist eine sichere Beherrschung weder in den bevölkerten Gegenden Europas und Indiens noch in den dünnbesetzten Gebieten Afrikas und Asiens möglich. Die Landesverteidigung bildet mit Recht eine vornehmste Pflicht der Eisenbahnen.

Post- und Telegraphenwesen. Als die Benutzung der für den Nachrichtendienst von den Fürsten getroffenen Einrichtungen in Deutschland für jedermann im Anfang des 16. Jahrhunderts freigegeben wurde, galt die Post als Regal, welches durch seine Erträge die Mittel zur Weiterentwicklung gewinnen sollte. Viele deutsche Staaten richteten Landesposten ein, wie 1651 der große Kurfürst die brandenburgisch-preußische Post. Von diesen Staaten wurde die Postgerechtsame nicht anerkannt, welche vom Reich der Familie Thurn und Taxis verliehen waren und demnächst für die 1803 mediatisierten Gebiete infolge der Wiener Kongreßakte von 1815 sowie zuletzt für die selbständig gebliebenen kleineren Staaten bei Errichtung des Norddeutschen Bundes abgelöst sind[1]). In der Postverwaltung des Bundes und nachher des Deutschen Reichs ist jetzt der größte Teil deutschen Gebiets vereinigt.

Mit der Einführung der Eisenbahnen wurde die Post auf deren Benutzung angewiesen, da sie ohne dies Hilfsmittel den Nachrichtenverkehr im Lande nicht mehr ausreichend bedienen konnte. Die Art der Benutzung mußte gesetzlich geregelt werden. Dies geschah in Preußen durch das Gesetz von 1838 sowie einige spätere Postgesetze (1852 und 1860) und Reglements, sodann im Deutschen Reich[2]) durch die Gesetze von 1871 und 1875, welche den schon bis dahin geltenden

---

[1]) Wiener Kongreßakte, Art. 17. Preußen löste lm Jahre 1867 durch Vertrag mit dem Fürsten von Thurn und Taxis dessen noch bestehenden Postrechte für 3 Millionen Thaler ab, womit dieses Privileg endete. Mit 1. Januar 1868 trat die Post- und Telegraphenverwaltung des Norddeutschen Bundes ins Leben, 1871 mit Einschluß von Elsaß-Lothringen und Baden die deutsche Reichspost (Reichsverfassung, Art. 48), Bayern und Württemberg haben eigene Post behalten (Reichsverfassung, Art. 4, Nr. 10, Art. 52).

[2]) Postgesetze vom 5. Juni 1852 (G. S. S. 345) und 21. Mai 1860 (G. S S. 209), Postgesetz des norddeutschen Bundes vom 2. November 1867. Reichspostgesetz vom 20. Dezember 1875, RGBl. 318. Ausführungsverordnung des Reichskanzlers vom 9. Februar 1876, Zentralblatt für das Deutsche Reich, S. 87. Gesetz über das Telegraphenwesen vom 6. April 1892, RGBl. 467. Telegraphenwegegesetz vom 18. Dezember 1899, RGBl. 405. In Bayern und Württemberg ist das Verhältnis zwischen Post und Eisenbahn durch Ministerialverordnungen und Vereinbarungen geregelt.

Grundsatz bestätigten, daß der Eisenbahnbetrieb in Übereinstimmung mit dem Postdienst geregelt werden müsse. Das Verhältnis der Eisenbahnen zur Telegraphenverwaltung des Reichs ordneten Reichsgesetze von 1892 und 1899.

Entschädigung der Post durch die Eisenbahnen. In Preußen wie im übrigen Deutschland hatte sich der Betrieb der Post allmählich über die Beförderung von Briefen und Zeitungen hinaus auf Wertsendungen, Pakete[1]) und Reisende ausgedehnt. Ein Netz von Postkursen überdeckte in den 30 er und 40 er Jahren des vorigen Jahrhunderts das ganze Land. Da dieser Dienst mit Entwicklung der Eisenbahnen in mancher Hinsicht eingeschränkt werden mußte, erwartete die Post, welche erhebliche Überschüsse lieferte, eine Schädigung ihrer Einnahmen und verlangte, daß den Bahnen behufs Ersatzes gewisse Leistungen für die Post ohne Entgelt auferlegt würden[2]). Die deutschen Bahnverwaltungen haben nach den jetzt geltenden Bestimmungen in jedem regelmäßigen Zuge einen Postwagen für Briefe, Zeitungen, Wertsendungen und Pakete bis zu 10 kg Einzelgewicht sowie Begleitmannschaften und Geräte unentgeltlich zu befördern. Für Pakete über 10 kg sowie für Nebenleistungen des Betriebes — Reinigen, Schmieren, Verschieben der Wagen usw. — und für außergewöhnliche Gestellung von Wagen und Wagenabteilungen, auch für Hergabe von Grund und Boden oder Dienst- und Wohnräumen erhalten sie angemessene Vergütungen.

Bezüglich des Telegraphenwesens, welches erst durch Reichsgesetz von 1892 Regal wurde[3]), übernahmen die Eisenbahnverwaltungen vorher entweder in der Genehmigungsurkunde oder durch Verträge

---

[1]) Der Postzwang sicherte im Gebiet des allgemeinen Landrechts der staatlichen Post die ausschließliche Beförderung der Pakete bis zum Gewichte von 40 Pfund. Denkschrift über das Verhältnis der Staatseisenbahnverwaltung zur Reichspostverwaltung. Anlage B des Betriebsberichts der preußisch-hessischen Staatsbahn für 1910.

[2]) Einzelne Bahnen der ersten Zeit z. B. die 1840 eröffnete Privatbahn München-Augsburg, die Leipzig-Dresdner Eisenbahn-Gesellschaft hatten nicht unerhebliche Geldbeträge als Entschädigungen für die Post zu zahlen. Deutsches Eisenbahnwesen der Gegenwart, S. 501. Andererseits war die Post bereit, Vergütungen für die Beförderung zu bezahlen. Die umständliche Berechnung der beiderseitigen Vergütungen wurde durch den im Gesetz von 1838 angenommenen Grundsatz vermieden, daß die Post nur durch unentgeltliche Leistungen der Eisenbahnen entschädigt werden sollte. Diese Verpflichtung wurde für die Privatbahnen durch Gesetze, für die Staatsbahnen in wesentlich gleicher Weise durch Reglements von 1856 und 1868 festgestellt. Nach Aufhebung des Postzwangs für Pakete durch Gesetz von 1860 wurde die Pflicht zu unentgeltlicher Beförderung auf Pakete bis zu 20 Pfund eingeschränkt.

[3]) Vgl. S. 93, Anm. 2. In Bayern und Württemberg fiel das Regal diesen Bundesstaaten, sonst dem Reiche zu. § 15 Ges., a. a. O.

mit den staatlichen Telegraphenverwaltungen in der Regel Hilfsleistungen bei der Beförderung der Telegramme des öffentlichen Verkehrs und ließen die Benutzung ihrer Strecken oder auch der eigenen
Gestänge durch die Leitungen der Telegraphenverwaltung und deren
Bewachung durch ihre Bediensteten zu. Für diese Zugeständnisse
wurden sie durch Geldvergütungen oder Gegenleistungen entschädigt.
Durch die Bundesratsbeschlüsse, Reichsgesetze sowie für Preußen
durch Vertrag der Staatseisenbahnverwaltung mit der Reichspost ist
das Verhältnis zum Reichstelegraphendienst im gleichen Sinne
geordnet[1]).

Post und Eisenbahn haben sich über ihr Zusammenwirken stets
zu verständigen gewußt. Der Postverkehr hat entgegen der ursprünglichen Annahme nicht gelitten, sondern sich glänzend entwickelt. Er
bildet aber mit seinen zahlreichen Postläufen eine starke Belastung
des Fahrdienstes der Eisenbahnen[2]), die um so empfindlicher ist, als
die Postwagen vielfach unterwegs aus den Zügen genommen und wieder
eingesetzt, auch in besondere Postbahnhöfe verbracht werden müssen.
Es wird daher als Unbilligkeit empfunden, daß die Eisenbahnen für
den wichtigsten Teil ihrer Leistungen zugunsten der Post eine Vergütung nicht erhalten. Die preußisch-hessische Staatseisenbahnverwaltung hat im Jahre 1908 an Vergütungen von der Post 11 086 142 M.[3])
empfangen, schätzt aber die Selbstkosten, welche ihr für die Beförderung
der Postsendungen im gleichen Jahre erwachsen sind, einschließlich
eines verhältnismäßigen Betrages für Verzinsung des Anlagekapitals
der Strecken und Lokomotiven auf 52 394 057 M. Die Reichspost
hätte danach einen Nutzen von 41 307 933 M. auf Kosten der preußisch-
hessischen Staatseisenbahnverwaltung gehabt[4]). Der Ausfall aller

---

[1]) Bundesratsbeschluß vom 21. Dezember 1868 betreffend die den Eisenbahnverwaltungen im Interesse der Reichs-Telegraphenverwaltung obliegenden Verpflichtungen. Reglement vom 7. März 1876 über Benutzung der Eisenbahn-Telegraphen für Telegramme, die nicht eisenbahndienstlich sind. Vertrag vom
$\frac{28.\ August}{8.\ September}$ 1888 über die Verpflichtungen der Preußischen Staatseisenbahnverwaltung gegenüber der Reichspost- und Telegraphen-Verwaltung. Fritsch,
Eisenbahngesetzgebung, 2te Auflage, S. 454

[2]) Im Jahre 1875 leisteten 1211 Postwagen (ohne einzelne Abteile in Eisenbahnwagen) im deutschen Reichspostgebiet 153 109 647 Achskilometer, im Jahre 1908
2577 Postwagen 509 975 899 Achskilometer. Die Einnahme der Post betrug im
gleichen Gebiet 1875 103 781 213 M., 1908 623 376 865 M.

[3]) Etwa 1 Million Mark ist für die Beförderung der Pakete über 10 kg zu
zahlen, 5 Millionen für die Stellung von Beiwagen, je 1 Million für Rangieren,
Ausbessern der Wagen, Mieten von Diensträumen, das übrige für kleinere Leistungen.

[4]) Bericht über die Ergebnisse des Betriebes der preußischen und hessischen
Staatseisenbahnen im Rechnungsjahr 1908, S. 41. Vgl. auch denselben Bericht
für 1909, S. 44. Ferner die Denkschrift (S. 94 Anm. 1) S. 15. In dieser wird

Bahnen des Reichspostgebiets ist danach zugunsten der Post auf 60 Millionen berechnet worden[1]).

Wenn man erwägt, daß der Reinüberschuß der preußischen Staatseisenbahnverwaltung im Jahre 1908 nur 99,2 Millionen Mark betrug[2]), so stellt der Abgang von 41 307 933 M. allerdings eine sehr erhebliche Verschiebung zuungunsten des Ertrages dar, welchen Preußen aus seinen Eisenbahnen bezieht. Noch erheblicher erscheint die Abweichung im Konto der Reichspost, deren Reinüberschuß z. B. im Jahre 1906 nur 59 Millionen Mark ergab, also bei voller Zahlung an die Bahnen des Reichspostgebiets zum großen Teile aufgezehrt worden wäre.

Für den Einzelstaat Preußen, dessen Nettoeinkommen nach dem Etat für 1908 sich auf 672,3 Millionen Mark stellte, ist der zugunsten der Post ihm entstehende Ausfall von 41,3 Millionen Mark bedeutend genug[3]). Indessen ist Preußen, ebenso wie die übrigen Eisenbahnen besitzenden Staaten des Reichspostgebiets, an den Einnahmen des Reichs im Bundesverhältnis mitbeteiligt, erfährt also dadurch eine seiner Größe entsprechende Schadloshaltung, etwa zu $^3/_5$. Auch kommen die Leistungen, welche die Post infolge der Verminderung ihrer Unkosten dem öffentlichen Verkehr und sonstigen Reichseinrichtungen[4]) gewähren kann, mittelbar den Eisenbahnen zugute, indem sie ebenso wie billige Fahrpreise Bewegung und Tätigkeit unterstützen und damit zugleich die Eisenbahnbeförderung heben. In dem wirtschaftlichen Gemeinwesen des deutschen Volks finden also Ausgleichungen statt,

---

der Unterschied zwischen den Selbstkosten der preußischen Staatsbahn und den Vergütungen der Post für 1906 auf 34 395 908 M., für 1909 auf 40 486 632 M., für 1910 auf 39 529 027 M. berechnet.

[1]) Deutsches Eisenbahnwesen der Gegenwart, S. 501. Ein der Post angehörender Schriftsteller berechnet den Wert der ungedeckten Eisenbahnleistungen für das Reichspostgebiet ohne Elsaß-Lothringen nur auf $26^1/_2$ Million Mark. Poppe, Die finanziellen Beziehungen zwischen Post und Eisenbahnen in Deutschland. Berlin 1911. Indes gründet sich die Berechnung der Eisenbahn auf Durchschnittskosten für den Achskilometer, mithin auf eine wenig anfechtbare Unterlage.

[2]) Gemeint ist hier der preußische Überschuß (ohne hessischen und badischen Anteil) nach Abzug der Verzinsung und Tilgung der Eisenbahnschulden und des Zuschusses zu dem Extraordinarium. Im Jahre 1908 war der Reinüberschuß der niedrigste seit 1895. Er betrug 1909 wieder 183,5 Millionen. Betriebsbericht für 1909, S. 253. Der ungedeckte Betrag der Eisenbahnleistungen umfaßt auch Hessen. Für dieses wäre etwa $^1/_{20}$ abzuziehen, wenn genau gerechnet wird.

[3]) Nach dem Nettoetat erscheinen als Einnahmen nur die Beträge, welche bei den Betriebsverwaltungen, wie den Eisenbahnen, und bei den Steuern nach Abzug der Gewinnungskosten (einschließlich des Kapitalaufwandes) übrig bleiben. Ihnen stehen die Ausgaben für Verwaltung, Sicherung, Wohlfahrt, Bildung des Landes gegenüber.

[4]) Die Post übernimmt u. a. unentgeltlich den Verkauf der Versicherungsmarken und die Auszahlung der Entschädigungen, Pensionen usw. auf Grund der Reichsversicherungsgesetze.

welche die Lücke in der Abrechnung zwischen Reich und Einzelstaaten als weniger empfindlich erscheinen lassen.

Gründe gegen unentgeltliche Leistungen der Eisenbahn für die Post. Bedenklicher wird der Mangel einer genauen Verrechnung zwischen den großen Verkehrseinrichtungen, wenn es darauf ankommt, die Ertragsfähigkeit einerseits der Bahnen, andererseits der Post zu beurteilen. Für die preußische Staatsbahn würde im Jahre 1908 bei voller Bezahlung der Postbeförderung sich das durchschnittliche Anlagekapital mit reichlich ½% mehr, etwa mit 5,3% statt 4,78% verzinst haben. Die Reichspost aber hätte nur einen verhältnismäßig geringen Überschuß gehabt.

Der Ertrag bietet zum Teil den Anhalt für das Urteil über die Tüchtigkeit eines wirtschaftlichen Unternehmens, sicher aber den Maßstab für die Leistungen, welche von ihm erwartet werden. Die Staatseisenbahnen stehen bei der Berechnung des Ertrages schon darin ungünstiger wie die Post, weil ihnen statistisch die Verzinsung des ganzen verwendeten Anlagekapitals in Rechnung gestellt wird. Als Reinüberschuß gilt für sie nur, was nach Verzinsung und Tilgung der Eisenbahnschulden übrig bleibt (vgl. S. 96, Anm. 2). Die Post dagegen braucht ihren Einnahmen nur die Betriebsausgaben gegenüberzusetzen. Zinsen ihres großen aus der Vergangenheit, zum Teil von sehr langer Zeit her, stammenden Anlagewerts erscheinen nicht in ihrer Rechnung, sondern nur neuerdings nach Reichstagsbeschluß Zinsen und Tilgung für Beschaffungen aus neu aufgenommenen Anleihen[1]). Der Reinüberschuß der Post ist also verhältnismäßig größer, weil ihre Anlagewerte zum größten Teile bereits getilgt sind, während die erst in neuerer Zeit entstandenen Eisenbahnen an dieser Belastung noch stark zu tragen haben.

Der Vorteil, welchen die Post gegenüber den Staatsbahnen bei der Verzinsung des Anlagekapitals hat, kommt darin zur Geltung, daß das Reich den Überschuß, welchen die Post über die Betriebsausgaben hat, in größerem Umfange, als Staaten und Reich bei den Eisenbahnen als Rente aus den Anlagewerten ansehen darf. Hiergegen ist nichts einzuwenden. Wird dagegen, wie es durch die unentgeltlichen Leistungen der Eisenbahnen für die Post geschieht, ein wesentlicher Teil der Betriebsausgabe auf andere Weise als aus dem Postbetriebe gedeckt, so entsteht die irrige Meinung, daß die Leistung der Post um so viel billiger geliefert werden könne. Daraus entspringt dann die Neigung, sich für diese Leistung mit einem Tarife zu begnügen, welcher den wirklichen Kosten nicht entspricht.

Daß die Postpakete in Deutschland bis zu 10 kg im wesentlichen von den Eisenbahnen ohne Entgelt befördert werden, hat zu dem Tarif

---

[1]) Reichsgesetz vom 15. Juli 1909 betreffend Änderungen im Finanzwesen.

Veranlassung gegeben, welcher die niedrigsten Einheitspreise für jede Entfernung an die Gewichtsgrenze von 5 kg knüpft. Der Tarif hat den Paketverkehr überraschend entwickelt, aber auch zu unverhältnismäßigem Aufwand bei der Post wie bei den Eisenbahnen geführt. Die daraus erwachsene Belastung drückt auf die finanziellen Ergebnisse der Post und muß immer stärker drücken, je mehr sich der Verkehr ausdehnt.

Die Länder außerhalb des Reichs sind dessen Pakettarif nicht gefolgt; die Bahnverwaltungen, in deren Händen dort fast überall, auch bei Staatsbahnen, die Paketbeförderung belassen ist, halten die Gewichtsgrenze für die geringsten Einheitssätze wesentlich niedriger und nehmen für die größeren Gewichte, ebenso wie die Reichspost bei den Gewichten über 5 kg, höhere Preise. Die erwünschten direkten Paketfrachten haben sich bei dieser Verschiedenheit der Preissysteme nicht entwickeln wollen.

Der niedrige Satz von 25 und 50 Pf. für Pakete bis 5 kg verhindert dabei nicht einmal, daß innerhalb des Reichspostgebiets gegen diese durch Regal nicht geschützte Beförderung[1]) der Mitbewerb erfolgreich aufgenommen wird. Auf den badischen, pfälzischen und hessischen Bahnen wurde ein noch heut bestehender Tarif eingerichtet, nach welchem für Pakete unter Annahme eines geringeren Mindestgewichts als 5 kg niedrigere als die Postsätze erhoben werden. Wäre die preußische Staatsbahn, welche dem Reiche Verkehr nicht entziehen wollte, diesem Beispiel gefolgt, so würde fast in ganz Deutschland der unwirtschaftliche Zustand erlebt werden, daß die zwei großen staatlichen Verkehrseinrichtungen nebeneinander auf denselben Stellen für die gleichen Güter die Beförderung ausführen.

Wünschenswerte Änderung. Der Vorgang zeigt, daß wirtschaftliche Mißstände erwachsen können, wenn von dem Grundsatz abgewichen wird, daß Leistungen für wirtschaftliche Unternehmungen vergütet werden müssen[2]). Es wäre erwünscht, wenn diese nicht durch-

---

[1]) Das Postregal bezieht sich in Deutschland nur auf Briefe, Zeitungen und Wertsendungen.

[2]) Der Nachteil der unentgeltlichen Eisenbahnleistungen für die Reichspost kann nicht durch den Hinweis auf die Portofreiheits- und Portovergünstigungsfälle sowie auf die sozialpolitischen Arbeiten widerlegt werden, wie der S. 96 Anm. 1 erwähnte Schriftsteller versucht hat. Er schätzt den Wert dieser von der Post ohne Entgelt auszuführenden Arbeiten auf 23 Mill. Mark jährlich, also fast auf die gleiche Summe, die er für die unentgeltlichen Leistungen der Eisenbahnen für die Post annimmt. Die Portofreiheiten und Portovergünstigungen sind Nebenlasten, wie sie bei jeder größeren Unternehmung vorkommen, und haben für die Post schwerlich, größere Bedeutung wie die freien Fahrten und Fahrpreisermäßigungen für die Eisenbahnen. Die Zahlungen aber, welche die Post nach Reichsgesetz für die Wohlfahrtsversicherung zu leisten hat, bilden Kosten, die, weil mit dem Betriebe nicht zusammenhängend, zu den Betriebsausgaben nicht gerechnet werden können. Ihr Betrag sollte dem Reinüberschuß der Post hinzugerechnet werden, da durch

weg gesunden Verhältnisse, welche sich aus älteren einfacheren Grundlagen entwickelt haben, in der Richtung einer zweckmäßigeren Regelung geändert würden[1]. Dabei könnte, wie in Bayern und Württemberg, wo Post und Bahnen in der Hand des Einzelstaats vereinigt sind, erreicht werden, daß die Paket- oder Stück-Beförderung zwischen Post und Eisenbahnen zweckmäßiger verteilt wird, daß noch mehr, als schon geschieht, die Beamten und Arbeiter für beide Dienste herangezogen werden und daß die Ausgleichung für die wechselseitigen Leistungen in einfachster Weise (durch Pauschsummen usw.) bewirkt wird[2].

Die Ansprüche der Reichspost an die Eisenbahnen sind übrigens mehrfach zugunsten der Neben- und Kleinbahnen beschränkt worden, deren Entstehung man durch Erleichterung der Lasten fördern wollte. Für Nebenbahnen wurde durch Bundesratsbeschluß von 1879 in den ersten 8 Jahren ihres Betriebes die unentgeltliche Beförderung auf Briefbeutel und Zeitungspakete beschränkt[3]. Bei Kleinbahnen erhält in Preußen die Post nur das Recht, ihre Sendungen und Begleitmannschaften befördern lassen zu können, und genießt dafür eine gewisse Ermäßigung in den Fuhr- und Frachtsätzen des Tarifs[4].

Andere Staaten. Außerhalb Deutschlands sind die Verhältnisse zwischen Post und Eisenbahnen in Europa zum Teil ähnlich geordnet wie im Reich. In England und Amerika aber werden die Leistungen zugunsten der Post den Eisenbahnen in vollem Umfange vergütet. Im Jahre 1910 zahlte die englische Post für Beförderung der Briefpost auf den Eisenbahnen 24 Millionen Mark und für die seit 1883 eingeführte Paketpost 20 Millionen Mark. Dabei wird ein großer Teil der Postpakete auf kürzeren Entfernungen mit motor vans auf Landstraßen verfahren, z. B. zwischen London und Oxford, Edinburg und Glasgow. Das Verhältnis der Gesamtausgaben der englischen Post zu den Gesamteinnahmen stellte sich im Jahre 1909/10 auf 73,76%, während der Reichspostetat für 1911 die Einnahme auf 734,1 Millionen,

---

diese Arbeiten dem Reich und den Bundesstaaten Kosten an anderer Stelle erspart werden.

[1] Eine Änderung hat indes wegen der Reichsfinanzen keine Aussicht auf Erfolg, wie die preußische Regierung gegenüber dem Landtag erklärt hat. Denkschrift S. 16. Vergl. S. 94, Anm. 1.

[2] Ausgleichung durch eine jährlich steigende Aversionalsumme bewirkt die preußische Staatseisenbahn, wie alle anderen Staatsbehörden, zu Gunsten der Reichspost für die Portobeträge der frankiert abzusendenden Staatseisenbahn-Dienstsendungen. Denkschrift a. a. O. S. 17.

[3] Erlaß des Reichskanzlers vom 28. Mai 1879, RGBl. 108. Als Nebenbahn wird von der Landesaufsichtsbehörde in der Genehmigungsurkunde jede Strecke bezeichnet, die als solche von dem Reichseisenbahnamt anerkannt ist. Die von der Post gezahlten Vergütungen decken annähernd die Selbstkosten der Kleinbahnen. Denkschrift a. a. O. S. 11.

[4] Preußisches Kleinbahngesetz vom 28. Juli 1892, GS. S. 225, § 42.

die Ausgabe, einschließlich 18,8 Millionen einmalige Aufwendungen, auf 662,5 Millionen Mark angibt, somit ein Verhältnis beider Summen von 90% entnehmen läßt[1]).

Zollverwaltung. Für die Zollverwaltung müssen überall die Eisenbahnen für ihre Rechnung, soweit sie neue Grenzübergänge schaffen, die meist umfangreichen Anlagen herstellen, welche nötig sind, um die eingehenden Waren den Zollaufsichtsbeamten behufs Zollerhebung vorzuführen. Neuerdings wird in Deutschland versucht, die Geschäfte der ausführenden Zollbeamten teilweise den Bediensteten der Staatsbahnen zu übertragen, welche fast alle Grenzübergänge besitzen.

Eisenbahn-Anschlüsse. Da die Eisenbahnen ein gemeinsames Netz für den öffentlichen Verkehr bilden sollen, so muß jede Bahn sich den Anschluß der Strecken, welche diesem Verkehr dienen, behufs Übergangs von Reisenden, Gütern, Wagen gefallen lassen.

Deutschland. Das preußische Gesetz von 1838 sah diesem Bedürfnis vor und ermächtigte den zuständigen Minister, bei Genehmigung des Anschlusses die Bedingungen für das Verhältnis zwischen der Anschluß suchenden und gewährenden Gesellschaft festzusetzen[2]). Hiermit ist der Regierung die Machtvollkommenheit gegeben, um notwendige Verbindungen der Bahnunternehmungen unter sich auch gegen Widerstand zu erzwingen. Tatsächlich hat meist der gemeinsame Vorteil zur Einigung über die Anschlüsse geführt (vgl. S. 8. 11). Die Reichsverfassung bestätigte den Grundsatz, daß „jede bestehende Eisenbahnverwaltung verpflichtet ist, sich den Anschluß neu angelegter Bahnen auf Kosten der letzteren gefallen zu lassen[3]"). Im preußischen Kleinbahngesetz von 1892 wird die Vorschrift in ähnlicher Form wie im Gesetz von 1838 wiederholt. Die genehmigende Provinzialbehörde entscheidet über die Zulässigkeit des Anschlusses und regelt die Verhältnisse der Unternehmungen zueinander, wenn sie beide Kleinbahnen sind, der Minister in dem Fall, daß eine der beiden Unternehmungen dem Gesetz von 1838 untersteht[4]).

---

[1]) Archiv 1911, S. 1049.

[2]) Gesetz vom 3. November 1838, § 45. „Die Gesellschaft ist verpflichtet, nach der Bestimmung des Ministers der öffentlichen Arbeiten (vgl. S. 36 Anm. 1) den Anschluß anderer Eisenbahn-Unternehmungen an ihre Bahn, es möge die beabsichtigte neue Bahn in einer Fortsetzung oder Seitenverbindung geschehen, zuzulassen. Der Minister wird hierüber sowie über die Verhältnisse beider Unternehmungen zueinander das Nötige bei Konzession des Anschlusses festsetzen." Der Rechtsweg ist gegen diese öffentlich-rechtliche Regelung ausgeschlossen.

[3]) Reichsverfassung vom 16. April 1871, Art. 41 Abs. 2.

[4]) Kleinbahngesetz vom 28. Juli 1892, §§ 28, 29. Gegen die Festsetzung der Verwaltungsbehörden in betreff der an die anschlußgewährende Unternehmung zu leistenden Vergütung ist nach dieser Vorschrift ausdrücklich der Rechtsweg vorbehalten. Der Vorbehalt steht im Gegensatz zu der für das ältere Gesetz geltenden Rechtsmeinung. Vgl. Anm. 2 oben.

Gemeinschaftsbahnhöfe. Die Regelung in dem wechselseitigen Verhältnis der anschließenden Bahnen ist vor allem notwendig für die Mitbenutzung, welche jedesmal stattfindet, wenn Wagen von einer Strecke auf die andere übergeführt werden. Dies geschieht in einfacher Weise, wenn nur einzelne Wagen mittels eines Übergabegleises hinüber und herüber zu verschieben sind, wird aber schwierig und verwickelt bei einem großen, mannigfaltigen Verkehr von Reisenden, Gütern, Tieren, die in Personen- und Güterwagen oder allein, oft in größter Eile, mit Erfüllung von Zoll- oder anderen Erklärungen übergeben werden müssen. Die Übergangsbahnhöfe bilden immer besonders gewichtige Aufgaben für Bau und Betrieb. Oberster Grundsatz bei ihrer Gestaltung bleibt, wie bei dem Bahnbetrieb überhaupt (vgl. S. 7), daß einer Verwaltung die Leitung der gemeinschaftlich zu benutzenden Gleise und damit die Verantwortung für den Gesamtdienst zufällt[1]).

Die Gemeinschaften auf Übergangspunkten haben im Gegensatz zu der älteren Zeit, in welcher jede Unternehmung an solcher Stelle ihren besonderen Bahnhof anlegte, um möglichst für sich zu sein, einen großen Umfang angenommen. Sie finden sich nicht nur im Verkehr der deutschen Staatsbahnen untereinander, sondern auch in Verbindung mit Privateisenbahnen und Kleinbahnen sowie auf den Grenzen mit ausländischen Unternehmungen[2]).

Mitbetrieb. Innerhalb Deutschlands hat sich der Mitbetrieb auch dahin ausgedehnt, daß einzelne fremde Züge mit ihren Lokomotiven und Begleitmannschaften auf langenLinien zugelassen werden, um die Betriebsmittel und Arbeitskräfte besser auszunutzen. Früher kam ein solcher Durchlauf nur auf kurzen Anschlußstrecken vor. Das Mißtrauen gegen gemeinschaftliche Einrichtungen ist geschwunden, seitdem mit Durchführung der Verstaatlichung das Bedürfnis des Mitbewerbs im Eisenbahnverkehr in den Hintergrund tritt.

Bei Neben-, Klein- und Privatanschlußbahnen gestaltet sich unter einfachen Verhältnissen die Mitbenutzung leichter. Die preußische Staatsbahn hat Neben- und Kleinbahngesellschaften mehrfach den Mitbetrieb über kostspielige Brücken, Tunnels und dergl. gestattet, um ihnen Anlagekosten zu ersparen[3]). Nebenbahnen wird in den preußischen Genehmigungsurkunden die Verpflichtung auferlegt, „den An-

---

[1]) Für einzelne Diensthandlungen, z.B. Zugbewegungen, wird meist die Haftung derjenigen Verwaltung auferlegt, deren Bedienstete sie innerhalb eines bestimmten Rahmens anordnen dürfen.

[2]) Dem Auslande gegenüber macht die Zoll-, manchmal auch die Paßbehandlung besondere Anlagen erforderlich, so daß sich die Gemeinschaft auf einzelne Teile des Dienstes beschränkt.

[3]) Für derartige Vergünstigungen wird der Widerruf vorbehalten im Fall, daß der Betrieb der Hauptbahn die eigene ausschließliche Benutzung der Strecke später nötig macht.

schluß an die Bahn mittels Zweigbahnen sowie die Mitbenutzung der Bahn ganz oder teilweise gegen zu vereinbarende, nötigenfalls vom Minister festzusetzende Fracht- oder Bahngeldsätze anderen Unternehmern zu gestatten"[1]). Den Kleinbahnen Preußens ist die allgemeine Verpflichtung zur Gestattung von Anschlüssen durch Gesetz auferlegt (vgl. S. 100, Anm. 4). Verschiedentlich findet der Mitbetrieb einer Kleinbahn auf der andern nach Vereinbarung statt. Er vollzieht sich auf elektrischen Straßen-, Hoch- und Untergrundbahnen unschwer, wenn die Betriebsmittel und Züge gleichartig eingerichtet sind, gleich bedient werden und gleiche Geschwindigkeit haben[2]).

Privatanschlußbahnen werden nur soweit gestattet, als sie ohne Gefährdung des öffentlichen Eisenbahnverkehrs zugelassen werden können. An Hauptbahnen werden sie meist nur mit den Bahnhöfen verbunden und nicht mehr in die freie Strecke eingelegt, da ihre Bedienung eine Gefahr für schnell fahrende Züge und dichten Verkehr enthält. An Neben- und Kleinbahnen können sie überall leichter herankommen. In jedem Falle gewährt der Privatanschluß dem Inhaber den großen Vorzug, seine Ware nicht mit Kosten für Umladung und Fuhrwerk von und nach dem Bahnhof befördern zu müssen. Damit dieser Vorteil in möglichst großem Umfange auch andern zuteil wird, ist in den „Allgemeinen Bedingungen für die Gewährung von Privatanschlüssen" seitens der preußisch-hessischen Staatseisenbahnverwaltung dem Nachsucher zur Pflicht gemacht, jedem anderen Privatanschlusse auf Verlangen die Verbindung mit seinem Zweiggleise und die Mitbenutzung unter den von der Verwaltung gebilligten Bedingungen einzuräumen. Zahlreiche Privatanschlüsse werden von Betriebsmitteln der Hauptbahn und des Inhabers sowie der Nebenanschlüsse befahren. Sie werden in ganz Deutschland regelmäßig auf Kosten der Anschlußsucher angelegt und betrieben; ihre Herstellung erfolgt auf Grund polizeilicher Genehmigung durch die Bezirksbehörden. Im Reiche gab es 1908 9530 Anschlüsse an vollspurige, 571 an schmalspurige Bahnen gegen 6097 und 402 solcher Anschlüsse im Jahre 1898. Die Vermehrung um 56% zeigt, wie gern die Industrie von dieser erleichternden Einrichtung Gebrauch macht[3]).

---

[1]) Fritsch, Eisenbahngesetzgebung, 2. Auflage, S. 30.

[2]) Der Anschlußsucher hat aber nach dem Kleinbahngesetz (s. S. 100, Anm. 4) keinen Anspruch auf Mitbenutzung der Anlagen der Bahn, Oberverwaltungsgerichts-Entscheidung vom 12. Dezember 1896, XXXI, 374.

[3]) Die drei großen rheinisch-westfälischen Eisenbahnen, die Bergisch-Märkische, Rheinische und Cöln-Mindener Bahn, hatten sich schon im Jahre 1873 über gemeinsame Bedingungen für die Zulassung von Privatanschlüssen geeinigt. Bis dahin hatten sie sich durch Erleichterung in Einzelheiten bei den anzuschließenden Werken bekriegt, zum Teil die Anschlüsse auf eigene Kosten gebaut oder sie angekauft.

Außerdeutsche Staaten. In England hat der gesetzliche Grundsatz, daß die Bahngesellschaften zu „jeder billigen Förderung des Transports" verpflichtet seien (vgl. S. 83), der Regierung den Stützpunkt gegeben, um bei Genehmigung von Eisenbahnen auf die Herstellung von Verbindungen mit anderen Unternehmungen zu wirken. In Frankreich wird das Bahnnetz im Wege der Konzession verteilt.

In Nordamerika ist die notwendige Verbindung zwischen den Bahn-Unternehmungen an schwierigen Stellen, wie in Boston, Chicago, durch besondere Aktiengesellschaften hergestellt worden, welche durch die Anschlußbahnen gebildet sind[1]). Die Verwaltung dieser Vermittelungsgesellschaften soll unter dem Mißtrauen leiden, welches durch Wettbewerbskämpfe der beteiligten Bahnen hineingetragen wird, und kostspielig arbeiten. Das Bundesgesetz von 1887 verpflichtet übrigens unter dem Druck der darin vorgesehenen harten Strafen die Eisenbahnen „zu angemessenen Bedingungen jede verlangte Weichenverbindung mit Seitenzweigbahnen oder privaten Anschlußgleisen zu bauen, zu unterhalten und zu betreiben, sofern eine solche Anlage vernünftigerweise ausführbar ist"[2]).

Zweckmäßige Gestaltung der Anschlüsse. Werden die Anschlüsse von Bahn zu Bahn unter dem Gesichtspunkt behandelt, daß die Bahnen zusammenhängender Landstreken ein einheitliches Netz bilden, so kann die Verbindung der Linien vereinfacht, die Verwaltung der Anschlußpunkte vereinigt, die wechselseitige Übernahme des Verkehrs und die Abrechnung beseitigt oder beschränkt werden. Umgekehrt, will jede Bahn einseitig für sich bleiben, so sind besondere Stationen für jede Unternehmung, Übergabegleise oder Übergabebahnhöfe, getrennte Anschlußverwaltungen, Übergabeverhandlungen für das einzelne Gut, den einzelnen Wagen nötig. Es entstehen vermehrte Baukosten; der Betrieb wird umständlich und teuer; im Verkehr ergeben sich infolge der wiederholten Übergaben Zeitverluste.

Bei der großen Zahl der Übergangspunkte in dem engmaschigen Bahnnetz ist die zweckmäßige Regelung des Dienstes an diesen Stellen von äußerster Wichtigkeit für Betrieb, Verkehr und Wirtschaftlichkeit. Ein einheitliches Unternehmen, wie die preußisch-hessische Staatsbahn, hat den großen Vorteil, daß es die Verbindungsstellen nach dem Bedürfnis nicht allein der einzelnen Örtlichkeit, sondern seiner ganzen weitgestreckten Linien einzurichten und zu benutzen vermag. Es wäre ein großer Gewinn, wenn die verschiedenen Bahnverwaltungen an diesen wichtigen Punkten in ihren Einrichtungen überall Rücksicht auf die

---

[1]) The Boston Terminal Company für mehrere Personenbahnhöfe, the Chicago Union Transfer Company für verschiedene Güterbahnhöfe. Hoff und Schwabach, Nordamerika, S. 94.

[2]) § 1 Nr. 8 des Gesetzes. Archiv 1912, S. 16.

Erleichterungen nähmen, welche sie dem Betrieb der Nachbarn gewähren können, wie dies übrigens innerhalb Deutschlands schon mehr und mehr geschieht. Die gesamte Leistungsfähigkeit des Bahnnetzes würde dadurch wesentlich gewinnen.

Dreizehnter Abschnitt.
Staatliche Anforderungen betreffs Leitung sowie Befähigung und Verwendung der Bediensteten.
(S. 44 Nr. 7.)

Da die Eisenbahnen öffentlichen Verkehr treiben, öffentliche Verpflichtungen zu erfüllen haben, so kann es dem Staat nicht gleichgültig sein, wie und von wem sie geleitet werden. Die Vorsorge für die richtige Ordnung der Verantwortlichkeit und die Auswahl der Beamten wird umso dringender, je mehr der Bahnbetrieb an Bedeutung für das Leben des Volkes gewinnt.

Deutschland. Im preußischen Gesetz von 1838 wird nur die „Eisenbahn-Gesellschaft" für die Pflichten des Unternehmers verantwortlich gemacht. Besondere Anordnungen werden seitens des Staates lediglich für die Bahnpolizei vorbehalten, welche der Gesellschaft übertragen und als ein Teil des staatlichen Sicherheitsdienstes angesehen wird[1]).

Betriebsleiter. Später wird dagegen in Preußen durch die Genehmigungsurkunden verlangt, daß die Bau- und Betriebsverwaltung, welche staatlicher Aufsicht unterliegt, durch einen der Staatsregierung wie der Gesellschaft verantwortlichen Vorstand erfolgt. Nur die Regelung der gesellschaftlichen Angelegenheiten wird der Gesellschaft allein überlassen. Die Wahl des Vorstandes oder bei mehreren Personen des Vorsitzenden und der technischen Mitglieder sowie des etwaigen besonderen obersten Betriebsleiters bestätigt der Minister; er genehmigt die Geschäftsordnung für diese leitenden Stellen[2]). Es wird dadurch festgestellt, wer die Leistungen der Eisenbahngesellschaft für den Verkehr verantwortlich zu vertreten hat, und dafür gesorgt, daß die verantwortlichen Männer zuverlässige, fachmäßig ausgebildete Leute sind.

---

[1]) Ges. vom 3. Nov. 1838 §§ 23—25. Das vom Minister zu erlassende Bahnpolizei-Reglement soll das „Verhältnis der mit diesem Geschäft beauftragten Beamten der Gesellschaft näher festsetzen".

[2]) Fritsch, Eisenbahngesetzgebung, 2. Auflage, S. 27. Die Mitglieder des Aufsichtsrates und des Vorstandes sowie sämtliche Beamten müssen außerdem nach den Genehmigungsvorschriften Reichsangehörige sein und, soweit der Minister nicht Ausnahmen zuläßt, im Inlande ihren Wohnsitz haben.

Ausführende Beamte. Betreffs der ausführenden Beamten gingen die staatlichen Forderungen anfänglich ebenfalls nicht weiter als die Rücksichten auf Ausübung der Bahnpolizei verlangten. Nach dem preußischen, auf Gesetz von 1838 beruhenden Reglement sollten die Bahnpolizeibeamten ein bestimmtes Alter haben und unbescholten sein. Die Reglements des Vereins der deutschen Bahnen stellten daneben Vorschriften für die Befähigung zum Betriebsdienst auf. Die Eisenbahnbau- und Betriebsordnung des Deutschen Reichs bestimmte später allgemein, daß die „Betriebsbeamten die Eigenschaften und die Befähigung besitzen, die ihr Dienst erfordert"[1]). Diesem Grundsatz entsprechen die Vorschriften über die Befähigung der Eisenbahnbetriebsbeamten, in denen das Reich dann für jede Gattung derselben bestimmte Eigenschaften, vorbereitende Beschäftigungen und Mindestkenntnisse verlangte[2]). Die Bestimmungen der einzelnen Bahnen, z. B. der preußisch-hessischen Staatsbahn, gehen in ihren Prüfungsvorschriften zum Teil noch darüber hinaus.

Durch diese obrigkeitlichen Bestimmungen soll erreicht werden, daß im öffentlichen Eisenbahnbetrieb nur zuverlässige, sachkundige Beamte zur Verwendung kommen. Zu dem Erfolge, daß jetzt überall in Deutschland, auch auf Privateisenbahnen und Kleinbahnen, tüchtige Kräfte im öffentlichen Eisenbahnverkehr tätig sind, hat neben jenen Vorschriften das Beispiel der Staatseisenbahnen sowie der Übergang zahlreicher Beamter aus diesen zu den Privatunternehmungen beigetragen. So wurden auf letztere Formen und Anschauungen des Staatsdienstes hinübergebracht.

Behandlung der Beamten. Will man gute Dienstleistungen haben, so genügt nicht, daß die Bediensteten richtig ausgewählt werden. Sie müssen auch so gehalten werden, daß sie ihren Dienst ordnungsmäßig verrichten können. Dazu gehört, daß sie nicht überanstrengt werden. Das Reich zwar hat keine Vorschriften über die Dienstdauer im Eisenbahnbetriebe erlassen. Aber die Vereinbarungen, welche

---

[1]) Eisenbahn-Bau- und Betriebs-Ordnung vom 4. Nov. 1904, RGBl. 387, § 45. Die Vorschrift bezieht sich nicht auf Beamte des Verwaltungs- und Abfertigungsdienstes. Vgl. S. 53. Sie sieht außerdem vor, daß die Betriebsbeamten in ausreichender Zahl angestellt werden und schriftliche oder gedruckte Anweisungen für ihren Dienst erhalten.

[2]) Jetzt vom 8. März 1906. Vgl. S. 53, Anm. 7. Für die Kleinbahnen, sowohl die nebenbahnähnlichen wie Straßenbahnen, sind auf Grund allgemeiner Bestimmungen des Kleinbahngesetzes vom 28. Juli 1892 (§ 4 Nr. 3) Betriebsvorschriften seitens des Ministeriums der öffentlichen Arbeiten erlassen, die betreffs der Bediensteten gewisse, aber nur beschränkte Anforderungen stellen. Nach der Betriebsvorschrift für nebenbahnähnliche Kleinbahnen vom 13. August 1898 § 40, 41 sollen die Betriebsleiter der Aufsichtsbehörde bekannt, die übrigen Beamten durch schriftliche oder gedruckte Anweisungen über Dienst und Dienstverhältnis unterrichtet, die Maschinenführer immer, die übrigen Beamten auf Verlangen der Aufsichtsbehörde geprüft und die unfähigen entlassen werden.

darüber unter den deutschen Staatsbahnen getroffen worden sind, hat
Preußen auch für Privatbahnen eingeführt und zum Teil auf Straßen-
und nebenbahnähnliche Kleinbahnen übertragen[1]). Der Inhalt dieser
Vorschriften wird später besprochen (vgl. Abschnitt 32).

Wohlfahrtseinrichtungen. Ferner ist unerläßlich, die Zukunft der
Eisenbahnbediensteten und ihrer Angehörigen zu sichern. Wer seine
volle Tätigkeit im ganzen Leben dem Dienste einer Verwaltung widmet, kann nicht durch anderweitigen Erwerb für den Fall seiner Arbeits-
untüchtigkeit, seiner Krankheit oder seines Todes sorgen. Die Mittel
hierfür muß er in seinem Lohn finden und in Fürsorgeeinrichtungen,
welche die Eisenbahnverwaltung schafft. In eigenen Veranstaltungen
dieser Art findet die Verwaltung die beste Gewähr dafür, daß für jeden
ihrer Leute das Nötige geschehen wird. Der Bedienstete ist für den
Notfall auf eine Einrichtung angewiesen, die ebenso zuverlässig für ihn
eintritt, wie die Verwaltung selbst. Kosten und Mühen werden gespart,
da die Vermittlung besonderer Versicherungsgesellschaften fortfällt.
Die sachgemäße, schnelle Erledigung aller Ansprüche ist bei der eigenen
Verwaltung am besten gesichert.

Kranken- und Pensionskassen. Aus diesen Gründen haben in
Deutschland die Staats- und größeren Privatbahnen von den ersten
Zeiten ihrer Entstehung an für die Behandlung ihrer Beamten in Krankheitsfällen durch Bestellung eigener Bahnärtze und für den Fall der
Dienstuntüchtigkeit sowie für Waisen und Witwen der Beamten durch
besondere Pensions- und Unterstützungskassen in weitem Umfange
gesorgt. Auf die Arbeiter erstreckten sich diese älteren Wohlfahrts-
veranstaltungen allerdings nicht. Nur für die Arbeiter in den Eisenbahnwerkstätten wurden Krankenkassen errichtet, zu denen die Verwaltungen ähnlich wie für die Pensions- und Unterstützungskassen der
Beamten Zuschüsse zahlten. Für alle übrigen Arbeiter — in der allgemeinen Verwaltung, im Betrieb und in der Bahnunterhaltung — trat
die regelmäßige Fürsorge der Bahnen erst mit der neueren sozialen
Gesetzgebung ein, die zugleich für die Unfälle der Beamten in erweitertem
Umfange Hilfe schaffte[2]).

---

[1]) Die preußisch-hessischen Bestimmungen über die Dienst- und Ruhezeit
der Staatseisenbahnbediensteten vom 23. Februar 1902 sind unter Mitwirkung des
Reichseisenbahnamts von den deutschen Staatsbahnen vereinbart. Der preußische
Ministerial-Erlaß vom 30. Juni 1905, EVBl. 200, überträgt sie auf Privatbahnen.
Die Betriebsvorschriften für Straßenbahnen und die Genehmigungs-Urkunden der
nebenbahnähnlichen Kleinbahnen enthalten einzelne entsprechende Anordnungen.

[2]) Das älteste Krankenversicherungsgesetz, das erste der sozialen Reichs-
Gesetze, ist vom 15. Juni 1883. Die älteren Krankenkassen der Werkstattsarbeiter
wurden den entsprechenden Einrichtungen der Knappschaften und Fabriken nach-
gebildet. Unterstützungsfonds für die Arbeiter bestanden bei den Bahnverwaltungen
damals wie jetzt noch. Pensionsberechtigt waren nach den älteren Pensionsstatuten

Gemäß diesem Stande der Gesetzgebung werden jetzt in den preußischen Genehmigungs-Urkunden die Eisenbahngesellschaften verpflichtet, für Beamte und Arbeiter nach den bei den Staatsbahnen bestehenden Grundsätzen Pensions-Witwen- oder Unterstützungskassen zu errichten und Zuschüsse dazu zu leisten[1]).

Sowohl mit Regelung der Dienstdauer wie mit der Versorgung dienstunfähiger Mannschaften und ihrer Hinterbliebenen hat sich auch die ausländische Gesetzgebung beschäftigt. Weitgehende Vorschriften gibt das französische Gesetz v. 21, Juli 1909 für Eisenbahnbedienstete (Yves Guyot, a. a. O. S. 48 ff.).

Gehälter. Löhne. Das Wichtigste in der Behandlung der Bediensteten bleibt freilich Gehalt und Lohn. Diese Vergütungen aber können von Aufsichts wegen nicht festgesetzt werden. Da sie abhängig sind von Arbeitsumfang und Arbeitseinteilung, eng in Verbindung stehen mit dem Stande des Verkehrs und Arbeitsmarktes, so läßt sich eine Bestimmung über die Höhe von Gehalt und Lohn nur treffen von der Stelle, welche die Verantwortlichkeit für die Führung des ganzen Unternehmens trägt. So lange diese Verantwortung Privatgesellschaften überlassen ist, müssen diese auch die Machtvollkommenheit für die Regelung der Gehälter und Löhne behalten. Nur wenn das Eisenbahnpersonal sich als unzuverlässig erweist oder zum Ausstande greift, und dadurch den Betrieb gefährdet, wird es Pflicht der Regierung, die Beschwerden der Bediensteten zu prüfen und nötigenfalls auch in die Löhnungsfragen einzugreifen. Was dann die Billigkeit erheischt, ist seitens der Bahnverwaltungen zu gewähren, damit der öffentliche Verkehr, den das Land braucht, aufrechterhalten wird. Dies folgt aus dem Schutz, welchen die Regierung dem Verkehr schuldig ist, und aus der staatlichen Verpflichtung der Eisenbahnunternehmungen[2]).

---

der staatlichen Bahnen im Gegensatz zu der allgemeinen Staatsverwaltung nicht bloß die lebenslänglich, sondern auch die vertragsmäßig angestellten Beamten, besonders die zahlreichen Unterbeamten. Das preußische Pensionsgesetz vom 30. April 1825 gewährte keine Pensionen für Beamte auf Widerruf oder Kündigung, § 2.

[1]) Fritsch, Eisenbahn-Gesetzgebung, 2. Auflage, S. 29. Da seit dem preußischen Gesetz vom 27. März 1872 die Staatsbeamten Pensionsbeiträge nicht mehr zahlen, werden die Gesellschaften jetzt nur zu den Zuschüssen verpflichtet, welche bis dahin bei den Staatsbahnen zu den Beamten-Pensionskassen geleistet waren. — Die deutschen Privat- und Kleinbahnen haben eine gemeinsame Pensionskasse für ihre Beamten errichtet, welche den staatlichen Anforderungen genügt. Bezüglich der Arbeiter beschränken sie sich in der Hauptsache auf die durch die Reichsgesetzgebung vorgeschriebenen Leistungen.

[2]) § 24. Preußisches Gesetz vom 3. Nov. 1838. Die Gesellschaft hat die Bahn fortwährend in solchem Stande zu erhalten, daß die Beförderung usw. erfolgen könne. Sie kann hierzu im Verwaltungswege angehalten werden. Preußisches

Coalitionsbeschränkung. In der Fürsorge, zu welcher die Eisenbahnunternehmungen gegenüber ihren Bediensteten verpflichtet sind, liegt die Ausgleichung dafür, daß diesen versagt werden muß, durch gemeinsame Verabredungen auf eine Besserung ihrer Arbeitsbedingungen hinzuwirken, ihnen also das sogenannte Koalitionsrecht nicht zusteht. Die Eisenbahnbeamten und Arbeiter haben in Deutschland zwar wie alle Staatsbürger das Recht, sich in Vereinen zusammenzutun und darin für ihren Stand zu beschließen und zu handeln[1]). Sie machen davon in umfangreicher Weise Gebrauch. Dagegen wird ihnen im Gesetz nicht wie den Arbeitern der übrigen Gewerbe die Befugnis zugesprochen, durch gemeinsame Arbeitseinstellung auf Durchsetzung der in ihren Vereinen auf Lohnverbesserung und dgl. gerichteten Beschlüsse hinzudrängen.

Die preußische Gewerbeordnung von 1845, welche Arbeitseinstellungen überhaupt bei Strafe verbot, erstreckte diese Androhung ausdrücklich auch auf Eisenbahnbedienstete[2]). In der Reichsgewerbeordnung wurden die Beschränkungen, welche damals gegenüber den Vereinbarungen über Arbeitsbedingungen bestanden, aufgehoben; sie findet aber auf die Eisenbahnen keine Anwendung[3]). Die gewaltsame Störung des Arbeitsverhältnisses, welche in der gemeinsamen Niederlegung der Arbeit liegt, ist also für den Eisenbahndienst im Deutschen Reiche überhaupt nicht erlaubt; vielmehr gelten für Preußen heute noch die Strafbestimmungen der alten Gewerbeordnung[4]).

Die Ausnahme, welche das Gesetz zu Ungunsten der Eisenbahnbediensteten macht, liegt in der öffentlichen Aufgabe der Eisenbahnen begründet. Der Betriebspflicht, welche ihnen auferlegt ist, können sie nicht genügen, wenn ihren Bediensteten gestattet wird, sich der Durchführung des Betriebes zu entziehen. Die Bahnen, welche Tag für

---

Kleinbahngesetz vom 28. Juni 1892, §§ 4, 24. „Die Genehmigung kann zurückgenommen werden, wenn der Betrieb ohne genügenden Grund unterbrochen wird." Vgl. auch § 25 a. a. O.

[1]) Weder in Preußen noch neuerdings im Reich sind die Eisenbahnbediensteten für das Vereinswesen anders gestellt als die übrigen Staatsbürger. Reichsgesetz vom 19. April 1908.

[2]) Preußische Gewerbeordnung vom 17. Januar 1845, GS. S. 41ff., § 182. Gehilfen, Gesellen und Fabrikarbeiter werden bei verabredeter Arbeitseinstellung, Arbeitsverhinderung oder Aufforderung dazu mit Gefängnis bis zu 1 Jahr bestraft. Dies gilt auch für Eisenbahnen.

[3]) Reichs-Gewerbe-Ordnung vom 21. Juni 1869, jetzt laut Bekanntmachung des Reichskanzlers vom 26. Juli 1900, RGBl. S. 871, in der Fassung des Gesetzes vom 30. Juni 1900, § 6, § 150

[4]) Da diese Bestimmungen öffentliches Recht bilden, haben sie auch in den neuen Provinzen Preußens Gesetzeskraft. In Anwendung sind sie nie gekommen, weil die Macht der Bahnverwaltungen, im Dienstwege zu strafen und zu entlassen, ausreichte.

Tag den Verkehr gleichmäßig zu bedienen haben, sind in anderer Lage, wie diejenigen gewerblichen Unternehmer, die ihren Betrieb nach Ermessen aufgeben, beschränken oder zeitweilig einstellen können. Hierin haben diese ein Mittel, sich des Ansturms ihrer Arbeiter zu erwehren, welches den Bahnen fehlt[1]).

Andererseits kann das Land die Weiterführung der gewerblichen Betriebe meistens eine Zeit lang ohne bedenkliche Störung entbehren, während der Eisenbahnverkehr für die Tätigkeit des Landes jede Stunde nötig ist[2]). Die Eisenbahn ist zugleich ein Werkzeug für die Verteidigung des Staates, welches keinen Augenblick außer Tätigkeit gesetzt und nicht einmal der Möglichkeit einer Behinderung ausgesetzt sein darf.

Die Eisenbahnbediensteten kennen ihre Ausnahmestellung. Soweit sie Beamten sind, werden sie durch die Amtspflicht an die Ausübung ihres Dienstes gebunden, sowohl bei Staats- wie Privatbahnen. Den Arbeitern wird im Arbeitsvertrage ausdrücklich der Umfang ihrer Pflicht klargemacht[3]). Beide, Arbeiter und Beamte, wissen, daß sie aus ihrem Dienst nicht entfernt werden, solange sie ihn ordnungsmäßig versehen. Jeder Eisenbahnbedienstete ist sich also beim Eintritt in die Verwaltung bewußt, daß er in bezug auf Arbeitseinstellung anders steht als der gewerbliche Arbeiter, welcher entlassen wird, wenn keine Arbeit für ihn da ist.

Von einer Unbilligkeit, die in der abweichenden Behandlung der Eisenbahnbediensteten manchmal gefunden ist, kann nicht die Rede sein. Die anderweite Stellung liegt in der öffentlichen Bedeutung des Eisenbahnbetriebes, der ja auch gegen Gefährdung im Strafrecht be-

---

[1]) Selbstverständlich haben die anderen Unternehmer bei Streiks mit Nachteilen für sich, zum Teil auch öffentlich-rechtlichen, zu rechnen. Vgl. die ähnliche Beweisführung bei Yves Guyot, ehemaligem Minister. Les chemins de fer et la Grève, Paris 1911, S. 22, 69 ff. Quiconque participe à un service public ou d'interêt, commun, renonce au droit de grève. Guyot beruft sich auf eine Entscheidung des Cour d'appel de Paris, die Postbeamten das Recht zur Syndicatsbildung abspricht. S. 80 führt er einen Juristen aus Massachusetts, Facley, an, der nach einem Urteil des dortigen obersten Gerichtshofs erklärt, daß dem höheren Recht auf Sicherheit des Staats das geringere der Bediensteten, welche für öffentliche Dienste bezahlt werden, nachstehen müsse. S. 113, 200 ff.

[2]) Dasselbe gilt freilich für gewisse allgemeine Versorgungsanstalten der Neuzeit, wie Gas-, Elektrizitäts-, Wasserwerke, für die deshalb wiederholt schon gesetzlicher Schutz gegen Streiks gefordert ist. Die Gefahr wird in Deutschland tatsächlich vermieden durch die vorsichtige Führung der meist kommunalen Verwaltungen solcher Anstalten und durch den kräftigen Widerstand der öffentlichen Meinung gegen Störungen dieser Betriebe.

[3]) Die „gemeinsamen Bestimmungen für die Arbeiter der preußisch-hessischen Staatseisenbahnverwaltung" drohen sofortige Entlassung an, wenn der Arbeiter die Arbeit unbefugt verläßt oder sonst seiner Arbeitspflicht nachzukommen beharrlich verweigert.

sonders geschützt wird[1]). Niemand kann den Bahnverwaltungen verdenken, daß sie jeden entlassen, welcher unter Verletzung des Arbeitsvertrages seinen Dienst aufgibt[2]).

Streikbewegungen in und außer Deutschland. Die öffentliche Meinung unseres Landes, die in der sozial gerichteten Zeitströmung anfänglich gegen Eisenbahnstreiks milde war, hat sich mehr und mehr der Auffassung der deutschen Gesetze anbequemt. Wo im Gebiet des Eisenbahnverkehrs eine Arbeitseinstellung erfolgte, glücklicherweise in Deutschland vereinzelt fast nur bei Straßenbahnen, entsteht sofort eine kräftige Abwehrbewegung gegen die schwere Schädigung, welche Arbeiter wie Arbeitgeber, welche Jedermann empfindet, wenn der Arbeiter und Beamte nicht in die Fabrik oder die Schreibstube, der Kaufmann nicht in das Geschäft rechtzeitig und bequem kommen kann, wenn dringend gebrauchte Waren, wie Milch und sonstige Lebensmittel nicht eintreffen, wenn alle Gewohnheiten der Bevölkerung gestört werden. Von ihrer Umgebung geschmäht, durch Entlassung bedroht, werden die Bahnbediensteten durch Sorge um die eigene Sicherheit gedrängt, die Arbeit wieder aufnehmen[3]).

In den außerdeutschen Staaten haben allerdings in den letzten Jahrzehnten fast überall umfassende Streiks auf den Hauptbahnen stattgefunden und zu völliger Lahmlegung des Verkehrs auf weiten Strecken sowie zu umfangreichen Zerstörungen von Bahnanlagen und Betriebsmitteln geführt. Die Länder mit freierer Verfassung, wie England, Nord-Amerika, Australien, Frankreich, Italien, Holland, Belgien, Schweiz, Spanien, sind davon ebensowenig verschont geblieben wie die straffer regierten Völker in Rußland und Östreich-Ungarn; Staats- wie Privatbahnen sind davon getroffen[4]). Nirgends haben die

---

[1]) Reichsstrafgesetz §§ 89, 90, 243, 305, 315, 316, 320. Keine größere Gefährdung für den Betrieb ist denkbar, als wenn das Personal seinen Dienst pflichtwidrig verläßt, den Dienst stört oder seine Einrichtungen beschädigt. Vorgesetzte, die das dulden, machen sich selbst strafbar.

[2]) Auch in den Verhandlungen der französischen Deputiertenkammer über Eisenbahnstreiks ist seitens der radikalen Regierung und Abgeordnetenmehrheit anerkannt (Yves Guyot, a. a. O. S. 30 ff.), daß der Arbeitsvertrag die Grundlage der heutigen Volkswirtschaft ist und beiderseits aufrechterhalten werden muß.

[3]) Bei dem Streik der Hafenarbeiter in Hamburg 1903, der nur mittelbar die Eisenbahn betraf, übernahmen Buchhalter und Kommis in Zylinderhüten die Entladung der Schiffe.

[4]) Eisenbahnstreiks fanden statt in England wiederholt, z. B. 1891 in Schottland, zuletzt trotz Einigungsamts noch 1910, in den Vereinigten Staaten von Amerika 1894, bei der Pullmann-Gesellschaft und den Eisenbahnen mit Verlust an zerstörtem Eigentum, Gehältern und Einnahmen von 33 Millionen Mark, und 1910, in Australien Staat Victoria 1903, Neu-Südwales 1908, Kanada 1910, Frankreich 1889, 1891, 1910, Italien 1904, Spanien 1911, in der Schweiz 1907, in Neuseeland 1908, Holland 1903, Östreich 1897, in Rußland während der revolutionären

Regierungen die Neutralität bewahren können, welche sie gewerblichen Arbeitsstreitigkeiten gegenüber zu beobachten pflegen. Die Behauptung radikaler Parteien, namentlich der Sozialdemokratie, daß es sich dabei um ein erlaubtes politisches Druckmittel der Arbeiterklasse handle[1]), hält gegenüber den fühlbaren Nöten des ausbleibenden Eisenbahnverkehrs nicht Stich.

Mittel gegen Eisenbahnstreiks. Die ausländischen Staatsleitungen haben nicht bloß die Bahnanlagen gegen Angriffe der Streikenden geschützt, sondern haben auch Arbeitskräfte, meist Militärmannschaften, gestellt, um wenigstens einen notdürftigen Betrieb aufrecht zu erhalten. In Italien, in Frankreich wurden die der Heeresreserve angehörigen Eisenbahnbediensteten einberufen und dann zum Eisenbahnbetriebe kommandiert. Dort wie in Nordamerika, Neuseeland, Australien, Holland, der Schweiz ist durch neue Gesetze die Arbeitseinstellung auf Eisenbahnen unter Strafe gestellt worden[2]).

Strafgesetze sind wenig wirksam, wenn zugleich, wie bei allgemeinen Streiks, von vielen Tausenden gefehlt wird. Auch die Dienstentlassung kann gegenüber einer Masse von Schuldigen nicht durchgeführt werden, teils weil der nötige Ersatz nicht sofort zu beschaffen ist, teils weil ein Massenelend vermieden werden muß[3]). Jedenfalls kann mit diesen Maßregeln die augenblickliche Störung nicht beseitigt werden. Dazu hilft die in Italien wiederholt erfolgte Einberufung der Eisenbahnmannschaften zur Fahne; aber sie ist unzulänglich, da sie nur immer für einen kleineren Teil des Personals anwendbar ist. Durchgreifend können Eisenbahnerstreiks nur verhindert werden durch die allgemeine gesetzlich gesicherte Überzeugung von ihrer Unzulässigkeit und durch die Erhaltung des sich gegen jede Störung des Eisenbahnverkehrs auflehnenden Pflichtgefühls unter den Eisenbahnbediensteten. Nach dieser Richtung

---

Bewegung 1905—1907. Kürzere Arbeitszeit, höherer Lohn wurden überall von den Streikenden gefordert. Die Streiks dauerten manchmal nur tagelang, hielten teilweise mehrere Monate an. Vgl. Yves Guyot S. 192 ff.

[1]) „Alle Räder stehen still, wenn dein starker Arm es will" ist der Wahlspruch, mit welchem die deutsche Sozialdemokratie die Arbeitermasse von ihrer Macht zu überzeugen sucht.

[2]) Der französische Kriegsminister berief auf Grund einer Ermächtigung seitens der Regierung 150—160 000 Eisenbahnbedienstete zur Dienstleistung auf der Eisenbahn während des Streikes ein. Guyot a. a. O. S. 97. Das holländische Gesetz vom 11. April 1903 bedroht jede Arbeitseinstellung von Eisenbahnbediensteten mit 300 fl. Geldbuße oder 6 Monaten Gefängnis, wenn auf Vereinigung beruhend, mit 2—4 Jahren. Die Schweiz verbietet durch Gesetz vom 15. Oktober 1897 den Bundesbahnbediensteten den Streik ebenso wie den sonstigen Bundesbeamten. Dienstentlassung erfolgt von selbst. Guyot S. 192—325.

[3]) In Frankreich verließen 1891 bei dem Streik in den Werkstätten der Comp. d'Orléans 3865 Arbeiter ihren Dienst; nach einem Jahr waren 935 noch nicht wieder angenommen. Yves Guyot a. a. O. S. 6.

wirkt das feste Auftreten der Regierungen und Unternehmungen bei jeder Anregung von Streiks, wie es jetzt in den Volksvertretungen mehr und mehr Unterstützung findet, und die Durchdringung der Beamten und Arbeiter mit dem Bewußtsein von der hohen Wichtigkeit und Verantwortlichkeit ihres Dienstes, in dem Ungehorsam und Ordnungswidrigkeit nicht geduldet werden kann[1]). Einen solchen Sinn zu verallgemeinern ist Aufgabe einer verständigen Dienstzucht, die von der gemeinsamen, Vorgesetzte und Untergebene verknüpfenden Pflicht ausgeht und ihrer Anerkennung sicher ist, wenn sie sich auf die gleichzeitige unablässige Fürsorge für alle Bedürfnisse der Bediensteten stützt. Sobald die Bediensteten Wert darauf legen, ihre Stellung bei der Eisenbahn zu behalten, ist die Entlassung aus dem Dienst eine auf das äußerste zu fürchtende und schnell wirkende Strafe. Ihre Notwendigkeit ist zugleich jedermann einleuchtend, wenn es gilt, bewußte Auflehnung und Störung des Betriebes unmöglich zu machen.

Auf dem Wege der Dienstzucht allein ist Deutschland der schweren Geißel allgemeiner Arbeitseinstellungen im Eisenbahnverkehr bis jetzt entgangen[2]). Auch die mildere Form des Widerstandes, die in Östreich wiederholt von Eisenbahnbediensteten geübte „passive Resistenz", d. h. die absichtlich schwerfällige Ausführung des Dienstes, ist mit ihren gefährlichen, auf die Dauer unerträglichen Folgen auf deutschem Boden nicht aufgetreten.

---

[1]) Die Gemeinsamen Bestimmungen für die Arbeiter der preußisch-hessischen Staatsbahn verpflichten deshalb die Arbeiter, sich von der Teilnahme an ordnungsfeindlichen Bestrebungen fern zu halten. Sie richten sich damit gegen alle Versuche, aufrührerische Bewegungen in das Personal hineinzutragen, wie sie namentlich von der Sozialdemokratie in den letzten 30 Jahren unternommen sind.

[2]) Nur selten ist es nötig gewesen, einzelne Arbeiter und Beamte, welche infolge der jahrelang systematisch betriebenen sozialdemokratischen Versuche der Beeinflussung der Eisenbahnbediensteten sich auf Agitation in diesem Sinne eingelassen hatten, aus dem Dienst zu entlassen. Regelmäßig war die Wirkung ihrer Tätigkeit damit zu Ende. Dagegen haben langwierige Verhandlungen und weitläufige Vereinbarungen, welche zwischen Eisenbahn-Gesellschaften und Gewerkschaften der Eisenbahn-Bediensteten unter staatlicher Leitung (Handelsamt und Königliche Kommissare) in England um 1909 bis 1911 über Einigung in Streitfragen betreffs Lohns und Arbeitszeit stattgefunden haben, eine Sicherung gegen Streiks nicht herbeigeführt. Es besteht die Furcht weiter, daß die Massen die beschlossenen Bestimmungen, sobald es ihnen gefällt, nicht mehr anerkennen. Ihr Recht zum Ausstand bleibt unangefochten. Die Gewerkschaften aber können nach dem Gesetz vom 31. Dezember 1906 betr. die Berufsvereine nicht einmal für ungesetzliche Handlungen ihrer Leiter oder Mitglieder gerichtlich verantwortlich gemacht werden. Archiv für Eisenb.-Wesen 1912 S. 906.

Vierzehnter Abschnitt.

Staatliche Bestimmungen über Dauer, Ausdehnung, Umgestaltung der Bahn-Unternehmungen. Besteuerung, Staatsunterstützung und Übergang an den Staat.

(S. 44 Nr. 8.)

Genehmigungsdauer. Ein Bahnunternehmen für öffentlichen Verkehr jeder Art bedarf ausgedehnter Anlagen und damit umfangreicher Bodenflächen; sein Betrieb hört nicht auf, ist vielmehr beständiger Entwicklung gewärtig und fordert fortwährende Ergänzungen. Wird die Genehmigung auf unbeschränkte Dauer erteilt, so findet der Unternehmer seinen Vorteil darin, die steigenden Bedürfnisse des Verkehrs durch neue Einrichtungen zu befriedigen, und wird nicht versucht, mit Rücksicht auf den Ablauf der Genehmigungsfrist notwendige Ausgaben zurückzuhalten und die Bahn mangelhaft instand zu setzen.

Anderseits läßt die monopolistische Natur der Bahnen und ihr gewaltiger Einfluß auf das Gemeinwesen befürchten, daß sie mit der Zeit ein bedenkliches Übergewicht erlangen und notwendige, ihnen unerwünschte Maßregeln hindern können. Wo außerdem, wie von Straßenbahnen, öffentliche Straßen benutzt und in ihren sonstigen Zwecken beengt werden, ist es für den Straßenbesitzer nur dann sicher, die freie Verfügung über die Wege wiederzuerlangen, wenn die Genehmigung der Bahn an eine Frist gebunden wird oder zurückgenommen werden kann.

Je nachdem auf die eine oder andere Erwägung mehr Gewicht gelegt wird, fallen die Bestimmungen über die Dauer der Genehmigung für Bahnen aus. Da diese Unternehmungen sich meist langsam entwickeln, ihre Gewinnaussicht und Beleihungsfähigkeit erst allmählich besser wird, so sind die Staatsregierungen genötigt, in bezug auf die Genehmigungsfrist nachgiebig zu sein.

Ohne Zeitbeschränkung. Erwerb durch den Staat. In der Regel wird für Bahnen des allgemeinen Verkehrs die Genehmigung ohne Zeitbeschränkung erteilt, jedoch ein späterer Erwerb durch den Staat mit voller Entschädigung für den Unternehmer vorgesehen.

Das Gesetz, welches dies für die englischen Bahnen bestimmt, ist nie zur Anwendung gekommen[1]). In Preußen ist dem Staate das

---

[1]) Act 7 und 8 Vict. cap. 85 von 1844, welcher von Gladstone herrührt, läßt nach 21 jährigem Bestehen der Bahn den staatlichen Erwerb unter 25 facher Kapitalisierung der letzten Erträge zu, indes nur mit einigen die Anwendung unmöglich machenden Beschränkungen. Acworth in Bulletin des internationalen Eisenbahn-Kongresses Bd. XXVI Nr. 2, S. 273.

Erwerbsrecht nach 30 Jahren von der Betriebseröffnung an durch das
Gesetz von 1838 eingeräumt, indes dabei vorbehalten, dieBestimmungen
über den künftigen Erwerb auch anderweit zu regeln[1]). Trotz dieser
Befugnis hat es dem Staat in Preußen und anderen deutschen Ländern
vorteilhafter geschienen, die Bahnen im Wege freier Vereinbarung zu
erwerben. Dadurch sind langwierige Prozesse vermieden, wie ein solcher
z. B. in der Schweiz bei dem Erwerb der Gotthardbahn gespielt hat[2]).

Mit Zeitbeschränkung. Die Zeitbeschränkung ist in Preußen für
Kleinbahnen zur Regel erklärt, wenn öffentliche Wege benutzt werden.
Auch bei Anlegung eines eigenen Bahnkörpers soll die Genehmigung
auf unbeschränkte Dauer nur erteilt werden, wenn die wirtschaftlichen Verhältnisse des Unternehmers es erfordern und wichtige öffentliche Interessen nicht entgegenstehen[3]) . Tatsächlich werden die Genehmigungen für Straßenbahnen durchgängig auf Zeit, meist auf 50 Jahre
erteilt, für nebenbahnähnliche Kleinbahnen, die gewöhnlich auf eigenem
Bahnkörper liegen, vielfach dauernd, zum Teil mit Fristen bis zu 99 Jahren,
Der Erwerb von Kleinbahnen durch den Staat ist gesetzlich nur vorgesehen, wenn die Bahn Bedeutung für den allgemeinen Verkehr gewonnen
hat[4]). Bis jetzt ist der preußische Staat nur durch Ankauf von Hauptbahnen in den Besitz damit zusammenhängender Kleinbahnen gekommen.
Dagegen haben Städte und Kreise in Deutschland vielfach Straßenbahnen und nebenbahnähnliche Kleinbahneu aus der Hand von Gesellschaften an sich gebracht, zum Teil auf Grund von Vorbehalten in
den Genehmigungsurkunden[5]).

In Frankreich wo anfänglich zweifelhaft war, ob der Staat die
Bahnen ausführen sollte (vergl. S, 10), ist die Genehmigung der

---

[1]) Gesetz vom 3. November 1838 § 42. In den Genehmigungsurkunden sind
vielfach kürzere Fristen für die Dauer der Genehmigung, 10 oder 15 Jahre, festgesetzt, zum Teil aber dafür vorteilhaftere Abfindungen, 10 und dgl. Prozent Zuschlag zum Anlagekapital, zugesichert. Bei Nebenbahnen wird die Umwandlung
in Hauptbahnen auf Verlangen des Staats vorbedungen.

[2]) Archiv 1904, S. 1262 ff.

[3]) Kleinbahngesetz vom 28. Juli 1892 § 13; Ausführungsanweisung der Minister der öffentlichen Arbeiten und des Innern vom 17. August 1898, EVBl. 225.

[4]) Kleinbahngesetz § 30.

[5]) Im Jahre 1909 gab es in Deutschland 113 Straßenbahnen, die Gemeinden,
Städten, Kreisen, Provinzen gehören, mit 1630 km Gesamtlänge, 38 % der Länge
aller Straßenbahnen. Die Gemeinde-Verbände bewahren als Eigentümer dieser
Bahnen das unbeschränkte Verfügungsrecht über die Straße, welche ihnen zu den
verschiedensten Zwecken — Leitungen, Kanäle, allgemeiner Verkehr — dient,
und finden in der Bahn ein wirksames Mittel zur Regelung der Besiedlung in
ihrem Gebiet. Zeitschrift f. Kleinb. 1911, S. 233ff. Nebenbahnähnliche Kleinbahnen
standen 1909 in Deutschland 96 mit 3466 km Gesamtlänge in kommunalem Eigentum, mehr als ein Drittel aller nebenbahnähnlichen Kleinbahnen. Betrieben werden
von den Kommunen 1978 km nebenbahnähnliche Kleinbahnen. Zeitschrift 1911,
S. 76 ff.

Hauptbahnen den bauenden Gesellschaften auf Zeit erteilt. Die Genehmigungsfrist ist wiederholt verlängert worden, zuletzt von Napoléon III auf 100 Jahre, die zwischen 1956 und 1960 ablaufen[1]) Erworben vom Staat ist außer kleineren Bahnen im Jahre 1906 noch das Netz der Ouest-Bahn. (Vergl. S. 19.)

Auch in Österreich, Italien und der Schweiz sind die Genehmigungen für Hauptbahnen auf bestimmte Dauer gegeben worden. Bei den Gesellschaften, welche sie erbauten oder erwarben, war meist in wesentlichem Umfange ausländisches, besonders französisches Kapital beteiligt, so in Österreich-Ungarn bei der Kaiser-Ferdinands-Nordbahn, der ungarisch-österreichischen Staatsbahn-Gesellschaft, der österreichisch-lombardischen Südbahn, in Italien bei den Sociétés de la Méditerranée und de l'Adriatique. Der ausländische Einfluß, der vermittels leitender Banken auf solche Bahnen ausgeübt werden kann, ist nicht unbedenklich für die Befriedigung der inländischen Bedürfnisse und in Zeiten der Kriegsgefahr für die Sicherheit des Landes. Italien löste, nachdem der nationale Staat im Jahre 1870 vollständig begründet war, die Hauptbahnen mit Wirkung vom Jahre 1885 ein, übertrug zwar den bisherigen Gesellschaften auf veränderter Grundlage weiter den Betrieb, nahm aber 1905 die Verwaltung ganz in eigene Hand. In Österreich und in Ungarn sind seit 1880 allmählich die großen Eisenbahn-Gesellschaften nacheinander durch Ankauf aufgelöst und ihre Netze in den Staatsbetrieb übergegangen. Die Schweiz hat in den gleichen Jahren dasselbe Ziel durch Vereinbarung auf Grund der Rückfallsbedingungen erreicht[2]).

Bestimmungen über den Heimfall von Eisenbahnen an den Staat oder Gemeindeverbände sind bei den verwickelten Verhältnissen derartiger Unternehmungen schwer durchführbar, bleiben indes unentbehrlich, als ein nicht versagender Druck, der sich ausüben läßt, wenn alle Versuche fehlschlagen, den notwendig gewordenen Übergang in öffentliche Verwaltung durch Verständigung zu erreichen. In Frankreich erfolgt der Heimfall unentgeltlich an den Staat, der nur für die Betriebsmittel und die für Rechnung der Gesellschaften gebauten Nebenlinien zu zahlen hat. Preußen hat sich ein Ankaufsrecht unter bestimmten gesetzlichen Bedingungen vorbehalten[3]).

Änderungen des Unternehmens. Daß ein Eisenbahnunternehmen, welches vom Staat genehmigt ist, seinen Zweck, seinen Umfang, seinen Inhaber nicht ohne Zustimmung des Staats ändern kann, erscheint

---

[1]) Colson, Cours d'économie politique, 1907, livre II, S. 95.

[2]) So bei der Zentral-, der Nordost-Bahn. Der Prozeß mit der Gotthardbahn wurde, nachdem der Rückkauf schon 1904 vom Bunde beschlossen war, erst 1911 durch Vergleich beendet. Archiv 1912, S. 817.

[3]) Gesetz von 1838 § 42.

selbstverständlich. Dem Einzelwillen kann nicht gestattet werden, aufzuheben, was durch Handlungen der Staatshoheit, durch den Gesamtwillen, festgestellt ist.

In England und in den Vereinigten Staaten von Amerika, wo sonst den Bahnen große Freiheit gelassen wird[1]), müssen Vereinigungen, Umgestaltungen, Teilungen von Bahnunternehmungen gesetzlich bestätigt werden. In den preußischen Genehmigungsurkunden wird vorbehalten, daß alle Beschlüsse der Bahngesellschaft, welche deren juristische Persönlichkeit oder andere für die Genehmigung wesentliche Punkte des Gesellschaftsvertrages betreffen, ebenso die Übertragung des Betriebes an andere Bahnen oder die Übernahme des Betriebes auf anderen Bahnen, die Auflösung, Verschmelzung der Gesellschaft mit anderen Gesellschaften, die Aufgabe der Bahn oder des Betriebes Gültigkeit nur erlangen, wenn die Zustimmung der Regierung erteilt ist[2]).

Tatsächliche Änderungen. Trotz der Vorsicht der Gesetzgebung ist tatsächlich eine weitgehende Änderung in der Stellung der Bahngesellschaften möglich, wenn der Aktienbesitz verschiedener Bahnen in derselben Hand vereinigt wird, die Ämter des Vorstandes und des Aufsichtsrats für mehrere Bahnen denselben Personen übertragen oder durch sonstige Einzelvereinbarungen die wirtschaltlichen Bestrebungen dieser Unternehmungen zu gemeinsamen Zielen zusammengefaßt werden. Auch in Deutschland sind in der älteren Zeit auf diesem Wege größere Verschmelzungen von Bahnen entstanden, welche später die behördliche Genehmigung fanden[3]). Ähnliche Vorgänge liegen den zahlreichen Bahnverbindungen zugrunde, welche in England vom Parlament bestätigt wurden[4]).

In den Vereinigten Staaten von Amerika werden die Vereinigungen von Bahnen wesentlich erleichtert durch die unbeschränkte Ausgabe der Aktien. Da dort nicht, wie in Deutschland, der Kostenanschlag der Bahngesellschaft für den Bau geprüft, danach das Beschaffungskapital behördlich festgestellt und Volleinzahlung der Aktien verlangt wird[5]), so können in Amerika die Aktien teils ohne Gegenwert, teils nur gegen Erstattung der Gründungskosten ausgegeben werden. Die Gründer erhalten dadurch mit Aufwendung geringer Mittel den maßgebenden Einfluß auf die Leitung der Bahn, während die Baugelder durch Ausgabe von Obligationen beschafft werden, deren Inhaber kein Recht haben,

---

[1]) Vgl. Abschnitt 3.

[2]) Fritsch, Eisenbahngesetzgebung, 2. Auflage, S. 27, 45.

[3]) Das Netz der ursprünglich kleinen Magdeburg-Halberstädter Bahn entwickelte sich aus einer persönlichen und Aktienvereinigung mit der Magdeburg-Leipziger Bahn, später auch der Hannover-Altenbekener Bahn.

[4]) Vgl. S. 14.

[5]) Preußisches Gesetz vom 3. November 1838 § 2. Deutsches Handelsgesetzbuch § 179, 218—221. Fritsch, Eisenbahngesetzgebung, S. 26.

bei der Verwaltung der Bahn mitzureden. Aktien, die auf diese Weise an den Markt gebracht werden, haben anfänglich nur geringen Wert und können unschwer zusammengekauft werden. Ebenso kommt es bei diesem Verfahren leicht zu Konkursen, da die Obligationen hauptsächlich das Wagnis des Unternehmens tragen und die Zinsen häufig nicht aufgebracht werden. Damit ist wiederum Gelegenheit zu billigem Erwerb von Aktien und Obligationen gegeben[1]).

So konnten sich große Vereinigungen von Eisenbahnkapital in den Händen weniger Männer bilden, welche die ungestüme Entwicklung der wirtschaftlichen Verhältnisse zu benutzen verstanden. (Vgl. S. 16 ff.) Ihre Entfaltung wird noch gefördert durch die dort ausgebildete Form der Trusts, in welcher werbende Kapitalien verschiedener Unternehmungen von einer Gesellschaft zur Verwaltung übernommen werden. Die Leiter der Trusts sind ebenso wie große Einzelkapitalisten imstande, auf alle Unternehmungen, deren Aktien ihnen in ausreichender Zahl zur Verfügung stehen, bestimmenden Einfluß in gleicher Richtung auszuüben, ohne daß formelle Vereinigungen zwischen diesen Unternehmungen vollzogen sind. Die Macht, welche damit die Trusts über die Eisenbahnen und so über das ganze wirtschaftliche Leben Nordamerikas gewonnen haben, wird viel angefochten, aber schwerlich erschüttert werden können, wenn der Staat nicht den Aktienbesitz, auf dem diese Macht beruht, in ausreichendem Maße an sich bringt.

Besteuerung. Eisenbahnen unterliegen wie andere Unternehmungen der staatlichen und gemeindlichen Besteuerung, soweit nicht besondere Vorschriften dafür gegeben sind.

Grundsteuer. Dies ist in Preußen der Fall. Der Grundbesitz der Bahnen ist von der gemeindlichen Besteuerung frei, soweit der Boden für den Schienenweg gebraucht wird[2]).

Eisenbahnsteuer. Das Einkommen der Eisenbahn wurde durch das Gesetz von 1838 einer besonderen Staatssteuer unterworfen, welche

---

[1]) Ohne Gegenwert werden auch neue Aktien ausgegeben, hauptsächlich um hohe Dividenden zu verschleiern (Verwässerung des Kapitals-Watering). Auf 70,06 % des gesamten Kapitals an Bahn-Aktien der Vereinigten Staaten von Amerika wurden im Jahre 1894/95 weder Dividenden noch Zinsen gewährt, im Jahre 1899/1900 nicht auf 54,34 %, im Jahre 1901/02 auf 44,6 %, im Jahre 1902/03 noch immer nicht auf 43,94 % = 2 704 821 000 $. Hoff und Schwabach, Nordamerikanische Eisenbahnen, S. 317 ff. Auf die Aktien wurde manchmal nur 1 % eingezahlt; da das Gesetz nur 10 % Aktien für das Anlagekapital forderte, blieb dann die Unterlage für die Obligationen ganz geringfügig. In den Jahren 1881—1883 vermehrte sich das Anlagekapital der Eisenbahnen um 2 093 433 054 $, worin aber 1 200 000 000 $ fiktiver Werte steckten, und zwar die Aktien im vollen Betrage von 999 387 208, dazu noch 200 000 000 $ Obligationen und schwebende Schu den. V. d. Leyen, Nordamerikanische Eisenbahnen, 1885.

[2]) Kommunal-Abgaben-Gesetz vom 14. Juli 1893 § 24 d. Staatssteuer wird vom Grundbesitz in Preußen überhaupt nicht mehr erhoben.

an die Stelle der allgemeinen Gewerbesteuer trat und durch ein Gesetz von 1853 dazu bestimmt wurde, einen Fonds für den Erwerb von Bahn-Aktien durch den Staat zu bilden[1]). Dieser Zweck trat später hinter den Anforderungen zurück, welche die militärische Kraftanstrengung des Staates stellte. Der dazu bestimmte Fonds wurde durch Gesetz vom 21. Mai 1859 aufgehoben und 1866 zur Bestreitung der Kriegskosten der bereits angesammelte Besitz des Staats an Eisenbahnaktien flüssig gemacht[2]).

Die besondere Besteuerung der Eisenbahn-Aktien-Gesellschaften ist trotz des Wegfalles des früheren Verwendungszwecks beibehalten[3]). Sie enthält gegenüber der in Preußen 1891 neu geordneten und zum Teil erhöhten Staatseinkommensteuer einen Vorzug, da nur $2\frac{1}{2}\%$ statt nach der allgemeinen Steuer bei Einkommen über 100 000 M. 4% vom Reinertrage[4]) zu entrichten sind, solange dieser bis zu 4% vom Aktienkapitale geht. Bei höheren Reinerträgen sind $5—20\%$ zu entrichten, während die Staatseinkommensteuer nicht über 4% hinausgreift. Der gemeinnützigen Bedeutung des Eisenbahnbetriebes wird Rechnung getragen, indem bei geringerer als landesüblicher Verzinsung das Einkommen der Gesellschaften günstiger als nach allgemeinen Steuerregeln behandelt wird. Hohe Dividenden werden stärker angefaßt, um ungewöhnliche Gewinne der durch Enteignung und monopolistischen Betrieb begünstigten Eisenbahnunternehmungen abzuschwächen.

Gewerbesteuer, Einkommensteuer. Kleinbahnen werden in Preußen wie andere Betriebe zur Gewerbesteuer herangezogen und gelten in Betreff der Ertragsbesteuerung nicht als Eisenbahnen[5]).

---

[1]) Gesetz vom 3. November 1838 §§ 38—40. Gesetz betr. die von den Eisenbahnen zu entrichtende Abgabe vom 30. Mai 1853, Fritsch, a. a. O. S. 123, 74. 175.

[2]) 1865 war durch den Handelsminister von Itzenplitz die Köln-Mindener Eisenbahn-Gesellschaft von der statutenmäßigen Verpflichtung zur Einlösung ihrer Aktien entbunden, wofür dem Staat 13 Millionen Taler in neuen Aktien zu vergüten waren. Diese Aktien sowie eine Million Taler Anteil des Staats an dem ursprünglichen Anlagekapital der Bergisch-Märkischen Bahn und einige andere Eisenbahnaktien wurden durch den Minister August von der Heydt 1866 verkauft, etwa $4\frac{1}{3}$ Millionen Taler während des Krieges, nachher noch 13 Millionen. Vergl. Staatsminister Freiherr von der Heydt. Bergengrün, Leipzig 1908.

[3]) Die Besteuerung der Eisenbahn-Aktien-Gesellschaften ist durch die Gesetze vom 30. Mai 1853 und 16. Mai 1867 geregelt und gilt auch gegenüber den Gemeinde-Verbänden. Kommunal-Abgaben-Gesetz vom 14. Juli 1893 § 46.

[4]) Dazu tritt seit 1910 der einstweilig zur Erhebung kommende Zuschlag von 25 % der Steuerbeträge.

[5]) Kleinbahngesetz vom 28. Juli 1892 § 40. Kommunal-Abgaben-Gesetz vom 14. Juli 1893 § 46.

Fahrkarten- und Frachtbriefsteuer. Nach Reichsgesetz[1]) wird seit 1. August 1906 eine Steuer von Frachtbriefen und Fahrkarten in Deutschland erhoben. Während erstere wie andere Urkundenstempel eine Belastung des Umschlags bildet, ist die Fahrkartensteuer, deren Höhe mit dem Werte der Fahrkarte steigt, eine Abgabe vom Brutto-Ertrage. Ihr Verhältnis zur Höhe des Fahrpreises wechselt stark und geht bis zu 10 vom Hundert. Diese Fahrkartensteuer verfällt wie jede Bruttobesteuerung dem Vorwurf, daß sie eingezogen wird ohne Rücksicht darauf, ob ein Gewinn verblieben ist und in welcher Höhe. Der Einwand wiegt hier umso schwerer, weil der Personenverkehr ohnehin bei den Bahnen mit gemischtem Betrieb zur Verzinsung der Anlagekosten wenig beiträgt[2]).

Außerdem stört die Steuer die erfahrungsmäßige Abstufung der Preise für die verschiedenen Wagenklassen und hat, indem die IV., die niedrigste Klasse, steuerfrei gelassen wurde, eine starke Abwanderung aus den oberen Klassen zur Folge gehabt. Die Einzelstaaten verlieren als Bahnbesitzer großenteils wieder an Fahrpreisen, was das Reich an Steuer gewinnt[3]).

Staatsunterstützungen. Durch Besteuerung der Eisenbahnen konnten nicht, wie ursprünglich erwartet war, die Mittel für ihren Erwerb durch den Staat aufgebracht, ebensowenig aber auch daraus die Kosten für die allseitig verlangten Erweiterungen des Bahnnetzes gewonnen werden. Die 10 % Rente, welche man sich anfänglich von Eisenbahnunternehmungen versprach[4]), ergaben sich nur bei wenigen Bahngesellschaften. Höhere Erträge wurden durch neue mitbewerbende Linien vielfach wieder herabgemindert. Für neue Bahnen müssen daher überall, soweit der Unternehmungsgeist nicht voranhilft, die allgemeinen Staatsmittel

---

[1]) Reichsstempelgesetz vom 15. Juli 1906 §§ 46 ff. RGBl. S. 717 ff. Die Steuer beträgt bei einem Fahrpreise von 0,60 bis 2 M. in III., II. und I. Klasse 5, 10 und 20 Pfg., bei 2 bis 5 M. 10, 20 und 40 Pfg., sie steigt weiter in den Beträgen bis 10, 20, 30, 40, 50 M. und stellt sich bei mehr als 50 M. auf 200, 400 und 800 Pf.

[2]) Bei Bahnen, die Personen und Güter befördern, erfordert ersterer Verkehr der Sicherheit und größeren Schnelligkeit und Bequemlichkeit wegen erheblich mehr Aufwand an Bau- und Betriebskosten, während die Preishöhe in der Reisegewohnheit und Reisemöglichkeit ihre Grenze findet. Bahnen, die nur dem Personenverkehr dienen, können ihre Einrichtungen einfacher halten, beschränken sich außerdem meist auf örtliche Aufgaben, denen sie ihre Preise anpassen, wie Straßen-, Bergbahnen usw.

[3]) Die verbündeten Regierungen haben die Fahrkartensteuer in der vom Reichstag beschlossenen Form nicht vorgeschlagen, mußten sie aber nach Beschlüssen des Reichstags annehmen, um in einem Gesamtgesetz andere Auflagen zur Verbesserung der Finanzen durchzubringen.

[4]) Preußisches Gesetz vom 3. Nov. 1838 § 33. Englisches Gesetz von 1844, Act. 7 und 8, Vict. cap. 85.

in Anspruch genommen werden. Der Staat baut entweder selbst die Bahnen oder gewährt Unterstützungen, bei deren Bewilligung er sich den späteren Erwerb der Strecke sichern kann.

Solche Unterstützungen werden — abgesehen von unentgeltlicher Überweisung von Boden, Steuerbefreiungen und anderen kleineren Leistungen — als Kapitalzuschüsse oder Zinsbürgschaften gewährt.

Kapitalzuschüsse. Durch Übernahme des vierten Teils der Aktien ermöglichte Preußen in einem der wichtigsten Gewerbsbezirke nach langjährigen Verhandlungen 1844 das Zustandekommen der Bergisch-Märkischen Bahn, deren Verwaltung bei Gewährung späterer Barvorschüsse 1850 in seine Hände überging [1]). In gleicher Weise hat sich der Staat in älterer Zeit bei anderen wichtigen Bahn-Gesellschaften, z. B. der Köln-Mindener, Oberschlesischen Eisenbahn, beteiligt, neuerdings auch bei einigen nach der Verstaatlichung entstandenen kleineren Privateisenbahnen.

Um die Entwickelung der durch Gesetz von 1892 in erleichterter Form zugelassenen Kleinbahnen zu fördern, ist seit 1895 ein durch besondere Bewilligungen des Landtags jährlich gespeister Fonds gebildet, aus dem für diese Unternehmungen Zuschüsse gewährt werden. Letztere beliefen sich Ende 1910 auf 106 269 308 M. [2]) und kamen fast ausschließlich 182 vornehmlich für landwirtschaftliche Zwecke bestimmten nebenbahnähnlichen Kleinbahnen von zusammen 7709 km Länge zugute [3]).

Besondere Rechte auf Erwerb der Privat- und Kleinbahnen werden neben den gesetzlichen bei den neuerdings gewährten Unterstützungen in der Regel nicht bedungen. Der Staat begnügt sich mit der aus dem Unternehmen aufkommenden Rente oder verlangt feste, aber wesentlich herabgesetzte Zinssätze. Mit seinen Zugeständnissen richtet er sich meist nach den Vergünstigungen, welche die Provinzialverbände den Bahnen gewähren, und bedingt sich ebenso wie diese eine Mitwirkung bei der Verwaltung, um sicher zu sein, daß die Bahnen im Sinne der Unterstützung zum Besten der Landwirtschaft und Gewerbe betrieben

---

[1]) Die erste Anregung zu Bahnen im Regierungsbezirk Düsseldorf wurde 1828 vom Finanzminister Motz gegeben. Erst 1835 wurden nach Erörterung zahlreichender streitender Entwürfe die Aktien für die Bahn von Düsseldorf nach Elberfeld voll gezeichnet und später die Mittel für die nachmalige Stammlinie Elberfeld—Hagen—Witten—Dortmund aufgebracht. Archiv 1910, Heft 3.

[2]) Der Kleinbahnunterstützungsfonds betrug im März 1911 107 000 000 M. Bewilligt waren am Schluß des Jahres 1910 103 095 958 M. Unterstützungen, in Aussicht gestellt 3 173 350 M., außerdem beantragt 6 821 500 M. Zeitschrift f. Kleinb. 1911, S. 152.

[3]) Für 2 Straßenbahnen wurden 603 500 M. Unterstützung gewährt, sonst nur für 3150 km vollspurige und 4559 km schmalspurige nebenbahnähnliche Kleinbahnen. Auf 1 km nebenbahnähnlicher Kleinbahnen entfallen durchschnittlich 14 000 km Staatszuschuß bei 61515 M. Gesamtkosten. Zeitschrift f. Kleinbahnen 1911, S. 17, 153.

und die Gewinnbeteiligungen des Staats nicht beeinträchtigt werden[1]). Die Einnahmen aus diesen Beteiligungen sind nicht bedeutend. An Dividenden kommen aus Privateisenbahnen, an denen der Staat beteiligt ist, nach dem Etat für 1911 (S. 43, Beilage I) 91000 M. auf. An Zinsen und Anteilen am Reingewinn erhielt der Staat von den Kleinbahnen im Jahre 1909 959 648 M., welche für die bis dahin gezahlten Staatsbeihilfen eine Verzinsung von nur 1,08 % ergeben [2]).

Verlorene, d. h. nicht zu verzinsende und nicht zurückzugewährende Zuschüsse gibt der Staat auf Grund besonderer Gesetze solchen Gemeinden und Kreisen, welche die regelmäßig für den Bau staatlicher Nebenbahnen verlangte unentgeltliche Hergabe von Grund und Boden nicht voll zu übernehmen imstande sind.

Die Staatszuschüsse zu den Privat- und Kleinbahnen, welche die Lücken des Staatsbahnnetzes ausfüllen, sind in der Regel nicht gewinnbringend. Selbst die Belebung des Verkehrs auf den Staatsbahnen seitens dieser Zubringer läßt sich für die erste Zeit meistens schwer nachweisen, da die von ihnen aufgeschlossenen Gebiete schon vorher an die Staatslinien geliefert haben. Auch Nebenbahnen, welche der Staat baut, gewähren häufig erst nach längerer Zeit eine Rente. Unzweifelhaft aber gewinnt allmählich jede Gegend durch das unentbehrlich gewordene Hilfsmittel der Eisenbahn an wirtschaftlicher Kraft und wirft dann dem Staat sowie insbesondere auch der Staatseisenbahnverwaltung entsprechenden Lohn ab.

Wegen der Gemeinnützigkeit der Zubringerlinien unterstützt sie die Staatseisenbahnverwaltung ferner, indem sie ihnen auf den Anschlußbahnhöfen die Mitbenutzung der eigenen Anlagen für die erste Zeit unentgeltlich, dann gegen mäßige Vergütung gestattet, auch, wenn nötig, den Mitbetrieb über Strombrücken, durch Tunnel oder auf sonstigen schwierigen Teilstrecken einräumt. Besonders nützlich ist diesen kleinen, meist mit wenigen Betriebsmitteln versehenen Unternehmungen endlich, daß die Staatseisenbahnverwaltung ihnen ihre Güterwagen auf Verlangen zur Benutzung gegen billige Entschädigung überläßt und sie dadurch instand setzt, dem schwankenden Bedarf auch in Zeiten angespannten Verkehrs zu genügen.

Zu der Übernahme in staatlichen Betrieb, welche den kleinen Unternehmungen die höheren Kosten der besonderen Leitung ersparen würde,

---

[1]) Regierungs- und Staatseisenbahnbeamte werden in die Verwaltungs-Ausschüsse und Aufsichtsräte entsendet.

[2]) Rechnet man die Selbstkosten des Staats für das eigene Geld auf 4 %, so hat der Staat für die bis Schluß 1909 gezahlten Staatsbeihilfen einen Jahresaufwand von 3 540 014 M. gehabt und nach Abzug der obigen Rückeinnahmen (ohne Tilgung) einen Jahreszuschuß von 2 580 366 Mark zu den unterstützten Kleinbahnen geleistet. Zeitschrift 1911, a. a. O. S. 153.

hat sich die Staatseisenbahnverwaltung in Preußen nur ausnahmsweise
bei besonders ungünstigen Verhältnissen der Kleinbahn und dann gegen
Vergütung der Selbstkosten entschlossen. Die Leitung rein örtlicher
Bahnen befindet sich besser in Händen von Gemeinden, Kreisen, Provinzialverwaltungen, welche den örtlichen Beziehungen der Kleinbahn
näherstehen. In der Tat gehören 89 nebenbahnähnliche Kleinbahnen
mit 3358 km Gesamtlänge und 81 Straßenbahnen mit 1107 km Gesamtlänge in Preußen zum kommunalen Eigentum [1]). Verschiedene
Provinzialverwaltungen haben bereits besondere Beamte bestellt,
welche die Kleinbahnen teils mit Rat versehen, teils die Leitung von
Bau oder Betrieb selbst übernehmen. Dem in Preußen für örtliche Verhältnisse ausgeprägten Gedanken der Selbstverwaltung wird so auf dem
Gebiet des Eisenbahnwesens dort Raum gewährt, wo er die notwendige
Einheitlichkeit nicht stört.

Zinsgewähr. Bei Gewährung von Kapitalzuschüssen und der
sonstigen angeführten Unterstützungen ist die wechselseitige Stellung
des Staats und der unterstützten Bahn einfach und gibt zu Meinungsverschiedenheiten wenig Anlaß. Schwieriger wird das Verhältnis bei Verbürgung einer gewissen Höhe der Zinsen oder Dividenden. In diesem
Falle wird stets eine Verständigung über den Reinertrag nötig, welche
verhältnismäßig noch leicht bleibt, sobald die Zinsgewähr für den ganzen
Umfang des Unternehmens geleistet ist, aber schwierig und unsicher sich
gestaltet, wenn nur einzelne Strecken einer Gesellschaft unter die Zinsbürgschaft fallen.

Preußen. Letzteres traf in Preußen zu, als der Staat unter anderem
die Zinsgewähr für die Halle-Kasseler Strecke gegenüber der Magdeburg-
Halberstädter Eisenbahn-Gesellschaft und für die hinterpommersche
Linie von Stargard nach Danzig gegenüber der Berlin-Stettiner Eisenbahn-Gesellschaft übernahm. Beide Gesellschaften waren gut geleitet
und leistungsfähig, wollten aber nur mit Staatsbeihilfe Bahnen bauen,
welche zwar an ihr Netz anstießen, indes wegen hoher Anlagekosten
und unzulänglichen Verkehrs eine ausreichende Rente vorerst nicht erwarten ließen.

Die mit Zinsverbürgung ausgestatteten Strecken mußten als Zu-
behör der Gesellschaftsnetze verwaltet werden, hatten Teil an gemeinsamen Anlagen, Beamten, Betriebsmitteln, Vorräten und Erträgen.
Über die Anwendung der vereinbarten Grundsätze für die Auseinander-
rechnung entstanden später Streitigkeiten, welche die Regierung bestimmten, den vorbehaltenen Erwerb dieser Bahnen herbeizuführen [2]).

---

[1]) 1978 km nebenbahnähnliche Kleinbahnen und 889 km Straßenbahnen
werden von den Gemeinden selbst betrieben. Zeitschr. f. Kleinb. 1911, S. 79, 245.

[2]) Die Halle-Kasseler Bahn (Halle—Münden und Nordhausen—Nuxei)
wurde nach Gesetz vom 7. Juni 1876 von der Magdeburg-Halberstädter Eisenbahn-

Bei solchen Erfahrungen nahmen die Zinsbürgschaften in Preußen keine große Ausdehnung und haben seit den Verstaatlichungen ganz aufgehört. Die heut allein noch bestehenden kleineren Privatbahn- und Kleinbahn-Gesellschaften sind mit den jetzt gebotenen Barzuschüssen zufrieden, welche die Belastung ihrer eigenen Mittel vermindern und schwierige Abrechnungen nicht nötig machen.

Dagegen hat das Reich für den Ausbau der umfangreichen Kolonialbahnen in Afrika wiederum zu Zinsbürgschaften greifen müssen; sie werden aber nicht den ausführenden Gesellschaften, sondern den Schutzgebieten gewährt, in deren Eigentum die Bahnen fallen [1]).

Österreich. Staatsunterstützungen in gleicher Weise wie in Preußen, aber auch Zinsbürgschaften werden von der östreichischen Regierung den Lokal- und Kleinbahn-Gesellschaften gewährt (vgl. S. 42). Die Barzuschüsse stellen sich dort sowohl nach ihrem Gesamtbetrage wie im Verhältnis zu den Leistungen der Kronländer und Selbstbeteiligten erheblich höher, da die Bauten wegen der gebirgigen Beschaffenheit größere Kosten verursachen, und der Verkehr in dem meist dünner bevölkerten Lande schwächer ist [2]). Auch hat sich die österreichische Staatseisenbahnverwaltung in viel weiterem Grade als die preußische darauf einlassen müssen, den Betrieb der unterstützten Kleinbahnen teils gegen die Selbstkosten, teils gegen — öfters erlassene — Prozentsätze der Bruttoeinnahmen zu übernehmen.

Frankreich. Zinsverbürgungen sind besonders umfangsreich in Frankreich zur Anwendung gekommen, wo die Entwicklung des Bahnnetzes und die dafür gewährte Staatsunterstützung fast ganz wenigen großen Gesellschaften überlassen wurde. Während anfänglich der Staat den Unterbau der Bahnen für seine Rechnung ausgeführt, die Gesellschaften die sonstigen Anlagen hergestellt und die Betriebsmittel geliefert hatten (vgl. S. 10), waren später zahlreiche Strecken den Gesell-

---

Gesellschaft für die Baukosten von der Regierung übernommen. Die hinterpommersche Strecke ging 1880 bei dem Ankauf der ganzen Berlin-Stettiner Bahn nach Gesetz vom 20. Dezember 1879 an den Staat über. Betriebsbericht für 1909, S. 151.

[1]) Bei dem geringen Kulturzustande der eingeborenen Bevölkerung in den afrikanischen Kolonien fanden sich auf eigene Gefahr Unternehmer für Bahnen des öffentlichen Verkehrs nicht. Die Otavi-Bahn diente vor ihrer Übernahme durch das Reich hauptsächlich den Kupferminen der Gesellschaft. In Schantung, wo die Gewinnaussichten inmitten einer stark bevölkerten und gut bewirtschafteten Gegend besser sind, hat unter der Hut des Reichs eine deutsche Gesellschaft bauen können.

[2]) Während in Preußen der Staat etwa 20 % des Bau-Aufwands für die unterstützten Kleinbahnen trägt (vgl. S. 120 Anm. 2), hat in Österreich der Staat durchschnittlich 70 %, in einzelnen Fällen 90 % übernommen. Trotzdem sind in Österreich bis jetzt erst etwa 9000 km Kleinbahnen mit Einschluß der Straßenbahnen entstanden, während Deutschland trotz späterer Entwicklung des Kleinbahnwesens 13 419 km einschließlich 4277 km Straßenbahnen besitzt.

schaften zu völlig eigener Anlegung genehmigt [1]) und dafür zum Teil besonders in den Jahren 1852 und 1853 Staatsbeihilfen bewilligt.

Nach Ausbruch der gewerblichen Krisis im Jahre 1857 hielt der Staat für nötig, die Eisenbahngesellschaften zu stützen, damit sie die ihnen bewilligten Neubaustrecken zur Ausführung bringen konnten, und übernahm für die von ihm anerkannten Bausummen dieser Linien die Zinsgewähr einschließlich Tilgung zu 5 %, während die Gesellschaften darin willigten, daß die aus früherer Zeit stammende Verbürgung einer Dividende für das alte Netz auf einen niedrigeren Betrag herabgesetzt und dem Staat an den Überschußdividenden ein erheblich höherer Anteil eingeräumt wurde [2]).   Diese Vereinbarungen wurden später wiederholt geändert und ganz umgestaltet, als 1883 sich der Staat gezwungen sah, die Hilfe der großen Eisenbahngesellschaften in Anspruch zu nehmen, damit das im Jahre 1879 durch Gesetz genehmigte zweite Bahnnetz zur Ausführung kommen konnte [3]).

Bei der Neuregelung von 1883, die noch gilt, wurde der verbürgte Zinsfuß von 5 % ermäßigt, weil die Gesellschaften auf Grund der Gewährleistung ihre Obligationen zu einem niedrigeren Zinssatz hatten ausgeben können und aus dem Unterschied Vorteil zogen.   Der Staat dagegen schoß nicht mehr bestimmte Summen für das Kilometer zu; vielmehr bringen die Gesellschaften zunächst 25000 Fr. für 1 Kilometer — 12500 Fr. für 1 km schmalspuriger Strecke — für eigene Rechnung auf und beschaffen die Betriebsmittel; den Rest deckten die Gesellschaften für Rechnung des Staats, indem sie vorzeitig Rückzahlung auf die Zinsgarantien leisteten, mittels Ausgabe garantierter Obligationen.   Der Staat trägt den Verlust, wenn der Reinertrag zur Zahlung der Zinsen nicht ausreicht und das Minderergebnis auch durch Überschüsse der Hauptbahnen über eine bestimmte Höhe der Dividende, zum Teil 8 % Dividende nicht ausgeglichen wird. Seine Zahlungen gelten aber als Vorschüsse und werden mit 4 % verzinst. Zu ihrer Deckung werden etwaige Überschüsse des Reinertrags an

---

[1]) Im Jahre 1857 allein wurden den Gesellschaften 2597 km zum Bau übertragen.

[2]) Colson, Cours d'économie politique VI, S. 431.

[3]) Das Gesetz von 1879, das nach dem damaligen Ministerpräsidenten Loi Freycinet genannt wurde, hatte ein troisième (ein second oder nouveau réseau wird seit 1859 unterschieden) réseau von 8800 km zum Bau bestimmt, welche herzustellen die großen Gesellschaften vorher nur zum Teil übernommen hatten. 800 km waren in ihren Verträgen überhaupt nicht aufgeführt gewesen. Die Mitwirkung der Gesellschaften war vielfach schon wegen der Betriebsführung unentbehrlich. Im übrigen brauchte man sie bei Verwirklichung des Gesetzes zur Unterstützung der vom Betriebe der Hauptlinien zum Teil abhängigen Lokalbahnen (chemins de fer d'intérêt local) vom 11. Juni 1880. Sachs, a. a. O. S. 150.

erster Stelle herangezogen, sodann zur Erstattung der von den Gesellschaften übernommenen Ausfälle verwendet und nach deren Tilgung zwischen Gesellschaft und Staat im Verhältnis von $\frac{1}{3}$ zu $\frac{2}{3}$ geteilt.[1])

Die Abrechnung über den Reinertrag von Teilstrecken eines einheitlich verwalteten Netzes ist schwierig (vgl. S. 122). Für die Gesellschaften erwächst aus der Erstattung der Ausfälle außerdem die Gefahr, daß ihre Schuld, wenn sich vorzugsweiseFehlbeträge ergeben, immer zunimmt. Bei Ablauf der Genehmigungsfrist verbleibt dann diese von der Gesellschaft zu deckende Last und findet als Gegenwert nur die Erstattungen, welche der Staat an die Gesellschaft für die aus deren Mitteln beschafften Bahnanlagen und Betriebsmittel zu leisten haben wird. Hierdurch kann eine Entwertung der Aktien eintreten, selbst wenn alle von der Gesellschaft ausgegebenen Schuldverschreibungen planmäßig getilgt sein werden.

Die Compagnie du Nord und die Paris-Lyon-Méditerranée nehmen die staatliche Zinsbürgschaft schon lange nicht mehr in Anspruch. Orléans und Est hatten 1906 noch Schulden an den Staat in Höhe von je 230 Millionen Fr., zahlten aber in dem bezeichneten Jahre 10 und 18 Millionen ab, während allerdings Zinsen von 6 und 7 Millionen wieder hinzutraten. Bei den übrigen Gesellschaften betrugen im Jahre 1906 die Schuldverpflichtungen gegenüber dem Staat ebenfalls erhebliche Summen, bei Midi 274, bei Ouest 440 Millionen Fr.; Ouest nahm die Zinsbürgschaft des Staats bis zur Verstaatlichung im Jahre 1909 in Anspruch. Wie sich das Endergebnis bei Ablauf der Genehmigungsfristen (um 1950) für Staat und Gesellschaften stellen wird, kann schwerlich schon übersehen werden.

Übergang an den Staat. Die privilegierte Stellung der Eisenbahnen, Staatsunterstützungen und Zinsbürgschaften haben in den meisten Staaten Anlaß gegeben, im Wege der Gesetzgebung oder in den Genehmigungsurkunden den Heimfall an die Regierung vorzubehalten. Die Erfahrung zeigt aber die Schwierigkeiten, welche mit der Geltendmachung solcher Heimfallsrechte verbunden sind. Als Nachteil tritt, ganz abgesehen von den regelmäßigen Streitigkeiten über die Auslegung verwickelter Verträge, besonders hervor, daß die Bahnverwaltungen lange vor dem festgesetzten Übergang an den Staat beginnen, mit Verbesserungen und Ergänzungen zurückzuhalten. Ausgaben dieser Art vermindern die Rente erheblich und damit die regelmäßige Unterlage für die Berechnung des Heimfallpreises oder werden bei unentgeltlichem Übergang nicht entsprechend ersetzt. Andererseits kann an der Ergänzung und selbst an der Unterhaltung der Betriebsmittel, Geleise, Anlagen und Bauten längere Zeit gespart werden, ohne sogleich die

---

[1]) Colson, a. a. O. VI, S. 87, 443.

Sicherheit des Betriebes zu gefährden und der Aufsichtsbehörde das Recht zum Einschreiten zu geben.

Bei solchem unwirtschaftlichen Verfahren tritt dann bald die Zeit ein, in der Regel bei einer aufsteigenden Verkehrswelle, wo das überanstrengte Getriebe den Dienst versagt, Verwirrung aller Enden einreißt und nun überstürzt mit unverhältnismäßigen Kosten die versäumte Ausstattung der Einrichtungen nachgeholt werden muß. Die erhöhten Ausgaben fallen auf den Staat, wenn er inzwischen von dem Heimfallsrechte Gebrauch gemacht hat.

Bei Ankauf von Bahnen sind derartige Folgeerscheinungen weniger zu fürchten, weil die veräußernden Gesellschaften nicht wissen, ob und wann der Staat erwirbt, letzterer dann auch den Preis nach der Beschaffenheit der Bahn bemißt. Die preußische Staatseisenbahnverwaltung ist zwar in einzelnen Fällen bei Bahnen, die sie mit Kauf übernahm, zu erheblichen Aufwendungen sofort genötigt gewesen, um einen flotten Betrieb zu ermöglichen. Dagegen ist es bei ihren Verstaatlichungen nicht zu so empfindlichen Verkehrsstörungen gekommen, wie sie eintraten, als nach Ablauf der Genehmigungsfristen der östreichische Staat die Kaiser-Ferdinands-Nordbahn und Italien den Betrieb der von ihm erworbenen Linien aus den Händen der Pachtgesellschaften übernahmen (vgl. S. 115).

Fünfzehnter Abschnitt.

Staatsaufsicht.

(S. 44 Nr. 9.)

Die umfangreichen Bedingungen, welchen Eisenbahnen von Staats wegen zumeist unterworfen werden, haben staatliche Organe auszulegen und ihre Erfüllung zu überwachen. Ihnen liegt es andererseits ob, die Unternehmungen bei Ausführung ihrer öffentlichen Aufgabe zu schützen und zu fördern. Gerichte oder Verwaltungsbehörden können dabei mitwirken.

Letzteren fallen die Anordnungen für Feststellung des Bauplans zu[1]. Den Gerichten bleibt überall der Schutz der Bahnanlagen und des Betriebes gegen verbrecherische Störungen[2]. Verschieden gestaltet sich in den einzelnen Ländern die Handhabung der staatlichen Macht,

---

[1] Nur darüber wird in Preußen gestritten, in welchem Umfang bei der Feststellung des Bauplans Selbstverwaltungskörperschaften und Verwaltungsgericht neben dem Minister der öffentlichen Arbeiten beteiligt sein sollen. Vgl. S. 46.

[2] Reichsstrafgesetzbuch. Die §§ 89, 90, 139, 243, 249, 250, 305, 315—320 behandeln Zerstörung, Beraubung, Beschädigung, Gefährdung der Eisenbahnen.

soweit sie darauf gerichtet ist, die Bahnen zur Erfüllung ihrer Verkehrs-
pflicht anzuhalten.

Angelsächsische Länder. Abneigung gegen Eingriffe der Staatsregierung in die Einzeltätigkeit sowie die Ansicht, daß die Bahn nur als
common carrier die Beförderung übernehme (vgl. S. 8), haben in den
angelsächsischen Ländern dazu geführt, die Entscheidung über Verstöße der Bahnen gegen ihre Beförderungspflicht möglichst an die Gerichte zu verweisen, bei welchen jeder deswegen eine Klage einreichen
kann.

England. In England wurde erst durch Gesetz von 1840 [1]) das
Board of Trade mit der Aufsicht über Eisenbahnen befaßt, durfte aber
nur Untersuchungen, seit 1842 auch an Ort und Stelle, vornehmen und
deren Ergebnisse an Beschwerdeführer mitteilen, denen überlassen blieb,
die Gerichte zu ihrem Schutz anzurufen. An der endgültigen Entscheidung auf dem Rechtswege hielt man auch in allen späteren Gesetzen fest
und setzte nur ausnahmsweise 1894 einen besonderen Eisenbahngerichtshof zur Entscheidung über die damals angefochtenen Frachterhöhungen
ein (vgl. S. 87). Das Board of Trade hat bei seinen beschränkten Befugnissen nur wenig auf die Frachtgestaltung einwirken können, obwohl in
den Genehmigungsgesetzen seit 1845 Tarifrevisionen und staatliche
Überwachung der Tarife regelmäßig vorbehalten sind. Wiederholt
wurden überdies Entscheidungen des Board besonders bei Streitigkeiten
über direkte Tarife und Übergang von Sendungen durch das Parlament
umgestoßen.

Vereinigte Staaten von Amerika. Die Vereinigten Staaten von
Amerika hatten ebenfalls lange Zeit keine besonderen Behörden
für die Aufsicht über die Eisenbahnen. Der Staat New York errichtete
zwar 1855 eine Aufsichtsstelle, die aber infolge von Bestechungen schon
1857 wieder aufgehoben und erst 1882 von neuem eingesetzt wurde.
Jetzt haben 31 Staaten unter den 48, welche in der Union vereinigt sind,
Railway commissioners. Für den zwischenstaatlichen Verkehr und
Verkehr mit dem Auslande ist durch Bundesgesetz von 1887 ein Bundes-
verkehrsamt[2]), die Interstate Commerce Commission, bestellt, welchem
in wachsendem Maße erhebliche Befugnisse, auch zu Strafbefehlen,
beigelegt worden sind (vgl. S. 64). Allein die endgültige Entscheidung
über die Verfügungen des Bundesamtes und der staatlichen Commissio-

---

[1]) Act for the regulation of railways 3 und 4, Vict. cap. 97 vom 10. August 1840.

[2]) Bundesgesetz vom 4. Februar 1887 § 11. Das Bundesamt besteht aus
sieben (früher fünf) Mitgliedern, die für 7 Jahre vom Präsidenten der Vereinigten
Staaten mit Bestätigung des Senats ernannt werden. Nicht mehr als 4 Mitglieder dürfen derselben politischen Partei angehören. Sie können wegen
Unfähigkeit oder Ungehörigkeit vom Präsidenten ihres Amts enthoben werden.
Archiv 1912 S. 37, § 24 des 87er Gesetzes in der Fassung des Gesetzes vom
29. Juni 1906.

ners liegt immer bei den ordentlichen Gerichten, die nicht bloß über die
Auslegung, sondern auch über die verfassungsmäßige Zulässigkeit der
Gesetze zu entscheiden haben. Für Klagen auf Durchführung von Anordnungen des Bundesverkehrsamts oder Anfechtung solcher Anordnungen und einige anderern gerichtlichen Verfügungen, die zur Unterstützung des Bundesverkehrsamts dienen, ist mit Gesetz von 1910 ein
neues Bundesgericht, der United States Commerce Court, eingesetzt
und ausschließlich befaßt. Gegen dessen Entscheidungen aber ist die
Berufung an das Oberste Bundesgericht zulässig [1]).

Unzulänglichkeit gerichtlicher Entscheidungen. Bei der großen Zahl
und verschiedenartigen Gestaltung der Aufsichtsbehörden und der an
letzter Stelle maßgebenden Gerichtshöfe kommen auffällige und einander widersprechende Entscheidungen vor. Aufsehen erregte vor
einiger Zeit ein Erkenntnis des Gerichts in Illinois, wonach die Standard
Oil Company zu einer Geldstrafe von 200 bis 300 Millionen Doll. verurteilt
wurde, indem von jedem Falle der nach der Klage vorgekommenen geheimen Frachtvergünstigungen die hohe im Bundesgesetz angedrohte
Strafe (vgl. S. 64) berechnet wurde. Das Oberste Bundesgericht hob das
Urteil auf. Der Fall zeigt, wie schwer die Unsicherheit des Eisenbahn-
rechts auf dem Verkehr lastet. Und doch handelte es sich hier nur um die
einfache Frage, ob insgeheim eine Bevorzugung vor den öffentlichen
Eisenbahntarifen gewährt worden sei.

Viel schwieriger ist es, im Rechtswege darüber eine Entscheidung
zu erlangen, ob überhaupt eine Bevorzugung in der Frachtberechnung
(injust oder undue preference) stattfindet, ob ein Eisenbahntarif gerecht
und angemessen (just and reasonable) sei, ob eine Zugleistung, ein Anschluß oder eine sonstige Eisenbahnverkehrs-Einrichtung mit Recht gefordert oder abgelehnt werde [2]). Alle diese Fragen sind nicht nach Rechts-
begriffen, sondern nach wirtschaftlichem Bedürfnis und Zweckmäßigkeit
zu beantworten. Das Bedürfnis ändert sich fortwährend nach der wirtschaftlichen Lage des Volks und jedes einzelnen Erwerbszweiges. Die
Zweckmäßigkeit richtet sich nach dem Stande der in stetigem Fluß befindlichen Bau- und Betriebseinrichtungen. Für die Findung einer

---

[1]) Binnen 60 Tagen ohne aufschiebende Wirkung. Gesetz betr. die Einrichtung eines Bundesverkehrsgerichts vom 18. Juni 1910, §§ 1—4. Die 5 Mitglieder
des Bundes-Verkehrsgerichts werden aus der Zahl der Kreisrichter vom Vorsitzenden
des obersten Bundesgerichts auf 5 Jahre ernannt. Soweit das Bundesverkehrs-
gericht nicht zuständig ist, entscheiden über Anwendung der Bundesgesetze die
Bundesgerichte, die sich in District Courts (80) Circuit Courts (9) und den Supreme
Court gliedern. Über einzelstaatliches Recht sind die Gerichte der Bundesglieder
zuständig. Archiv 1912, S. 21.

[2]) Die angeführten Ausdrücke und Rechtsfragen kehren überall in den englischen und amerikanischen Acts, charters, standing orders wieder. Vgl. Bundes
gesetz vom 4. Februar 1887 § 1 Nr. 4, 5, 8, § 15 Nr. 1, 2. Archiv 1912, S. 2 ff.

richtigen Entscheidung ist es unerläßlich, dauernd dem Lauf der wirtschaftlichen und technischen Entwicklung zu folgen und die damit in Zusammenhang stehende Gestaltung des Eisenbahnverkehrs in vollem Umfange zu beherrschen.

Dieser Forderung zu genügen, kann keinem Gerichtshof zugemutet werden. Der Richter sieht den Fall, der an ihn herangebracht wird, und auch diesen lediglich bis zur Fällung des Urteils. Die Wirkung seiner Entscheidung auf das Verkehrsleben ist er nicht in der Lage zu verfolgen. Nur aus der beständigen Beobachtung der Folgen, welche wirtschaftliche Maßnahmen haben, läßt sich aber eine Meinung darüber gewinnen, ob sie für die Einzelnen wie für das Ganze nützlich und billig sind. Dazu haben allein die verantwortlichen Bahnverwaltungen oder die staatlichen Verwaltungsstellen Gelegenheit, die sich immer mit derartigen Fragen zu beschäftigen haben.

Nicht minder schwer wiegt, daß eine gerichtliche Entscheidung immer nur den Einzelfall betrifft. Wird ein Rechtssatz angewendet, so kann die gegebene Auslegung allgemeine Anerkennung finden und die Rechtssicherheit fördern. In den Nützlichkeitsfragen des Verkehrs dagegen ist die Übertragung von einem Fall auf andere anscheinend ähnlich liegende nicht ohne weiteres möglich. Es bedarf dazu immer wieder einer neuen Untersuchung aller in Betracht kommenden Verhältnisse, die sich auf den von den Parteien im Gerichtsverfahren bestimmten Umfang nicht beschränken kann.

Endlich hat die gerichtliche Entscheidung außerhalb des Einzelfalls und zwischen anderen als den darin vertretenenen Parteien keine rechtliche Wirkung. Wenn die Bahnen sich im übrigen nach dem Urteil nicht richten und sich niemand findet, der auf Grund der Entscheidung neue Fälle zum gerichtlichen Vortrag bringt, so hat das Erkenntnis auf den Zustand des Verkehrs gar keinen Einfluß. Zu verwundern ist deshalb nicht, daß in Amerika sowohl wie in England über die völlige Wirkungslosigkeit des gerichtlichen Eingreifens in die Verhältnisse des Bahnverkehrs geklagt wird [1]). Immer wieder werden in beiden Ländern Untersuchungen über die Beschwerden im Eisenbahnverkehr veranstaltet, in England durch das Parlament, in den Vereinigten Staaten von Amerika durch Ausschüsse des Bundeskongresses oder die Interstate Commerce Commission. Sie sind häufig umfassend und gründlich, wie

---

[1]) Acworth, Railway ecomomics 1904, S. 155. Dort wird hervorgehoben, daß, wenn das Gericht auf Grund der long and short haul clause (vgl. S. 89) den Differentialtarif für Kohlen von Northumberland nach London heraufsetzen wollte, die North Eastern-Bahn die Hälfte ihrer großen Sendungen nach dort an den Seeweg verlieren, also unverhältnismäßigen Schaden erleiden würde, während die Zwischenstationen ihre höheren, anscheinend unbilligen Tarife behielten. Cohn, Untersuchungen über engl. Eisenbahnpolitik 1874 I, S. 301 ff.

neuerdings über die Frachterhöhungen der nordamerikanischen Eisenbahnen (vgl. S. 90), führen aber nicht zu einer durchgreifenden Besserung des Zustandes, da die letzte Entscheidung über die Höhe der Sätze stets der Lösung durch das Gericht überlassen bleibt.

Die Bahnverwaltungen, denen hiernach die Verantwortung für die Tarifsätze im wesentlichen allein zugeschoben wird, lassen sich allerdings durch die öffentlichen Untersuchungen hier und da bestimmen, Beschwerden nachzugeben, wie jüngst in dem erwähnten Falle amerikanischer Frachterhöhungen. Andererseits vermögen die mächtigen Eisenbahngesellschaften mit ihren Mitteln und weitreichenden Verbindungen bedeutenden Einfluß auf die öffentliche Meinung und Volksvertretung auszuüben und dadurch Beschwerden die Spitze abzubrechen.

Europäisches Festland. Auf dem Festlande Europas wurde von Anfang an Verwaltungsbehörden die fortlaufende Beaufsichtigung der Eisenbahnen anvertraut, da diese nach der hier vorherrschenden Meinung den Verkehr als eine öffentliche Aufgabe im Auftrage des Staats zu bedienen haben (vgl. S. 9 ff).

Preußen. Für Preußen sieht das grundlegende Gesetz von 1838 die Bestellung eines ständigen Kommissars vor, an welchen sich die Gesellschaft in allen Beziehungen zum Staate zu wenden hat, der ihre Vorstände zusammenberufen und ihren Sitzungen beiwohnen kann [1]). Er sollte nicht bloß für Befolgung des Gesellschaftsstatuts und der den Unternehmungen auferlegten Bedingungen sorgen, sondern auch die ausführenden Beamten überwachen und, „soweit ein allgemeines Interesse vorliegt", die finanziellen und Betriebsangelegenheiten der Eisenbahn-Gesellschaften beobachten. Den Provinzialregierungen verblieb nur die Wahrung der Rechte des Publikums gegenüber den Eisenbahnen, „besonders wegen Regulierung der Wege-, Bewässerungs- und Vorflutangelegenheiten".

Die Vollmacht der Kommissare ist umfassend. Ihre Aufsicht erstreckt sich auf die ganze Tätigkeit der Gesellschaft, auf die finanzielle mindestens soweit als das Dasein der Unternehmung davon abhängt. Zwangsmittel stehen ihnen ebenso wie den Provinzialregierungen zur Verfügung [2]). Jetzt werden ihre Befugnisse durch die Präsidenten der

---

[1]) Gesetz vom 3. November 1838 § 46. Das dazu erlassene Regulativ vom 24. November 1848 bestimmt, daß „die Kommissare die Rechte des Staats den Eisenbahn-Gesellschaften gegenüber sowie die Interessen der Eisenbahn-Unternehmungen als gemeinnützige Anstalten und die Interessen des die Eisenbahnen benutzenden Publikums zu wahren haben."

[2]) Nach der Beilage zur Regierungs-Instruktion vom 23. Oktober 1817 § 48 Nr. 2 kann der behördlichen Anordnung durch Strafbefehle mit Androhung von Geldbußen bis 100 Taler = 300 M. gegen jedes Mitglied der Privatdirektion Nachdruck verliehen werden. 4 Eisenbahnkommissariate bestanden zeitweilig, die nach der Verstaatlichung zu einem in Berlin vereinigt wurden.

Eisenbahndirektionen wahrgenommen, deren Aufsichts-Bezirken die Privatbahnen zugewiesen sind [1]). Über Kleinbahnen wird die Aufsicht von den Behörden geübt, welche die Genehmigung zum Bau erteilen, der Provinzialregierung und der Eisenbahndirektion, welcher letzteren allein die eisenbahntechnische Seite zufällt [2]).

Deutsches Reich. Das Deutsche Reich setzte 1873 eine Aufsichtsbehörde mit nicht minder umfassenden Aufgaben für das Eisenbahnwesen ein. Das Reichseisenbahnamt soll für die Ausführung der Bestimmungen der Reichsverfassung und der sonstigen Gesetze und Vorschriften für die Eisenbahnen sorgen und auf Abstellung von Mißständen hinwirken. Es kann Kommissare bestellen und hat den Privatbahnen gegenüber dieselben Zwangsbefugnisse wie die einzelstaatlichen Aufsichtsstellen [3]).

Die Wirksamkeit des Reichseisenbahnamts ist nicht zur vollen Entfaltung gekommen, da das Reichsgesetz, welches ihm die Unterlage für ein kräftiges Vorgehen geben sollte, nicht durchzubringen war (vgl. S. 27). Es kann nur nach den allgemeinen bei seiner Errichtung gegebnen Gesichtspunkten verfahren und ist dabei auf die Unterstützung der einzelnen Bundesstaaten angewiesen. Seine Tätigkeit zeigt sich hauptsächlich in der von ihm geleiteten Weiterbildung der vom Reich ausgehenden allgemeinen Vorschriften für das Eisenbahnwesen, in der Durchführung der militärischen Anforderungen an die Bahnen, in der Mitwirkung bei der Ausgestaltung des Eisenbahnnetzes und in statistischen Erhebungen allgemeiner Art [4]). Bei der dem Amt gestatteten Einwirkung wegen Beschwerden über Betrieb und Verwaltung der Bahnen sieht es sich Staatsbahnverwaltungen und Aufsichtsbehörden der Einzelstaaten gegenüber, die ihre Befugnisse wahren wollen. Gegen die Entschließungen der Einzelregierungen hat das Amt lediglich den verfassungsmäßigen Weg der Berufung an den Bundesrat, d. i. die Gesamtvertretung der Einzelstaaten [5]), welche Eingriffen in deren Zuständigkeit nicht günstig ist.

Reichseisenbahnkommissare im Sinne des Gesetzes über seine Errichtung sind von dem Amt niemals bestellt worden.[6]) Das im Gesetz (§ 5 Nr. 4) vorgesehene durch Richter verstärkte Reichs-

---

[1]) Diese Regelung besteht seit der Neuorganisation der Staatseisenbahn-Verwaltung im Jahre 1895. Verwaltungsordnung vom 1. April 1895 § 6.

[2]) Vgl. S. 39, 40.

[3]) Gesetz betr. die Errichtung des Reichseisenbahnamts vom 27. Juni 1873, §§ 1, 2. Vgl. S. 74.

[4]) Statistik der Eisenbahnen des Deutschen Reichs. Die Statistik der Güterbewegung auf den deutschen Eisenbahnen wird jetzt im Kaiserlichen statistischen Amt bearbeitet.

[5]) Reichsgesetz vom 27. Juni 1873. § 5 Nr. 2.

[6]) Fritsch, Eisenbahngesetzgebung, 2. Auflage, No. 3.

eisenbahnamt, welches über Vorstellungen gegen Maßregeln des Amtes entscheiden sollte, ist nie zusammengetreten. Dieser in Deutschland einzig dastehende Versuch, über öffentliche Verkehrs- und Betriebspflichten der Eisenbahnen richterliche Entscheidungen zu erhalten, ist ohne Erfolg geblieben.

Die einzelstaatliche Aufsicht hat sich dagegen in allen Teilen des deutschen Eisenbahnwesens zur Geltung gebracht. Die Tätigkeit der Regierung auf diesem Gebiet wird wirksam unterstützt durch die Bezirks-Aufsichtsbehörden, welche die Zentralstelle mit Nachrichten über die einzelnen Unternehmen versehen, die Ausführung ministerieller Anordnungen überwachen und bei Streitfragen die vermittelnden Verhandlungen führen. In wichtigen Angelegenheiten übernehmen die Minister und ihre Vertreter meist selbst die Unterhandlungen, durch welche die Entscheidung vorbereitet wird.

Durch diese aufmerksame Aufsichtführung haben zwar die Schwierigkeiten im Eisenbahn-Verkehr für Deutschland nicht völlig vermieden werden können (vgl. S. 38, 43, 70), da sich diese notwendig aus den zersplitterten Eigentumsverhältnissen des Bahnnetzes ergaben. Die fortlaufende Beobachtung und Lenkung des Eisenbahnwesens durch den Staat hat aber bewirkt, daß zu keiner Zeit tiefgreifende Verstöße gegen die Vorschriften der Gesetze und Genehmigungsurkunden vorgefallen sind, und hat in Verbindung mit dem Besitz von Staatsbahnen die Regierungen in den Stand gesetzt, zweckmäßige Einigungen unter den Bahnen herbeizuführen und schließlich mit Erfolg die Verstaatlichung ans Ziel zu bringen.

Frankreich. In Frankreich wurde auf Grund der Auffassung, daß die Eisenbahngesellschaften Delegierte des Staates seien (vgl. S. 10), und mit Rücksicht auf die ihnen gewährte staatliche Unterstützung durch Gesetz und Bauverträge (conventions) eine eingreifende Beaufsichtigung seitens des Staats von Anfang an vorgesehen. Minister und Präfekten üben die Aufsicht aus und sind befugt, letztere für die Departements- und Lokal-Bahnen, die Gesellschaften zur Erfüllung der übernommenen Pflichten durch Straffestsetzung gegen ihre Vertreter anzuhalten. Die Gerichte indes entscheiden bei Streitigkeiten über die öffentlichen Verpflichtungen der Bahnen sowie über die Auslegung ihrer Verträge mit dem Staat.

Der Minister bestimmt endgültig über den Fahrplan, sowohl über die Fahrzeiten wie die Zahl der Züge. Nur für Nebenbahnen pflegt die Zahl der Züge auf 3 in jeder Richtung vertragsmäßig beschränkt zu sein. Sind mehrere Gesellschaften an einem durchgehenden Zuge beteiligt, so regeln im Streitfall Schiedsrichter die Deckung der Kosten.

Der Minister setzt die Höchstbeträge des Tarifs und die Nebengebühren fest. Jeder Tarifsatz muß ihm behufs Prüfung mitgeteilt werden. Er kann eine Vermehrung der Betriebsmittel und Anlagen fordern, wenn sie für den gewöhnlichen Verkehr nicht ausreichen, dagegen keine Verbesserungen, keine neuen Bahnen, Bahnhöfe oder Abzweigungen.

Vor zu scharfer Geltendmachung der in den Verträgen dem Staat vorbehaltenen weitgehenden Rechte werden die großen Gesellschaften Frankreichs dadurch bewahrt, daß der Staat an den Erträgen der Bahnen beteiligt ist oder unter Umständen zu den Einrichtungskosten zuzuschießen hat. Aus solchen Gründen ist z. B. seitens der französischen Regierung auf die durchgehende Bremsung der Güterzüge verzichtet, deren zwangsweise Einführung aus Gründen der Betriebssicherheit hätte verlangt werden können [1]. Die Gesellschaften haben aber auch wiederholt vor den Gerichten sich gegen Ansprüche des Staats aus ihren Verträgen gewehrt oder Entschädigungen für derartige Anforderungen verlangt.

Allgemeines Ergebnis. Die staatliche Aufsicht über das Eisenbahnwesen kann sich wirksam nur in der Hand von Verwaltungsbehörden erweisen, die mit sachkundigen Beamten besetzt und mit ausreichenden, zwingenden Befugnissen ausgestattet sind. Gerichtliche Entscheidungen vermögen in die vielseitigen Beziehungen des öffentlichen Eisenbahnverkehrs eine Regel nicht zu bringen.

Aber die Ausübung der Aufsicht allein genügt selbst in kräftigster Gestalt nicht, um die wünschenswerte Gleichmäßigkeit, Einfachheit, Vollkommenheit des Eisenbahnbetriebs herbeizuführen. Die Aufsicht kann immer nur auf Erfüllung der Genehmigungsbedingungen dringen und Mißstände verhüten. Umgestaltungen, tiefgreifende Verbesserungen vorzunehmen, darf einer bloß aufsichtführenden Stelle nicht zugemutet werden, da hiermit die Verantwortung für die weittragenden finanziellen und wirtschaftlichen Folgen solcher Maßregeln verbunden ist. Diese Verantwortlichkeit vermag nur eine Verwaltung zu tragen, welche selbst den Betrieb leitet und die Wirkungen jeder Betriebsmaßnahme zu vertreten hat. Der Besitz der Bahnen und der eigene Betrieb auf ihnen gibt dem Staate allein die Macht und den Entschluß, den Eisenbahnverkehr nach den Erfordernissen des allgemeinen Bedürfnisses zu gestalten. In dieser Stellung kann sein Beispiel von zwingendem Einfluß auf die selbständigen Privatbahnen werden, die im Netze der Staatsbahnen verteilt sind.

---

[1] Colson, Cours d'économie politique VI, S. 404ff. Die großen Eisenbahn-Gesellschaften sichern ihre Stellung gegenüber dem Staat bei Abschluß und Anwendung der Verträge auch dadurch, daß sie einflußreiche Politiker in die gut bezahlten Aufsichtsratstellen bringen. Thiers, Léon Say z. B. waren ihrerzeit Aufsichtsräte des Chemin de fer du Nord.

Teil II

Verwaltung der Staatseisenbahnen.

Sechzehnter Abschnitt.

Fähigkeit des Staates zur Verwaltung von Eisenbahnen.

Staatseigentum für Erwerbszwecke. Dem Staat ist zeitweilig empfohlen worden, Eigentum zu Erwerbszwecken überhaupt nicht zu verwalten. Er sollte bei der heutigen reichen Entwicklung der wirtschaftlichen Arbeit jeden Erwerb den einzelnen überlassen, die größeren Gewinn mit geringerem Aufwand erzielen würden, und sich nur auf Verteidigung, auf allgemeine Maßnahmen zur Sicherung von Wandel und Verkehr, auf Förderung von Wissenschaft und Kunst beschränken. Die Einnahmen des Staats wären nicht, wie in alter Zeit, großenteils aus Domänen und Forsten, sondern lediglich durch Steuern zu beschaffen, welche zu zahlen die Untertanen im Falle wirklicher Bedürfnisse stets willig sein würden. Dabei würde zum Vorteil einer freien Entwicklung der Einfluß der Staatsgewalt im ganzen und damit der Partei verringert werden, welche sich jeweilig im Besitz der Staatsgewalt befindet[1].

Während diese Anschauung in England dem Staatsbahngedanken hinderlich wurde, fand sie in Deutschland ein Gegengewicht in dem Umstande, daß die heimischen Staaten einen bedeutenden Besitz an Domänen, Forsten, Bergwerken, Salinen usw. hatten, auch behufs vorbildlicher Anregung Fabriken hielten und an Handelsgeschäften sich beteiligten, also an Verwaltung von Staatseigentum zu Erwerbszwecken gewöhnt waren[2]. Nicht minder gut wie solche Betriebe konnte der

---

[1] Nach einem in den siebziger Jahren des vorigen Jahrhunderts landläufigen Worte sollte der Staat nur Dienste als Nachtwächter leisten. Der freisinnige preußische Abgeordnete Eugen Richter († 1906) schlug 1869 in einer Druckschrift vor, die Domänen in stärkerem Maße zu veräußern und weitere Kapitalansammlungen in der Hand des Fiskus zu vermeiden. Wehrmann, Aus dem Leben des Geh. Rats Wehrmann, S. 80ff.

[2] Preußen hatte eine Staatsbank (seit 1846 mit privatem Kapital), eine Seehandlung für kaufmännische Verwertung der Staatsgelder, eine staatliche Porzellanmanufaktur, Mühle, Spinnerei (letztere später verkauft).

Staat auch Bahnen leiten, die dem öffentlichen Verkehr dienen und deshalb der öffentlichrechtlichen Regelung ebenso bedürfen wie schiffbare Kanäle, öffentliche Häfen, Landstraßen[1]), welche in Deutschland meist im Besitz des Staats oder gemeindlicher Verbände sind. Ohnehin wurde der Staat gezwungen, den Bahnbau überall da zu übernehmen, wo in schwächer entwickelten Gegenden Unternehmer für die zur Förderung des Verkehrs oder zu Landesverteidigungszwecken erforderlichen Linien sich nicht anboten. Endlich war für die jüngeren Staatswesen, die in Deutschland erst am Anfang des Eisenbahn-Jahrhunderts entstanden oder anders gestaltet waren, der gemeinsame Besitz ein wirksames Bindemittel für die neugewonnene Zusammengehörigkeit. Bismarck erblickte in dem einheitlichen Eisenbahnnetz, daß er herstellen wollte (vgl. S. 27 f), ein wertvolles Band für das eben begründete Reich.

Hat unter solchen Verhältnissen der Staatsbahngedanke in Deutschland gegenüber entgegenstehenden, auch bei uns eifrig verfochtenen Wirtschaftslehren durchdringen können, so werden doch nach wie vor Meinungen vertreten, welche die Fähigkeit des Staats zu tüchtiger Verwaltung der Bahnen in Frage ziehen. Wären sie für deutsche Staaten begründet, so ließe sich der Staatsbesitz an Bahnen nicht verteidigen. Nur gut verwalteter Besitz kann sich halten, kann der Gemeinschaft, der er dient, sei es Staat, Gemeinde oder Familie, eine dauernde Stütze gewähren.

Bau von Bahnen durch den Staat. Eine landläufige Behauptung geht dahin, daß der Staat teurer baut als die einzelnen; sie soll auch für Eisenbahnentwürfe gelten. Gegen die Richtigkeit spricht für deutsche Bahnen handgreiflich, daß ihre Anlagekosten, obwohl in der Hauptsache auf staatlicher Ausführung beruhend, erheblich niedriger sind, als die der englischen und französischen Eisenbahnen, welche ganz oder zum überwiegenden Teil von Privatgesellschaften gebaut worden sind (vgl. S. 35). Wenn auch bei diesem Unterschied bedeutende Abweichungen in Bodengestaltung, Gesetzgebung, Verkehr mitwirken, so spricht derselbe doch immer für und mindestens nicht gegen die staatliche Bauausführung in Deutschland.

Zielt die Behauptung darauf, daß Privatunternehmer Bahnbauten für schwachen Verkehr einfacher, leichter und daher zu billigerem Preise als die staatlichen Hauptbahnen herstellen, so können geringere Baukosten in einzelnen Fällen für die Privatunternehmungen gerechtfertigt sein. Die Erfahrung ergibt indes, daß bei dem schnellen Anwachsen des Verkehrs und den gesteigerten Ansprüchen an Geschwindigkeit es meist, und namentlich für den kapitalkräftigen Unternehmer,

---

[1]) Die staatlichen Landstraßen sind erst später in Preußen vom Staat den Provinzen und Kreisen überlassen.

wirtschaftlich richtiger ist, auch für Neben- und Kleinbahnen von vornherein mit einer größeren Haltbarkeit der Einrichtungen (Oberbau, Betriebsmittel) zu rechnen. Spätere große Aufwendungen für Umbauten und Ersatz werden dadurch verhütet.

General-Bauverträge. Der Vorteil billiger Herstellungskosten verschwindet, wenn der Bau nicht von dem Eigentümer der Bahn, sondern für eine Gesamtvergütung im ganzen Umfange durch einen Generalunternehmer ausgeführt wird. Dieser pflegt die Arbeit nach einem Überschlag zu übernehmen, durch welchen er für seine Tätigkeit und seine Verantwortung für das Einhalten der geschätzten Anlagekosten schadlos gehalten werden soll[1]). Ihm fehlt der Antrieb, die Unterhaltung und die Beförderung auf der Bahn wirtschaftlich zu gestalten. Sein Vorteil weist darauf hin, die Anlage möglichst billig herzustellen. An Erdarbeiten, Gleisen, Hochbauten läßt sich erheblich sparen, ohne daß gleich die Sicherheit des Betriebes gefährdet und das Einschreiten der Aufsichtsbehörde veranlaßt wird. Mehrkosten infolge billiger Ausführung stellen sich erst nach der Betriebseröffnung heraus, wenn die Gleise schwer in Stand zu erhalten sind, die Züge auf starken Neigungen und engen Krümmungen viel Kraft gebrauchen und wenig mitnehmen können, die Hoch- und Kunstbauten zahlreiche Ausbesserungen nötig machen, überall Ergänzungen erforderlich werden. Diese Ausgaben fallen auf den betriebführenden Bahnbesitzer. Die Bahn rentiert dann schlecht oder verlangt gar Zuschüsse, während der Generalunternehmer bei seiner billigen Ausführung ein gutes Geschäft gemacht haben mag.

Bau- und Betriebsverträge. Die augenscheinliche Gefahr, welche darin liegt, daß die Bahn von einem anderen hergestellt wird, als dem betreibenden Besitzer, versuchen die Bahneigentümer (Gesellschaften, Kreise usw.) dadurch abzuschwächen, daß der Generalbauunternehmer verpflichtet wird, in der ersten Zeit den Betrieb zu führen. Weil Mängel in der Anlage ihn dann selbst treffen, wird angenommen, daß die Ausführung um so zweckmäßiger für den Betrieb erfolgen müsse. Ein Verlust tritt aber bei der Betriebspacht für den Bauunternehmer erst ein, wenn die Einnahmen nicht ausreichen, die Betriebsausgaben zu decken, während der Bahneigentümer zunächst den gesamten Ausfall an Zinsen für das Anlagekapital zu tragen hat. Außerdem pflegt sich der Bauunternehmer zur Deckung der Kosten für die Verwaltung der Bahn 10% der Roheinnahmen auszubedingen, die also bezahlt werden müssen ohne Rücksicht darauf, ob die Zinsen des Anlagekapitals und die Erneuerungskosten aus den Einnahmen aufgebracht werden. Endlich wird der Betrieb durch den Bauunternehmer in der Regel nicht über

---

[1]) In der Regel 10 % des Anschlags, manchmal nach Maßgabe der Baugefahr auch mehr. Die Kosten der Bauverwaltung des Unternehmers sind darin einbegriffen.

die Frist von 10 Jahren nach der Eröffnung vereinbart. In den ersten Jahren zeigen sich die Mängel unzulänglicher Einrichtungen weniger stark, treten vielmehr erst bei wachsendem Verkehr und längerer Abnutzung umfangreicher hervor und lasten dann voll auf dem Eigentümer. Hat aber der Bauunternehmer wirklich auch einigen Betriebsverlust zu tragen, so kann er dafür durch reichlichen, vorher am Bau gemachten Gewinn vollkommen schadlos gehalten sein.

Einzelunternehmer. In Deutschland haben die Staaten wie die großen, wohlgeleiteten Privatgesellschaften den Bahnbau meist in die eigene Hand genommen (Regiebau). Sie vergeben aber dabei regelmäßig Erdarbeiten, Tunnel, Brückenbauten, Gleisstreckungen usw. abschnittsweise an Einzelunternehmer, die Erfahrung in den Geschäften dieser Art haben und die Verantwortung für den Anschlag und die Ausführung zu tragen verstehen. Das Verfahren hat sich trefflich bewährt und zieht tüchtige Kräfte groß. In der Ausführung der Bauten, deren Güte und Kosten ist ein Unterschied zwischen den Leistungen staatlicher Verwaltungen und großer Privatbahngesellschaften nicht zu bemerken gewesen.

Ergebnisse der Generalunternehmung. Generalunternehmungen sind für Bahnen auf deutschem Boden im wesentlichen nur in der Gründerzeit der 60er und 70er Jahre des vorigen Jahrhunderts aufgetreten und haben dann wieder bei der Einführung der Kleinbahnen in den 90er Jahren einen größeren Umfang angenommen. In ersterem Zeitabschnitt trug die bequemere Form der Generalunternehmung in Verbindung mit der zeitweilig unzureichenden Überwachung durch Aktionäre und Aufsichtsbehörden zu den ungünstigen Ergebnissen bei, welche die damals entstehenden Privatbahngesellschaften zum Erliegen brachten oder dauernd deren Rente herabdrückten (vgl. S. 38 f.).

Als die Kleinbahnen sich schnell zu entwickeln anfingen und es an kundigen Leitern für die dringend verlangten Verbindungen fehlte, wandten sich die Provinzen, Kreise, Gemeinden wiederum zuerst an Generalunternehmer, welche ihnen die Sorge des Entwerfens, Ausführens, Betreibens und die Verantwortung für die Kosten abnehmen konnten[1]). Da Gewinnspekulation solchen Kleinbahnen fern lag, ist in diesen Fällen mit größerer Vorsicht verfahren und sind größere Mißerfolge vermieden. Allein über nachteilige Verträge mit Generalunternehmern, über unzulängliche Ausführung und hohe Betriebskosten als Folge derselben wird seitens der Bahneigentümer stellenweise geklagt. Die Kommunalverbände nehmen mehr und mehr selbst Bau und Betrieb in die Hand

---

[1]) Im Jahre 1911 standen in Deutschland 143 nebenbahnähnliche Klein-Bahnen mit rund 5208 km oder 52,8 % des Gesamtnetzes unter der Verwaltung gewerbsmäßiger Betriebs-Unternehmer, während in deren Eigentum sich nur 20 solche bahnen mit 361 km oder 3,8 % befanden. Zeitschrift f. Kleinb. 1911, S. 79.

oder überlassen beides erprobten Kleinbahngesellschaften unter deren Beteiligung an dem Stammkapital ihrer Kleinbahnlinie[1]).

Die preußische Staatseisenbahnverwaltung hat auf von außen an sie herangetretene Wünsche versuchsweise die Ausführung neuer Strecken an Generalunternehmer vergeben, indes dabei nie von der eigenen Bearbeitung der Entwürfe gänzlich abgesehen und damit die Gefahr einer ungünstigen Gestaltung für den Betrieb wesentlich eingeschränkt. Ein wirtschaftlicher Vorteil ergibt sich aber dabei für sie nicht; vielmehr tritt zu den Kosten die Vergütung der Tätigkeit des Generalunternehmers hinzu, der ebenso wie die Verwaltung meist doch nur die verschiedenen Arbeiten an Einzelunternehmer vergeben kann[2]).

Je mehr die Verwaltung der Bahn geordnet und erfahren ist, die Verhältnisse des Baus übersehen werden können, desto weniger empfiehlt sich die Verwendung von Generalunternehmern für die Ausführung. Anders liegt der Fall in Zeiten ungewöhnlichen Aufschwungs, wenn die regelmäßigen Kräfte der Verwaltung für den Bau nicht zureichen, und da, wo im Auslande oder in Kolonien sich heimisches Kapital am Bahnbau beteiligt. Dort die Wege zu suchen, auf welchen die Ausführung am besten erfolgt, wird zunächst vorteilhafter dem gewandten, für sich allein verantwortlichen Unternehmer anvertraut werden können, als dem behördlichen Dienstzuge. In den afrikanischen deutschen Kolonien, wo die staatliche Ordnung erst allmählich hergestellt worden ist, vollzieht sich der Bau der für Rechnung des Reichs und der Kolonien entstehenden Bahnen durch Generalunternehmer; ihnen wird meist der Betrieb vorerst überlassen, wodurch sich die Schwierigkeit des Übergangs vom Bau zum Betrieb wesentlich vermindert.

Mit der Zeit wird die Kolonialverwaltung freilich auch die Erfahrung machen, daß die Vertragsrechte des betreibenden Unternehmers sie in der freien Verfügung über die Bahnen zum Nutzen der Schutzgebiete behindern, und dann zum Eigenbetriebe übergehen, welcher allein imstande ist, der Verwaltung ausreichende Kenntnis von den Bedürfnissen des Verkehrs und der Mittel zu ihrer Befriedigung zu verschaffen.

An tüchtigen Firmen für solche Aufgaben in der Ferne hat es nie bei uns gefehlt.

Bureaukratischer Geist. Ein anderer Einwand, welcher gegen die staatliche Verwaltung der Bahnen zuweilen erhoben wird, richtet sich gegen den bureaukratischen Geist, der darin leitend sein soll, an Stelle

---

[1]) Vgl. S. 114, Anm. 5. Die Kleinbahnen sind alle fertig gebaut; auf keiner ist der Betrieb wieder eingestellt. Von 239 nebenbahnähnlichen Kleinbahnen gaben im Jahre 1909 nur 25, von 159 Straßenbahnen nur 21 keine Rente, meist für die erste Betriebszeit. Zeitschr. f. Kleinb. 1911, S. 89, 257.

[2]) Solche Versuche wurden z. B. in den ersten Jahren nach 1900 gemacht.

eines den Bedürfnissen des Lebens angepaßten „kaufmännischen" Sinnes.

Bureaukratisches Formenwesen. Wird unter Bureaukratie die Ordnung verstanden, welche in einer umfangreichen Verwaltung nötig ·ist, damit zahllose Einzelgeschäfte sich schnell und sicher abwickeln, so findet sie sich in jedem großen Betriebe und ist der Privatunternehmung ebenso unentbehrlich wie der staatlichen. Schädlich wird diese Ordnung nur, wenn die vorgeschriebenen Formen nicht einfach genug, daher zeitraubend und kostspielig oder gar überflüssig sind. Dies in der Riesenverwaltung eines ausgedehnten Bahnnetzes zu vermeiden ist nicht leicht, da beständig neue Bedürfnisse und Einrichtungen auftauchen, an welche die Geschäftsformen angepaßt werden müssen. Daß aber den Staatsbahnen die Erledigung dieser Aufgabe weniger gelungen wäre als Privatbahnen oder anderen umfänglichen Gewerbebetrieben, ist nicht erkennbar.

Staats- und Privatbahnen haben in Deutschland dieselben allgemeinen Vorschriften für Bau und Betrieb, für Abfertigung und Abrechnung des Verkehrs. Die staatlichen Verwaltungen, insbesondere die preußisch-hessische Staatsbahn, können wegen ihres Umfanges auf manche Einzelfeststellung verzichten, auf welche kleinere UnternehmungenWert zu legen haben, und sind durch die Größe ihrer Arbeitskräfte und Mittel mehr als die meisten privaten Anstalten und Gesellschaften instand gesetzt, Fortschritte jeder Art durch Versuche zu fördern. Auch die staatliche Rechnungslegung, die oft mit dem Vorwurf der Umständlichkeit angegriffen ist, hat sich dem Geschäftsbetriebe der Staatsbahn anzupassen gewußt. Sie sucht in Preußen mehr und mehr auf das Maß der Überwachung zurückzugehen, welches unerläßlich ist, um in dem Heer der mit Rechnungssachen betrauten Beamten das Gefühl für strenge Ordnung aufrecht zu erhalten. Die staatliche Buchführung bleibt, wie wiederholt festgestellt ist, hinter derjenigen großer Privatgeschäfte an Einfachheit keineswegs zurück[1]).

Unzweifelhaft ist in der Staatseisenbahnverwaltung wie in jeder bedeutenderen Unternehmung die Überlieferung mächtig und wirkt auf Beibehaltung bewährter Formen und Gebräuche. Aber der schnelle Wechsel in den leitenden Stellen, welcher in einem großen kräftigen

---

[1]) Amtliche Untersuchungen haben darüber wiederholt stattgefunden. Der Bericht einer von dem preußischen Minister der öffentlichen Arbeiten eingesetzten Studienkommission ergibt, daß der innere Geschäftsbetrieb der Staatseisenbahnverwaltung dem privater Werke an Einfachheit und Klarheit nicht nachsteht. Zeitg. des Vereins deutsch. Eis.-Verw. 1911, Nr. 69, S. 949. Die Oberrechnungskammer ist den Bestrebungen nach Vereinfachung weit entgegengekommen, namentlich auch dadurch, daß sie einverstanden gewesen ist, die Rechnungsprüfung großenteils in die Hände besonderer Rechnungsbeamten (Rechnungsdirektoren) in den Direktionen zu verlegen.

Staatswesen nie ausbleibt, führt beständig neue Anschauungen heran, welche das Bestehende auf seinen Wert prüfen und nach Bedarf umgestalten. Der Widerstand, den eine starke Persönlichkeit bei dem Streben nach Fortschritt im Bereich eines alten Unternehmens findet, ist bei Privatgesellschaften unter Umständen schneller zu überwinden als im weiten Aufbau der Behörden. Der Einfluß aber, den ein solcher Mann mit der Zeit in der Privatgesellschaft gewinnt, wird leicht so überwiegend, daß andere Anschauungen neben ihm nicht mehr zur Geltung kommen, auch wenn sie vorteilhaft sind, und daß dann in dem von ihm geleiteten Unternehmen die Einseitigkeit mit ihren schädlichen Wirkungen regiert.

Bureaukratische Ziele. Der Vorwurf bureaukratischer Beschränktheit richtet sich ferner gegen die wirtschaftlichen Ziele, welche die Leitung der Staatsbahnen verfolgt. Es wird behauptet, daß die Eisenbahnverwaltung nur nach bestimmten einmal angenommenen Grundsätzen, Regeln, Preisen sich richte, ihre Aufgabe aber, den Verkehr zu fördern und ertragsfähig zu machen, aus den Augen verlöre. Man ruft nach dem Kaufmann, der besser verstehen soll, den Gewinn durch Anpassung an alle sich bietenden Gelegenheiten herauszubringen.

Glücklicherweise liefern die deutschen Staatsverwaltungen über die Erträge ihrer Betriebe von jeher ebenso Rechenschaft wie die Privatbahngesellschaften[1]). Sie begnügen sich nicht, das wirtschaftliche Gesamtergebnis mitzuteilen wie die Reichspost (vgl. S. 97), sondern weisen wie kaufmännische Geschäfte die Rente nach, welche die in den Bahnen angelegten Kapitalien bringen. Die Höhe der erzielten Rente hat den Vergleich mit der anderer gewerblicher Unternehmungen nicht zu scheuen[2]). Nicht minder wertvoll ist, daß neben der Erlangung eines angemessenen Gewinns der Eisenbahnverkehr des Landes und die davon abhängige Tätigkeit sich glanzvoll entwickelt hat und die Tarifsätze diejenige Stetigkeit bewahrt haben, welche immer wieder vom

---

[1]) Seit dem Jahre 1908 bringt „auf vielfachen Wunsch" die preußische Staatseisenbahnverwaltung in ihrem Betriebsbericht in den Formen kaufmännischer Buchführung eine Gewinn- und Verlustrechnung und eine Bilanz der preußischen Staatseisenbahnen. Bericht von 1908, S. 242.

[2]) Zwar hat die preußische Staatsbahn nie über 7,13 % das verwendete Anlagekapital verzinst (wie 1905), während die Dividenden der Aktiengesellschaften zum Teil erheblich höher gehen. Berechnet wird aber die Rente der Staatsbahn von den ganzen Anlagekosten, selbst von den erheblichen Beträgen, die aus den Betriebseinnahmen geflossen sind. Die Dividenden entfallen dagegen nur auf die Aktien und nicht auf die häufig viel größeren Verwendungen aus Obligationen oder Reserven. Auch hat die preußische Staatsbahn nach den ersten Jahren der Entwicklung (seit 1858) nie mit einer einzigen Ausnahme (1874 nur 3,85 % nach den Gründerjahren) unter 4 % aufgebracht, während die Erträge selbst erfolgreicher Aktiengesellschaften oft stark schwanken. Geschäftl. Nachrichten der pr. Staatsb. 1911, S. 60 ff.

Handel als vornehmste Bedingung seines Gedeihens verlangt worden ist. (Vgl. S. 75 ff.)

Sprechen diese Ergebnisse dafür, daß die wirtschaftliche Leitung der Staatsbahnen in Deutschland richtige Wege verfolgt, so fehlt auf der anderen Seite der Nachweis, daß die kaufmännische Art zu verfahren noch Besseres zustande gebracht haben würde. Für die spekulative Tätigkeit des Kaufmanns, die im Handel mit Recht gerühmte Fähigkeit, durch umsichtigen schnellen Entschluß den Gewinn zu ergreifen, bietet die Eisenbahnverwaltung kein geeignetes Feld. In ihr kommt es darauf an, daß die leitenden Beamten über die wirtschaftliche Arbeit des Bezirks oder des ganzen Landes sich ein richtiges Urteil bilden und danach ihre Maßnahmen treffen, die fast nie den Augenblicksvorteil, sondern den dauernden Nutzen für die beteiligten Erwerbszweige oder für den Gesamtzustand des Staats im Auge haben müssen. Volkswirtschaftliche Gesichtspunkte, die auch von großen kaufmännischen Unternehmungen nicht unbeachtet gelassen werden dürfen, sind in erster Reihe für Eisenbahnunternehmungen maßgebend, die sich gerade deshalb besonders für die Verwaltung in den Händen des Staats oder öffentlicher Körperschaften eignen. Die Ausbildung, die Richtung des Staatsbeamten kommt hier zu ihrem Rechte; die Überwachung durch parlamentarische Vertretungen kann nützlich wirken; der kaufmännische Geist findet dagegen in der Betriebsverwaltung wenig Gelegenheit, seine besten Eigenschaften zu betätigen.

Fiskalismus. Von dem Staatsbeamten, dem man nicht zutraut, in richtiger Weise den Ertrag herauszuwirtschaften, wird andererseits befürchtet, daß er in der Gewinnverfolgung zu weit gehen, Fiskalismus treiben könnte. Diese Sorge war die Ursache, weshalb Minister von Maybach bei den Verhandlungen über die Verstaatlichung dem Landtag versichern mußte, daß er nicht daran denke, die Staatsbahnen zur melkenden Kuh für die Finanzen zu machen. Die Erfahrung hat trotzdem ergeben, daß die damals geäußerte Furcht vor fiskalischen Bestrebungen nicht ganz unbegründet ist. Die eifrigsten Hüter der Überschüsse der Staatsbahn sitzen aber nicht unter den leitenden Beamten der Eisenbahnverwaltung, selbst nicht in den Finanzbehörden, sondern in den Reihen der Steuerzahler, welche lieber den Gewinn des Eisenbahnbetriebes als die Abgaben vergrößert sehen.

Es ist unter dem Drucke fortschreitender Staatsbedürfnisse eine in den Landtagen immer wiederkehrende, fast populäre Forderung geworden, daß die Ablieferungen der Staatsbahnen zu den allgemeinen Staatsausgaben möglichst erhalten werden sollen. Deshalb wird verlangt, die Verkehrseinnahmen gegen weitgehende Ansprüche auf Tarifermäßigungen zu schützen und größere Ausgaben, welche die Verkehrsentwicklung für Erweiterung der Anlagen nötig macht, auf Anleihe zu nehmen.

Die Wahrnehmung, daß auf letzterem Wege die Eisenbahnschulden in erschreckender Weise wachsen, hat aber in Deutschland und besonders auch in Preußen immer wieder Regierungen und Landesvertretungen dazu gebracht, die Aufwendungen für die Entwicklung der Bahnen tunlichst aus deren eigenen Mitteln zu entnehmen und somit den Gewinn für den Staat zu beschränken[1]). Tarifermäßigungen ferner werden in Deutschland regelmäßig für einzelne Gütergattungen bewilligt; auch die Personenfahrpreise sind vor einiger Zeit herabgesetzt[2]). Seit 20 Jahren sind die Einnahmen für die Beförderungseinheiten nicht unerheblich gesunken, von 1889 bis 1909 bei der preußischen Staatsbahn im Durchschnitt für 1 Personenkilometer von 3,09 auf 2,32 Pf., für 1 Tonnenkilometer (Güter, Post- und Militärgut, Vieh) von 3,87 auf 3,60 Pf.

Fiskalischer Begehrlichkeit ist bisher keineswegs zu sehr nachgegeben Neuerdings ist ihr in Preußen noch ein Damm dadurch gesetzt, daß nach einem vom Landtag angenommenen Vorschlag der Regierung die Ablieferung der Staatsbahn an die Staatskasse nicht über einen bestimmten erfahrungsmäßigen Ertrag vom Anlagekapital hinausgehen solle[3]). Staatsleitung und Volksvertretung wirken hier zusammen, um den Ausgleich zwischen den Wünschen der Steuerzahler und einer vorsichtigen Betriebswirtschaft, zwischen der Belastung der Gegenwart und Schonung der Zukunft zu finden.

Sinkende Erträge der Staatsbahn. Endlich wird gegen den staatlichen Besitz von Bahnen das Schreckgespenst sinkender Erträge heraufbeschworen. Ein Ausfall von 1% Rente des in den deutschen Staatsbahnen verwendeten Anlagekapitals in Höhe von etwa 15 Milliarden bedeutet allerdings eine Summe von 150 Millionen im Jahr, die entweder an den Staatsausgaben gekürzt oder auf die Dauer durch Steuern gedeckt werden müßte. Wären die Bahnen ausschließlich im Privatbesitz, so würde die Staatskasse von dem Verlust nicht unmittelbar betroffen sein. Im Volksvermögen aber, von dem schließlich alle Staatseinnahmen abhängen, würde das ungünstige Ergebnis ebenso gespürt werden. Es fällt auf den stark beteiligten Einzelnen empfindlicher als auf die Gesamtheit, welcher die Hilfsmittel Aller zu Gebote stehen. Die Erfahrung zeigt überdies, daß die Erträge der Staatsbahnen wenigstens in Deutschland beständiger sind als bei den Privatbahnen

---

[1]) Vgl. die in Abschnitt 33 mitgeteilten Verhandlungen des preußischen Landtags.

[2]) Am 1. Mai 1907 traten die neuen Personentarife der preußischen Staatsbahn in Kraft, nach denen die Preise der einfachen Fahrkarten auf die Sätze der ehemaligen Rückfahrkarten herabgesetzt wurden. Ermäßigungen für den Gütertarif werden faßt alljährlich im preußischen Etat vorgesehen, im Etat für 1912 im Betrage von 7 098 000 Mark.

[3]) Archiv 1910, S. 1123. Vergl. auch Abschnitt 33.

Amerikas, Englands und selbst Frankreichs, über deren schwankende, nach abwärts neigende Dividenden seit längeren Jahren geklagt wird.

Die Angriffe gegen die Staatsbahnen sind erfolglos, soweit sie gut verwaltet werden. In den nächsten Abschnitten wird versucht, zu zeigen, wie dies erreicht werden kann.

Siebzehnter Abschnitt.

Einrichtung der Staatseisenbahn-Verwaltung.

Ob Eisenbahnen gut oder schlecht verwaltet werden, hängt in erster Reihe von den Männern ab, in deren Händen die Leitung liegt. Je größer aber die Unternehmung wird, und je mehr sich infolgedessen die Geschäfte der Leitung verteilen, desto wichtiger wird die Art ihrer Einrichtung, die Gliederung der Verwaltung.

Ursprüngliche Einrichtung. Bedeutende Kaufleute haben die Aktiengesellschaften geleitet, welche die ersten großen Bahnen Deutschlands bauten[1]). Die Unterhaltung der Bahnstrecken wurde in kleineren Bezirken, der Betrieb in größeren durch bautechnische, die Ausbesserung der Betriebsmittel in Werkstätten durch maschinentechnische Fachmänner, der Verkehrs-, Betriebs- und Baudienst für das ganze Unternehmen durch Oberbeamte erledigt[2]), während die Oberleitung der Geschäfte, der Verkehr mit den Behörden und die Finanzgebarung seitens der Direktion mit Hilfe großer sich stets erweiternder Büros besorgt wurde. Der in der ersten Zeit überwiegende kaufmännische Einfluß machte sich später noch in der Finanz- und Baupolitik sowie in großen Verkehrsfragen geltend. Das laufende Geschäft ging aber mit der Befestigung der Unternehmungen und der gewaltigen Erweiterung des Arbeitsfeldes mehr und mehr in die Hände der Eisenbahn-Fachmänner über[3]).

Preußische Staatseisenbahn-Verwaltung. Diese in Deutschland ebenso wie in den Nachbargebieten allgemein gebräuchliche Geschäftseinteilung übernahm die preußische Staatsbahn und ersetzte nur die von den Aktionären gewählte Direktion durch eine Behörde — Königliche

---

[1]) An der Spitze der Direktionen standen bei der Köln-Mindener Bahn Oppenheim, bei der Rheinischen Eisenbahn-Gesellschaft Mewissen; bei der unter Königlicher Verwaltung befindlichen Bergisch-Märkischen Bahn-Gesellschaft war Vorsitzender der Deputation der Aktionäre Daniel von der Heydt, alles bedeutende Kaufleute; ähnlich bei der Berlin-Hamburger, der Hessischen Ludwigs-Bahn usw.

[2]) Oberbetriebsinspektor, Obermaschinenmeister, Obergüterverwalter.

[3]) Fachleute — Techniker und Juristen meistens — wurden als Mitglieder in die Direktionen der Gesellschaften gewählt oder als Spezialdirektoren mit der Führung der Betriebsgeschäfte beauftragt.

Eisenbahndirektion —, welche unter Oberleitung des Ministers für Handel, Gewerbe und öffentliche Arbeiten ihren Bezirk als Kollegium verwaltete und bezüglich der Geschäftsführung auf die Instruktion der Regierungen von 1817 verwiesen wurde [1]). Die kollegiale Behandlung war zu ihrer Zeit wohl geeignet für die Behörden der allgemeinen Verwaltung, welche ihre Tätigkeit auf alle nicht besonders abgetrennten Ziele der staatlichen Arbeit erstreckt. Sie ist übrigens im Jahre 1882 für die Regierungen zum Teil aufgegeben worden, indem durch Gesetz die Handhabung der politischen Befugnisse behufs gleichmäßigerer und strafferer Leitung, wie sie das heutige Staatsleben erfordert, dem Präsidenten allein übertragen wurde.

Für eine Betriebsverwaltung, die nach einheitlichen Gesichtspunkten geleitet werden muß, paßte die kollegiale Einrichtung von vornherein weniger. Trotzdem hat die erste Verwaltungsordnung [2]) der Staatsbahnen zunächst zweckentsprechend gewirkt. Die Aufgaben des Betriebes traten anfänglich noch zurück hinter der Anforderung, die Einrichtungen für Bau und Betrieb zu schaffen, die Formen für Grunderwerb und Geschäftsleitung zu finden, das Eisenbahnwesen in das Staatsganze passend einzufügen. Hierfür war die kollegiale Erwägung wohl angebracht. Die Leitung des eigentlichen Betriebes wurde damals den unter der Direktion stehenden Oberbeamten überlassen [3]); nur wichtigere Entscheidungen traf die Direktion und bestimmte selbst über die Bau-Ausführungen und die Bahn-Unterhaltung. Kleinere Bezirke wurden für Bau, Bahn-Unterhaltung, Stations- und Zugdienst Betriebsinspektoren und Eisenbahnbaumeistern überwiesen, die ihre Anweisungen zum Teil von der Direktion, aber auch von den Oberbeamten erhielten.

---

[1]) Instruktion für die Königliche Eisenbahndirektion zu Elberfeld vom 19. Januar 1864 § 1. Witte, Die Rechts- und Dienstverhältnisse der Beamten und Arbeiter der Preußischen Staats-Eisenbahn-Verwaltung, Elberfeld 1881, S. 1. Instruktion für die Geschäftsführung der Regierungen in den Königlich Preußischen Staaten vom 23. Oktober 1817; GS. S. 248 ff. Nach § 28 werden wichtigere Sachen auf Vortrag in der Sitzung durch Abstimmung entschieden. Diese Instruktion ist für die Regierungen noch heute mit einigen erheblichen Abänderungen durch neuere Bestimmungen in Geltung.

[2]) Die Allgemeinen Bestimmungen über die Verwaltung der Staatseisenbahnen usw., genehmigt durch Allerhöchste Kabinetts-Order vom 15. April 1850, Witte, a. a. O., faßten zum erstenmal die Grundzüge zusammen. Sie wurden infolge von Zusätzen und Änderungen, also ohne wesentliche Umgestaltung, neu mit Ministerial-Erlaß vom 14. November 1867 herausgegeben. Witte, a. a. O., S. 4.

[3]) Dem Oberbetriebsinspektor für Stations- und Zugdienst, dem Obermaschinenmeister für Maschinen- und Werkstätten, dem Obergüterverwalter für Verkehr, dem Telegrapheninspektor für Telegraphie. Auch die Annahme und Ausbildung der Beamten ausschließlich der Bureaus der Direktion und der höheren Posten des Außendienstes oblag den Oberbeamten. §§ 9—12. VO. von 1867. Witte, S. 6.

Für die Stellen der Oberbeamten und Abteilungsbaumeister wählte man erfahrene technische und Verkehrsbeamte, die nicht immer eine akademische und amtliche Ausbildung hatten, teilweise z. B. aus dem Kaufmannstande hervorgingen [1]).

Nachteile dieser Einrichtung machten sich allmählich geltend, je mehr der Betrieb anwuchs und in den Vordergrund trat. Da er sich wesentlich in den Händen der Oberbeamten abspielte, blieben die Mitglieder der Eisenbahndirektion der Ausführung des Dienstes fremd. Andererseits fühlten sich die Oberbeamten, bei denen sich die Einzelgeschäfte unmäßig häuften, überlastet. Es litt die Genauigkeit, Schnelligkeit und Einheit der Leitung; Unsicherheit und Verwirrung entstand in den verkehrsreichen Bezirken [2]).

Erhebliche Störungen, welche auf den deutschen Bahnen nach den Anstrengungen der Kriegsjahre 1870 und 1871 bei dem gewaltigen danach folgenden gewerblichen Aufschwung eintraten, gaben Veranlassung, die ursprüngliche Einrichtung der Verwaltung gründlich zu ändern. Ein Vorschlag dazu kam von der unter Staatsleitung stehenden Bergisch-Märkischen Bahn, deren Ausdehnung und starker Verkehr eine Entlastung der bisherigen Betriebslenker besonders nötig erscheinen ließ.

Dezentralisierung der Verwaltung im Jahre 1872. Durch die Organisation von 1872 erfolgte eine weitgehende Dezentralisierung, indem die unmittelbare Einrichtung von Bau und Betrieb an Eisenbahnkommissionen überging, welche unter Oberleitung der Direktionen Bezirke von 200 bis 400 km zu verwalten hatten [3]). Den Direktionen blieben neben ihrer Befugnis zu Anordnungen jeder Art gewisse allgemeine Geschäfte vorbehalten, ebenso wie dies für den Minister geschah [4]). Die Oberbeamten, deren Außentätigkeit im wesentlichen an die Kommissionen abgetreten war, konnten zwar noch beibehalten werden, wurden aber fast

---

[1]) Frühere Kaufleute waren nicht bloß mehrfach die Obergüterverwalter, sondern auch Oberbetriebsinspektoren, Spezialdirektoren für den Fahrdienst, wie z. B. bei der Rheinischen Eisenbahn-Gesellschaft. Nur vom Betriebsinspektor verlangten die Allgemeinen Bestimmungen von 1850, daß er geprüfter Baumeister sei; für den Maschinenmeister genügte, daß er gehörig ausgebildeter Mechaniker war (§ 11, 12). Witte, a. a. O., S. 3.

[2]) Die Klagen darüber wurden besonders lebhaft bei der unter Staatsverwaltung stehenden Bergisch-Märkischen Eisenbahngesellschaft, deren Linien in dem schnell aufblühenden rheinisch-westfälischen Industrierevier lagen.

[3]) Die „Organisation der Verwaltung der Staatsbahnen und der vom Staate verwalteten Privatbahnen", genehmigt durch Allerhöchsten Erlaß vom 23. Dezember 1872 (Witte, a. a. O., S. 11), wurde zuerst auf der Bergisch-Märkischen Bahn (s. Anm. 2 oben), dann bald im ganzen Bereich der preußischen Staatsbahn eingeführt.

[4]) Dazu gehörten Etat, wichtige Personalien, Bau-Aufträge, Beschaffungen, Fahrpläne, Tarife, Werkstattsverwaltung.

Wehrmann. 10

ganz auf die Unterstützung der Direktionen in deren eigenen Geschäften beschränkt. Nur der Obermaschinenmeister blieb nach wie vor Leiter der Hauptwerkstätten, auf welche der Einfluß der Eisenbahnkommissionen sich nicht erstreckte.

Die Eisenbahndirektionen behielten hiernach ihre frühere Einrichtung, wenn auch mit vermindertem Geschäftsumfang. Sie verwalteten nach wie vor kollegialisch. Ihre Mitglieder waren von der Ausführung des Dienstes noch mehr wie früher abgeschlossen, da die Außenarbeit mit den gesamten persönlichen Angelegenheiten der Beamten an selbständige, räumlich getrennte Behörden übertragen war. Die Kommissionen[1]) faßten ihre Aufgabe tatkräftig an und fühlten sich darin umsomehr selbständig, als ihre wichtigsten Beamten zugleich Mitglieder der Eisenbahndirektion waren und sie unmittelbar an den Minister, wenn auch durch die Hand der Direktion, berichten durften. Bei ihnen vereinigte sich, da die Abteilungsbaumeister unter ihnen nunmehr auf die Bahnunterhaltung beschränkt wurden, der gesamte eigentliche Betrieb.

Vorteile der Dezentralisierung. Die Verteilung der Betriebsleitung an viele selbständige Behörden hatte den guten Erfolg, daß eine große Zahl höherer Beamter sich eingehend mit dem bis dahin zu wenig von ihnen beaufsichtigten Außendienst beschäftigte. Der Betrieb wurde in seinen Einzelheiten sorgfältiger und zweckmäßiger eingerichtet; die Auswahl und Ausbildung der Beamten besserte sich; die Anordnungen, mit welchen das Ministerium damals anfing, größere Einheitlichkeit in den verschiedenartig entstandenen und beschaffenen Teilen des Bahnnetzes einzuführen, konnten von den überall in der Nähe wirkenden, mit weiter Vollmacht versehenen Beamten wirksam und schnell durchgeführt werden. Diese stark gemachten Unterbehörden sind zweifellos nützlich in der nun eintretenden Zeit der Verstaatlichungen gewesen[2]), in welcher erst der Unterbau für das umfassende Getriebe der alleinigen Staatsbahn überall sicher gelegt werden mußte.

Nachteile der Dezentralisierung. Organisation von 1879. Auf die Dauer erwies sich, daß diese Gliederung für eine Betriebsverwaltung

---

[1]) Sie waren mit technischen und administrativen Mitgliedern besetzt und vollständig mit Hilfskräften ausgestattet. Der Vorsitzende entschied bis zu etwaigem Eingreifen seitens der Eisenbahndirektion. Er und der erste technische oder administrative Beamte waren zugleich Mitglieder der Direktion und konnten zu deren Sitzungen zugezogen werden. Witte, a. a. O., S. 14, § 10.

[2]) Die Taunusbahn wurde vom preußischen Staat 1872, die Halle-Mündener Strecke 1876 erworben, die Verwaltung der Berlin-Dresdener und Halle-Sorau-Gubener Eisenbahn 1877 übernommen, 1880 die Berlin-Stettiner, Magdeburg-Halberstädter, Hannover-Altenbekener, Köln-Mindener, Rheinische, Berlin-Potsdam-Magdeburger, Hamburger, Main-Weser Bahn (hessischer Anteil), 1882 Bergisch-Märkische, Thüringische, Berlin-Anhaltische, Kottbus-Großenhainer Eisenbahn gekauft usw.

zu locker, zu schwerfällig und zu kostspielig war. Eine straffere Unterordnung wurde deshalb schon 1879 durch eine neue „Organisation der Staatseisenbahn-Verwaltung" eingeführt[1]). Die kollegiale Behandlung der Geschäfte wurde verlassen und nur für erheblichere Entscheidungen in Disziplinarsachen vorgeschrieben, um die Beschwerden der Beamten bei dem Minister zu vermindern. Die Oberbeamten wurden ganz beseitigt und damit alle Betriebsgeschäfte unmittelbar auf die Mitglieder der Direktion gelegt, unter deren alleiniger Verantwortung nunmehr die Zentralbureaus dieser Behörden arbeiteten. Der Präsident der Direktion war befugt, in allen Sachen, die nicht vom Kollegium zu erledigen sind, die Entscheidung zu geben. Dem Präsidenten wurden Abteilungsdirigenten unterstützend zur Seite gestellt, die in ihren Geschäftskreisen mit bestimmender Befugnis die Arbeiten zu leiten hatten[2]). Die Eisenbahnkommissionen, welche den Namen Eisenbahnbetriebsämter erhielten[3]), wurden der Direktion ausdrücklich unterstellt, an welche sie berichteten und Beschwerden über sie gingen. Der Vorsitzende des Amts, der Betriebsdirektor, hatte die alleinige Entscheidung, soweit er nicht die Geschäfte an seine Hilfsarbeiter abgab. Er allein behielt die Rangstellung eines Mitglieds der Eisenbahndirektion. (Vgl. Anm. 1, S. 146.)

Die Reibungen, welche aus der Gleichordnung zwischen Eisenbahndirektion und Eisenbahnkommissionen sowie aus der kollegialen Behandlung hervorgegangen waren, verschwanden. Aber es blieben die mit der bisherigen Dezentralisierung verbundenen Nachteile. In dem dreifachen Instanzenzuge von Minister, Eisenbahndirektion, Eisenbahnbetriebsamt konnte die Zentralstelle sich zwar auf gewisse Hauptentscheidungen beschränken. Für die Eisenbahndirektion und die Eisenbahnbetriebsämter waren aber die Aufgaben im Betriebe wesentlich die gleichen. Viele Arbeiten wurden nach wie vor unnötigerweise mehrfach gemacht. Fahrplan und Beförderungsvorschriften, welche für den Direktionsbetrieb einheitlich behandelt werden müssen, litten unter der Schwierigkeit der Vorbereitung bei verschiedenen Behörden. Ge-

---

[1]) Organisation der Staatsbahn-Verwaltung, genehmigt durch Allerh. Erlaß vom 24. November 1879, EisenbahnVBl. v. 1880, S. 85 ff. Geschäftsordnung für die Königl. Eis.-Direktionen vom 4. Februar 1880, EVBl. S. 97 ff. Geschäftsordnung für die Königlichen Eisenbahn-Betriebsämter vom 4. Februar 1880, EVBl. S. 103 ff.

[2]) Nach dem Muster der Regierungen wurden 3 Abteilungen der Direktionen eingeführt, für Finanz und Verwaltung, Betrieb und Verkehr, Bau einschließlich Bahnunterhaltung und Werkstätten; manchmal trat eine Abteilung für Neubau hinzu.

[3]) Nur für Neubauten wurden Eisenbahn-Baukommissionen beibehalten. Den Eisenbahnbetriebsämtern oblag „die Erledigung aller Geschäfte der laufenden Bau- und Betriebsverwaltung, soweit dieselben nicht der Königlichen Direktion oder dem Minister vorbehalten sind". § 16 Organisation, a. a. O.

schäfte, die zweckmäßig allein bei der Direktion erledigt werden konnten, wie Anstellungen, Eigentumsverhältnisse, Prozesse, Beschwerden, erforderten bei jedem Betriebsamt Kräfte, die nicht genügend ausgenutzt wurden. Die Kosten der allgemeinen Verwaltung blieben unverhältnismäßig hoch. Der Geschäftsgang war vielfach unklar und schwerfällig.

Letzte Organisation von 1895. Der Wunsch, diese Mängel der Dezentralisierung von 1872 zu beseitigen, kam erst zur Erfüllung, als zugleich das Bedürfnis dringend wurde, die aus der Privatbahnzeit stammenden Direktionsbezirke durch eine gleichmäßigere Einteilung zu ersetzen.

Die verstaatlichten Privatbahnen waren im wesentlichen in ihrer ehemaligen Gestalt belassen worden. Kleine Unternehmungen hatte man zusammengelegt, die Grenzen hier und da verschoben und einzelne Staatsbahnstrecken mit neu angekauften verbunden, an dem Bestande der älteren großen Verwaltungen aber im übrigen wenig geändert. Bei diesem vorsichtigen Verfahren wurde das große Werk der Verstaatlichung glatt durchgeführt, indem man vermied, durch gleichzeitige Umgestaltungen der Bezirke Verwirrungen hervorzurufen. Dauernd durfte es aber nicht dabei bleiben, daß die Ostbahn von Eydtkuhnen bis Berlin, die Oberschlesische Bahn von Myslowitz an der österreichischen Grenze bis Stargard in Pommern reichte und größtenteils neben der Niederschlesisch-Märkischen Bahn herlief, während in Köln zwei Staatsbahndirektionen nebeneinander saßen und die Bahnhöfe Berlins vier verschiedenen Staatsbahnverwaltungen angehörten[1]).

Für die neue Verteilung des Bahnnetzes, welche im Jahre 1895 zustande kam, war der schon 1879 verfolgte Gedanke strafferer Zusammenfassung der Verwaltung maßgebend. Die 75 Eisenbahnbetriebsämter wurden aufgehoben. Den Direktionen allein wurde die Verwaltung zugewiesen[2]). Ihre Bezirke sollten nur so groß werden, daß die unmittelbare Leitung von einer Stelle möglich blieb, und deshalb nicht mehr als 1500 km umfassen. Die zugehörigen Strecken durften aus gleichem Grunde in der Längsrichtung nicht weit ausgedehnt werden, sondern wurden zur Abkürzung der Aufsichtsreisen um den Direktionssitz herum gelagert.

---

[1]) In Köln befanden sich die ehemaligen Direktionen der Köln-Mindener und Rheinischen Eisenbahn als rechts- und linksrheinische Königliche Eisenbahndirektion. Eigene Bahnhöfe in Berlin hatten die Ostbahn in Bromberg, die Eisenbahndirektionen in Erfurt und Magdeburg, während die übrigen unter der in Berlin sitzenden Direktion der Niederschlesisch-Märkischen Bahn standen.

[2]) Allerh. Erlaß, betreffend die Umgestaltung der Eisenbahnbehörden, vom 14. Dezember 1894, GS. S. 11, Anl. a. Organisation der Verwaltung, § 7: „Den Königlichen Eisenbahndirektionen obliegt mit den den Provinzialbehörden zugewiesenen Rechten und Pflichten die Verwaltung aller zu ihrem Bezirk gehörigen in Bau oder im Betriebe befindlichen Strecken."

Für die Ausführung und Überwachung des örtlichen Dienstes wurden Betriebs-, Verkehrs-, Maschinen- und Werkstätteninspektionen eingerichtet, die nicht mehr wie die ehemaligen Betriebsämter selbständige Behörden sind. Sie sind mit einzelnen Fachbeamten besetzt, welche nach den Anordnungen der Direktion zu verfahren haben. Den Vorständen der Inspektionen ist durch die vom Minister gegebene Geschäftsanweisung nur je ein Dienstzweig zugeteilt, nach dessen Verhältnissen die Größe ihrer Bezirke bemessen ist. Die Betriebsinspektionen, welchen mit der Sorge für Betrieb und Bau die umfassendsten Geschäfte übertragen sind, haben im Durchschnitt nicht viel mehr als ein Drittel der Streckenlänge der Verkehrs- und Maschineninspektionen[1]). Die Vorstände haben Strafbefugnisse, aber dürfen nur mit gleich- oder nachstehenden Dienststellen in Schriftwechsel treten.

Die Bezirke der Eisenbahndirektionen wurden entsprechend der stärkeren Belastung dieser Behörden erheblich vermehrt. An Stelle von 11 Direktionen mit durchschnittlich 2550 km Länge traten 20 mit durchschnittlich 1360 km[2]). Die Gelegenheit wurde benutzt, um ansehnliche Städte, namentlich solche, die bedeutende Privateisenbahn-Verwaltungen gehabt hatten, wie Altona, Stettin, zum Sitz von Staatseisenbahndirektionen zu machen und für das hochentwickelte rheinisch-westfälische Kohlen- und Hüttenrevier die schon lange begehrte einheitliche Eisenbahnverwaltung in Essen zu errichten.

Vereinfachung des Geschäftsganges. Neben der Verkleinerung der Bezirke trat eine weitgehende Vereinfachung und Gliederung des Geschäftsgangs ins Leben, damit die nun massenhaft bei der Direktion einströmenden Einzelarbeiten schnell und mit geringstem Aufwand erledigt, Unklarheiten bei dem Zusammenwirken mit der großen Zahl ausführender Dienststellen vermieden würden.

Das wichtigste Mittel der Vereinfachung liegt immer darin, möglichst jedes Geschäft in die Hände nur eines Beamten zu legen, der es vollständig erledigt, und so die Zeit und Kräfte fordernde Mitarbeit zu ersparen. Zunächst wurden die Mitglieder der Direktion in hohem Grade selbständig gestellt. Die 1879 erst geschaffenen Abteilungen der Eisenbahndirektion wurden wieder aufgehoben, die Oberräte nur als Vertreter des Präsidenten bei Abwesenheit und in besonderen Sachen bei-

---

[1]) Neuerdings ist den Inspektionen aus sprachlichen Gründen die Bezeichnung „Amt" beigelegt, ohne daß ihre Stellung verändert ist. Die 267 Betriebsämter haben nach dem Etat von 1912 im Durchschnitt (voll- und schmalspurige Strecken zusammengerechnet) 140—150 km, die 100 Maschinenämter 380 km, die 93 Verkehrsämter 400 km.

[2]) Als 21. Direktion ist seit der Vereinigung mit den hessischen Bahnen 1896 die Kgl. Preußische u. Großherzogl. Hess. Eisenbahndirektion in Mainz hinzugetreten.

behalten. Die Mitglieder erhielten bestimmte, nach allgemeinen Weisungen des Ministers abgegrenzte Geschäftskreise, in denen sie stets die unwichtigeren Angelegenheiten ohne jede Beteiligung des Präsidenten erledigen. Letzterem steht überall die Entscheidung zu; den Mitgliedern obliegt aber die Verantwortung für die Arbeiten, die der Präsident ihnen allein überläßt [1]).

Wo sich die Geschäftskreise der Mitglieder berühren, sind sie auf Verständigung und Mitzeichnung der Verfügungen angewiesen; der Einigung der leitenden Männer ist in den überall in sich zusammenhängenden Betriebsverwaltungen nirgends zu entraten. Für die Bahnunterhaltung und Bahnaufsicht werden innerhalb der Direktion 3 bis 4 getrennte Bezirke gebildet, in welchen je ein bautechnisches und ein administratives Mitglied zusammenzuwirken haben [2]). Die große Zahl von Einzelgeschäften, welche örtlich und sowohl von der rechtlich-wirtschaftlichen wie von der technischen Seite zu behandeln sind, wie namentlich die Veranschlagung von Mitteln für Unterhaltung und Ergänzung der Anlagen, kann von diesen beiden Streckendezernenten gemeinsam mit voller Ortskenntnis ebenso erledigt werden wie von den früheren Eisenbahnkommissionen und Betriebsämtern. Die Angelegenheiten dagegen, welche ohne Zusammenhang mit der Örtlichkeit oder nach einheitlichen Bestimmungen für die Direktion bearbeitet werden müssen, wie Tarif, Fahrplan und Zugleitung, Maschinen- und Werkstättendienst, Anstellung der Beamten, Wohlfahrtseinrichtungen usw., liegen in der Hand einzelner für den ganzen Bezirk sorgender Dezernenten [3]).

Selbständigkeit der Beamten. Ebenso wie für die Direktion ist für die ihr unterstellten Ämter und Bureaus die möglichste Selbständigkeit

---

[1]) Organisation von 1895 § 9. Die Oberräte vertreten nach der Organisation von 1895 den Präsidenten in Sachen des Eisenbahnkommissariats, bei Unterstützungen, Urlaubserteilung, Ausbildung höherer Beamter und anderen Arbeiten, die er selbst zu erledigen hat.

[2]) Anfänglich war in der Organisation von 1895 für den gleichen Streckenbezirk wie der bautechnische und administrative Streckendezernent auch ein betriebstechnischer und ein maschinentechnischer Dezernent bestellt, so daß in dieser Streckenaufsicht alle Dienstzweige, wie bei den Eisenbahnbetriebsämtern, für denselben engeren Bereich vereinigt waren. Es ergab sich aber später, daß die Betriebs- und Maschinenleitung für den ganzen Direktionsbezirk einheitlich geführt oder nach anderen Gesichtspunkten abgegrenzt werden mußte. Vgl. S. 156.

[3]) Aus der Anleitung zur Aufstellung und Ausführung des Geschäftsplanes der Eisenbahndirektionen, welche der Geschäftsordnung für die letzteren (jetzt vom 1. Juli 1910. Verwaltungsvorschriften von 1910 S. 26) beigegeben ist, sind die Geschäftsgruppen ersichtlich, welche bei der Verteilung der Geschäfte unter den Dezernenten festgehalten werden müssen. Von der Abgrenzung der Gruppen wird nur wenig abgewichen; für wichtigere Gebiete behält sich der Minister unter Umständen die Bezeichnung der Beamten vor, welchen die Dezernate übertragen werden sollen, wie Etat, Hauptpersonalien, betriebstechnische Geschäfte u. a. VV. S. 719.

der einzelnen Beamten in der Ausführung eingerichtet worden. Jeder
Beamte erhält nach Maßgabe der vom Minister gegebenen Bureau-Ordnung sein ein für allemal festgesetztes Pensum. Unwichtigere Arbeiten
werden von ihm ohne Beteiligung der höheren Beamten unter der Firma
des Bureaus oder Bureaubeamten erledigt, die wichtigeren für den Dezernenten oder Amts-Vorstand vorgearbeitet, aber möglichst ohne besondere
Registratur und Kanzlei abgemacht. Niemals wirkt neben dem ausführenden Beamten der Bureauvorsteher mit, der, wenn nicht Ausnahmegründe vorliegen, nur über die geschäftliche Ordnung zu wachen
hat. Eine Nachprüfung der Arbeiten eines vorschriftsmäßig ausgebildeten Beamten durch einen anderen Bureaubeamten findet überhaupt
nicht statt [1]).

Gleichmäßigkeit der Bureau-Einrichtungen. Das selbständige Arbeiten der Beamten wird in der Organisation von 1895 dadurch erleichtert, daß für das ganze Netz die Arbeitsgebiete und Arbeitsformen
so gleichmäßig gestaltet sind, wie es die im allgemeinen gleichartigen
Verhältnisse einer Eisenbahnverwaltung gestatten. Von einer Staatsgrenze bis zur andern findet der Beamte dieselbe Gliederung der Geschäfte und Bureaus mit geringen örtlichen Abweichungen in den
Direktionen wie in den nachgeordneten Ämtern, den Stationen, Abfertigungsstellen, Werkstätten usw. Überall ist das Verfahren durch
eingehende Bestimmungen gleichmäßig geordnet, durch Formulare,
die großenteils vom Minister festgestellt sind, soweit möglich, die
Handhabung unterstützt. Die Geschäftsanweisungen der Beamten,
die Bedingungen der Arbeitsverträge, die technischen und sonstigen Vorschriften werden, sofern sie nicht an örtliche Verhältnisse anknüpfen,
einheitlich bestimmt [2]).

Wirkung der Verbesserungen im Geschäftsgang. Selbständigkeit
der Beamten, einheitliche Gliederung und Vereinfachung des Arbeitens
haben der Einrichtung von 1895 dauernden Erfolg verschafft. Die
Unabhängigkeit des Einzelnen auf dem ihm zugewiesenen Gebiet erhöht
die Arbeitsfreudigkeit und das Verantwortlichkeitsgefühl, wie sich dies

---

[1]) Bureau-Ordnung für die Königlichen Eisenbahndirektionen (jetzt vom
1. Juli 1910) VV. S. 170 § 6.

[2]) Die Verwaltungs-Vorschriften enthalten die Bestimmungen für die
Direktionen, die Eisenbahnämter und die Bureaus. Die einheitlichen Vorschriften
für die übrigen Dienststellen und Bediensteten sind in die Verwaltungs-Vorschriften nur zum Teil aufgenommen, im übrigen in gleichmäßig geordneten
Sammlungen vereinigt. Registraturen sind bei den Eisenbahnämtern ganz,
bei den Direktionen bis auf 1 oder 2 weggefallen. Jeder Bureaubeamte führt in
der Regel seine Akten selbst. Die Verringerung der Kanzleiabschriften führte
dazu, daß an Stelle von 738 etatsmäßigen Kanzlisten im Jahre 1884 nur 651 im
Jahre 1900 und 528 im Jahre 1911 trotz Steigerung der Einnahmen und Ausgaben um mehr als das Doppelte beschäftigt waren. Geschäftliche Nachrichten S. 62, 130.

in den Direktionen, den Ämtern, Bureaus und Dienststellen gezeigt hat. Die einfachen Formen, in denen der Zusammenhang ineinandergreifender Geschäfte erhalten wird, wie Sitzungen, Besprechungen, Nachfragen, Mitzeichnungen, reichen im allgemeinen aus, um widersprechende Anordnungen zu vermeiden. Für die notwendige Übersichtlichkeit wird dauernd gesorgt, indem entsprechend den Veränderungen in Betrieb und Verkehr die Geschäftseinteilungen und Geschäftsformen immer wieder umgearbeitet werden.

Die Arbeitsleistung hat sich gehoben, die Erledigung beschleunigt, und zugleich ist der Aufwand für die allgemeine Verwaltung trotz der Einrichtung von 9 neuen Direktionen geringer geworden [1]. Mit der Organisation von 1895 erhielt die Verwaltung nicht bloß eine zum ersten Male einheitliche, sondern auch eine wesentlich verbesserte Gestalt.

Weiterentwicklung der Organisation seit 1895. Die Umgestaltung von 1895 vollzog sich trotz ihrer tiefeingreifenden Änderungen in den Bezirken und Behörden ohne erhebliche Störungen [2]. Seitdem sind Ergänzungen zwar in umfangreichem Maße vorgekommen, halten sich aber im Rahmen der ursprünglichen Gesichtspunkte.

Im Ministerium. Für die Zentralstelle ergab sich aus der neuen Einrichtung, daß die Geschäfte stärker als bisher anwuchsen. Die geschaffene Einheitlichkeit mußte erhalten und weitergeführt werden. Sie ermöglichte in höherem Grade ein nach allen Seiten wirksames Eingreifen des Ministers, führte aber zugleich dazu, daß die Verantwortlichkeit der höchsten Stelle für die Verwaltung der Eisenbahnen mehr in den Vordergrund trat. Es wurde nun verlangt, daß die Beamten und Arbeiter der Staatseisenbahnverwaltung überall nach gleichen Regeln behandelt würden, und als selbstverständlich angesehen, daß die Beschaffung des Bedarfs an Betriebsmitteln, Kohlen, Schienen, aller wichtigen Materialien im ganzen vorgenommen und über ihre Verwendung

---

[1] Im Bericht des Ministers der öffentl. Arbeiten über seine Verwaltung von 1890 bis 1900 an den Kaiser und König (S. 23) ist die Minder-Ausgabe im Bureaudienst für das Jahr 1900 im Vergleich zu dem Jahre 1894 (vor der Organisation) auf 7 Millionen Mark angegeben und die tatsächliche jährliche Ersparnis auf 20 Millionen geschätzt. Da sich das Bahnnetz seit 1894 um 4416 km = 16 %, die Einnahme um 437 Millionen Mark = 45 % vergrößert hatte, so würden die Bureaukosten nach dem früheren System noch wesentlich gestiegen sein.

[2] Bei der Organisation wurden auf Grund eines besonderen Gesetzes zahlreiche ältere Beamte mit erhöhter Pension zur Verfügung gestellt, um die neue Einrichtung mit frischen Leuten durchzuführen, und um zugleich zu der erstrebten Verringerung der Arbeitskräfte zu gelangen. Dabei wurden die etatsmäßigen höheren Beamten von 980 auf 855 Köpfe herabgesetzt, während schon 2 Jahre später — 1897 — ihre Zahl wieder — allerdings mit Einschluß der neuen kleinen Direktion Mainz — auf 1014 gestiegen war. Die Unregelmäßigkeiten, welche sich in der Zwischenzeit zeigten, wären vielleicht geringer gewesen, wenn die leitenden Köpfe des Betriebes von Anfang an weniger vermindert worden wären.

einheitlich verfügt werde, daß überhaupt alle wichtigeren Anordnungen der Staatseisenbahnverwaltung einheitlich getroffen würden.

Die Einzelheiten, in welche die dem Ministerium mehr und mehr zuströmenden Geschäfte der Betriebsleitung führen, eignen sich für die unmittelbare Behandlung an der Zentralstelle wenig, da diese der Ausführung zu fern steht. Der Minister übertrug daher, wie das durch Vereinbarungen der Bahnen unter sich bei Tarif- oder anderen Verhandlungen immer geschah, einer oder der anderen Direktion für die ganze Staatsbahn oder Gruppen von Direktionen entweder die Erledigung bestimmter Angelegenheiten, z. B. die Beschaffung von Kohlen und Betriebsmitteln, die Verfügung über Güterwagen, oder die Vorbereitung seiner Entscheidung, wie über Bauart der Lokomotiven und Wagen, Geschäftsanweisungen der Beamten usw. Bei dieser Zerteilung der leitenden Arbeiten für den Gesamtbereich an verschiedene räumlich weit getrennte Behörden entsteht aber die Gefahr, daß der Zusammenhang mit dem Ministerium nicht genug gewahrt und die Übereinstimmung der so zustande kommenden Anordnungen unter sich trotz nachfolgender Prüfung an der Zentralstelle nicht hinreichend gesichert ist.

Eisenbahn-Zentralamt. Es wurde deshalb 1907 eine Hilfsbehörde für das Ministerium geschaffen, welche an Stelle der bis dahin beauftragten Direktionen die gemeinsamen Arbeiten der Verwaltung ausführen oder leiten soll, das Eisenbahn-Zentralamt in Berlin [1]). Der Minister bestimmt die Arbeiten, welche das Amt zu erledigen hat, und dieses übernimmt die Ausführung in derselben Stellung wie früher die einzelnen Direktionen, denen es gleichgeordnet ist. Unter Mitwirkung dauernder Ausschüsse, für welche der Minister die Mitglieder oder die zugehörigen Direktionen auswählt, werden vom Zentralamt die Geschäfte geführt, die Verhandlungen geleitet und die Entscheidungen des Ministers eingeholt. Die Beratungen umfassen wichtige Gegenstände aus allen Zweigen der Verwaltung ausschließlich der Tarife und des Abfertigungsdienstes [2]). Ebenso hält das Zentralamt den Vorsitz im Staatsbahn-

---

[1]) Allerhöchster Erlaß, betreffend Abänderungen und Ergänzungen der Verwaltungs-Ordnung für die Staatseisenbahnen und Errichtung des Eisenbahn-Zentralamts, vom 25. März 1907; GS. S. 79, Verfügung des Ministers der öffentlichen Arbeiten vom 10. Mai 1907, wodurch auf Grund der Allerhöchsten Ermächtigung die Verwaltungs-Ordnung neu festgesetzt wird, GS. S. 81. Verwaltungsordnung § 6: ,,Das Königliche Eisenbahn-Zentralamt hat mit den den Provinzialbehörden zugewiesenen Rechten und Pflichten nach Bestimmung des Ministers Geschäfte zu bearbeiten, deren einheitliche Regelung für alle oder mehrere Eisenbahndirektionsbezirke geboten ist. Es ist den Königlichen Eisenbahndirektionen gleichgestellt.''

[2]) Zurzeit sind 14 Ausschüsse dem Zentralamt angegliedert: 1. Oberbau-Ausschuß für Entwürfe des Oberbaus, Bahnunterhaltung und Bewachung; 2. Block-

wagenverbande, in welchem jetzt die deutschen Staatsbahnverwaltungen vereinigt sind. Ihm sind Einrichtungen unterstellt, welche für den ganzen Bereich der Staatsbahn arbeiten, das Hauptwagenamt, das Wagenabrechnungsbureau, die Pensionskasse der Arbeiter der Staatseisenbahnverwaltung mit ihren Wohlfahrtsanstalten, die Eisenbahn-Abnahme-Ämter, die Eisenbahn-Schwellen-Tränkungs-Anlagen, verschiedene technische Versuchsanstalten [1]).

Durch das Zentralamt ist die Zusammenfassung der Kräfte in der preußisch-hessischen Staatsbahn zu einheitlichem Handeln wesentlich gefördert, ohne daß das Ministerium stärker belastet wird. Wie seit der Organisation von 1895 die Arbeit an letzterer Stelle zugenommen hatte, ergibt eine Vergleichung seiner Besetzung mit höheren Beamten, Im Jahre 1894 waren in den damaligen drei Abteilungen 30 beschäftigt, 1908 in 5 Abteilnngen 55. Müßten die Geschäfte des Zentralamts, welches im Jahre 1908 47 höhere Beamte verwendete[2]), im Ministerium erledigt werden, so würde ein solcher Zuwachs in hohem Grade erschwerend für die Tätigkeit der obersten Stelle sein, an welcher es darauf an-

---

und Stellwerks-Ausschuß für Sicherungs-Anlagen und Dienst; 3. Fahrdienstausschuß für Fahrdienstvorschriften und Zugbetrieb; 4. Lokomotiv-, 5. Personenwagen-, 6. Güterwagen-Ausschuß (zu 4—6 für Entwürfe); 7. Brems-Ausschuß für Bremsen und Kuppelungen; 8. Werkstätten-Ausschuß für Werkstättenbetrieb und Stückpreise; 9. Finanz-Ausschuß für die Vorschriften der Finanz-Ordnung; 10. Materialien- und Geräte-Ausschuß für Vorschriften und Verwendung; 11. Verkehrskontroll-Ausschuß für Abrechnung und Statistik; 12. Dienstanweisungs-Ausschuß für die Dienstanweisungen der Beamten.; 13. Personalien-Auschuß für Vorschriften über Bearbeitung persönlicher Angelegenheiten der Beamten und Arbeiter; 14. Wohlfahrtsausschuß für Fürsorge des Personals. Die Tarifangelegenheiten werden wie früher in Tarifverbänden unter Leitung einzelner Direktionen (s. S. 155), die Abfertigungssachen im Verkehrsverbande, beides unter Zuziehung außerpreußischer Verwaltungen, behandelt.

[1]) An dem Hauptwagenamt sind seit Ausdehnung des Staatsbahnwagenverbandes auf Sachsen und die süddeutschen Staaten nach Vereinbarung auch Beamte der dortigen Verwaltungen tätig. Außerdem sind in einzelne technische Ausschüsse des Zentralamts Beamte der anderen deutschen Staatsbahnen eingetreten und wirken so zum Vorteil der deutschen Einheitlichkeit an den Vorbereitungen mit, auf Grund deren die Minister der Einzelstaaten demnächst die Entschließungen für ihre Verwaltungen fassen.

[2]) Nach den Staatshandbüchern hatten die Eisenbahnabteilungen 1894 3 Ministerialdirektoren, 22 vortragende Räte, 8 höhere Hilfsarbeiter, 1908 einen Unterstaatssekretär, 5 Ministerialdirektoren, 34 vortragende Räte, 21 höhere Hilfsarbeiter; das Eisenbahnzentralamt war 1908 besetzt mit 1 Präsidenten, 4 Oberräten, 18 Mitgliedern, 24 höheren Hilfsarbeitern. Dem Minister der öffentlichen Arbeiten sind außerdem noch 3 Abteilungen der allgemeinen Bauverwaltung (Hoch- und Wasserbau) mit 1 Unterstaatssekretär, 3 Ministerialdirektoren, 1 Dirigenten, 26 vortragenden Räten und 29 höheren Hilfsarbeitern (nach dem Stande von 1908) unterstellt. Das Arbeitsfeld für den leitenden Minister ist also sehr groß.

kommt, Spannkraft und Überblick zu den wichtigsten Entscheidungen durch Beschränkung zu erhalten.

Außerdem wird durch die Einfügung des Zentralamts trotz der Zusammenlegung der Arbeit für das Gesamtnetz der vorsichtige Grundsatz gewahrt, bei der ersten Erledigung der Geschäfte die Möglichkeit einer Berufung zu geben. Was das Zentralamt verhandelt, wird vom Minister, soweit nötig, geprüft; wo es bestimmen kann, ist eine Beschwerde statthaft. Die Richtigkeit der obersten Entscheidung wird durch die vorhergehende Entschließung einer nachgeordneten Behörde gesichert.

Spätere Veränderungen in den Eisenbahndirektionen. Direktionsgruppen. Das Bedürfnis nach Gleichmäßigkeit in der einheitlichen Staatseisenbahnverwaltung führte seit 1895 mehr und mehr dazu, daß da, wo eine übereinstimmende Regelung für den ganzen Umfang des Netzes nicht möglich erschien, Gruppen von Direktionsbezirken behufs gemeinsamen Vorgehens gebildet wurden. So sind je 3 bis 4 und mehr Direktionen zusammengefaßt, um innerhalb derselben die Beamten bestimmter Gattungen in der Reihenfolge des Dienstalters zur Anstellung zu bringen. Ein Durcheinanderreihen im ganzen Staat würde die Beamten zu weit von ihren Familien und gewohnten Lebensverhältnissen entfernen. Weitere Gruppen sind den Verkehrsbedingungen entsprechend für die Herstellung der Tarife, für die Verhandlung darüber mit fremden Bahnen, für die Abrechnung über die Verkehrseinnahmen mit den Dienststellen und andern Verwaltungen gebildet.

Ferner sind bestimmte durchgehende Zugverbindungen unter eine geschäftsführende Direktion gestellt worden. Die Bearbeitung des Fahrdienstes ist durch die Organisation von 1895 insofern erschwert, als die Zahl der Stellen, die sich über den Gang durchgehender Züge zu verständigen haben, beinahe verdoppelt wurde. Früher waren an einem Schnellzuge zwischen Berlin und Frankfurt, zwischen Berlin und Köln, zwischen Berlin und Breslau je 2 Direktionen beteiligt, seit 1895 sind es 4 und 6. Für Eydtkuhnen—Bromberg—Berlin bestand vorher eine einzige betriebsleitende Direktion; jetzt fällt diese Verbindung unter 4 Bezirke. Der Zugbetrieb mit seinem engen Zusammenhange, mit den unvermeidlichen Störungen und der Notwendigkeit schnellen Eingreifens macht die Einheitlichkeit der Aufsicht besonders wüschenswert. Das Anwachsen des Verkehrs, die Vermehrung der Zuggeschwindigkeit läßt die Schwierigkeiten, die aus der Zersplitterung der durchgehenden Linien entstehen, stärker hervortreten. Die geschäftsführenden Direktionen, denen eine solche Linie zur Fürsorge überwiesen ist, haben nunmehr für die Leistungsfähigkeit der darauf liegenden Fernzüge einzutreten.

In allen diesen Direktionsvereinigungen beschränkt sich die leitende Verwaltung auf die besondere Aufgabe der Gruppe und nimmt ihre Geschäfte lediglich in der Stellung der gleichgeordneten Behörde gegenüber den anderen Direktionen wahr.

Veränderungen in den Direktionsbezirken. Größere Umgestaltungen in den Bezirken brachte abgesehen von der Einrichtung der Direktion Mainz im wesentlichen nur das erwähnte Bedürfnis hervor, die Betriebsleitung auf möglichst langen Linien in eine Hand zu legen. So ging namentlich auf der stark befahrenen Strecke Berlin—Köln die Bahn von Spandau nach Lehrte aus der Direktion Magdeburg an die Direktion Hannover über, um die Linie von Hamm bis zum Weichbilde der Hauptstadt unter einer Verwaltung zu vereinigen[1]).

Veränderungen in dem Geschäftsgang der Direktionen. In den einzelnen Direktionen ist ebenfalls dem Fahrbetriebe eine wirkungsvollere Stellung eingeräumt worden.

Betriebsleitungen. War zwar in der Organisation von 1895 der Fahrplan einheitlich für den Direktionsbezirk behandelt, so hatte man doch die Aufsicht über den Zug- und Bahnhofsdienst ebenso streckenweise verteilt wie die Bahnunterhaltung und die Verwaltung. Jetzt[2]) ist die Betriebsleitung für den ganzen Bezirk in einer Hand vereinigt oder, wo dies nach Umfang des Dienstes oder der Lage der Strecken nicht angängig ist, so zwischen zweien verteilt, daß die Durchgangszüge möglichst einem Dezernenten zufallen. Der Betriebsleiter darf unmittelbar mit den Dienststellen des Fahrdienstes verkehren, mit den Betriebsleitern anderer Direktionsbezirke verhandeln, selbständig eilige Bestimmungen treffen. Er wird zu allen wichtigen Entscheidungen über Anlagen für den Fahrbetrieb herangezogen.

Vertretungen des Präsidenten. In den Direktionen hat sich wie im Ministerium mit der Vermehrung der Geschäfte die Arbeitsteilung fortschreitend stark entwickelt. Personenzug-, Güterzug-Fahrplan, Sicherheitsdienst, Lokomotiven, Wagen, feststehende Maschinen, Werkstätten, elektrische Anlagen, Materialien, Bahnkörper, Oberbau, Hochbau, Brücken, Signalwesen, Personen- und Gütertarife, Verkehrsabfertigung, Beförderung, Personalien höherer, mittlerer, unterer Beamter und Arbeiter, Rechtsangelegenheiten verschiedenster Art, Kassensachen und Etat — bilden fast durchgängig besondere Gebiete für einen oder mehrere Dezernenten. Bei der Fülle und Verschiedenartigkeit der Geschäfte ist es nötig geworden, den Präsidenten in der Überwachung der Geschäfte dadurch zu unterstützen, daß den Oberräten in weitergehendem Maße seine Vertretung eingeräumt und ihre Zahl zugleich vermehrt wurde. Ähnlich wie dem Etatsrat für Etats- und Kassensachen schon 1895, ist einem

---

[1]) Die gleiche Vereinigung auf Berlin—Breslau, Berlin—Frankfurt a. M. durchzuführen, wurde durch entgegenstehende Verwaltungs-Rücksichten anderer Art verhindert.

[2]) Seit 1907. Vgl. Anm. 2 S. 150.

Oberbaurat bei jeder Direktion für die Abwicklung der Neu- und großen Ergänzungsbauten im ganzen Bezirk (das Bauprogramm) die selbständige Verantwortlichkeit übertragen. Je nach dem Geschäftsbedürfnis der einzelnen Direktionen wirken außerdem Oberräte in Personalangelegenheiten, in Verkehrssachen, im Fahrdienst, im Maschinenwesen überwachend, beratend und einigend mit. Doch wird stets darauf gehalten, daß ihre Mitarbeit sich auf wichtige Angelegenheiten beschränkt und die Selbständigkeit der Dezernenten nicht unnötig einengt. Die Umständlichkeit des Geschäftsganges in den früheren Abteilungen der Direktionen wird vermieden[1]).

Veränderungen in den Eisenbahnämtern und Bureaus. Kontrolleure. Den Eisenbahnbetriebsämtern älterer Zeit, welche die unmittelbare Leitung des Betriebes hatten, waren Betriebs- und Verkehrskontrolleure zugewiesen[2]). In der Organisation von 1895 gingen die Betriebskontrolleure an die Direktion über, deren Mitglieder dieser Hilfen bedurften, um die eigenen Wahrnehmungen zu unterstützen. Die Inspektionsvorstände sollten in ihren engeren Bezirken allein die örtliche Aufsicht üben; für Kassenrevisionen wurden den Verkehrsinspektionen Kassenkontrolleure zugeteilt. Mit der Zeit ergab sich, daß außer den Betriebskontrolleuren, welche nur auf Betrieb und Beförderung zu achten hatten, auch technische Kontrolleure für die Unterhaltung des Oberbaus, für das Sicherungs- und Telegraphenwesen[3]) und für die Beaufsichtigung des Lokomotivfahrdienstes sowie der Unterhaltung der Betriebsmittel für die Eisenbahndirektionen notwendig waren. Aber auch die Eisenbahnämter erhielten später Hilfskräfte für die Überwachung des Dienstes, Betriebsingenieure für die Betriebs-, die Werkstätten- und die Maschinen-Ämter, deren Vorstände sie in vielen untergeordneten Arbeiten vertreten und für welche sie Anordnungen geben können. Die Kassenkontrolleure wandelten sich in Verkehrskontrolleure um mit der Befugnis zur Unterstützung des Vorstandes in allen Geschäften. Nur durch persönliche Unterstützung im Aufsichtsdienst wird es den Mitgliedern der Direktion und den Vorständen der Ämter möglich, auf den Betrieb in ausreichendem Maße einzuwirken und die schriftliche Bearbeitung der Betriebsleitung auf das engste Maß zu beschränken.

Vereinfachung der Geschäftsformen. Die planmäßige Vereinfachung der Geschäftsformen, die mit der Organisation von 1895 kräftig im ganzen

---

[1]) Erlaß des Ministers vom 17. Juni 1907, VV. S. 789.

[2]) Organisation vom 24. November 1879 § 20.

[3]) Im Jahre 1904 war das Telegraphenwesen mit den Sicherungsanlagen zu einem Dienst vereinigt worden, der besondere Telegrapheninspektor, der letzte Oberbeamte älterer Zeit, weggefallen und die Arbeit der Telegrapheninspektoren und Telegraphisten auf die Beamten der Bahnunterhaltung und sonstige Betriebsbeamte übergegangen.

Bereich der Staatsbahnverwaltung einsetzte, hat seitdem nicht geruht; alle Hilfsmittel der neueren Zeit, Telephon, Schreibmaschine, Druck und Umdruck werden unter Aufwendung erheblicher Einrichtungskosten benutzt. Die Abrechnung, die Prüfung der Rechnungen und Materialienbestände ist fortdauernd einfacher gestaltet.

Jetziger Zustand. Die 21 Direktionsbezirke der preußisch-hessischen Staatsbahn-Verwaltung haben jetzt im Durchschnitt 1899 km Streckenlänge, sind also gegen die Zeit vor der letzten Organisation um etwa 40 % größer geworden. Über die Maximalgrenze von 1500 km, welche damals für den Direktionsbezirk angenommen wurde, sind 15 Direktionen hinausgegangen, zum Teil bis fast zur doppelten Länge [1]. Die Einrichtung hat sich bei dieser Vergrößerung und der noch weit stärkeren Vermehrung der Geschäfte (vgl. Anm. 1 S. 152) fortdauernd bewährt. Die Zahl der leitenden Beamten in den Direktionen und Eisenbahnämtern ist dabei nur mäßig gestiegen [2].

Einheitliche Leitung des Ferndienstes. Es ist nicht anzunehmen, daß von den räumlich zusammengezogenen Direktionsbezirken wieder abgegangen werden wird. Dagegen kann das Bedürfnis nach einer kraftvollen Beherrschung des Betriebes, welches mit dem Anwachsen der Massen immer dringender wird, wohl dazu führen, die Einrichtungen weiter zu ergänzen, welche schon jetzt für die einheitliche Leitung des Ferndienstes getroffen sind. Sicherlich läßt sich kein Fahrplan ohne genaue Kenntnis der Örtlichkeit durchführen, die immer nur bei den Ortsbehörden in ausreichendem Maße gefunden wird. Wohl aber fordert das große zusammenhängende Eisenbahngetriebe eines Landes, daß die Verkehrsströme beständig von alles überschauenden Stellen beobachtet, gelenkt, die Strombetten geregelt werden [3]. Wie bisher wird hoffentlich der große Lehrmeister, die Zeit, der preußischen Staatseisenbahnverwaltung die richtigen Wege zeigen. Der in ihr fest eingewurzelte Grundsatz, daß die Bedürfnisse von Betrieb und Verkehr überall den Leitstern für die Maßregeln der Verwaltung bilden, ist dafür der beste Bürge.

Außerpreußische Staatsbahnverwaltungen in Deutschland. Die anderen deutschen Staatsbahnverwaltungen sind mehrfach den or-

---

[1]) Vgl. S. 148. Etat für 1912 S. 45. Die Direktion Danzig hat 2612, Königsberg 2838 km. Die noch vorhandenen Direktionen unter 1500 km haben meist sehr starken Verkehr, wie Berlin, Essen, Elberfeld.

[2]) Akademisch gebildete höhere Beamte gab es in den Eisenbahn-Provinzialbehörden 1886 809, 1894 952, 1911 1196. Sie vermehrten sich von 1886—1894 um 18 Köpfe jährlich, seitdem um 12—13 Köpfe jährlich, obwohl die Einnahmen vor 1894 in dem angegebenen Zeitraum um 1 %, seitdem um mehr als 7 % jährlich stiegen.

[3]) In der Verkehrs-Abteilung des Ministeriums der öffentlichen Arbeiten überwacht je ein Referent für den Personen- und für den Güter-Dienst die Ausbildung und Durchführung des Fahrplans. Vgl. S. 161.

ganisatorischen Einrichtungen gefolgt, welche vorher die preußische Staatsbahn in ihrem größeren Bereich ausgeprobt hatte. In wichtigen Punkten weichen sie aber von der preußischen Ordnung ab.

In Bayern liegt die Gesamtleitung bei dem Staatsministerium für Verkehrsangelegenheiten, während in Sachsen, Baden, Württemberg, Elsaß-Lothringen, Mecklenburg, Oldenburg unter der obersten Staatsleitung einheitliche Direktionen (Generaldirektionen) das ganze Land umfassen[1]). Bayern hat wegen des größeren Umfanges seiner Strecken[2]) 6 Eisenbahndirektionen eingerichtet und dem Ministerium, im Anklang an das preußische Eisenbahn-Zentralamt, mehrere Zentral-Ämter zur Seite gestellt, die gemeinsame Angelegenheiten erledigen oder vorbereiten, so für Materialienbeschaffung, Unterhaltung der Betriebsmittel, Unterhaltung der Bahn, Tarife usw. Als Unterbehörde wirken bei den anderen Staatsbahnen wie in Preußen Inspektionen oder Ämter für einzelne Dienstzweige. Nur sind abweichend von der seit 1895 in Preußen durchgeführten Vereinigung von Betrieb und Bahnunterhaltung diese beiden Dienstzweige in getrennte Ämter verlegt, dagegen die Verkehrsaufsicht demselben Amt wie der Betrieb zugewiesen[3]).

Deutsche Privatbahnen. Bei den deutschen Privatbahnen wird ebenso wie bei den Staatsbahnen jetzt der Betrieb von den Direktionen aus geleitet. Wo die Direktion sich nicht in der Nähe der Bahn befindet, wird aber die örtliche Verwaltung unter ihr durch Oberbeamte geführt.

Ausländische Verwaltungen. Ähnlich wie in Deutschland steht das ausgedehnte österreichische und das ungarische Staatsbahnnetz unter Oberleitung der Ministerien in Wien und in Pest und ist unter Eisenbahndirektionen geteilt, denen die Ausführung des Dienstes zufällt. Ebenso liegt in Italien die Verwaltung der Staatsbahnen der Generaldirektion in Rom ob, unter welcher 10 Betriebsdirektionen von Turin bis Palermo die Bezirke leiten.

---

[1]) Die Generaldirektion der elsaß-lothringischen Reichseisenbahnen steht unter einem besonderen Reichsamt für die Reichsbahnen, zu dessen Chef der Minister der öffentlichen Arbeiten in Preußen bestellt wird.

[2]) Die bayrischen Staatseisenbahnen hatten 1909 eine Eigentumslänge von 7816 km, die nächstgroßen sächsischen Staatseisenbahnen von 3285 km.

[3]) Wenn der Betrieb mit der Bahnunterhaltung in dem Ausführungsamt verbunden ist, so wirkt die Betriebsaufsicht sicherer dahin, daß der Zustand der Anlagen immer den Bedürfnissen des Fahrdienstes entspricht, besonders auch bei Umbauten, Wiederherstellungen. Die Aufsicht über den Verkehr hängt mit dem Betriebe bei der Beförderung der Güter eng zusammen, weniger bei der Abfertigung, gar nicht bei der Kassenführung. Die selbständige Stellung, welche Preußen der Verkehrsaufsicht im Unteramte gibt, hat den Vorteil, daß den mittleren Beamten, welche im Verkehrsdienst ausreichende Erfahrung gewinnen, die Verantwortlichkeit für die Ausführung in der höheren Stellung eines Amtsvorstandes übertragen werden kann. Ihr Zusammenwirken mit den Vorständen der Betriebsämter vollzieht sich ohne Anstoß.

Dagegen werden die Direktionen der großen Privatbahnen in England, Frankreich, Nordamerika noch immer hauptsächlich aus Kaufleuten, Juristen (lawyers) und Politikern gebildet; sie führen für die Aktionäre die finanzielle Wirtschaft und vertreten die Gesellschaften gegenüber dem Staat. Die Leitung von Bau und Betrieb bleibt fachmännischen Oberbeamten überlassen, welche von der Direktion entweder einem Generalbevollmächtigten unterstellt werden oder unter ihr nebeneinander gleichgeordnet stehen. Jedem Oberbeamten wird gewöhnlich für seinen Dienstzweig ein besonderer Beamtenkörper in straffer Unterordnung beigegeben[1]).

In diesen Betrieben hat der Fachmann lediglich im Rahmen der finanziellen und wirtschaftlichen Rücksichten zu handeln, welche von der ihm vorgesetzten Gesellschafts-Direktion für zweckmäßig gehalten werden. Bei den Staatsbahnen ist der leitende Minister selbst berufen, die fachmännischen Gesichtspunkte innerhalb der Gesamtregierung des Staats zur Geltung zu bringen.

Achtzehnter Abschnitt.

Betrieb. Fahrplan. Lokomotiv- und Wagendienst.

Betriebsleitung. Für Betrieb und Verkehr sind die Eisenbahnen da. Der Betrieb muß dem Verkehr entsprechen; Anlagen, Einrichtungen, Bedienstete sind dem Betriebe anzupassen.

In der älteren Zeit, als die Neubauten vielfach von besonderen Baudirektionen oder Abteilungen von Direktionen ausgeführt wurden, kam die Betriebserfahrung bei Feststellung der Entwürfe nicht immer ausreichend zu Gehör. Die Anlagen wurden manchmal unmittelbar nach der Betriebseröffnung erst so umgeändert, wie sie Fahr- und Verkehrsdienst brauchen konnte. Seit der Vereinigung von Bau- und Betrieb sowohl bei der leitenden Direktion wie meist auch bei dem ausführenden Eisenbahnbetriebsamt[2]) finden die jeweiligen Ergebnisse des Betriebs bei den Anordnungen der Bau-Verwaltung die erforderliche Beachtung (vgl. S. 145 ff., 156).

Notwendig ist ferner für den Betrieb die Einheitlichkeit der Behandlung. Da alle Züge ineinandergreifen, ist es unzweckmäßig, die Leitung des Betriebes zwischen Personenzügen und Güterzügen zu trennen, wie dies in den Direktionen vor 1895 geschehen konnte, solange die früheren Eisenbahnbetriebsämter die unmittelbare Verwaltung der Strecken

---

[1]) General manager heißen die Bevollmächtigten der Direktion in England und Amerika, chef d'exploitation in Frankreich.

[2]) Nur für Bauten, zu denen durch besondere Gesetze oder im Etat außergewöhnliche Mittel bewilligt sind, werden selbständige Bau-Abteilungen errichtet, die aber stets von den Direktionen abhängen. V.V. S. 87, 825.

hatten. Seit Aufhebung dieser Ämter wird die Betriebsleitung als eine besondere Aufgabe angesehen, die den Direktionsdezernenten neben der Bearbeitung des Fahrplans für Personen- oder Güterzüge oder sonstiger Betriebsgeschäfte übertragen wird und die Aufsicht über den Gesamtfahr- und Stationsdienst umfaßt. Ihre Bedeutung ist immer mehr anerkannt[1]) und der Kreis ihrer Pflichten entsprechend bemessen worden.

Personenzug-, Güterzugfahrplan, Zugbildung, Sicherheitsdienst, Aufklärung der Unfälle, Beurteilung der Entwürfe für Betriebsanlagen usw. verlangen eingehende Prüfung, umfassende aktenmäßige Vorbereitung vor der Entscheidung. In der Betriebsleitung muß augenblicklich gehandelt werden, volle Erfahrung und örtliche Kenntnis den Stützpunkt geben und der ganze Dienstzug auf schnellste Ausführung eingerichtet sein. Der Betriebsleiter steht in unmittelbarer Verbindung mit dem die Direktion überspannenden Telegraphen- und Telephonnetz; er verkehrt unmittelbar mit den Stationen, Eisenbahnämtern, anderen Betriebsleitern (vgl. S. 156). Die Vorstände der Eisenbahnbetriebsämter unter ihm haben den Fahrdienst ihrer Strecken selbst in der Hand und nehmen die Sorge für die örtliche Regelung großenteils auf sich. Von der Betriebsleitung in den Direktionen wird der ganze Mechanismus des Fahrdienstes bis zu den untersten Hebeln in Bewegung gesetzt.

In dem Ministerium findet der Betrieb der preußisch-hessischen Staatsbahn seine Gesamtvereinigung bei der Verkehrsabteilung, in welcher die Arbeiten für Personen- und Güterzüge, Sicherheitsdienst usw. ähnlich wie in den Direktionen an verschiedene Referenten verteilt sind. Diese Abteilung, in welcher die Tarife und sonstigen Verkehrsfragen zugleich erledigt werden, wacht darüber, daß der Betrieb mit dem Verkehrsbedürfnis in Einklang bleibt, daß die gemeinsamen Arbeiten für den Betrieb, die Zugbildung, die Zugförderung, das Umsetzen und Verschieben der Wagen, das Umladen angemessen zwischen den Direktionen verteilt, daß Aushilfe überall, wenn nötig, geleistet wird. Sie bildet das Mittel, durch welches der Minister selbst in den Betrieb eingreift[2]).

Fahrplan. Für Personenzüge muß ein Plan schon deshalb aufgestellt und, wie das Gesetz verlangt[3]), bekannt gemacht werden, damit

---

[1]) Erlaß vom 16. Juni 1907, V.V. S. 761. Den Dezernenten für Personenzug- und für Güterzugfahrplan war nach der Organisation von 1895 die Prüfung der Fahrberichte, jedem für seine Zuggattung, belassen, damit auch im wesentlichen die Verfolgung der in den Berichten mitgeteilten Unregelmäßigkeiten und somit ein wichtiges Mittel der Betriebsleitung. In dem obigen Erlaß wurden die Fahrberichte dem betriebsleitenden Dezernenten zugewiesen, der nun in der ganzen Direktion oder in einem Teile des Bezirks allein verantwortlich für die Regelmäßigkeit des Fahrdienstes wurde (vgl. S. 156).

[2]) Vergl. S. 158.

[3]) Gesetz vom 3. November 1838, § 36; Verkehrs-Ordnung für das Deutsche Reich, § 10. Die Fahrpläne sind vor ihrem Inkrafttreten zu veröffentlichen und recht-

die Reisenden sich zur Beförderung rechtzeitig einfinden. Dieser Plan regelt für die vorgesehenen Fahrzeiten die Benutzung der Geleise auf der Strecke und in den Bahnhöfen, die Aufeinanderfolge und das Begegnen der Züge, die Wiederkehr der Betriebsmittel zu ihrem Ausgangspunkt. Über ihn müssen sich wegen Durchführung der Züge und Anschluß von Strecke zu Strecke die Nachbarbahnen und schließlich alle Verwaltungen eines zusammenhängenden Netzes, in Europa sämtliche Länder einschließlich der durch Dampfschiffe zusammenhängenden englischen und schwedischen Bahnen verständigen. Die mühseligen Vorbereitungen dafür kommen alljährlich zum Abschluß in einer mitteleuropäischen Fahrplankonferenz, in welcher der Gang der großen durchgehenden Züge, das Rückgrat für alle übrigen Verbindungen, bestimmt wird[1]).

Güterzüge können ohne Plan gefahren werden, da die Eisenbahnverwaltung selbst den Abgang des Gutes bestimmt, nachdem sie es im Bahnhof aufgenommen hat, und auch dem Kunden gegenüber die Ankunft nicht an eine bestimmte Zeit bindet[2]). Indessen hat der stark steigende Verkehr schon frühzeitig die deutschen Bahnen genötigt, auch für die Güterbeförderung Pläne aufzustellen, da ohne sorgfältige Vorbereitung die Güterzüge zwischen dem feststehenden Lauf der Personenverbindungen nicht durchzubringen waren. Mit Verbandszügen zu den Nachbarbahnen fing das planmäßige Fahren an. Jetzt wird der Fahrplan für Güterzüge ebenso vollständig aufgestellt wie für Personenzüge. Nur treten darin viel häufiger wie bei letzteren Pläne für Bedarfszüge auf, die nur gefahren werden, wenn Last dafür vorhanden ist; der Güterverkehr schwankt bei dem Wechsel der Jahreszeiten und Geschäftslagen beständig, der Personenverkehr meist lediglich zu gewissen Zeiten, Festen, Sommertagen und dgl.

Wenn die Personenzugfahrpläne in der Hauptsache feststehen, werden die Güterzüge endgültig bestimmt und mit den Nachbarverwaltungen vereinbart. Auch diese Verhandlungen erstrecken sich über lange Linien, wenngleich nicht in der weiten Ausdehnung wie bei Personenzügen.

Im Fahrplan zeigt der Betrieb sein wirtschaftliches und finanzielles Ziel, sein Programm. Je mehr Züge, je schneller sie gefahren, je bequemer

---

zeitig auf den Stationen auszuhängen. Gattung, Wagenklassen, Abfahrtszeiten der Züge müssen darin enthalten sein.

[1]) Seit 1910 wird der Fahrplan in Deutschland am 1. Mai für ein ganzes Jahr eingeführt, während früher der Fahrplan außerdem zum 1. Oktober wechselte, die internationalen Zugvereinbarungen auch nur für jedes Halbjahr galten. Die auf den Sommer- oder Winterverkehr beschränkten Züge (Bade-, Riviera-, Sportzüge usw.) werden besonders bekannt gemacht. Die Stetigkeit des Fahrplanes hat dabei gewonnen; viel Arbeit und Aufwand ist erspart worden.

[2]) Nur Expreßgüter, welche zu bestimmten Personenzügen angenommen werden, liefert die Eisenbahn zu den veröffentlichten Ankunftszeiten aus.

sie eingerichtet werden, desto stärker wird die tätige Bewegung im Lande gefördert; desto höher steigen aber auch die Kosten des Betriebes, von dessen Umfang die Zahl der darin beschäftigten Beamten und Arbeiter, die Menge der dafür verwendeten Mittel abhängt.

Im Personenzugfahrplan wird die Leistung, welche die Verwaltung auf sich nimmt, im wesentlichen für ein ganzes Jahr vorher bestimmt, da ebenso lange die Frist läuft, für die der Fahrplan vereinbart und angekündigt wird (vgl. Anm. 1, S. 162). Der Güterzugfahrplan, der nicht veröffentlicht wird, an den sich also die Verwaltung nicht bindet, bietet den Vorteil, daß Güterzüge eingelegt werden und ausfallen können, je nachdem die Auflieferung steigt oder nachläßt, daß sich somit die Ausgaben des Fahrdienstes den Schwankungen des Güterverkehrs alsbald anzupassen vermögen.

Die Leistungen im Personenzugdienst hängen davon ab, wie die Verwaltung die Aufgaben des Fahrplans für das kommende Etatsjahr einschätzt und ihn danach gestaltet. Je nachdem sie auf Grund der Verkehrsergebnisse annimmt, daß Personenzüge genug oder zu wenig bestehen, erhöht sich die Leistung stärker oder geringer. Im Jahre 1890 stiegen die Personenzugkilometer, die auf der preußischen Staatsbahn gefahren sind, um 15,1% gegen das Vorjahr, 1894 nur um 1,2%, 1903 um 9,1%, 1908 um 1,4%[1]). Eine gewisse Steigerung tritt immer ein für die 6- bis 700 Kilometer neue Strecken, die jährlich dem preußischen Staatsbahnnetz hinzutreten[2]). In den Unterschieden, die danach bleiben, spiegelt sich der entweder kühn voraneilende oder durch finanzielle Bedenken zurückgehaltene Entschluß der Verwaltung.

Im ganzen hält die Entwicklung des Personenzugfahrplans in Preußen mit dem Verkehr Schritt.

Von 1889—1899 stiegen die Personenzugkilometer um 59,7 % die Personenkilometer um 94,5%[3]), die Einnahme aus dem Personenverkehr um 66,9%. Von 1899—1909 betrug die Steigerung der Personenzugkilometer 69,3%, der Personenkilometer 84,84%, der Einnahmen 61,70%. Die Schnellzugkilometer sind in diesen Zeiträumen sogar um 64,1% und 105,2%, die Schlafwagenkurse 1909 gegen 1899 um 152%, die Speisewagenkurse um 127,6 % vermehrt. Die Schnellzüge, welche im Durchschnitt 1889 23 Achsen hatten, sind 1899 25,

---

[1]) Die Ziffern sind aus den Zehnjahrsberichten des Ministers der öffentlichen Arbeiten an den Kaiser und König entnommen. Das Jahr 1907, in dem die Steigerung gegen das Vorjahr 9,2 % betrug, eignet sich weniger zum Vergleich, weil von 1907 ab die Zugleistungen nach anderen Grundsätzen ermittelt wurden.

[2]) Von 1900—1910 6815 km. Zehnjahrsbericht S. 13.

[3]) Die Zahl der gefahrenen Personen stieg in diesem Zeitraum sogar um 135,6 %, kann aber mit der Zugleistung nicht in Vergleich gestellt werden, da darin die Menge der auf kurze Strecken im Stadt- und Vorortverkehr beförderten Personen einbegriffen ist.

1909 30 Wagenachsen stark gewesen. Kräftiges Fortschreiten im Personenzugbetriebe ist unverkennbar.

Gegenüber den Personenzugkilometern, die 61,19% aller Zugkilometer bilden, ist die Leistung für den Güterverkehr, der nur 37,14% aller Zugkilometer in Anspruch nimmt, die weitaus geringere[1]). Die Geschwindigkeit der Güterzüge mit 20—40 km in der Stunde steht gegen die der Personenzüge mit 35—60 km erheblich zurück. Während die Schnellzüge (60—100 km in der Stunde) fast ¼ aller Personenzugkilometer leisten, werden in beschleunigten Zügen (50 km in der Stunde) noch nicht ¹/₁₀ aller Güterzugkilometer gefahren. Die Güterzüge sind aber im Durchschnitt 78,12 Achsen, die Personenzüge 25,64 Achsen stark[2]). Nicht nur die größere Last macht mehr Arbeit. Die Güter müssen im Gegensatz zu den Reisenden, die sich selbst ein-, ausladen und die Richtung wählen, von der Verwaltung in die Züge gebracht, bei allen Abzweigungen des Netzes getrennt und wieder vereinigt werden. Sie sind nicht bloß in Eil- und gewöhnliche Züge zu verteilen, sondern noch in Fernzüge für Massengüter (Kohlen, Koks, Erze usw.), in Durchgangszüge für weite Entfernungen und Ortszüge für Nahverkehr; das Gut, was in der Nachbarschaft bleibt, darf die Fernsendungen nicht aufhalten.

Die Leitung des Güterzugdienstes läßt sich nicht so vollständig für eine lange Zeit im voraus regeln wie die des Personenzugdienstes, der im wesentlichen nur in Fest-, Reisezeiten und für Manöver besondere Anordnungen erfordert. Die Güterzüge haben sich dem wechselnden Stande des Versands anzupassen und verlangen, wenn auch der größte Teil der Arbeit sich nach Plan vollzieht, beständig das Eingreifen der Betriebsbeamten. Wie in der richtigen Bemessung und Aufstellung des Personenzugfahrplans, so beruht in der fortlaufenden sorgsamen Lenkung des Güterzugdienstes der Erfolg des Betriebes[3]).

In Nordamerika wird wegen der Unregelmäßigkeit des Güterverkehrs auf eine Regelung desselben im voraus verzichtet; ein Zugleiter (train dispatcher) verfügt an Zentralstellen des Netzes auf Grund tele-

---

[1]) Im Jahre 1909 sind auf der preußischen Staatsbahn 282 Millionen Personenzugkilometer gefahren, einschließlich gemischte und Militärzüge, darunter 62,6 ·Millionen in Schnellzügen; Güterzugkilometer dagegen 171,1 Millionen, darunter in Eil-, Vieh- und Postzügen 16,6 Millionen; außerdem noch Arbeits- und Werkstattzüge. Auch die übrigen hier gegebenen Zahlen gelten für das Jahr 1909.

[2]) Auf den Hauptbahnen des preußisch-hessischen Netzes wurden auf 1 km Betriebslänge durchschnittlich 274 663 Achskilometer der Personen-, Gepäck- und Postwagen, 542 961 Achskilometer der Güterwagen beladen und leer gefahren.

[3]) Der Güterzugdienst ruht in Deutschland regelmäßig an den Sonn- und hohen Festtagen von 4 Uhr morgens bis 8 Uhr abends. Diese Ruhe wird nur in Zeiten des Verkehrsandranges aufgehoben. Die Einführung dieser wohltätigen Maßregel — Ende der 90er Jahre —, welche lange als unausführbar bekämpft worden ist, wurde erst möglich durch die einheitliche Regelung in dem großen durch die Verstaatlichungen geschaffenen Gebiet.

graphischer Meldungen über Güter und Betriebsmittel telegraphisch, wie die Züge laufen sollen[1]).

Der Personenzugfahrplan wird für die preußischen Staatsbahnen vom Minister der öffentlichen Arbeiten festgestellt[2]). Die Personenzugkilometer, welche dafür aufzuwenden sind, werden vom Ausgabestandpunkt aus genau erwogen und bestimmt. Für die künftigen Güterzugkilometer läßt sich nur eine Schätzung nach der Verkehrs-Erwartung machen.

Lokomotiv- und Wagendienst. 19 394 Lokomotiven und Triebwagen, 48 086 Personen- und Gepäckwagen, 405 900 Güterwagen standen Ende 1909 der preußischen Staatseisenbahnverwaltung zur Verfügung[3]). Diese gewaltige Zahl ist beständig so zu verteilen, daß in jedem Punkt des Gebiets jeder Reisende zur angekündigten Zeit in der gewollten Klasse befördert, jedes aufgelieferte Gut in der vom Tarif zugelassenen Weise versendet werden kann[4])

Die große Aufgabe wird dadurch erschwert, daß die Betriebsmittel für verschiedene Zwecke ungleichartig gebaut sind: Lokomotiven für Schnell-, für Personen-, für Güterzüge, für schweren und leichten Dienst, für Ebene und starke Steigungen, Personenwagen nach Klassen, nach Fern- und Nahverkehr, Güterwagen nach der Gattung der zu befördernden Waren, offene, bedeckte, für sperrige, lange, ungewöhnlich schwere Güter, für Groß- und Kleinvieh[5]).

Für Lokomotiven und Personenwagen ist eine Bestimmung über die einzelnen Betriebsmittel möglich, da sie im wesentlichen nur innerhalb des eigenen Netzes und nach den Anforderungen des Fahrplanes verwendet werden. Der Lauf von Lokomotiven, Personen- und Gepäckwagen auf fremden Bahnen wird für jeden Fall besonders vereinbart[6]). Güterwagen, die zur Vermeidung des Umladens möglichst bis zur Endbestimmung des Guts durchlaufen, gehen weit über die Grenzen von Bahn und Staat hinaus. Sie lassen sich mit geringen Ausnahmen nur durch allgemeine Anordnungen zu den Versandorten zurückführen.

---

[1]) **Hoff** und **Schwabach**, Nordamerikanische Eisenbahnen, S. 119.

[2]) Soweit die Bestimmung darüber nicht den Königlichen Eisenbahndirektionen überlassen ist. Verwaltungs-Ordnung § 3b VV. 1910, S. 13. Tatsächlich geschieht dies nur für Schüler-, Arbeiter-, Sonntagszüge u. dgl.

[3]) Von Lokomotiven mit besonderen Tendern waren 5207 für Personenzüge, 7916 für Güterzüge, Tenderlokomotiven 6116, Triebwagen für Personenzüge 155, Gepäckwagen 10821, bedeckte Güterwagen 110 336, offene 295 564 vorhanden.

[4]) Als Pflicht der Eisenbahn gilt überall die Forderung, wie sie in Frankreich und Belgien wiederholt öffentlich ausgedrückt wurde: Le chemin de fer doit prendre tous les transports, qui lui sont offerts.

[5]) Normalmuster für die Betriebsmittel sind wiederholt aufgestellt, abweichende Formen aber immer wieder durch das Bedürfnis aufgenötigt worden.

[6]) Der Übergang von Lokomotiven ist in Deutschland zwischen den Bahnen der verschiedenen Staaten häufiger geworden, seitdem die Verständigung über deren bessere Ausnutzung und Bauart für vorteilhaft erkannt ist.

Die Aufstellung der Entwürfe für den Bau der Betriebsmittel, die Beschaffung und Verteilung auf die Direktionen erfolgt in Preußen durch das Ministerium, welches dabei von dem Eisenbahnzentralamt unterstützt wird (vgl. S. 153). Neue Betriebsmittel werden ausschließlich bei den großen Privatwerken in Bestellung gegeben. Amerikanische, englische, französische große Eisenbahngesellschaften bauen zum Teil ihre Lokomotiven und Wagen in den eigenen Werkstätten[1]). Sie füllen damit Pausen aus, die in der Beschäftigung ihrer Arbeiter bei den Ausbesserungsarbeiten eintreten, und halten sich bis zu gewissem Grade unabhängig von den Hüttenwerken. Auch die östreichischen und deutschen großen Eisenbahngesellschaften stellten eigene Betriebsmittel in früherer Zeit her. Die preußische Staatsbahn hat darauf von jeher verzichtet, um das Feld da, wo ein öffentlicher Dienst nicht nötig ist, der Privattätigkeit offen zu lassen[2]). Die Betriebsmittel werden ausschließlich von reichsdeutschen Werken entnommen. Nur wenn diese überlastet sind, wie in den Zeiten des Aufschwungs nach den Kriegen, und versuchsweise sind z. B. Lokomotiven von England und Amerika auch durch preußische Staatsbahndirektionen bezogen worden.

Die Menge der Betriebsmittel kann die Verwaltung mit dem Verkehr nur in Einklang halten, wenn sie das regelmäßige Steigen des letzteren richtig einschätzt. Schafft sie zuviel an, so reichen ihre Schuppen und Geleise nicht für die leer stehenden Maschinen und Wagen, ganz abgesehen von dem Zinsverlust. Die Verwaltung zieht vor der jährlichen Beschaffung behufs Gewinnung eines möglichst sicheren Urteils über die nächste Zukunft stets Sachverständige aus der Großindustrie heran und befolgt auch meist deren Ratschläge. Den Mangel an Lokomotiven und Wagen vermag diese Vorsicht trotzdem nicht immer zu verhüten.

Bei der Verteilung der Betriebsmittel bestimmt die Zentralstelle in der Regel lediglich den Direktionsbezirk, die Direktion die Bahnhöfe und Werkstätten, an welchen sie verwendet und ausgebessert werden sollen. Tritt irgendwo Mangel ein, so erfolgt ein Ausgleich auf Grund allgemeiner Anordnungen, besonderer Verständigung oder zeitweise durch Eingreifen des Ministers.

Lokomotivdienst. Der Lokomotivdienst ist schwieriger geworden mit der Vervollkommnung der Maschine, mit den höheren Anforderungen,

---

[1]) Hoff und Schwabach, Nordam. Bahnen, S. 27ff. z. B. die Pennsylvania-Eis.-Gesellschaft. — Wehrmann, Reisestudien über englische Eisenbahnen, S. 14.

[2]) Wenn auch das Staatsbahnmonopol für Eisenbahnen in Preußen im wesentlichen durchgeführt ist, so zeigt sich hierin wie bei der Unterstützung der Kleinbahnen (vgl. S. 40), daß der Unternehmungsgeist, der für den Aufschwung im Erwerbsleben unentbehrlich ist, seitens der Staatsbahnverwaltung an den zulässigen Stellen nach Kräften gefördert wird.

welche an die Zugleistung gestellt werden. Die Geschwindigkeit nicht nur auch die Zuglast ist gewachsen[1]). Von der Maschine aus wird vielfach der Zug gebremst, geheizt, beleuchtet. Feine Sicherheitseinrichtungen hat das Lokomotivpersonal auf der Maschine zu beachten. Der Kohlen- und Wasserverbrauch ist größer geworden. Die Lokomotive leistet trotz schwererer Arbeit jetzt (1909) im Durchschnitt jährlich auf der preußischen Staatsbahn rund 41 400 km gegen etwa 30 000 km vor 20 Jahren[2]). Sie legt hintereinander längere Strecken zurück, wo früher Aufenthalt oder Lokomotivwechsel stattfand[3]).

Weil die Instandhaltung der Lokomotive, das Auswaschen des Kessels, das Putzen aller Teile mehr Zeit und Sorgfalt als sonst erfordert, wird diese Arbeit jetzt von der Zugförderung häufig getrennt und von besonderen Beamten und Arbeitern während der Ruhe der Lokomotive im Schuppen ausgeführt. Die Lokomotivbeamten, denen in älterer Zeit stets dieselbe Lokomotive zur Führung und Unterhaltung überwiesen war, steigen jetzt auf jede Maschine, wie der Dienstwechsel es mit sich bringt, oder es werden mehrere Personale auf dieselbe Maschine angewiesen[4]).

Wo die elektrische Zugförderung eingeführt ist, hat der Führer der Lokomotive oder des Triebwagens mit der Erzeugung der Triebkraft nichts zu tun. Sie wird aus dem Sammler (Akkumulator) oder der Stromzentrale geliefert. Auch die Unterhaltung des Triebwerks nimmt ihn wenig in Anspruch. Es kann der Heizer, der 2. Mann, fortfallen, während bei Dampflokomotivon das Einmannsystem nur unter einfachen Verhältnissen ausnahmsweise möglich ist[5]).

---

[1]) Die Personenwagen, die früher 12—15 t wogen, haben heut zum Teil 30 t (D-Zug-Wagen), Schlafwagen 40 und mehr t, die Güterwagen, die vor 1870 meist 5 t faßten, werden heute für 20, 30 t und mehr gebaut und haben ein entsprechend höheres Eigengewicht. Vgl. S. 163 f.

[2]) Im Jahre 1907 fuhr eine Lokomotive der preußischen Staatsbahn durchschnittlich 48 451 km. Die Leistung sank, weil der Verkehr abnahm und der Park stark vermehrt wurde. Geschäftl. Nachr., Teil I, S. 40, 44.

[3]) So jetzt zwischen Berlin und Hannover, Dresden, Erfurt, Hamburg, Breslau.

[4]) In Nordamerika wird vielfach die Lokomotivbesetzung nach der Regel first in first out, d. h. immer für die Maschine, die zuerst in den Schuppen zurückgekommen und daher wieder dienstbereit ist, bestimmt. Bei uns wird, um das Personal an eine Maschine zu gewöhnen, die Doppelbesetzung mit bestimmten Beamten vorgezogen. 1907 waren auf das preußischen Staatsbahn 39,13 %, 1909 33,02 % der verfügbaren Lokomotiven und Triebwagen doppelt besetzt.

[5]) Die elektrische Zugförderung ist auf Vorortbahnen in Berlin und Hamburg sowie auf einem Teil der Hauptstrecke Magdeburg—Bitterfeld—Leipzig in Gang und steht für die ganze Linie Magdeburg—Bitterfeld—Leipzig und andere Hauptstrecken bei Görlitz bevor; sie ist für die Stadtbahn in Berlin geplant. Einige Triebwagen mit Benzol, die auch vorhanden sind, verlangen ebenfalls keine Heizer.

Die Eisenbahndirektion regelt die sehr verschiedenartige Verwendung der Lokomotiven nach Gattung und Aufgabe. Das Eisenbahnmaschinenamt hat die Ausführung. Was der Betrieb an Kraft fordert, soll überall sofort gestellt und doch kein kostspieliger Überfluß davon gehalten werden. Fortlaufende Verständigung des Maschinendienstes mit der Betriebsleitung ist dazu nötig; bei elektrischen Zentralen ist aus dem Vorrat an gleichmäßiger Kraft im allgemeinen sicherer zu helfen als aus dem Bestande an Lokomotiven verschiedener Leistungsfähigkeit. Die Regelmäßigkeit und die Wirtschaftlichkeit des Dienstes hängen großenteils von der richtigen Verwendung der Triebkraft ab. Bei Verwendung von Dampflokomotiven geht in der Regel die Hälfte aller Störungen des Fahrdienstes vom Betrieb der Maschinen aus.

Wagendienst, Personenwagen. Während über die Lokomotiven von maschinentechnischen Beamten verfügt wird, liegt die Verwendung der Personenwagen in den Händen der betriebstechnischen Dezernenten, welche den Fahrplan wie die Zugbildung bearbeiten. Jeder Bahnhof, von welchem ein Personenzug seinen Anfang nimmt, bekommt die dafür nötigen Wagen nebst Ersatz. Die zugewiesenen Nummern kehren immer wieder nach dem Ausgangsbahnhof zurück. Die Läufe der Durchgangswagen auf fremden Bahnen werden durch die Bewegung von Personenwagen dieser Verwaltungen anf den eigenen Strecken ausgeglichen, so daß eine Barvergütung für Benutzung fremder Personenwagen selten stattfindet. Die Ausgleichung vermittelt auf der preußischen Staatsbahn das Zentralamt (vgl. S. 153).

Nur etwa 25% der Plätze in den laufenden Personenwagen werden ausgenutzt[1]), in den höheren Klassen weniger, in der dritten und namentlich vierten Klasse mehr. Eine stärkere Besetzung ist, da die Züge zurückbefördert werden müssen, auch wenn kein ausreichender Verkehr da ist, nicht zu erreichen. Wenn es trotzdem öfters selbst in gewöhnlichen Zeiten an Platz mangelt, so liegt dies meist nicht an einem Mangel an Wagen, sondern daran, daß die Züge nicht so schnell, wie augenblicklich der Verkehr fordert, sich folgen können, weil Sicherheitsgründe im Wege stehen. In diesem Falle werden umfangreiche, teure Umgestaltungen der Anlagen oder Neubauten erforderlich, um dem Mangel abzuhelfen[2]).

---

[1]) Nach der Reichsstatistik für 1910 beträgt die Nutzlast der Personenwagen auf der preußisch-hessischen Staatsbahn 25,74 %, im Durchschnitt der deutschen Staatsbahnen 25,37 %, im Durchschnitt aller deutschen Bahnen 25,19 %.

[2]) Die zu 120 Millionen Mark veranschlagte Einführung elektrischer Zugförderung auf der Berliner Stadt- und Ringbahn bezweckt hauptsächlich, die Zugfolge, die jetzt in den Stunden stärksten Verkehrs schon in $2\frac{1}{2}$ Minuten sich vollzieht, noch weiter, etwa bis auf $1\frac{1}{4}$ bis $1\frac{1}{2}$ Minuten, zu beschleunigen. In dieser Zeit muß der voraufgehende Zug seinen Teilabschnitt durchfahren haben und zurückgemeldet sein (Blocksystem).

Güterwagen. Güterwagen werden den Staatsbahndirektionen überwiesen, nicht damit die zugeteilten Nummern in ihren Bezirken verwendet werden, sondern damit sie die Instandhaltung dieser Wagen überwachen. Nur Wagen, welche für die Fabrikate bestimmter Werke (Panzerplatten, Hohlglas, Spiegelscheiben, Kanonen usw.) besonders gebaut sind, werden den an diesen Werken belegenen Bahnhöfen zur alleinigen Benutzung übergeben. Außerdem werden Privatwagen aller Art, deren Einstellung die Bahn zuläßt, auf den von den Eigentümern benutzten Stationen aufgestellt und kehren dorthin immer zurück[1]).

Im übrigen bewegen sich die Güterwagen fast durchweg frei nach allgemeinen Anordnungen, für den Übergang auf fremde Bahnen, nach Vereinbarungen[2]). In große Gruppen von Direktionsbezirken ist das Staatsbahngebiet eingeteilt, in welche die Wagen vorzugsweise bei dem Rücklauf gelenkt werden; für Koks-, Holz- und andere Spezialwagen ist diese Richtung immer einzuhalten.

Deutscher Staatsbahnwagenverband. Seit Errichtung des Staatsbahnwagenverbandes, der ursprünglich nur als preußischer mit den Reichsbahnen, Oldenburg und Mecklenburg bestand, seit 1909 sich aber auf die sächsichen, bayrischen, württembergischen und badischen Linien als deutscher Verband erstreckt[3]), ist die Gruppierung über ganz Deutschland ausgedehnt. In die Gruppen sind auch die Privat- und Kleinbahnen einbezogen, welche ihre Güterwagen in den Park einer Staatsbahn haben aufnehmen lassen und von dieser mit Wagen versorgt werden[4]).

Gewisse Gattungen von Wagen, wie Kohlenwagen für die Bergwerksreviere, Schienenwagen für die Hütten, bedeckte Wagen für Düngerfabriken und große Städte usw., strömen nach der Entladung ohne weiteres aus den Empfangsstationen leer in die für sie bestimmten Versandbezirke (Kohlenreviere, Fabrikbezirke u. dgl.) zurück. An deren Eingang werden die Wagen, soweit sie nicht schon von Unterwegsstationen

---

[1]) Im Gegensatz zu den englischen Eisenbahnen (S. 64) werden Privatwagen auf den deutschen Bahnen nur zugelassen, wenn sie in besonderer, für andere nicht verwendbarer Weise gebaut und eingerichtet sein müssen (z. B. Bier-, Säurewagen), oder wenn sie für Massensendungen auf kurze Entfernungen in geschlossenen Zügen Verwendung finden, somit wenig Verschiebungen während der Beförderung verursachen. Die Gleise für die Aufstellung im Leerzustande haben die Wagenbesitzer, meist Anschlußwerke, in der Regel selbst zu bauen.

[2]) Vgl. S. 55.

[3]) Übereinkommen, betr. die Bildung eines deutschen Staatsbahnwagenverbandes, vom 1. April 1909 gültig. VV. Ausg. 1910, II, S. 270.

[4]) Die Preußische Staatsbahn hat Allgemeine Bedingungen für die Einstellung von Güterwagen der Privat- und der Kleinbahnen in ihren Park. Diese Bahnen werden dadurch gegen mäßige Vergütung für Ausbesserung und Miete der kostspieligen Notwendigkeit überhoben, für die Höhepunkte des Verkehrs einen ausreichenden Vorrat an Güterwagen selbst zu halten.

aus den Zügen entnommen sind, an die Verladestellen verteilt. Die Stationen, welche sich nicht aus dem eigenen Bestande oder aus den Leerströmen versorgen können, erhalten die Wagen von dem Wagenbureau der Direktion oder der Gruppenverwaltung[1]) zugewiesen.

Sämtliche Stationen melden um die gleiche Stunde täglich an ihr Wagenbureau telegraphisch den Bestand der Güterwagen auf dem Bahnhof und den Bedarf für den nächsten Tag, nach Gattungen getrennt. Aus dem Vorrat an leeren Wagen, welcher sich durch den Unterschied zwischen Bestand und Bedarf ergibt, weist sofort das Wagenbureau die fehlenden Wagen für seinen Bezirk zu, meldet aber zugleich weiter an das Hauptwagenamt in Berlin (vgl. S. 154), welches an demselben Tage noch die nötigen Überweisungen von einem Bezirk an die anderen anordnet. Durch ein Netz von besonders dazu bestimmten Telegraphen- und Telephonlinien, durch Einschaltung von Vermittlungsstationen, durch die besondere Einrichtung der Wagenbureaus wird erreicht, daß dieses Meldesystem, welches sich über fast 3000 Stationen und mehr als 1000 Güterabfertigungen erstreckt, pünktlich arbeitet. Die Einheitlichkeit in den Verfügungen über den Wagenbestand der vereinigten deutschen Staatsbahnen ist dadurch gesichert, daß die endgültige Bestimmung über die Verwendung bei dem Hauptwagenamt ruht, welches mit Kräften aus allen Staatsbahnverwaltungen besetzt ist, sich aber nach der Anordnung des preußischen Ministers der öffentlichen Arbeiten zu richten hat[2]).

Vorteile des Staatsbahnwagenverbandes. Preußen, welches fast ¾ der Wagen des deutschen Staatsbahnwagenverbandes stellt[3]), hat nicht zu befüchten, daß sein Gebiet in der Wagenversorgung durch Überstimmung seitens der anderen Staatsbahnen im Verbande leidet. Andererseits ist die gleichmäßige Versorgung aller Glieder des Verbandes die unerläßliche Voraussetzung für sein Fortbestehen. Der Vorteil, welchen der Verband bietet, liegt hauptsächlich darin, daß der Wagenmangel keinen Teil des Gebiets mehr einseitig trifft, und daß die Leerläufe fortfallen, welche notwendig waren, um den entladenen Wagen zur Eigentumsbahn zurückzubringen. Beides hat für die anderen Staatsverwaltungen eine höhere Bedeutung als für Preußen, welches schon vorher ein großes geschlossenes Gebiet besaß. Da allein auf den preußischen Staatsbahnen 1909 von Güterwagen 3768 Millionen Achskilometer (auf den Vollbahnen 29,58% der Gesamtleistung) leer gefahren

---

[1]) Die Gruppenverwaltung des mittleren Verteilungsbezirks Magdeburg verfügt z. B. unmittelbar an die Stationen für gewisse Wagengattungen.

[2]) Vgl. S. 154 und Anm. 1 daselbst.

[3]) Bei Begründung des deutschen Verbandes wurden von Preußen 379 669, von den übrigen Staatsbahnen zusammen 106 452 Güterwagen eingebracht. VV. von 1910, II, S. 270.

sind und auf 1000 Wagenachskilometer 71,56 M. der Gesamtbetriebsausgabe entfallen, so ist die von der Verminderung der Leerkilometer zu
erwartende Ersparung an Arbeit und Kosten als erheblich anzusehen[1]).

Wünschenswerte Ergänzung des Staatsbahnwagenverbandes. Die
Leerläufe würden noch mehr als geschehen zurückgehen, wenn nicht die
Güterwagen „bis auf weiteres" wegen der bahnpolizeilichen Untersuchung ihres Zustandes an die Heimatbahn zurückgeschickt werden
müßten[2]). Es ist zu hoffen, daß dies aufhört, wenn infolge des Strebens
nach Einheitlichkeit die Bauart der Wagen eine gleichmäßige geworden
ist. Dann würde auch die umständliche Abrechnung der Ausbesserungs-
kosten, die jetzt noch vorbehalten ist, unter den Verbandsbahnen fortfallen oder vereinfacht werden können.

Eine andere Lücke in dem Verbandsgefüge ist schwerer auszufüllen.
Der Umschlag der Güterwagen von Beladung zu Wiederbeladung und
damit die Ausnutzung des gemeinsamen Parks hängt zu einem wesentlichen Teil von der Handhabung des Stations- und Zugdienstes ab.
Je schneller der Wagen beladen und entladen, an die Ladestelle und in
den Zug gebracht wird, je mehr Güterzüge fahren, und je rascher die
Übergänge im Bahnnetz sich überwinden lassen, desto häufiger kann derselbe Wagen belastet und mit dem ganzen Park mehr geleistet werden. Am
notwendigsten wird eine straffe Betriebführung in den Zeiten des Wagen-
mangels, in welchen nur durch schnellere Bewegung ersetzt werden kann,
was an Wagen fehlt.

Im deutschen Staatsbahnwagenverband, dessen Glieder aus dem
gemeinsamen Bestand an Güterwagen schöpfen, ist, wie selbstverständlich, vorgesehen, daß alle auf gleichmäßige Befriedigung innerhalb des
ganzen Verbandsgebietes hinwirken sollen[3]). Die Gewähr aber, die für
die Durchführung dieses Grundsatzes in einer einheitlichen Betriebsleitung liegt, besteht nicht. Der Mangel einer solchen pflegt sich in
Zeiten der Wagenknappheit darin zu zeigen, daß einzelne Gegenden
Überfluß haben, während an anderen Orten, gewöhnlich in den großen
Bedarfsstellen, der Ausfall an geforderten Wagen zu brennender Höhe
steigt. Die Ausgleichung gegenüber rücksichtsloser Deckung des Bedarfs im eigenen Bezirk durchzuführen, vermag nur die Strenge der

---

[1]) Vgl. Geschäftliche Nachrichten der preuß.-hess. Staatsbahn, Ausg. 1911,
S. 51, 57, 86. Auf den preußisch-hessischen Staatsbahnen ist bisher das Verhältnis
der Leerläufe zu den Gesamtleistungen der Güterwagen immer günstiger gewesen,
als auf den übrigen deutschen Staatsbahnen: 1895 32,19 % gegen 33,05 %, 1905
30,08 gegen 31,16%, im Jahr 1909, in dem seit 1. April der deutsche Verband wirkte,
nur noch 29,58 % gegen 29,89 %. Das größere Übergewicht der beladenen Läufe in
Preußen ist umso bewerkenswerter, als dort die Kohlenreviere und Häfen mit
ihren Rohstoffversendungen eine Masse von Leerläufen bedingen.

[2]) § 8 des Übereinkommens.

[3]) § 4, 5 des Übereinkommens des Verbandes, VV. II, S. 271.

obersten Leitung, verbunden mit der Aufwendung der bedeutenden Mittel, welche an den geeigneten Stellen die Verstärkung der Betriebskraft erfordert. Die Aufgabe wird dadurch erschwert, daß die nötigen Maßnahmen meist in sehr kurzer Zeit, entsprechend den plötzlichen Schwankungen des Verkehrs, getroffen werden müssen, und das ganze Heer der Betriebsbeamten jedesmal für die benötigte Wagengattung sein Verfahren zu ändern hat.

Ist es schon nicht leicht, im weiten Gebiet der preußischen Staatsbahn zu erreichen, daß durch gemeinsame Kraftanstrengung die verlangten Wagen gleichmäßig und möglichst vollständig gestellt werden, daß also z. B. der Beamte in Berlin gewissenhaft den Bedarf des eigenen Bahnhofs einschränkt, um dem größeren Mangel in Königsberg oder am Rhein abzuhelfen, so treten auf seiten der einzelnen Verbandsmitglieder noch die Erwägungen hinzu, inwieweit es gerechtfertigt ist, besondere Betriebsaufwendungen zu machen, damit bei der anderen Verwaltung ein Mangel beseitigt wird, den man selbst nicht oder nicht gleich stark spürt. Jetzt bleibt jeder Verbandsverwaltung nur übrig, zu vertrauen, daß die anderen nach eigenem Ermessen das ihrige tun werden, um durch Betriebsanordnungen dem auftretenden Wagenmangel zu steuern, oder eine Verständigung darüber mit den Verbandsverwaltungen zu versuchen[1]). Eine gemeinsame Prüfung, Beurteilung und Durchsetzung der erforderlichen Maßregeln fehlt.

Der Verband kann den immer wieder auftretenden Klagen über fehlende Wagen nur begegnen, indem er den Park der Güterwagen jährlich vermehrt. Dies geschieht in bedeutendem Maße[2]), und jede Verbandsverwaltung beteiligt sich daran nach Verhältnis ihrer Wagenbenutzung umso lieber, da in dem Anteil an der von den Wagen verdienten Laufmiete eine reichliche Verzinsung der Beschaffungskosten vom Verbande gewährt wird. Aber ein beschaffter Vorrat von Wagen muß auch aufgestellt und bewegt werden. Für die Befriedigung des Wagen-Bedarfs ist durchaus nötig, daß die erforderlichen Maschinen, Züge, Gleise und Bediensteten an den richtigen Stellen da sind. Über die Beschaffung der Maschinen, Einlegung der Züge, Vermehrung der Gleise und Beamten hat indes der Verband nicht zu beschließen[3]). Eine gemeinsame, das Reich umfassende Bestimmung darüber wäre von höchstem Vorteil

---

[1]) Übereinkommen des Verbandes § 5.

[2]) Das Übereinkommen des Verbandes § 12 sieht vor, daß die fortlaufende Vermehrung des Verbandswagenparks auch für einen starken Verkehr ausreichen soll. Regelmäßig werden Sachverständige aus Industrie und Landwirtschaft aus dem ganzen Reiche über den zu erwartenden Verkehr befragt.

[3]) Das Eisenbahnzentralamt kann sich durch örtliche Prüfungen überzeugen, ob die Verbandsvorschriften durchgeführt werden, § 62 des Übereinkommens. Diese Ermächtigung erstreckt sich nicht auf den Betrieb, zu dessen Prüfung das Zentralamt, welches eine betriebsleitende Stelle nicht ist, auch nicht imstande wäre.

für die Wagenausnutzung, würde mit genügender Kraft jedoch wohl nur in einer zu vereinbarenden Betriebsgemeinschaft der deutschen Staatsbahnen herbeigeführt werden können. Ob die Schwierigkeiten des wachsenden Verkehrs dazu den Antrieb geben werden, muß die Zukunft lehren[1]).

Jedenfalls stellt der deutsche Statasbahnwagenverband schon heut einen bedeutenden Fortschritt gegen den vor seiner Gründung im Wagenaustausch geltenden Zustand dar. Bis dahin galt auch zwischen den deutschen Staatsbahnen wie noch heut im Verkehr mit allen übrigen deutschen Bahnen, soweit sie nicht mittelbar dem Staatsbahnwagen-Verbande angehören (vgl. S. 169, Anm. 4), das Wagenübereinkommen des deutschen Eisenbahnvereins, zufolge dessen jeder Güterwagen zwar bis ans Ende seiner Last laufen kann, aber zu seiner Verwaltung, und zwar möglichst auf dem Wege des Hinlaufs, zurückgehen muß. Dieser Grundsatz, der auch im internationalen Wagenverbande für Mitteleuropa gilt, ist, solange nicht eine weitergefaßte Gemeinschaft besteht, unentbehrlich, damit der Wagen seiner für ihn sorgenden und auf ihn angewiesenen Heimat zurückgegeben wird. Seine Anwendung führt aber zu den gewaltigen Leerläufen und zu der Schreiberei, mit welcher jeder fremde Wagen verfolgt wird, um etwaige Abweichungen vom vorgeschriebenen Wege zu ermitteln und die Mietzahlung zu sichern. Mit dem Aufschwung des Güter- und Wagenaustausches werden diese Belastungen des Verkehrs immer schwerer erträglich. Darum bedeutet der deutsche Staatsbahnwagenverband einen wichtigen Schritt im Sinne der einheitlichen Verwaltung des deutschen Eisenbahnnetzes[2]).

---

[1]) Der deutsche Staatsbahnwagenverband ist zum 31. März 1912 nicht, wie nach dem Gründungsvertrage geschehen konnte, mit einjähriger Frist gekündigt worden, hat also in seiner Probezeit die Verbandsverwaltungen befriedigt. Wie sich der Wagenumschlag im Verbande gestaltet (siehe S. 170), lassen die veröffentlichten Ziffern nicht erkennen. Im Zehnjahrsbericht des preußischen Ministers der öffentlichen Arbeiten für 1890—1900 Anlage 22 ist angegeben, daß in den Monaten September bis November, d. h. in der Zeit regelmäßiger Wagenknappheit, der Güterwagenumschlag für die preußische Staatsbahn 1892 3,53 Tage betrug und fast beständig fallend auf 3,01 Tage im Jahre 1899 herabging. Später sind derartige Angaben nicht mehr gemacht worden, wahrscheinlich weil sie, auf Schätzung beruhend, statistische Sicherheit nicht bieten. Statistisch kann für die preußische Staatsbahn nur festgestellt werden, daß die Güterwagenachse durchschnittlich 1889 17 633 km durchlaufen hat, daß sie mit 3,73 t beladen war und auf 1000 beladene Achskilometer 535 leere kamen, während in allmählicher Abwandelung diese Ziffern sich 1909 auf 16 380 km, 4,42 t Nettolast und 420 leere Achskilometer stellten. Die Vermehrung der Nettolast ist auf die steigende Tragfähigkeit der Wagen zurückzuführen. Auf die Verminderung der Leerkilometer ist die erleichterte Wagenbenutzung, auf das Herabgehen der geleisteten Achskilometer das ungewöhnliche Anwachsen der auf kurze Entfernungen laufenden Rohstoffe von Einfluß gewesen. Ein Schluß auf die Leistungen des Betriebes für den Wagenumschlag läßt sich aus diesen Ziffern nicht ziehen.

[2]) Reichsverfassung vom 16. April 1871, Art. 42.

Neunzehnter Abschnitt.

Verkehrsdienst. Abfertigung. Tarifaufstellung.

Während der Fahrdienst für das Fortschaffen sorgt, hat der Verkehrsdienst Reisende und Güter durch Tarife heranzuziehen, für Abfertigung, Ein- und Ausschiffung zu sorgen. In dieser Tätigkeit, die unter sich zusammenhängt und anfänglich in den Eisenbahndirektionen von einer Person wahrgenommen wurde, hat sich, wie im Fahrdienst, allmählich ebenfalls die Arbeitsteilung vollzogen.

Tarifaufstellung. Der Minister der öffentlichen Arbeiten stellt für die preußischen Staatsbahnen, wie den Personenzugfahrplan mit Rücksicht auf die Ausgaben, so die Tarife als Hauptquelle der Einnahmen fest[1]). Die Eisenbahndirektionen bereiten die Entscheidung über Anträge auf Abänderung der Tarife vor durch Verhandlungen unter sich oder mit den beteiligten Kreisen. Einzelne Direktionen haben nach Bestimmung des Ministers Gruppen von Direktionen im Staatsbahntarif oder in Verbänden mit fremden Verwaltungen die ganze preußische Staatsbahn zu vertreten[2]). Wichtigere Fragen werden von den Direktionen mit den Bezirkseisenbahnräten behandelt, die ihnen gruppenweise als Beirat beigegeben sind. Der Minister legt Entschließungen, welche das ganze Land angehen, seinerseits dem der Zentralverwaltung als Beirat zugewiesenen Landeseisenbahnrat vor. Sofern die allgemeinen Vorschriften über die Anwendung der Gütertarife (Tarifvorschriften und Güterklassifikation) geändert werden sollen, hat vorher darüber die Generalkonferenz der zum deutschen Reich gehörigen Eisenbahnen zu verhandeln, deren Beschlüssen wiederum durch die ständige Tarifkommission vorgearbeitet wird[3]).

---

[1]) Verwaltungsordnung § 3c. VV. für 1910 S. 14. „Soweit die Bestimmung darüber nicht den Königlichen Direktionen überlassen ist." Dies geschieht im Einzelnen und nur in Fällen, die für die Einnahmen keine Bedeutung haben, z. B. für Frachtvergünstigungen, welche nach allgemein vorgeschriebenen Grundsätzen gewährt werden.

[2]) Die Tarife mit den andern deutschen, den russischen, skandinavischen, österreichischen, italienischen, Schweizer, französischen usw. Bahnen sind an einzelne entsprechend belegene preußische Staatsbahndirektionen verteilt, um die Verhandlungen mit den fremden Verwaltungen zu führen und die Ausarbeitung bis zur Genehmigung durch den Minister zu übernehmen.

[3]) Vgl. S. 77. Gesetz betr. die Einsetzung von Bezirkseisenbahnräten und eines Landeseisenbahnrats für die Staatseisenbahnverwaltung vom 1. Juni 1882 mit Abänderungen durch Gesetze von 1906 und 1910. GS. S. 313. Vgl. Abschnitt 34. Erst nach der Verhandlung im Landeseisenbahnamt entscheidet sich der Minister der öffentlichen Arbeiten darüber, ob er den preußischen Staatsbahnen die Zustimmung zu den Beschlüssen der Generalkonferenz, welche er dem Landeseisenbahnrat vorgelegt hat, gestatten will.

Die Entscheidung über die Tarife ist bei der preußischen Staatsbahn eine durchaus zentrale, in einer einzigen Hand zusammengefaßte. Der leitende Minister ist allein gesetzlich berechtigt, darüber zu verfügen und wird in seiner Entschließung nur gebunden durch seine Stellung in der Staatsregierung, namentlich zu dem Finanzminister, der über diese ergiebige Quelle von Einnahmen und Ausgaben für den Staat zu wachen hat. Die große Verantwortlichkeit, welche der Minister der öffentlichen Arbeiten hierin gegenüber dem Lande und seinen Vertretern im Landtage trägt, wird aber erleichtert durch die ausgedehnte Vorbereitung seiner Entscheidung in den Provinzialbehörden, in den Vertretungen der Erwerbsstände des Landes und, für die allgemeinen deutschen Fragen, in den Eisenbahnverwaltungen und bahnbesitzenden Regierungen des Reichs. Es wird viel und lange, fast immer unter Beteiligung breiter Öffentlichkeit, erwogen, bevor eine wichtige Entschließung in Sachen des Eisenbahntarifs zustande kommt. Der Verkehr ist vor Übereilung, vor Unbeständigkeit ausreichend gesichert und trotzdem die Möglichkeit schnellen Zugreifens, wie es der Wechsel der Verhältnisse nötig machen kann, erhalten, sobald die leitenden Männer glauben, von ihrer Machtvollkommenheit Gebrauch machen zu dürfen[1]).

Verkehrsleitung. Die Leitung des Verkehrs beruht dagegen bei den Eisenbahndirektionen. Innerhalb der allgemeinen Anordnungen des Bundesrats für den Verkehr[2]) regeln sie die Abfertigung der Reisenden und Güter zu einem großen Teil durch Vereinbarungen untereinander. Seit Februar 1886 besteht für diese Verhandlungen ein Verkehrsverband der deutschen Bahnen, welcher in ähnlichen Formen wie die Generalkonferenz der deutschen Bahnen für die Tarife, Beschlüsse zum Teil mit verbindlicher Kraft faßt[3]). Er bestimmt über die Abfertigung der Reisenden und Güter, die Verladung und Behandlung der letzteren in den Zügen und auf den Unterwegsstationen. Einheitliche Abfertigungsvorschriften, ein vereinfachtes Abfertigungsverfahren (ohne Begleitkarten, lediglich auf Grund der Frachtbriefe), Beförderungsvorschriften sind durch den Verband eingeführt, Zoll-, Steuer- und polizeiliche Verladevorschriften durch ihn gesammelt und herausgegeben. Nach seinen

---

[1]) So verfügte überraschend kurz vor Beginn der Reisezeit 1901 der preußische Minister v. Thielen mit Zustimmung des Finanzministers die Ausdehnung der Gültigkeitsdauer sämtlicher mit verschiedenen kürzeren Fristen laufenden Rückfahrkarten auf 45 Tage und bereitete damit die allgemeine Ermäßigung der Fahrpreise auf die Sätze der Rückfahrkarten vor. Alle deutschen Staatsbahnen folgten alsbald. Vgl. für fremde Länder S. 79 f.

[2]) Verkehrsordnung und internationales Übereinkommen S. 54.

[3]) Der Verkehrsverband trat an die Stelle älterer Teilverbände und ging aus dem „großen Tarifverbande von 1869" hervor. Bei wichtigen Fragen hängt die Zustimmung der preuß. Staatsbahnen von der Genehmigung des Ministers ab. Vgl. S. 174, Anm. 3.

Beschlüssen sind die gesamten Staatsbahnen mit einem Netz von miteinander planmäßig arbeitenden Umladestellen belegt, welche die Stückgüter behufs voller Ausnutzung der Wagen und möglichst schneller Beförderung nach den Zielstationen zusammenstellen. Ausländischen Verwaltungen gegenüber werden Vereinbarungen mit gleichem Ziel für einzelne Stationsverbindungen von den beteiligten Direktionen getroffen.

Der Dezernent, welchem in der Direktion die Leitung des Verkehrs obliegt, sorgt für diesen Teil des Dienstes in ähnlicher Weise wie der Betriebsleiter für den Fahrdienst. Er bürgt dafür, daß die Verkehrsämter des Bezirks ordnungsmäßig und ineinandergreifend verfahren. Die Vorstände der Ämter regeln, soweit die Direktion nicht eingreift, selbständig den gesamten Dienst der Abfertigungs- und Ladestellen ebenso wie den Verkehr mit der Kundschaft einschließlich fast aller Beschwerden[1]).

Der Verkehrsdienst ist im Gegensatz zu der zentralen Behandlung der Tarife soweit möglich in die Hände der Ortsbehörden gelegt und deshalb imstande allen nach der Örtlichkeit verschiedenen Bedürfnissen zu entsprechen. Weil auf diese Bedürfnisse bei der Verteilung der Güterwagen je nach der Dringlichkeit Rücksicht zu nehmen ist, wird seit längeren Jahren die Meldung und Verfügung über die Wagen in der Regel von den Verkehrsstellen und leitenden Verkehrsbeamten wahrgenommen, während der Fahrdienst die Zuführung zu vermitteln hat. In den Dezernenten der Direktion treffen Verkehrsdienst und Fahrdienst zu gemeinsamer Verfügung zusammen; die besonderen, öfters auch räumlich getrennten Verkehrs- und Betriebsämter sind gehalten, sich dazu untereinander zu benehmen. Wie sehr die Aufgabe für den Verkehrsdienst wächst, zeigt am besten die Steigerung der auf der preußischen Staatsbahn von Gütern aller Art und Vieh zurückgelegten Tonnenkilometer, die von 1889 an bis 1909 143% beträgt. Dabei bildet Eil- und Stückgut 1909 5,75% aller Tonnenkilometer gegen 4,3% im Jahre 1889[2]). Verhältnismäßig stark vermehrt sich mit wachsender Feinfabrikation das Stückgut, welches der Verwaltung in der Abfertigung größere Arbeit als die Wagenladungen verursacht.

---

[1]) Nur Beschwerden über Werte von mehr als 300 M. und alle Frachtrückforderungen, abgesehen von Nebengebühren, sind ausgeschlossen, dann auch solche, deren Behandlung für fremde Verkehre nach den Vereinbarungen mit den beteiligten Verwaltungen der Eisenbahndirektion ebenso wie die Erledigung der vorgenannten Beschwerden vorbehalten ist.

[2]) 1889 betrugen die gesamten Tonnenkilometer 14 532 186 193, 1909 35 446 700 000. Zehnjahrsbericht f. 1890—1900 S. 308, Geschäftl. Mitteilungen f. 1911 S. 106 ff.

Zwanzigster Abschnitt.

Personentarif.

Ältere Tarife. Während die ersten Eisenbahnen lediglich für den Güterverkehr bestimmt waren (vgl. S. 1 f), trat die Personenbeförderung, sobald sie erst einmal zu den Aufgaben öffentlicher Bahnen gerechnet wurde (vgl. S. 4), bald in den Vordergrund. Auf der Liverpool—Manchester Eisenbahn, die zuerst öffentlichen Personenverkehr hatte und ihren Betrieb im Jahre 1830 damit anfing, überflügelte er die Güterbeförderung vollständig. Erst nach 10 Jahren brachten die Güter ein Viertel der Einnahme, der Personenverkehr noch immer drei Viertel. Ähnlich war es auf den andern englischen Eisenbahnen, die im Durchschnitt erst von den 50er Jahren des vorigen Jahrhunderts an etwa die Hälfte ihrer Einnahme aus dem Güterverkehr erhalten. Die gleiche Erfahrung wurde in Deutschland gemacht. Bei der Berlin—Anhaltischen, der Berlin—Stettiner, der Berlin—Potsdam—Magdeburger Bahn, die Anfang der 40 er Jahre eröffnet wurden, gingen die Einnahmen aus dem Güterverkehr erst von 1852, 1854 und 1856 an dauernd über die aus der Personenbeförderung hinaus, bei der 1851 in Betrieb gekommenen preußischen Ostbahn erst von 1863 an[1]).

Es war nicht zu verwundern, daß im Anfang des Eisenbahnbetriebes die Haupteinnahme aus dem Personenverkehr erwartet und daher der Fahrtarif entsprechend hoch bemessen wurde. Man sah damals in der Eisenbahn den Ersatz für die Post bei eigentlichen Reisen und nahm deren Sätze zum Anhalt für die Fahrpreise. Daß durch die Eisenbahnen ein Nahverkehr, eine tägliche Gewohnheit des Fahrens entwickelt werden könnte, wurde kaum erwartet[2]).

Die ersten Eisenbahntarife enthielten in England wie in Deutschland Sätze für Leute, die im eigenen Reisewagen sich auf die Eisenbahnlore setzen ließen. Als dies mit der wachsenden Geschwindigkeit der Züge betriebsgefährlich wurde, blieb für alle Reisende nur das Fahren innerhalb der Eisenbahnwagen übrig, die nun in mehrere Klassen geteilt wurden.

---

[1]) In „Berlin und seine Eisenbahnen 1846—1896" Bd. I S. 290 finden sich graphische Darstellungen, welche die nebeneinander laufende Entwicklung von Personen- und Güterverkehr anschaulich machen. Acworth Railway economics, 1904, S. 58. Auf der Great Western und der London and Birmingham Railway lieferte der Güterverkehr anfänglich nur $\frac{1}{5}$ oder $\frac{1}{6}$ der Gesamteinnahme. Jetzt beträgt die Einnahme der englischen Bahnen aus der Güterbeförderung etwa 51 bis 43 % des ganzes Ertrages. Archiv für 1911, S. 1132. Entwicklung der preußischen Ostbahn.

[2]) Stephenson, der Erfinder des Rocket (S. 2) soll schon vorausgesagt haben, daß es mittels der Eisenbahn für den Arbeitsmann billiger werden würde zur Werkstatt zu fahren als zu Fuß zu gehen.

Die Preise für die erste Klasse deckten sich zuerst mit den Post-
taxen. In England betrug die Einheit 2 d für 1 mile = 10,5 Pf. für 1 km,
bald wurde eine 2. und 3. Klasse zu 1½ und 1 d hinzugefügt[1]). In Deutschland wurden die Fahrpreise der preußischen Ostbahn vom Handelsminister für eine Meile auf 6 Silbergroschen für die I., 4 Sgr. für die II.,
3 Sgr. für die III. Klasse = 9,6 Pf., 6,4 Pf. und 4,8 Pf. für 1 km im Jahre
1851 festgesetzt, wobei die erste Klasse der Taxe der bisherigen Personen-
posten entsprach[2]). Für Schnellzüge wurden erhöhte Meilensätze genommen.

Weitere Entwicklung. Die Erfahrung zeigte bald, daß der Verkehr
sich vorzugsweise in den Klassen entwickelte, deren Preise eine wesentliche Ermäßigung gegen die Postbeförderung gewährten. Einige westliche Bahnen Preußens stellten für ihre Arbeiterbevölkerung eine
IV. Klasse ein[3]). Der preußische Handelsminister folgte auf der Ostbahn diesem Beispiel schon 1856 mit einem Satze von 1 Sgr. 6 Pf. für
die Meile = 2,4 Pf. für 1 km. Traglasten konnten in die IV. Klasse, die
nur Stehplätze enthielt, mitgenommen oder ohne Frachtberechnung
im Packwagen untergebracht werden. Marktleute, Handwerker, Landarbeiter gewöhnten sich nun daran, in ihrem Gewerbe zu fahren. Ein
neuer Verkehr wurde mit dieser Maßregel gewonnen, die in Norddeutschland schnell Nachfolge fand.

Dieser ersten Ermäßigung der ursprünglichen hohen Fahrpreise
folgten andere, welche zunächst auf den Nahverkehr berechnet waren.
Rückfahrkarten wurden mit einer Ermäßigung von meist 25% und einer
Geltungsdauer von 3 Tagen ausgegeben, ferner Zeit-, Schüler-, Arbeiter-,
Sonntagskarten. Mit wachsendem Verkehr wurde das Bedürfnis billi-
gerer Fahrpreise auch für weitere Entfernungen anerkannt. Die ein-
fachen Fahrten wurden nach Einführung des Metermaßes und der
Markwährung auf 8, 6, 4 und 2 Pf. für 1 Person und 1 Kilometer in I. II.
III. und IV. Klasse durch die preußische Staatsbahn herabgesetzt,
für zusammenstellbare Rundreisehefte seitens aller Bahnen des deutschen

---

[1]) Acworth S. 62. 1 mile = 1,6 km, 1 £ = 20,40 M. Zu 2 d für eine
englische Meile fuhren 1842 13 000 000 Reisende; III. Klasse kam wenig vor.
Jetzt (1902) bewegen sich von den 1 500 000 000 Reisenden der englischen
Bahnen 9/10 in III. Kl., 18 000 000 allerdings noch immer zu dem alten hohen
Satz zu 1½ d in II. Kl.; die excursions und workmanns fares in III. Kl.
stellen sich erheblich billiger, auf 1 d bis 5 miles = 1,05 Pf. für 1 km.

[2]) Archiv 1911 S. 1132. Die Privatbahnen erhoben höhere Sätze: Berlin-
Hamburg I., II., III. Kl. 6½, 4½, 3¼ Sgr., Berlin-Stettin 6²/₃, 5, 3¹/₃ Sgr.,
Niederschl.-Märkische 7, 4¹/₂, 3¹/₂ Sgr., Potsdam-Magdeburg 7, 5, 3½ Sgr.
Der deutsche Eisenbahn-Verein empfahl schon damals, überall eine Wagenklasse
zu höchstens 3 Sgr. für 1 Meile einzuführen, behufs Wettbewerbs gegen das Fuhr-
werk im Nahverkehr.

[3]) Zum Beispiel die Köln-Mindener Eisenbahn, an deren Strecke von Duisburg bis Dortmund damals die dichteste Arbeitermasse saß.

Eisenbahnvereins Ermäßigungen für große Strecken gewährt und endlich allen Rückfahrkarten die bis dahin nur bei Rundreiseheften vorkommende Geltungsdauer von 45 Tagen durch die deutschen Staatsbahnen beigelegt.

Heutiger Zustand in Deutschland. Als danach 70—75% aller Reisenden im Fernverkehr mit Rückfahrkarten befördert wurden, nahmen 1907 die deutschen Staatseisenbahnen in dem damals vereinbarten einheitlichen Personen- und Gepäcktarif die Einheitssätze von 7 Pf., 4,5 Pf., 3 Pf. und 2 Pf. für die I., II., III. und IV. Klasse an unter Beseitigung der regelmäßigen Herabminderungen für Rückfahrten[1]). Für die Mannschaften ist der Militärtarif in III. Klasse schon seit 1901 auf 1 Pf. für das Personenkilometer herabgesetzt.

Die regelmäßigen Fahrpreise gelten jetzt für alle Züge, während früher um etwa 10% erhöhte Sätze für Schnellzüge erhoben wurden. An Stelle dieser Erhöhungen sind für die Benutzung der Schnellzüge mäßige feste Zuschläge eingeführt, die auf weitere Entfernungen nicht mehr wachsen. Feste Sätze sind auch für die Gepäckfracht unter Aufgabe des seitherigen auf den norddeutschen Bahnen gewährten Freigewichts von 25 kg für 1 Person angenommen mit geringem Aufstieg für große Strecken[2]).

Neben der allgemeinen Ermäßigung der Fahrpreise werden seit der 1880 erfolgten Eröffnung der Stadt- und Ringbahn in Berlin dem örtlichen Verkehr der Reichshauptstadt besondere Vergünstigungen gewährt; 15 Pf. kostet die Fahrt bis zur fünften Station in II. Klasse, 10 Pf. in III. Klasse, für entferntere Stationen das Doppelte. Weitere Ermäßigungen sind für Monats-, Schüler-, Arbeiterkarten auf der Stadt- und Ringbahn gegeben. Von 1891 ab besteht außerdem in Berlin ein Vororttarif für II. und III. Klasse mit Zonensätzen bis 20 km, an welche für weitere Entfernungen die regelmäßigen Fahrpreise angestoßen werden. Er gilt nur, ebenso wie der ähnliche Zonentarif der

---

[1]) Die Sätze entsprechen im allgemeinen den bisherigen Preisen der Rückfahrkarten. An Stelle der IV. Klasse führten Bayern und Baden die III b Klasse ein. Die Mindestsätze an Fahrgeld sind von der Württembergischen Staatsbahn für die IV. Kl., in Mecklenb. für die II.—IV. Klasse etwas erhöht.

[2]) Die Schnellzugszuschläge betragen 0,50—2 M. für I. und II. Kl., 0,25 bis 1 M. für III. Klasse bei Entfernungen bis 75, 150 und über 150 km; die Gepäckfracht bis 25 kg 0,20, 0,50 und 1 M. für Strecken bis 50, 300 und mehr km; über 25 kg gelten erheblich höhere Sätze. Durch Schnellzugszuschläge und Gepäckfracht sollte der Ausfall von 15,6 Millionen Mark, der für die preußische Staatsbahn von der Ermäßigung der einfachen Fahrkarten erwartet wurde, herabgemindert werden. Zehnjahresbericht 1900—1910, S. 80. Die Bedeutung der früheren kilometrischen Preiserhöhungen für Schnellzüge war übrigens für die preußischen Bahnen schon längere Zeit wesentlich dadurch abgeschwächt worden, daß die Rückfahrkarten auf diesen auch Geltung für die Schnellzüge bekamen.

Hamburger Stadt- und Vorortsbahn, für die Vorortzüge, nicht für Fernzüge.

Eine Erhöhung haben die Fahrpreise neuerdings durch die Fahrkartensteuer des Reichs erfahren (vgl. S. 119) bei welcher aber die IV. Klasse sowie die Beträge unter 60 Pf., und damit zum größten Teil die Stadt- und Vorort-Tarife, freigeblieben sind[1]).

Abgesehen von dieser, außerhalb tarifarischer Erwägungen liegenden, im Ganzen nicht erheblichen Verschiebung nach oben sind die Fahrpreise dauernd heruntergegangen. Vergleicht man die Beträge der verschiedenen Klassen mit der Posttaxe, welche nur einen Satz für alle hatte, so zeigt sich der gewaltige Abstand gegen früher in jeder Klasse, am meisten in den niedrigsten Sätzen von 1 Pf. und 2 Pf. gegen 10 Pf. für 1 Kilometer. Deutlicher wird die Erleichterung im Preise, wenn dem Postsatze, von dem der Personentarif der Eisenbahn ausging — 10 Pf. für 1 Personenkilometer —, die Durchschnittseinnahme der Preußischen Staatsbahn aus dem Personengeld für eine Person und 1 km gegenüber gestellt wird. Sie betrug schon 1889 nur 3,09 Pf., 1899 2,65 Pf., 1909 2,32 Pf. Die Kosten der Beförderung im öffentlichen Verkehr zu Lande sind im Durchschnitt auf den 4. Teil herabgegangen.

Erwägt man zugleich die außerordentlichen Verbesserungen, welche das Reisen auf der Eisenbahn erfahren hat, in Bauart, Beleuchtung, Heizung der Wagen, in den Schlaf- und Speisegelegenheiten u. dgl., in Behaglichkeit der Bahnhöfe, in Schnelligkeit, Häufigkeit, Sicherheit der Züge, so wird zugegeben werden müssen, daß trotz der immer billiger werdenden Preise die Eisenbahn ihre Leistungen für den Reisenden fortdauernd gesteigert hat. Die Möglichkeit des Reisens ist für die Gesamtheit des Volkes auf das höchste erleichtert worden. In der IV. Klasse reist der Arbeiter heute besser als vor 70 Jahren der Vornehme in der Postkutsche.

Einwendungen gegen den deutschen Personentarif. Trotzdem ist der deutsche Personentarif wiederholt der Gegenstand heftiger Meinungskämpfe gewesen.

Klasseneinteilung. Angefochten wird die Klasseneinteilung. Vier Klassen werden fast nur in Deutschland unterschieden. In England ist nach dem Vorgang der Midland Railway ziemlich allgemein die II. Klasse ausgefallen; die I. wird zu dem alten Satz von etwa 11 Pf für 1 km, die frühere III. zu 5 Pf. gefahren. In den Vereinigten Staaten wird noch festgehalten an der Annahme, daß im Lande der Gleichheit nur eine Wagenklasse bestehen dürfe. Die besser gestellte Gesellschaft benutzt die Pullmann cars mit ihren erheblichen Zuschlägen; für Aus- und Einwanderer gibt es besondere Wagen.

---

[1]) Die Preise der III. Klasse, welche den Satz von 2 Pf. für 1 km nicht übersteigen, sind steuerfrei, wenn die Züge eine IV. Klasse nicht führen.

Sieht man ferner, daß in den deutschen Stadt-, Vorort- und Untergrundbahnen 2 Klassen ausreichen, in den Straßenbahnen und öffentlichen Automobilen alle Schichten sich in einem Wagen zusammenfinden, so liegt die Frage nahe, ob das gesellschaftliche Bedürfnis nach Absonderung wirklich eine Teilung in vier Klassen verlangt[1]).

In der Tat laufen die vier Wagenklassen nur in einem Teil der gewöhnlichen Personenzüge nebeneinander her. In manche Schnellzüge werden häufig nur die I. und II., die beiden Polsterklassen aufgenommen; in der überwiegenden Mehrzahl der Schnellzüge ist allerdings aus Entgegenkommen gegen den Mittelstand auch die III. Klasse (niemals die IV.) zugelassen. Dagegen werden in den Zügen der Nebenbahnen fast durchweg nur die II. III. und IV. Klasse, manchmal nur die beiden letzteren geführt. Aus den gewöhnlichen Personenzügen der Hauptbahnen ist die I. Klasse überall entfernt worden, wo sie nicht regelmäßig Benutzung findet.

Die einzelnen Klassen entsprechen in ihrer Einrichtung und Verwendung verschiedenartigen Bedürfnissen des Reiseverkehrs; die Polsterklassen in den Schnellzügen erleichtern lange Fahrten; die IV. Klasse gewährt die Möglichkeit, Gepäck, Ware oder Handwerkszeug bei sich zu haben[2]). Sie decken bestimmte Anforderungen ähnlich wie die Schlaf-Speise-, Aussichtswagen, die Durchgangs- und Abteilwagen. Der Absonderungstrieb der Gesellschaftsklassen wirkt natürlich für die Benutzung mitbestimmend. Solange aber die verschiedenen Wagenklassen und Wageneinrichtungen ausreichend benutzt werden, wird man ihre Einteilung als zulässig anerkennen müssen.

Die Einrichtung ist in allen Klassen mit der neuen Technik fortgeschritten, am meisten verbessert in den unteren Klassen, besonders in der IV., die im Gegensatz zu den alten dürftigen Wagen ohne Sitze und mit lukenartigen Fenstern jetzt mit ihren an den Wänden herumlaufenden Bänken sich von der III. Klasse fast nur noch durch die Raum- und Sitzeinteilung unterscheidet[3]). Die neuere Bauart, die Ausdehnung auf viele Züge und der billige, zuletzt noch von der Fahr-

---

[1]) In London haben einzelne Untergrundbahnen nur eine Klasse. Die III[b] Klasse in Bayern und Baden unterscheidet sich von der III. Klasse nicht durch die Wageneinrichtung, sondern nur durch den niedrigeren Preis von 2 Pf. für 1 km; sie wird lediglich in Züge langsamerer Gangart eingestellt.

[2]) Auch im Vorortverkehr Berlins, wo sonst nur II. und III. Klasse geführt wird, ist in einzelnen Zügen ein besonderer Wagen III. Klasse für Traglasten eingestellt.

[3]) Es gibt in der IV. Klasse auch Frauen- und Nichtraucherabteile. Der noch während der Erörterungen über die Tarifreform von 1907 von süddeutschen Gegnern kommende Vorwurf, daß die IV. Klasse „menschenunwürdig" sei, ist ganz verstummt. Die Bauart, Federung, Beleuchtung, Heizung, Aborteinrichtung ist in allen Klassen fast gleich geworden.

kartensteuer freigelassene Preis (S. 180) haben bewirkt, daß die
IV. Klasse in den letzten Jahren in der Benutzung die übrigen Klassen
weit übertroffen hat, auch die dritte, obwohl in dieser der gewaltig an-
wachsende Vorortverkehr mitzählt. Die Personenkilometer stiegen in
dem Jahrzehnt von 1899 an in der IV. Klasse um 96% in der III. und II.
Klasse um 87% und 52%, in der I. nur um 3%, die beförderten Personen in der IV. Klasse um 114%, in der III. und II. um 69% und 83%,
während die Zahl in der I. Klasse um 16 % abnahm[1]).

Die I. Klasse ist in der Benutzung stark zurückgeblieben und würde
wahrscheinlich aus den Zügen noch mehr verschwinden, wenn sie nicht
vorzugsweise den einflußreichen höheren Gesellschaftsschichten diente[2]).
Von Bedeutung für das Gesamtergebnis ist der Ausfall in dieser wenig
umfangreichen Klasse nicht. Die durchschnittliche Ausnutzung der
bewegten Plätze bleibt auf der preußischen Staatsbahn doch eine
günstige[3]).

Tarifberechnung. Daß der Tarif für die Beförderung auf der Eisenbahn nach dem durchmessenen Raum berechnet werden muß, bestreitet
niemand. Aber weit gehen die Meinungen darüber auseinander, in
welcher Weise die Fahrpreise der Entfernung angepaßt werden sollen.

Dem gleichmäßigen kilometrischen Personentarif, bei welchem
die deutschen Eisenbahnen geblieben sind (vgl. S. 179), hält man
entgegen, daß darin nicht genug Rücksicht auf die weiten Fahrten
genommen wird. Durch fallende Preise für größere Strecken soll das
Weitreisen begünstigt und dadurch die Einnahme der Eisenbahn vermehrt, die Beschränkung des Raums zum Vorteil der wirtschaftlichen
Entwicklung und der Kenntnis der Welt soviel wie möglich aufgehoben
werden. Da auf der preußischen Staatsbahn die Person im Jahre 1909
durchschnittlich bei den Beförderungen nach dem Normaltarif[4]) nur
1 Mark eingebracht und nur 36,46 km weit befördert ist, so scheint eine
Steigerung nach beiden Richtungen erstrebenswert.

----

[1]) Personen fuhren in der I. Klasse 1909 1 624 015 gegen 1 185 329 im Jahre
1889; in der IV. Klasse 1889 82 886 774, demgegenüber 470 177 457 im Jahre 1909.

[2]) Die Reichstags- und preußischen Landtagsabgeordneten haben auf den
Staatsbahnen während der Sitzungszeit freie Fahrt in beliebiger Wagenklasse,
die Landtagsabgeordneten nur für die Reise nach Berlin von und zum Wohnsitz,
die Reichstagsabgeordneten auch auf Privatbahnen.

[3]) Die Ausnutzung im ganzen läßt sich nur schätzen, da die bewegten Plätze
nicht gezählt, sondern nach der Stärke der Züge annähernd berechnet werden.
Für die preußische Staatsbahn wird nahezu 26 % im Durchschnitt angenommen,
über welchen Verhältnissatz Eisenbahnen nur in einigen Ländern mit besonders
starkem Verkehr hinauskommen. Vergl. S. 168 Anm. 1.

[4]) Ausgeschieden sind bei dieser Angabe alle Beförderungen nach geringeren
als den Sätzen der 4 Klassen, abgesehen von den internationalen Rückfahrkarten.
Geschäftliche Nachrichten S. 94.

In den Nachbarländern, in Österreich, Ungarn, Rußland, werden für weite Entfernungen meist niedrigere Fahrpreise eingestellt, als für die kürzeren und werden dort durch das Bedürfnis gerechtfertigt, den persönlichen Verkehr der entlegeneren Teile des weiten Gebiets untereinander zu ermöglichen. Die österreichischen Staatsbahnen erheben für jedes Kilometer bis 400 km in I., II. und III. Klasse 9, 5,5 und 3,5 Heller, für weitere Entfernungen bis 600 km 8,5, 5 und 3, über 600 km 7,5, 4 und 2 Heller, daneben einen gleichmäßigen Schnellzugszuschlag von 2,88, 1,76 und 1,12 Heller für jedes Kilometer je nach den 3 Klassen[1]). Eine Verschärfung der fallenden Skala liegt in der zonenweisen Abrundung der Sätze, welche einzelne Bahnen in Österreich und Ungarn anwenden. Die Ungarische Staatsbahn führte 1889 einen Tarif mit weitgegriffenen Zonen unter dem Minister Baroß ein und erhöhte den Satz der letzten Zone über 225 km überhaupt nicht mehr, so daß der Preis für diese Zone bis zur Grenze des Landes von dem Anwachsen der Entfernung ganz absah. Sie hat indeß bei der diesjährigen Umarbeitung des Personentarifs die Abweichungen gegenüber der kilometrischen Berechnung nach fallender Skala bis auf einige Ausnahmen beseitigt. Die ungarischen Sätze sind auf weite Entfernungen nicht unerheblich billiger als die preußischen, ebenso die Sätze der russischen Bahnen. Auch die schwedischen und italienischen Bahnen lassen die Fahrpreise mit der Entfernung fallen[2]). Die belgischen Staatsbahnen nahmen trotz der geringen Längenausdehnung des Landes im Jahre 1866 die fallende Skala an, gaben sie 1871 aber wieder auf und erhöhten die Sätze ebenso wie wiederholt die ungarischen Staatsbahnen, weil die Verkehrsentwicklung den Ausfall an den Fahrgeldbeträgen nicht deckte. In den Vereinigten Staaten von Amerika werden die Fahrpreise im allgemeinen nach kilometrisch gleichen Sätzen, aber öfters für verkehrsreiche weite Beziehungen, wie Chicago—New York, unter dem Einfluß des Wettbewerbs ungewöhnlich niedrig berechnet[3]).

---

[1]) Die Sätze enthalten die Fahrkartensteuer und sind in der ersten Staffel ohne Schnellzugszuschläge — in Pf. 7,65 I. Kl., 4,675 II. Kl., 2,975 III. Kl. — etwas niedriger als die preußischen Staatsbahnklassen nur bei der III. Klasse, vgl. S. 179. Werden die Schnellzugszuschläge den österreichischen Fahrpreisen hinzugerechnet, so stehen diese den preußischen, ebenfalls einschließlich Fahrkartensteuer und Schnellzugszuschlag, in II. und III. Kl. annähernd gleich, abgesehen von sehr weiten Entfernungen, auf welchen die österreichischen Fahrpreise billiger sind. Dagegen fehlt in Österreich die IV. Klasse.

[2]) Der russische Fahrpreis III. Kl. fällt von 1,50 Kop. für 1 Werst auf 0,4 Kop. bei 2861—3010 Werst; der schwedische gilt 20 Oere für 8 km in den ersten 12 Zonen, in späteren fallend für 9, 10 usw. km; der italienische 5,25 centesimi, von 151 km aber abfallend weniger.

[3]) Der Personenzugfahrpreis für die einzige 1., in der Ausstattung unserer 3. gleichstehende Klasse (ausschließlich der Zuschläge für Pullmann Cars, vgl. S. 180), beträgt nach gewöhnlicher Annahme 2 cents für 1 mile = rund

Die unbedeutenden Begünstigungsn, welche in Deutschland den weiten Entfernungen zugestanden werden, liegen in der Begrenzung der Schnellzugszuschläge und der Gepäckfracht bis 25 kg(Vorstufe) auf bestimmte niedrige Beträge sowie in den Feriensonderzügen, welche aus Wohlfahrtsgründen zu ermäßigten, meist halben Preisen gefahren werden [1]. Versuche, die fallende Skala für die Fahrgelder durchzusetzen, sind zwar auch bei uns gemacht worden. Eine lebhafte Bewegung entstand nach Einführung des Zonentarifs in Österreich und Ungarn; sie ging soweit, Zonen-Einheitssätze nach dem Vorbild der Posttaxe (1—3 M. für die Person) im deutschen Fernverkehr zu verlangen.

Derartigen Bestrebungen ist entgegenzuhalten, daß wichtiger als Preisermäßigungen für weite Reisen gute und bequeme Verbindungen sind, daß außerdem, sobald Gasthofskosten entstehen, neben diesen die Herabsetzung des Fahrgeldes für den Reiseentschluß weniger ins Gewicht fällt. Mit den wesentlichen Verbesserungen des Fahrbetriebes in Deutschland wird es erreicht, daß der Reiseverkehr unter der Herrschaft der bestehenden Fahrpreise in beständigem lebhaften Steigen begriffen ist. Die Zunahme der Personenkilometer hat auf der preußischen Staatsbahn 1909 gegen 1899 im Durchschnitt 85% betragen, also jährlich rund 8,5%, während die Bevölkerung sich in dieser Zeit noch nicht um 1% jährlich vermehrt hat.

Gepäckfracht. Das im Jahre 1907 abgeschaffte Freigewicht (vgl. S. 179) ist von der Post übernommen und besteht noch überall im Schiffsverkehr, auf den Eisenbahnen in den angelsächsischen Ländern und in Frankreich. Sonst wird außerhalb Deutschlands meist wenigstens eine Registriergebühr erhoben. Die deutsche Gepäckfracht der Vorstufe bis 25 kg geht wenig über die Höhe einer solchen Gebühr hinaus und erscheint als eine billige Belastung des Reisenden, welcher sich nicht ohne Gepäck oder mit Handgepäck behelfen will. Die Sätze für die 25 kg überschreitenden Gewichte sind zwar billiger als die vor 1907 geltenden Taxen, aber hoch genug, um der Überlastung der schweren Schnellzüge mit Gepäck entgegenzuwirken.

Nahverkehr. Zu den ermäßigten Sätzen des Nahverkehrs, im Stadt-, Ringbahn- und Vororttarif, auf Zeit-, Schüler-, Arbeiterwochen- und Rückfahr- und Sonntagskarten, sind von der preußischen Staatsbahn

---

5 Markpf. für 1 km; 4—5 cts. werden im Gebirge und in Gegenden mit dünnem Verkehr erhoben, niedrigere Preise etwa 1 ct. für 1 mile auf Stadtbahnen. Die Fahrkarten werden zu einem großen Teil durch Händler (ticket-scarpels) vertrieben, welche mit den Preisen dem Wettkampf unter den Eisenbahn- und Dampferlinien folgen. Hoff und Schwabach, Nordamerikanische Eisenbahnen, S. 194ff.

[1] Die Bevorzugung, welche weiten Reisen früher durch die 45- und 60 tägige Glütigkeitsdauer der zusammenstellbaren Rundreisebilletts gewährt wurde, ist mit Annahme der Rückfahrpreise für die einfachen Fahrten fortgefallen.

im Jahre 1909 465 Millionen Personen mit 5692 Millionen Personenkilometern befördert und haben 73 Millionen Einnahme gebracht[1]). Gegenüber der Gesamtbeförderung von 1040 Millionen Personen, 24 111 Millionen Personenkilometern und 599 Millionen Einnahme liefert der verbilligte Nahverkehr fast die Hälfte der Personen, aber nur den 5. Teil der Kilometerleistung und wenig mehr als den 8. Teil der Einnahme.

Die niedrigen Preise des Berliner Stadt- und Vorortverkehrs (vgl. S. 179) werden wegen des darin liegenden Vorzugs für die Reichshauptstadt und wegen ihres unzulänglichen Ertrages neuerdings stark angefochten. Man berechnet, daß im Stadt- und Ringbahnverkehr die Fahrt einer Person nur 7½ Pf. aufbringt. während auf der Hoch- und Untergrundbahn in Berlin sowie auf den Ortsschnellbahnen aller andern Großstädte der Welt etwa das doppelte zur Erhebung kommt. Bei den Monatskarten geht der Preis für das Personenkilometer bei wirklicher wochentäglicher Benutzung auf 0,4 Pf., d. h. ein Achtel des regelmäßigen Fahrpreises III. Klasse herunter. Auch der staatliche Vorortverkehr Berlins ist wesentlich billiger bedient, als in London, obwohl dort der Mitbewerb der verschiedenartigsten Unternehmungen die Fahrpreise gedrückt hat[2]).

Den andern großen Städten Preußens, welche sich um die gleichen Vergünstigungen bemühten, sind vermehrte Züge zu ihrer Verbindung mit der Nachbarschaft, aber nicht die billigeren Sätze Berlins zugestanden, da diese mit der Entstehung der Berliner Stadt- und Ringbahn zusammenhängen und eine geschichtliche, sonst nicht vorkommende Grundlage haben[3]).

| | in Millionen | | |
	Personen	Personenkm.	M. Einnahme
[1]) Der Vorort-, Stadt- und Ringbahnverkehr in Berlin hatte 1909 . .	131	1237	24
Der Hamb.-Altonaer Stadt- und Vorortverkehr	22	174	4,5
Die Zeitkarten	210	2215	21
Davon im Berliner und Hamburger Stadt- u. Vorortverk..	(116)	(976)	(8,5)
Die Schülerkarten	12	125	1,4
Die Arbeiterwochenkarten.	164	1444	13
Die Arbeiterrückfahrkarten	12	207	3
Die Sonntagskarten	14	286	6
Summa	465	5692	73

Geschäftliche Nachrichten S. 22.

[2]) Der Hamburger Stadt- und Vororttarif ist etwas höher als der Tarif für den weit größeren Berliner Ortsverkehr. Kemmann, Die Fahrpreise der Stadtschnellbahnen. Zeitschr. des Vereins deutscher Eisenb.-Verw. 20, 23/3 1912.

[3]) Die Stadt- und Ringbahn wurde erbaut, um den in der Hauptstadt zusammentreffenden Bahnen die für Verkehr und Verteidigung notwendige Verbindung zu geben. Billige Personentarife sollten die kostspielige Anlage für den da-

Das Bedürfnis für besondere Einrichtungen der Staatsbahn zugunsten des Nahverkehrs vermindert sich überdies, je mehr Straßen-, Klein-, Hoch- und Untergrundbahnen sich desselben bemächtigen (vgl. S. 40f). Im Jahre 1909 beförderten die nebenbahnähnlichen Kleinbahnen in Deutschland 100 Millionen, die Straßenbahnen 2137 Millionen Personen, mehr als doppelt soviel als die preußisch-hessischen Staatsbahnen überhaupt. Die Große Berliner Straßenbahn mit ihren Zubehörungen (Westliche Vorort- und Charlottenburger Bahn) fuhr im gleichen Jahre 455 Millionen, die Hoch- und Untergrundbahn in Berlin 58 Millionen Menschen, während die Berliner Stadt- und Ringbahn 160 Millionen, der Vorortverkehr 140 Millionen Fahrgäste hatte[1]). Die Leistungen der Kleinbahnen im Nah-Personenverkehr haben das Staatsbahnnetz bereits weit überflügelt.

Die Entwicklung, die hiermit eingesetzt hat, schreitet fort. Nicht bloß innerhalb der Großstadt, sondern auch schon weit ausgreifend in deren Umgebung dehnen sich in Berlin und Hamburg die Hoch- und Untergrundbahnen aus; Zwischenverbindungen benachbarter Städte werden an anderen Stellen verfolgt[2]). Die Pflege des Nahverkehrs geht mit Recht mehr und mehr an Privatgesellschaften und die Gemeindeverbände über, welche damit Entwürfe für die planmäßige Bebauung der zu erschließenden Bezirke verbinden. Für den Staat bleibt in Preußen der Fernverkehr sowie der überkommene Nahverkehr seiner Linien.

Um diesen in Berlin nach dem Vorbilde der Hamburger Stadt- und Vorortsbahnen zu verbessern, wird die Einführung des elektrischen Betriebes beabsichtigt, welcher ermöglicht, die Züge in kürzeren Zwischenräumen sich folgen zu lassen und dadurch die kostspielige Strecke stärker auszunutzen[3]). Zur Deckung der dafür aufzuwendenden gewaltigen Kosten[4]) wird die Erhöhung der Stadt- und Ringbahntarife beabsichtigt, die jetzt anerkanntermaßen keine Rente abwerfen[5]). Die Tarife der

---

mals noch fehlenden Ortsverkehr nutzbar machen. Die Hamburger Stadt- und Vorortsbahnen sind ebenso für den Zusammenschluß der dortigen Fernbahnhöfe errichtet.

[1]) Zeitschrift für Kleinbahnen 1911, S. 81, 248. Zehnjahrsbericht 1900—1910, S. 252.

[2]) So Wiesbaden-Frankfurt a. M., Köln-Düsseldorf.

[3]) Während auf der Berliner Stadtbahn bei Dampfbetrieb höchstens 20 Züge in der Stunde sich auf einem Geleise folgen, sollen bei elektrischer Zugförderung 30—40 Züge in der gleichen Zeit unter gleichzeitiger Abkürzung der Fahrzeit hintereinander durchgeführt werden können, wie jetzt schon auf der Londoner Metropolitan-Untergrundbahn, auf welcher der elektrische Betrieb seit einigen Jahren eingeführt ist.

[4]) 120 Millionen werden für die elektrische Einrichtung der Stadt- und Ringbahn in Berlin veranschlagt.

[5]) Da die Ausgaben für die Stadt- und Ringbahn nicht besonders berechnet werden, lassen sich diese nur schätzen. In der Denkschrift für das Abgeordneten-

Hoch- und Untergrundbahn, welche 5% Dividende aufbringt, zeigen, daß die von ihr erhobenen höheren Tarife trotz ihres riesigen Verkehrs (3 Millionen Personen jährlich auf 1 km Betriebslänge) nötig sind, um für die hohen Anlagekosten Ertrag zu haben[1]).

Durchschnitt der Personengeldeinnahme. Obwohl der Personentarif der preußisch-hessischen Staatsbahn in den drei oberen Klassen und namentlich auf weiten Entfernungen höher ist als bei manchen Auslandsverwaltungen, stellt sich der Durchschnitt der Personeneinnahmen für die Leistung, d. i. für das Personenkilometer doch niedriger, als auf den meisten anderen Bahnen,

Für 1 Pkm kommen durchschnittlich auf: bei der preußisch-hessischen Staatsbahn 2,32 Pf., in ganz Deutschland 2,42 Pf., in Frankreich 2,92 Pf., bei der österreichischen Staatsbahn 2,34 Pf., bei der ungarischen Staatsbahn 2,41 Pf., auf den Staatsbahnen in Dänemark 2,81 Pf., in Schweden 3,16 Pf., in Belgien 1,86 Pf, auf den niederländischen Eisenbahnen 3,91 Pf., auf den russischen Eisenbahnen (ausschließlich der Bahnen örtlicher Bedeutung) 1,72 Pf., in den Vereinigten Staaten von Amerika (ausschließlich Zuschläge für Pullmann cars, vgl. S. 180) 5,2 Pf., in Argentinien 4,93 Pf.[2]). Nur die belgischen Staatsbahnen und die ausgedehnten russischen Strecken haben niedrigere Durchschnittseinnahmen für 1 Pkm als die preußische Staatsbahn. Das Verhältnis ändert sich auch nicht, wenn die Einnahme aus der neueingeführten Gepäckfracht hinzugerechnet wird. Der Durchschnittsertrag stellt sich dann bei der preußischen Staatsbahn für 1 Pkm auf 2,38 Pf.

Der niedrige Durchschnitt der Einnahme für die preußische Staatsbahn beruht vor allem in der Einwirkung der IV. Klasse, auf welche fast 60% der beförderten Personen entfallen, wenn der Berliner und

---

haus über Elektrisierung der Stadtbahn nimmt (für 1912) der Minister an, daß die Stadt- und Ringbahn einen Fehlbetrag von fast 2 Millionen Mark an den Betriebskosten hat und für die Verzinsung nichts aufbringt.

[1]) Die niedrigsten Tarife der Hoch- und Untergrundbahn (10 und 15 Pf. für III. und II. Kl.) gelten jetzt in erster Staffel, wie auf der Stadt- und Ringbahn bis zur 5. nachfolgenden Station; aber auf der Stadt- und Ringbahn sind die kilometrischen Abstände zwischen den Stationen weiter. Die Hoch- und Untergrundbahn hat keine Zeitkarten, während sie auf der Stadt- und Ringbahn den größten Teil des Verkehrs liefern. Die Arbeiterwochenkarten zu 1 M. für die Stadtbahn bringen bei 4 maliger Benutzung täglich etwa $^1/_5$ Pf. für 1 Pkm.

[2]) Die Zahlen gelten teils für 1909 teils für 1908, ohne Steuern und ohne Rücksichtnahme auf die Personengeld-Erträge der Klein- und Untergrundbahnen. Archiv 1911, S. 1001, 1029, 1211, 1249 ff., 1471, Hoff und Schwabach a. a. O., S. 194. Für die englischen Bahnen wird eine Angabe des Ertrages für 1 Pkm nicht gemacht. Die Fahrgelder sind in England höher als in Deutschland, wie sich auch daraus ergibt, daß in dem weniger ausgedehnten Lande jede beförderte Person 0,598 M., in Deutschland 0,55 M. aufbringt.

Hamburger Stadt- und Vorortverkehr außer Betracht gelassen wird[1]). Außerdem aber tragen dazu bei die sonstigen Ermäßigungen des normalen Personentarifs, die zum Teil noch unter den Satz der IV. Klasse, selbst unter den Betrag von 1 Pf. für das Pkm heruntergehen[2]) und fast durchweg den minder wohlhabenden Klassen der Bevölkerung zugute kommen. Trotz der Beseitigung der Rückfahrkarten werden auch nach dem Reformtarif noch 55% der Reisenden zu ermäßigten Sätzen befördert. Zu Durchschnittsbeträgen von etwa 1 Pf. für 1 Pkm werden fast vier Milliarden Personenkilometer = 16% der Gesamtkilometer geleistet.

Trotz der fortschreitenden Verbilligung der Fahrgelder ist die Einnahme aus dem Personenverkehr der preußischen Staatsbahn unaufhörlich gestiegen, von 5000 M. für 1 km Betriebslänge im J. 1854 auf 10 000 im Jahre 1895 und auf 16 240 M. im J. 1909. Der Anteil, welchen der Personenverkehr zu der Gesamteinnahme beiträgt, stellt sich aber für die deutschen Bahnen, die durchweg eine ähnliche Preispolitik verfolgen, erheblich niedriger als in den Ländern mit ebenfalls dichter Beförderung aber höheren Personengeldsätzen. In Deutschland bringt der Personenverkehr 28,25% der Gesamteinnahme, in England 37,53%, in Frankreich 34,84%, in Niederland etwa 50%, in Dänemark 46,4%[3]).

Einwendungen gegen die billigen Fahrgeldsätze. Die Preispolitik der deutschen Bahnen wird daher, ebenso wie von den Anhängern noch weitergehender Ermäßigungen (vgl. S. 184), auch im entgegengesetzten Sinne angefochten, weil die Sätze zu billig seien und die Gütersendungen infolgedessen übermäßig belastet würden, um die erforderlichen Erträge für Betrieb und Verzinsung aufzubringen.

---

[1]) Der Stadt- und Vorortverkehr muß bei der Vergleichung der Klassenerträge ausscheiden, da er eine IV. Klasse nicht führt, auch in der III. Klasse mehrfach billiger als die III. Klasse des Fernverkehrs ist. Werden die 355 Millionen im Stadt- und Vorortverkehr zurückgelegten Fahrten von der Gesamtbeförderung von 1040 Millionen Personen abgezogen, so stellen von den verbleibenden 785 Millionen die 470 Millionen Reisenden der IV. Klasse 59,87% dar. Zehnjahrsbericht für 1900 bis 1910 S. 252, 253. Geschäftl. Nachr. Ausg. 1911, S. 94. Nach Abzug des Vorort- und Stadtverkehrs hat die III. Klasse mit 7 Milliarden Pkm. über ein Drittel weniger Verkehr als die IV. Klasse mit fast 10 Milliarden Pkm.

[2]) Das Personenkilometer brachte 1909 bei der preußischen Staatsbahn auf: im Berliner Vorort-, Stadt- und Ringbahnverkehr 1,94 Pf., für Gesellschaftsfahrten 1,67 Pf., für Zeitkarten 0,93 Pf., für Schülerkarten 1,03 Pf., für Arbeiterwochenkarten 0,88 Pf., für Arbeiterrückfahrkarten 1 Pf. Geschäftliche Nachrichten Ausg. 1911, S. 96ff.

[3]) Bei der preußischen Staatsbahn fällt auf den Personenverkehr 28 % der Einnahme, bei der österreichischen Staatsbahn und in Argentinien 25 %. In den beiden letzteren Fällen steht die Dichtigkeit der Bevölkerung zurück. Archiv 1911, S. 147, 623, 747, 765.

Die Meinung, daß der Personenverkehr zur Rente der Eisenbahnen gemischten Betriebes wenig beiträgt, aber dazu dient, die besser lohnende Güterbeförderung hervorzurufen, war schon frühzeitig bei den großen rheinisch-westfälischen Eisenbahn-Unternehmungen vertreten. Ein Nachweis für die Richtigkeit dieser Ansicht kann indes, ebensowenig wie für die ungenügende Ertragsfähigkeit der Berliner Stadt- und Ringbahn (vgl. S. 186 Anm. 5), durch Vergleichung der wirklichen Ausgaben für jeden Dienstzweig mit den daraus erwachsenen Einnahmen geführt werden. Die Anlagen, Einrichtungen, Dienstleistungen für beide Dienstzweige sind so eng verbunden, daß jede Teilung der Ausgaben zwischen ihnen im einzelnen zu Willkürlichkeiten führt und wertlos wird [1]. Aus allgemeinen Erwägungen läßt sich jedoch schließen, daß in der Tat die Annahme der Rentenlosigkeit für den Personenverkehr der Haupteisenbahnen nicht ohne Grund ist.

Rentabilität des Personenverkehrs. Auf 1 Achskilometer der Personenwagen auf der preuß.-hess. Staatsbahn fallen in Personenzügen aller Art 10,57 Pf. Einnahme, auf 1 Achskilometer der Güterwagen ungefähr ebenso viel, nämlich 10,36 Pf. [2]. Die Schnell-, Eil- und Personenzüge führen im Durchschnitt 22,92 Wagenachsen, die Güterzüge dagegen, selbst unter Einrechnung der meist Mannschaft enthaltenden Militärzüge 67,63 Wagenachsen. Der Güterzug bringt also, da die Einnahme für den Wagenachskilometer annähernd für Reise- und Frachtdienst gleich ist, dreimal soviel wie der Personenzug im Durchschnitt auf [3].

Von den Zügen hängen die Ausgaben im wesentlichen ab, da bei jedem entwickelten Betriebe Umfang und Art der Einrichtung mit dem

---

[1] Versucht wird die Berechnung der Selbstkosten immer wieder, so neuerdings von Gustave Pereire, Essai sur une méthode de comptabilité des chemins de fer, 1911, der aber selbst seine Veranschlagung für anfechtbar erklärt und zugibt, daß eine große Anzahl von Fachleuten das Ziel für unerreichbar hält. Archiv 1912, S. 517ff. Vgl. Ulrich, Das Eisenbahntarifwesen, 1886, S. 57.

[2] Geschäftliche Nachrichten für 1910, S. 91, 105, 112. Ein tkm des Eil-, Stück- und Frachtgutes brachte im Jahre 1908 3,56 Pf., ein tkm des Tierverkehrs 7,44 Pf. Die 33 Milliarden tkm Güter und 443 tkm Millionen Tiere, welche im Durchschnitt 3,56 Pf. Einnahme ergeben, entfallen auf 595 Millionen Achskilometer in Eil-, Vieh- und Postzügen und 11 Milliarden Achskilometer in Güterzügen. Auf 1 Achskilometer der Güterwagen kommen also 10,36 Pf., Einnahmen.

[3] 22,92 × 10,57 Pf. = rct. 235 Pf. ist die Einnahme für das Personenzugkilometer, 67,63 × 10,36 Pf. = 700,64 Pf. die Einnahme für das Güterzugkilometer im Jahre 1908 auf der preußisch-hessischen Staatsbahn gewesen. Die Personenzüge sind so erheblich weniger belastet als die Güterzüge, weil die Personenwagen wegen der Sicherheit und Bequemlichkeit weit schwerer als die Güterwagen gebaut sind und die Personenzüge häufiger und schneller fahren. Bei letzteren beträgt die Tara etwa das 12—20 fache der Nutzlast, bei Güterzügen das 1,3 fache. Vgl. Ulrich, Eisenbahntarifwesen 1886, S. 48. Rechnet man die Achskilometer der Gepäckwagen dazu, stellt sich das Ergebnis bei dem Personenverkehr noch ungünstiger. Archiv 1912, S. 412.

Gang der Züge in Einklang steht. Auch können die Kosten eines Güterzuges wohl denen eines Personenzuges gleichgestellt werden. Sind für den Güterverkehr Lade- und Verschiebe-Arbeiten vorzunehmen, Lade- und Verschiebebahnhöfe anzulegen, so erfordert der Reisedienst teure Empfangsstationen, weitergehende Sicherheitsvorkehrungen und wegen der größeren Zuggeschwindigkeit mehr Bahnunterhaltuug. Unter dieser Annahme, daß ein Güterzug durchschnittlich ebensoviel Ausgaben verursacht wie ein Personenzug, liefert der erstere im Durchschnitt einen sehr viel größeren Überschuß ab.

Außerdem bringt der Güterverkehr im Ganzen mehr als das Doppelte der Einnahmen aus dem Personenverkehr auf, im Jahre 1910 auf der preuß.-hess. Staatsbahn 1430 gegen 605 Millionen Mark. Die größere Gütereinnahme wird aber nur durch 162 Millionen Güterzugkilometer aufgebracht, während für den noch nicht halb so großen Ertrag des Personenverkehrs 225 Millionen Schnell-, Eil- und Personenzugkilometer geleistet werden mußten. Sowohl bei den Brutto-Einnahmen wie bei den Ausgaben zeigt der Güterverkehr ein ungleich günstigeres Ergebnis. Es läßt sich der Schluß nicht abweisen, daß der Personenverkehr auf der preußischen Staatsbahn einen Überschuß über die Betriebsunkosten, wenn überhaupt einen, jedenfalls in wesentlich geringerem Maße als der Güterverkehr abgibt[1]).

Rechtfertigung billiger Fahrpreise. Die billigen Fahrpreise der preußisch-hessischen Staatsbahn stehen gewiß nicht ganz im Einklang mit der wirtschaftlichen Regel, daß jede Leistung ihren ausreichenden Lohn finden soll. Eine Bahn, welche nur oder vorzugsweise auf Personenverkehr angewiesen ist, muß in diesem die Deckung für ihre Ausgaben voll finden. Bei der preußisch-hessischen Staatsbahn dienen die Ermäßigung des Fahrgeldes und der reiche Personenzugfahrplan dazu, die Arbeitskraft der Bevölkerung, namentlich auch in den weniger wohlhabenden Ständen, zu entfalten und dadurch die Hauptquelle in Fluß zu bringen, aus welcher in unserem Lande die Gütererzeugung,

---

[1]) Selbstverständlich gibt ein vollbesetzter Schnellzug einen Überschuß über die Betriebskosten. Gegenüber guten Zügen und dichtbesetzten Strecken stehen aber viele Linien des Bahnnetzes, auf denen schwach benutzte Personen-Züge fahren, z. B. auf Seitenbahnen, die schon wegen der Anschlüsse an die Hauptlinien mindestens 5 Züge mit Personenbeförderung in jeder Richtung zu haben pflegen. — Verteilt man die Betriebsausgabe für 1908 = 1425,4 Millionen auf Personen- und Güterverkehr nach Zugkilometern, 277 Millionen in Personen-, 178 Millionen in Güterzügen, so fallen auf den Personenverkehr $\frac{3}{5}$ = 570 Millionen, also mehr als die obige Einnahme von 539 Millionen. Bei Verteilung nach Wagenachskilometern — 6162 Millionen für Personenzüge, 12084 Millionen für Güterzüge — kommt $\frac{1}{3}$ = 475,1 Millionen auf Personenverkehr, so daß dann noch 64 Millionen Überschuß über die Betriebsausgabe, dagegen bei dem Güterverkehr 255 Millionen Überschuß blieben. Wahrscheinlich liegt das Richtige in der Mitte.

der Wohlstand strömt. Die Billigkeit der Fahrpreise kommt mittelbar dem Güterverkehr zugute[1]) und fördert dadurch auch diejenigen, welche an der Gütererzeugung beteiligt sind, ebenso wie sie zu der befriedigenden Gesamtrente der preußischen Staatsbahn auf diesem Wege beiträgt.

Bei den Bahnen, welche ganz auf Personenverkehr angewiesen sind, zeigt sich übrigens zum Teil ebenfalls das Bestreben, die Kosten nicht ganz aus den Fahrpreisen zu nehmen, sondern durch mittelbare Vorteile sich schadlos zu halten. Auch die Fahrpreise der privaten Stadtschnellbahnen reichen größtenteils nicht aus, um für diese kostspieligen Unternehmungen eine angemessene Rente zu geben. Straßenbahnen bringen nicht immer die nötige Verzinsung auf[2]). Straßenbahnen, Untergrundbahnen werden deshalb von Bau-Gesellschaften und Gemeindeverbänden durch unentgeltliche Hergabe von Straßen und Grundstücken, durch Bauzuschüsse und Zinsgewährleistungen unterstützt, um Baugelände zu erschließen, Bewohner und Gewerbe heranzuziehen. Zu Ermäßigungen des Fahrgeldes schreiten mehrfach die Gemeinden, welche Straßenbahnen besitzen oder kaufen, selbst wenn die Rente dadurch zunächst sinkt, behufs Verbesserung der Wohngelegenheit. Die Politik der deutschen Eisenbahnfahrpreise findet hierin eine Nachahmung und Bestätignug.

Mitbewerb im Personenverkehr gegenüber der Staatsbahn. Trotz der billigen Fahrpreise und des. reichlichen Fahrplans der Staatsverwaltung ist wiederholt der Versuch gemacht, nicht bloß für nahe Verbindungen, sondern auch im Fernverkehr der Staatsbahn gegenüber Mitbewerb zu schaffen. In Gegenden reichen Verkehrs im Ruhrrevier, zwischen benachbarten Großstädten, Berlin-Hamburg usw., sollten Linien ausschließlich für den Reiseschnelldienst geschaffen werden. Zustande gekommen sind sie noch nicht, obwohl sie für kürzere Strecken, Frankfurt-Wiesbaden, Köln-Düsseldorf, vom Staat nicht beanstandet sind. Für größere Strecken ist mit Recht die Genehmigung versagt, weil durch die Tarife solcher Unternehmungen die erst gewonnene Einheitlichkeit im Personenverkehr der Hauptlinien erschüttert werden würde.

---

[1]) Von agrarischer Seite ist früher die Bewegungsfähigkeit, welche die billigen Fahrpreise (Arbeiterrückfahrkarten und dgl.) den Arbeitern geben, getadelt worden, weil sie deren Kräfte der Landwirtschaft entzöge zugunsten der Städte. Indes stellt sich meist heraus, daß zu den billigen Sätzen die Arbeitskräfte ebenso reichlich aus der Stadt auf das Land gehen wie umgekehrt. Die Angriffe dieser Art sind deshalb allmählich verstummt.

[2]) Kemmann, Fahrpreise der Stadtschnellbahnen, s. S. 185 Anm. 2, S. 187 Anm. 1. Nur die Berliner Hoch- und Untergrundbahnen, die 2 Klassen führen und keine Zeitkarten ausgeben, die Pariser Untergrundbahnen (20 und 15 centimes Einheitspreis für II. und III. Kl.) und die Manhattan Hochbahnen und Subway in New York (5 cents Einheitspreis) geben angemessene Rente. Vgl. betreffs der Straßenbahnen S. 41.

Die einheitliche Behandlung des Verkehrs der Haupt-Eisenbahnen ist aber, ebenso wie die allgemeine Wehrpflicht, die gleichartigen Schuleinrichtungen, die gleiche Verwaltung und Rechtspflege, ein wichtiges Mittel zur gleichmäßigen Entwicklung der Volkskraft und der Volkswohlfahrt, welche jetzt für alle Teile des Staates verlangt wird.

Nebenbetriebe des Personenverkehrs. Für die Nebenbetriebe des Personenverkehrs, Bahnhofswirtschaften, Gasthäuser, Speise- und Schlafwagen, Waschräume, Fuhrwerks- und Schiffsanschlüsse, Auskunftsstellen, Bahnhofsbuchhändler, Geldwechsler u. dgl. haben fremde Eisenbahnverwaltungen vielfach eigene Einrichtungen getroffen, z. B. haben die englischen Bahnen große Bahnhofshotels gebaut; an Gesamt-Unternehmer werden von den Eisenbahngesellschaften in England und Frankreich für ihren ganzen Bezirk vielfach Bahnhofswirtschaften und Buchhandlungen vergeben. In Deutschland ist dies in älterer Zeit hier und da auch geschehen. Seit langem werden aber grundsätzlich eigene Gasthäuser auf den Bahnhöfen nicht mehr eingerichtet und die sonstigen Nebenbetriebe regelmäßig besonderen örtlichen Unternehmern überlassen. Nur an wenigen Stellen wird, abgesehen von den Bahnhofsbeamten und Verwaltungsstellen, noch in besonderen Bureaus Auskunft erteilt. Schlafwagen werden, soweit nicht für fremde Linien nach Vereinbarung Unternehmergesellschaften verwendet werden müssen, von der preußischen Staatsbahn im eigenen Betriebe gefahren, weil sich dieser weit ausgedehnte Dienst mit den staatlichen Fahrbeamten mindestens ebenso zuverlässig versehen läßt. Der eigene Fährbetrieb für Übersetzen ganzer Züge, wie zwischen Saßnitz und Trelleborg, kann nur als Fortsetzung des Schienenwegs angesehen werden. Im übrigen befolgt die preußische Staatseisenbahn auch hier den für eine große Verwaltung, besonders aber für den Staat empfehlenswerten Grundsatz, alle nicht aus dringenden Rücksichten eigenen Beamten zu überweisenden Geschäfte der freien Tätigkeit einzelner zu überlassen. Vgl. S. 166 Anm. 2.

Einundzwanzigster Abschnitt.

Gütertarife.

Allgemeines. Bei Bemessung der Fahrgeldsätze sind allgemeine Gesichtspunkte entscheidend, von denen aus das Verhältnis der Volksschichten zueinander, die Verwertung der Arbeitskraft, die Wechselwirkung zwischen Personen- und Güterverkehr beurteilt wird. Erwägungen dieser Art liegen dem Volksempfinden nahe. Der Erfolg der getroffenen Anordnungen tritt in der zahlenmäßigen Benutzung weniger Preisklassen deutlich genug für jedermann hervor.

Im Gütertarif kommt es darauf an, durch die Preisfestsetzung den Versender zu bestimmen, daß er die Ware aufliefert. Er wird es nur tun,

wenn er bei der Beförderung einen Nutzen erzielen kann. Der Bildner
des Tarifs muß also wissen, bei welcher Frachthöhe ein solcher Nutzen
noch möglich ist; er muß zu diesem Behuf die Natur der Ware, ihre
Erstehungskosten, die Absatzmöglichkeit und den ihr begegnenden
Mitbewerb kennen. Da dies für jedes Gut gilt, welches zur Beförderung
angeboten werden kann, so wird dem Gütertarifmann die Aufgabe gestellt, in seinem Gebiet die gesamte Warenerzeugung zu beobachten und
keine Entscheidung zu treffen, ohne nach Lage der einzelnen Verhältnisse
deren voraussichtliche Wirkung zu prüfen. Nur soweit aus der so gewonnenen Kenntnis allgemeine Gesichtspunkte für den Gütertarif abgeleitet werden können, sind sie berechtigt. Viel Arbeit und Erfahrung
gehört dazu, um auf diesem Gebiet sachverständig zu werden. Streitfragen treten bei dem ewigen Wechsel der Fabrikations- und Markt-
verhältnisse beständig auf und werden durch die Ergebnisse der Beförderung nicht immer klar entschieden, weil die Ursachen des Erfolgs
oder Mißerfolgs einer Preisstellung häufig mehrfacher Deutung fähig
sind.

Ältere Tarife. Die Tarife der ersten in Europa für den allgemeinen
Güterverkehr bestimmten Bahn, der Liverpool-Manchester Eisenbahn,
trugen bereits der verschiedenen wirtschaftlichen Bedeutung der Waren
Rechnung und setzten damit das Verfahren von Landfuhrwerk und
Schiffahrt fort, für welche älteren Bewegungsmittel damals wie heut
die Frachten nach Art und Umfang der Lasten in jedem Falle
besonders bemessen werden. Das Bahngeld (tonnage rate) wurde
1830 von der Regierung in 4 Klassen derart festgesetzt, daß hoch-
wertige Rohstoffe und Fabrikate höher, zum Teil doppelt so hoch
als Erde, Kohlen u. dgl. zu zahlen hatten, und ähnlich wurden die
von der Eisenbahngesellschaft angenommenenen Beförderungspreise
(einschließlich des Bahngeldes) abgestuft[1]. Ebenso führte der
preußische Minister 1852 im ersten Tarif der Ostbahn 3 Klassen
ein, von denen die niedrigste im Preise für Rohstoffe, die höchste für
sperrige Güter und teure Fabrikate, die mittlere Normalklasse für die
übrigen Waren bestimmt war [2].

---

[1] Vgl. S. 83 und Anlage II. Die tonnage rate betrug 1½ d für 1 tonmile
für Erden, Kohlen usw., 2 d für Koks usw., 2½ d für Zucker, Getreide, 3 d
für Baumwolle, Manufakturwaren usw., die carriage rate für die ganze Strecke
8 d für 1 t, 8 sh für Erde usw., 9 sh für Zucker usw., 11 sh für Baumwolle,
Manufakturwaren usw.

[2] Archiv 1911, S. 1134. Zu den Rohstoffen wurden Bauholz, Baumwolle,
Braunkohle, Butter, Blei, Erden, Erze, Flachs, Gemüse, Getreide, Rohzucker,
Spiritus, Steine usw., zur erhöhten Klasse Bäume, Betten, Hopfen, Hüte, Möbel,
Maschinen gerechnet. Die Sätze betrugen 6 Silber-Pf., 3 Pf., 1½ Pf. für 1 Zoll-
zentner = 100 Zollpfund und 1 Meile, d. i. 1,6 Mark-Pf., 0,8 Pf. und 0,4 Pf. für
100 kg und 1 km. Man ging von dem Mitbewerb gegen das Landfuhrwerk mit

Schon diese einfachsten Gruppierungen der Güter zeigen große Verschiedenheiten in der Auffassung über die Stellung der einzelnen Waren, indem z. B. Baumwolle, welche die preußische Ostbahn dem niedrigsten Tarif zuweist, in Liverpool in die höchste Klasse genommen ist. Mit der Entwicklung des Güterverkehrs wurde die Einteilung der Waren immer vielgestaltiger und, da jede Bahnverwaltung zunächst für sich die Preise bildete, überall verschieden[1]). Die Verwirrung, welche hieraus für die Berechnung der Frachten entstand, führte dazu, daß bald nach Grundsätzen und Systemen der Preisfestsetzung von den Bahnverwaltungen, dem Publikum und den Regierungen gesucht wurde (vgl. Abschn. 10), um Ordnung zu schaffen.

Tarifsysteme. Die deutschen Eisenbahnen blieben zunächst in ihren Verbänden, auf welche die Entwicklung der Tarife allmählich überging (vgl. S. 69), bei der alten Regel stehen, die Güter nach ihrer wirtschaftlichen Bedeutung und Absatzfähigkeit einzuschätzen, und verständigten sich über die Klassen, in welche die Waren danach einzuteilen sind. Zugleich wurde mehr und mehr darauf gehalten, die Tarifbedingungen so einzurichten, daß die Kosten der Beförderung möglichst vermindert wurden. Deshalb unterschied man Stückgut und Wagenladung, bedeckte und offene Verladung, sperriges und Schwergut, Verpackung und Nichtverpackung, kostbares, leichtzubeschädigendes, gefährliches und anderes Gut. Der Wert der Güter war aber das ausschlaggebende Prinzip in diesen Tarifen, die als Wertklassifikationen bezeichnet wurden[2]).

---

einer Fracht von 8 bis 10 Silber-Pf. für 1 Zentner und 1 Meile aus, glaubte aber auch gegen die Wasserfracht, die für Getreide zwischen Berlin und Stettin auf 1 Silber-Pf. für 1 Zentner und 1 Meile angenommen wurde, Sendungen gewinnen zu können.

[1]) Die Rheinische Eisenbahn hatte 1839—1843 eine einheitliche Wagenladungsklasse, von 1845 an eine ausgebildete Klassifikation, die benachbarte Köln-Mindener Bahn gleich 7 Klassen, die Düsseldorf-Elberfelder 3 Klassen im Jahre 1850, die Bergisch-Märkische Bahn im Jahre 1853 8 Klassen, davon 5 für 100-Zentner-Ladungen. Die Bahnen bei Berlin hatten 1846—1848 Ladungssätze für 75, 80 und 100 Zentner mit verschiedener Auswahl der Artikel. Ulrich, Eisenbahntarifwesen 1886, S. 212 ff.

[2]) Die bis zur Tarifreform am meisten verbreitete Klassifikation des norddeutschen Tarifverbandes, vgl. Anm. 1 S. 69, hatte folgendes Schema: Eilgut 10 Silber-Pf. für 1 Zentnermeile + 12 Pf. für 1 Zentner Abfertigungsgebühr. Drei Stückgutklassen: I. die Normalklasse 5 Pf. + 12 Pf. für alle Stückgüter, die nicht besonders genannt sind, II. Klasse für Stückgüter der zu den Ladungsklassen A und B gehörigen Waren 4 Pf. + 12 Pf., III. Kl. für Stückgüter der Waren in Ladungsklasse C und D 3 Pf. + 6 Pf., vier Ladungsklassen zu 100 Zentnern: A 3 Pf. + 6 Pf. (gleichhoch mit der III. Stückgutsklasse), B 2½ Pf. + 6 Pf., C 2 Pf. + 6 Pf., D 1½ Pf. + 6 Pf., vier Spezialtarife: Ia zu 100 Zentnern 1½ Pf. + 3,6 Pf., b die übrigen Spezialtarife zu 200 Zentnern (Ib) 1¼ Pf. + 3,6 Pf. (auf Bahnen unter preußischer Staatsverwaltung über 14 Meilen 1 Pf. + 7,2 Pf.),

Wertsysteme. Nicht anders wird im Auslande verfahren, insbesondere von den englischen Bahnen, welche ebenso wie namhafte dortige Schriftsteller den Grundsatz vertreten, daß die Frachten danach bemessen werden müssen „was die Ware tragen kann". Darunter wird nicht eine Belastung verstanden, welche bis zur Grenze der Verkaufsmöglichkeit geht, wie etwa bei einem hohen Tabakzoll, sondern ein Preis, welcher einen genügenden Verdienst für die Bahn abwirft und doch die Entwicklung des Absatzes nicht hindert[1]).

Entgegengehalten wird dem Wertsystem, daß die Entscheidungen über die wirtschaftliche Bedeutung der Waren und ihre Absatzfähigkeit auf unsicherer Grundlage beruhen, da die Meinungen darüber weit auseinandergehen und außerdem Wert und Absatz beständig schwanken. Das Einvernehmen unter den Bahnen ist daher schwer zu erreichen. In Deutschland hielt man es anfänglich wie in England für aussichtslos, auf diesem Wege zu der gewünschten Einheitlichkeit der Tarife zu kommen. Willkürlichkeiten, Bevorzugungen aller Art schien damit die Tür geöffnet. Außerdem neigt dieses System, bei welchem die Absatzmöglichkeit den Ausschlag giebt, dahin, behufs Ausdehnung des Absatzes den weiten Entfernungen billigere Sätze als den nahen Verbindungen zu gewähren, womit die Gegnerschaft derjenigen, welche sich durch entlegene Mitbewerber bedroht sehen, alsbald entfesselt wird (vgl. S. 207ff.).

Dem kaufmännischen Gedanken gegenüber, welcher das Wertsystem beherrscht,[2]) wird die Behandlung der Frachten als Gebühren empfohlen und verlangt, daß der Gebührenberechnung die Kosten der Beförderung zugrunde gelegt (cost of carriage) sowie daß die Gebühren gleichmäßig nach der kilometrischen Entfernung belastet werden (equal mileage)[3]). In den Selbstkosten der Beförderung glaubt diese

---

II. 1¼ Pf. + 6 Pf., III 1 Pf. + 7,2 Pf. In die Klassen A B C waren höherwertige Stoffe und Fabrikate, in C z. B. die Eisen- und Stahlwaren eingereiht, in die Spezialtarife die Rohstoffe, Halb- und Schwerfabrikate. Außerdem bestanden allgemeine Ausnahmetarife, wie z. B. bei den rheinisch-westfälischen Bahnen der sogenannte Rohstoff-Tarif für Erze, Erden, Steine usw.

[1]) Acworth, Railway economics, 1904, S. 73. Der Zoll auf Zigarren wurde April 1904 von 60 £ für die Tonne auf 112 £ erhöht, während die Fracht Liverpool-London 3 £ beträgt. Stückgut tarifieren die englischen Bahnen vielfach zum gleichen Preise wie die Ladungen und sind auch sonst weniger darauf bedacht, die Kosten der Beförderung durch die Tarifbedingungen zu vermindern.

[2]) Acworth, Railway economics S. 88 vergleicht die Frachtberechnung der Eisenbahnen mit den Preisbestimmungen eines Kleiderhändlers, welcher nach der Jahreszeit mit der Höhe der Kosten wechselt, mit elektrischen Unternehmungen, die für den Strom bei Verwendung zu Licht oder Kraft verschiedene Preise nehmen usw.

[3]) Acworth, a. a. O. S. 51. Zwei Generationen von parlamentarischen Committees und königlichen Commissaren sind angefleht worden, die englischen Eisenbahnen anzuhalten, daß die Frachten nach den Selbstkosten der Beförderung bestimmt und gleichmäßig für jede Entfernung berechnet würden.

Meinung den sachlich festen Maßstab zu finden, welcher die Frachtsätze bilden kann und gerecht ist; die gleichmäßige Belegung aller Entfernungen soll zugleich die Verschiebung des geographischen Raums verhüten, welcher als die von der Natur gegebene Begrenzung der wirtschaftlichen Tätigkeit angesehen wird.

Wagenraum- und Gewichtssystem. Ein ernsthafter Versuch nach dieser Richtung wurde im Jahre 1867 mit dem Gütertarif gemacht, welchen die preußische Regierung in dem vor kurzem erworbenen nassauischen Lande auf der dortigen Staatsbahn einführte[1]). Hier wurde bei gleicher Behandlung der Entfernungen nur unterschieden zwischen Stückgut (Eil-, Fracht- und sperrigem Gut) und Ladungen zu 100 und 200 Zentnern. Lediglich Wagenraum und Gewicht sowie der Aufwand an Arbeit für Abfertigung und Verladung sollten für die Höhe der Frachten bestimmend sein.

Streitfragen über den Wert der Waren und die Wirkung der Entfernungen sind bei diesem System ausgeschlossen. Zweifel bleiben aber, ob die Abstufung der Sätze den wirklichen Kosten der Beförderung entspricht, und vor allem, ob die Einzwängung der Waren in so wenige Klassen die wirtschaftliche Entwicklung nicht hindert statt sie zu fördern.

Unmöglichkeit der Tarifbildung auf Grund der Selbstkosten. Daß Frachsätze nach den Kosten der Beförderung richtig berechnet sind, läßt sich für die Eisenbahnen überhaupt nicht nachweisen (vgl. S. 186, 189). Der größere Teil dieser Kosten besteht in Anlagen, Einrichtungen, verwaltenden Stellen, welche für den Gesamtverkehr der Bahn nötig und fast an jedem Punkt der Bahn verschieden hoch sind[2]). Wieviel

---

[1]) Nassauischer Staatsbahntarif vom 1. September 1867. d'Avis, Zeitung des deutschen Eisenb.-Vereins 1870, S. 409, 433, 457, 477. Vgl. S. 75 Anm. 2.

[2]) Ulrich, Eisenbahntarifwesen, 1886, S. 38 schätzt die Kosten, welche ohne Rücksicht auf den jeweiligen Umfang des Verkehrs entstehen, die „festen" Kosten, auf 75 % der Selbstkosten, indem er 50 % der Gesamtausgabe der Bahn auf Verzinsung des Anlagekapitals und die Hälfte der Betriebsausgabe = 25 % der Gesamtausgabe auf allgemeine Verwaltung, Unterhaltung und Bewachung rechnet. Nur 25 % der Gesamtausgabe, d. i. für Abfertigung, Beförderung, Unterhaltung der Betriebsmittel, sind von der Stärke des Verkehrs abhängig. Acworth, Railway economics, 1904, S. 50 kommt zum gleichen Ergebnis. Er rechnet die Verzinsung des immobilisierten Kapitals fast ganz auf den Gesamtverkehr und hält die Hälfte der Betriebsausgabe ebenfalls für konstant. Er weist S. 31 darauf hin, daß z. B. die Unterhaltung der Bahn auf dichtbefahrenen Strecken sich für die Verkehrseinheit am billigsten stellt. Die Pennsylvania Railway hat mit 5 250 000 traffic miles (d. i. ton miles und passenger miles) wahrscheinlich den stärksten Verkehr der Welt im Jahre 1910 gehabt; ihr kostete damals die Bahnunterhaltung 800 Pfund St. für die engl. Meile. Bei diesem hohen Betrage stellte sich aber für die Verkehrseinheit (traffic unity) die Ausgabe auf den niedrigen Satz von 0,38 d. (Penny).

von den Aufwendungen auf die Güter der einzelnen Tarifklassen fällt, ist nicht erkennbar. Außerdem verteilen sich die Kosten dieser Art auf die Verkehrsleistungen ganz verschieden nach der Stärke des Verkehrs. Für schwach befahrene Bahnen stellen sich die „festen" Ausgaben im Verhältnis zu den beförderten Reisenden und Gütern hoch, auf stark besetzten Strecken dagegen niedrig trotz erheblicher Beträge, welche auf die kilometrische Länge entfallen. Ferner wirkt auf die Betriebsausgaben ein, ob die Bahn in Steigungen oder Krümmungen, daher schwer oder leicht zu befahren ist, ob die Züge und Wagen ausreichend belastet sind, ob Rückladung vorhanden ist, ob die Bediensteten ausreichend beschäftigt sind oder nicht. Auch diejenigen Ausgaben also, deren Höhe von Umfang und Art der Beförderung unmittelbar abhängt, die „veränderlichen Kosten", fallen keineswegs gleichmäßig aus, sondern sind nach Strecken und Verkehr verschieden.

Es ist ein vergeblicher Versuch, aus den Selbstkosten die Höhe der Tarifsätze rechnungsmäßig begründen zu wollen, etwa wie ein Händler seinen Verkaufspreis durch Zuschlag zu dem Einkaufsatze finden kann. Dies Ziel wäre für eine Bahn öffentlichen allgemeinen Verkehrs bei den einfachsten Verhältnissen nicht zu erreichen, viel weniger für ein vielgestaltiges umfangreiches Bahnnetz. Die Selbstkosten können nur eine Grenze für die Tarifbildung insofern abgeben, als dahin gestrebt wird, daß das Gesamtergebnis des Betriebes nicht unter der Betriebsausgabe und Verzinsung des Anlagekapitals bleibt, andererseits aber auch nicht einen Gewinn abwirft, der als übermäßig anzusehen und mit einer unbilligen Belastung des Verkehrs verbunden wäre. In dieser Form wird die Berücksichtigung der Selbstkosten bei der Tarifgestaltung von den Bahnverwaltungen mit Recht gefordert.

Beeinträchtigung des Verkehrs durch das Raum- und Gewichtssystem. Obwohl der Handelstand den Tarif der nassauischen Staatsbahn von 1867 als „eine natürliche Grundlage" für den Eisenbahngüterverkehr begrüßte, zeigte doch schon die nächste Anwendung seiner Grundsätze eine erhebliche Abweichung von dem Raum- und Gewichtssystem. Der elsaß-lothringische Gütertarif, welcher 1871 ins Leben trat, hatte neben den allgemeinen Ladungsklassen einen Spezialtarif mit niedrigeren Sätzen für diejenigen Artikel, welche nach der Reichsverfassung auf größeren Entfernungen zu ermäßigten Sätzen, tunlichst zum Einpfennigtarif, gefahren werden sollen[1]). Hier war durch Gesetz

---

[1]) Reichsverfassung vom 16. April 1871, Art. 45. „Das Reich wird namentlich dahin wirken, daß die möglichste Gleichmäßigkeit und Herabsetzung der Tarife erzielt, insbesondere auf größeren Entfernungen für den Transport von Kohlen, Koks, Holz, Eisen, Steinen, Salz, Roheisen, Düngungsmitteln und ähnlichen Gegenständen ein den Bedürfnissen der Landwirtschaft und Industrie entsprechender ermäßigter Tarif, und zwar zunächst tunlich der Einpfennigtarif eingeführt werde."

für eine Reihe wichtiger Artikel wegen ihrer Geringwertigkeit eine Be
vorzugung in der Tarifstellung gewährt und mußte gegenüber den
anderen Waren, deren Fracht lediglich von dem Gewicht und der Art
der Verladung abhängig gemacht war, durchgeführt werden.

Bei der Vergleichung der in Deutschland geltenden Wertklassifikationen, die sehr gründlich in den damaligen Verhandlungen über ein
einheitliches Tarifsystem vorgenommen wurde (vgl. S. 76f.), stellte sich
dann heraus, daß der eine in Elsaß-Lothringen zugelassene Spezialtarif
durchaus nicht genügte, um die Frachten den verschiedenartigen Bedürfnissen des Verkehrs anzupassen. Besonders bemängelte die Großindustrie, daß die Sätze der Reichsbahn für ihre Rohstoffe und Schwerfabrikate zu hoch seien und die Frachten des Spezialtarifs nach der
auch in den Reichslanden durchgeführten 20 prozentigen Erhöhung
den Forderungen der Reichsverfassung nicht mehr entsprächen[1]). Eine
reichere Gliederung der Klassen wurde allgemein als notwendig anerkannt, auf der anderen Seite aber zugegeben, daß der Rücksicht auf
die Kosten der Beförderung und auf Vereinfachung des Tarifs in höherem
Grade Rechnung getragen werden müsse.

Gemischtes System. So kam der Reformtarif von 1877 (vgl. S. 77) zustande, welcher aus dem Raum- und Gewichtssystem die allgemeine
Stückgut- und die allgemeinen Wagenladungsklassen sowie den Grundsatz übernahm, daß jede Ladungsfracht die Unterbringung in einem
Wagen voraussetzt. Im übrigen wurden drei Spezialtarife für 10 000 kg
vorgesehen; das Bedürfnis nach weiteren Spezialisierungen wurde
auf Ausnahmetarife verwiesen und die Bestimmung der Frachtsätze
den einzelnen Verwaltungen überlassen[2]). Ausnahmetarife wurden von

---

Gemeint ist der damals noch geltende Silberpfennig. Die Markwährung kam erst
mit dem Reichsgesetz vom 4. Dezember 1871 auf. — Der elsaß-lothringische Tarif
von 1871 hatte neben Eilstückgut (10 Pf. für 1 Zentnermeile und 12 Pf. Abfertigungsgebühr für 1 Zentner) eine Frachtstückgutklasse zu 4 Pf. + 10 Pf., 2 Ladungsklassen A[1] und A[2] für 5000 und 10 000 kg in bedeckten Wagen zu 3 und 2 Spf.
+ 7,5 und 2,5 Pf., 2 Ladungsklassen B[1] und B[2] für 5000 kg und 10 000 kg in offenen
Wagen zu 2 und 1½ Spf. + 7,5 und 2,5 Pf. und den Spezialtarif für 10 000 kg in
offenen Wagen zu 1 Spf. + 5 bis 7,5 Pf. Abfertigungsgebühr für die Waren des
Artikels 45 der Reichsverf. und einige ähnliche. Die Ladung mußte in einem
Wagen vom Versender selbst untergebracht sein und entleert werden. Die Einführung erfolgte in bewußter Nachahmung des nassauischen Vorgangs, nachdem
vorher damit ein widerruflicher Versuch gemacht war. Ulrich, a. a. O. S. 230 ff.

[1]) Dem Spezialtarif lag nun der Markpfennig für die Zentnermeile zugrunde,
während die Reichsverfassung den Silberpfennig in Aussicht gestellt hatte. Vgl.
Anm. 1 S. 197.

[2]) Der Verein der deutschen Eisenbahnen hatte für sein Gebiet (einschl.
Österreich-Ungarn, Holland usw.) 1873 die Klassifikation des Tarifverbandes mit
29 Gruppen für Ausnahmetarife empfohlen; Bayern führte 1874 einen Tarif mit
3 Wertklassen neben den allgemeinen ein; die deutschen Privatbahnen forderten

vornherein für gewisse Güter von den meisten Bahnen, auch von den preußischen Staatsbahndirektionen vorgesehen, manchmal nur für bestimmte Richtungen, aber auch auf alle Stationen eines Bezirks ausgedehnt, wie für Getreide Holz, Erze.

In diesem „gemischten" System war die Vereinfachung, welche die Berechnung nach Raum und Gewicht bietet, in den allgemeinen Klassen festgehalten und kam den zahlreichen Waren zugute, die nicht umfangreich und bedeutsam genug sind, um eine besondere Preisstellung für die Fracht zu rechtfertigen. Die Rücksicht auf die Kosten ist durch die Unterscheidung zwischen dem erheblich höher belasteten Stückgut und den Ladungen, zwischen bedeckter und offener Beförderung sowie durch die Beschränkung der Ladungstarife auf die Versendung in einem Wagen gewahrt. In den Spezialtarifen aber war eine Klassifikation nach dem Wertsystem aufgebaut und in den Ausnahmetarifen für jeden wichtigen Artikel die Möglichkeit gegeben, ihn zu ermäßigten Sätzen nach seiner wirtschaftlichen Bedeutung zu behandeln. Die schwierige Aufgabe, die Vorgänge des Wirtschaftslebens in der Bewegung der einzelnen Waren zu erfassen und danach die Frachten einheitlich zu gestalten, wurde somit eingeschränkt und nur noch für Artikel von Bedeutung gestellt; soweit eine besondere Behandlung der Waren nicht erforderlich scheint, entscheidet über die Preishöhe der einfache Begriff der Last mit seinen wenigen nach der Erfahrung geordneten Abstufungen.

Fortbildung des Reformtarifs. Die Folge hat gezeigt, daß der gefundene Ausgleich zwischen der allgemeinen Berechnung nach der Last und der besonderen auf Grund des Einzelwerts der Waren als Grundlage für ein einheitliches und zugleich entwicklungsfähiges Tarifsystem im deutschen Reiche dienen konnte. Durch die Beschlüsse der Generalkonferenz der deutschen Bahnen (vgl. S. 77) wurde die Reformklassifikation fortgebildet, indem man dem allgemeinen Eilgut wie Frachtgut ermäßigte Klassen für bestimmte Eil- und Frachtgüter sowohl in Stückgut wie in Ladungen an die Seite setzte. Die Zahl der Waren in den ermäßigten Spezialtarifen vermehrt sich beständig durch neue Artikel,

---

12 Spezialtarife; das Reichs-Eisenbahn-Amt empfahl 1874 das „braunschweigische" System einer Konferenz norddeutscher Staats- und Privatbahnen mit 4 Spezialtarifen. Das Schema des Reformtarifs stellte sich mit den Sätzen, welche die preußische Staatsbahn dafür annahm, wie folgt: Eilstückgut 2,2 Mpf. für 100 kg und 1 km + 40 Pf. Abfertigungsgebühr, für 100 kg Stückgut 1,1 Pf. + 20 Pf. Allgemeine Ladungsklassen: A für 5000 kg in bedeckten Wagen 0,67 Pf. + 20 Pf., B für 10 000 kg in offenen Wagen 0,60 Pf. + 12 Pf. Spezialtarife für 10 000 kg in offenen Wagen: I 0,45, II 0,35, III 0,26, fallend über 100 km auf 0,22 Mpf. (letzterer Satz gleich dem Silberpfennig für den Zentner und die Meile) vgl. S. 194, Anm. 2. Die Abfertigungsgebühren für die Spezialtarife waren zuerst im Osten und Westen Preußens verschieden.

welche damit aus den allgemeinen Klassen ausgeschieden werden[1]). Ebenso gehen fortwährend Fabrikate und Rohstoffe aus den höheren Spezialtarifen in die niedrigeren über. Wo diese Ermäßigungen innerhalb der einheitlichen Klassifikation nicht genügen, schaffen die Einzelverwaltungen nach Prüfung aller wirtschaftlichen Beziehungen Ausnahmetarife, von welchen einzelne, wie für Holz des Spezialtarif II, für Rohstoffe, Kalk, Düngekalk, Wegebaustoffe, allgemeine Geltung erlangt haben.

Heutiger deutscher Tarif mit preußischen Einheitssätzen. Das Schema des Gütertarifs mit den Einheitssätzen der preußisch-hessischen Staatsbahnverwaltung sieht nunmehr folgendermaßen aus:

1. Eilstückgut, gewöhnliches, zu 2,2 Pf. für 100 kg und 1 km, fallend bis 1,2 Pf. von 50 km auf mehr als 500 km + Abfertigungsgebühr von 20 Pf. für 100 km, steigend auf 40 Pf. bei mehr als 100 km.

2. Eilstückgut, Spezialtarif für bestimmte Güter (leichtverderbliche Güter, Konsumartikel, Pflanzen), zu 1,1 Pf., fallend bis 0,6 von 50 km auf mehr als 500 km + 10 Pf., steigend auf 20 bei mehr als 100 km.

3. Frachtstückgut, gewöhnliches, zu 1,1 Pf., fallend bis 0,6 Pf. + 10 Pf. bis 20 Pf. wie zu 2.

4. Frachtstückgut, Spezialtarif für bestimmte Stückgüter (landwirtschaftliche Erzeugnisse und Hilfsmittel, grobe Fabrikate und Stoffe), 0,8 Pf. + 10 bis 20 Pf. wie zu 2. Bei 726 km werden die Sätze zu 3 als die billigeren berechnet.

5. Eilgut in Wagenladungen, gewöhnliches, a) zu doppelten Sätzen der Klassen A¹ und B, b) für bestimmte Eilstückgüter zu den einfachen Sätzen der Klassen A¹ und B.

6. Die allgemeinen Wagenladungsklassen, B zu 10 000 kg und Nebenklasse A¹ zu 5000 kg, zu für B 0,60 Pf. + 8 Pf., steigend auf 12 Pf. bei mehr als 100 km, und für A 0,67 Pf. + 10 Pf., steigend auf 20 Pf. bei mehr als 100 km.

7. Die Spezialtarife, Nebenklasse A² zu 5000 kg für Güter der Spezialtarife I und II, und die Spezialtarife I—III zu 10000 kg sowie der Spezialtarif II für Güter des Spezialtarifs III zu 5000 kg,

---

[1]) Die Spezialtarife enthalten jetzt für Eilgüter 10 Positionen, für Stückgüter 45, für Ladungen I 62, II 87, III 215. Manche Positionen bilden Sammelbegriffe für viele verschiedene Artikel, so Eisen und Stahlwaren, Steine, Düngemittel. In den Jahren 1900—1910 sind 120 Artikel—Erzeugnisse und Rohstoffe der Land- und Gartenwirtschaft, der Fischzucht, des Berg- und Hüttenbetriebes, der Metall- und chemischen sowie anderer Industrien, Baumaterialien und Ausfuhrwaren — in die Spezialtarife aufgenommen oder in niedrigere Spezialklassen versetzt worden. Im Jahre 1878 hatten die Spezialtarife zusammen nur 160 Positionen: Spezialtarif I 70, Spezialtarif II 50, Spezialtarif III 40 Positionen.

zu für A² 0,50, für I 0,45, für II 0,35 und für III 0,26, fallend über 100 km auf 0,22 + 6 Pf., steigend auf 12 Pf. bei mehr als 100 km[1]).

Die spätere Ausgestaltung des Reformtarifs liegt auf seiten der Wertklassifikation. Während die allgemeinen Klassen im wesentlichen unverändert geblieben sind, haben sich die 3 ursprünglichen Spezialtarife auf 9 vermehrt[2]), haben ihren Inhalt erweitert und finden reiche Ergänzung durch eine Fülle von Ausnahmetarifen[3]). In den allgemeinen Klassen werden jetzt (1909) nur 7,24 % aller tkm geleistet, welche allerdings vermöge ihrer höheren Einheitssätze 20 % der Einnahme aus dem Güterverkehr aufbringen. Auf die Ausnahmetarife fallen (1909) 64 % der tkm, aber nur 47 % der Einnahme.

Vorteile der Wertklassifikation. Anpassung an die Leistungsfähigkeit. Die Bestimmung der Fracht nach der wirtschaftlichen Bedeutung der Ware beherrscht den bei weitem größten Teil des Güterverkehrs. Es gelingt vermittels der Fachbehörden und Beiräte, das Einvernehmen über die Preisbemessung trotz alles Wandels der Verhältnisse teils im Reich teils in den Einzelstaaten zu erzielen. Wer die Verhandlungen der ständigen Tarifkommission der deutschen Eisenbahnen sowie der verschiedenen Eisenbahnbeiräte liest, wird zugeben, daß die einschlägigen Fragen sachgemäß und erschöpfend behandelt werden. Dabei tritt neben die Rücksicht auf die Einnahmen der Eisenbahnverwaltung als maßgebend überall das staatliche Ziel, welches darauf gerichtet ist, die Erwerbsfähigkeit im Lande zu stärken, dem Schwachen das Dasein neben dem Kräftigeren zu ermöglichen[4]).

---

[1]) Neben den Spezialtarifen und Klassen gelten besondere Bedingungen für sperrige Stückgüter, für Güter, die in bedeckten oder in großräumigen Wagen zu befördern sind, für Emballagen, Fahrzeuge, verderbliche, zerbrechliche, kostbare, gefährliche Güter usw. Spezialtarif I enthält in der Hauptsache feinere Stoffe und Fabrikate, II Halbzeug, gröbere Fabrikate und Stoffe, III Massenerzeugnisse. Papier, Eisenwaren, Glas, Früchte usw. kommen auf Grund dieser Unterscheidungen in allen drei Spezialtarifen vor.

[2]) Nämlich: 1. Eilfracht für bestimmte Eilstückgüter, 2. Eilfracht für bestimmte Ladungen, 3. Stückgutfracht für bestimmte Güter, 4. A², 5.—7. Spezialtarife I—III, 8. Spezialtarif I für 5000 kg Güter des Spezialtarifs II, 9. Spezialtarif II für 5000 kg Güter des Spezialtarif III.

[3]) Nach dem Zehnjahrsbericht 1900—1910 S. 270ff. sind in dieser Zeit auf der preußisch-hessischen Staatsbahn 66 wichtigere Ausnahmetarife eingeführt worden. Der deutsche Eisenbahngütertarif vom 1. November 1911 Teil II für die preußisch-hessische Staats- und andere Bahnen führt 209 verschiedene Ausnahmetarife mit über 1600 Artikeln auf. Für die Landwirtschaft sind wichtig die Ausnahmetarife für Dünger-, Streu-, Futtermittel, Stärke, Spiritus usw., für die Industrie die Ausnahmetarife für Erze, Roheisen, Petroleum, Flachs, Baumwolle, Spielwaren usw.

[4]) Wenn der Schwefelsäure, einem Abfallerzeugnis der oberschlesischen Zinkhütten, der verlangte billigere Tarif nach dem Westen verweigert wird, so ist dafür

Die Wertklassifizierung erlaubt der Regierung im Güter-Tarif eine Politik zu verfolgen, welche nach den Worten des preußischen Allgemeinen Landrechts „den Einwohnern Mittel und Gelegenheit verschaffen will, ihre Fähigkeiten und Kräfte auszubilden und dieselben zur Förderung des Wohlstandes anzuwenden"[1]. Würden die Frachten als Gebühren behandelt und lediglich auf Grund von Raum und Gewicht festgesetzt, so wäre die Möglichkeit, die gewerbliche Tätigkeit durch Einzelmaßregeln zu fördern, nicht gegeben. Würden die Massenartikel, Kohle, Erz, Roheisen usw., welche auf der preußischen Staatsbahn jetzt (1909) in Ausnahmetarifen und Spezialtarif III 80 % der tkm ausmachen und 61 % der Frachteinnahme aufbringen, so hoch im Preise gefahren wie andere Güter in Ladungen zu 10 t, so würde ihre Beförderung größtenteils wegfallen. Wollte man die anderen Güter auf die für Rohstoffe passenden Sätze ermäßigen, so entstände für die preußische Staatsbahn ein Einnahme-Ausfall von etwa 300 Millionen Mark, der den Betriebsüberschuß zu zwei Dritteilen aufzehren und nur noch eine teilweise Verzinsung des Anlagekapitals zulassen würde.

Vorteile der allgemeinen Klassen. Die allgemeinen Klassen nehmen alle Güter auf, welche in den Tarifen nicht besonders genannt sind, und entheben die Verwaltungen der Mühe, sich über deren Frachtberechnung im einzelnen schlüssig zu machen. Sie gewähren außerdem den Vorteil, die Ansammlung aller höherwertigen Güter zu einer Wagenladung zu gestatten, während die Waren der Spezialtarife mit Nutzen nur vereinigt werden können, wenn sie in derselben Klasse den gleichen Frachtsatz tragen. Dieses Sammelgeschäft, welches durch den erheblichen Unterschied zwischen Stückgut- und Ladungsfracht gefördert wird, hat dem Speditionsgewerbe in Deutschland namentlich zwischen größeren Städten, Häfen und Industriebezirken einen bedeutenden Aufschwung verschafft. Es wird dadurch der Handelsverkehr, für welchen der Spediteur bei dem Fuhrwerk, auf den Schiffahrtsstraßen und in der Verbindung mit dem Auslande doch unentbehrlich ist, nach mancher Richtung gefördert. Andererseits treten bei den Ansammlungsfrachten die Lager und die Abfertigungsarbeiten der Spediteure für Sammelgüter an die Stelle der eigenen Güterabfertigungsstellen der Eisenbahnverwaltung, welche infolgedessen ihre Anlagen weniger auszudehnen, ihre Beamten weniger zu vermehren braucht.

----

die Sorge für die Schwefelkiesgruben und die davon beziehenden Säurefabriken in Westfalen und Mitteldeutschland bestimmend. In den Kohlen- und Erztarifen findet beständig eine genaue Abwägung der Kräfte statt, welche in den Grubenbezirken an der Ruhr, der Saar, in Schlesien tätig sind.

[1] Allgemeines Landrecht von 1794, Teil II, Tit. 13, § 3. Diese Gesetzgebung, welche unter Friedrich dem Großen entstand, wenn auch erst nach seinem Tode veröffentlicht wurde, drückt aus, wie der philosophische König die Aufgabe des Staates verstand.

Trotz dieser Vorzüge haben die außerdeutschen Verwaltungen sich meist gegen die Annahme der allgemeinen Klassen ablehnend verhalten, weil sie die hochwertigen Güter (Seide, Kleiderstoffe usw.) mit besonders hohen Sätzen treffen und den Nutzen, welchen die Spediteure aus dem Sammeln solcher Güter ziehen, selbst behalten wollen[1]).

Der deutsche Stückgüterverkehr, der von den Eisenbahnverwaltungen durch zweckmäßige Abfertigungs-, Verlade- und Zugeinrichtungen gefördert wird, hat sich neben dem Mitbewerb der Spediteure gut entwickelt. Während in dem Jahrzehnt von 1900—1910 die Tonnenkilometer der preußisch-hessischen Staatsbahn zusammen um 49,45 % zugenommen haben, ist das Eilstückgut, mit welchem das zeitbrauchende Sammeln der Spediteure am wenigsten mitkommen kann, in den geleisteten Tonnenkilometern um 236% (unter dem Einfluß der Ausnahmetarife für Eilstückgut), das allgemeine Frachtstückgut um 41%, das Stückgut des Spezialtarifs für benannte Stückgüter um 80% gestiegen. Die allgemeinen Ladungsklassen A^1 und B, in welche Sammelsendungen der Spediteure hineinfallen, vermehrten sich nur um 29 und 25% und lieferten zusammen im Jahr 1909 nur 1158 Millionen tkm, wogegen Eil- und Stückgut 2010 Millionen tkm., d. h. fast das Doppelte brachten[2]).

Einheitssätze des Reformtarifs. Nur über die Einteilung der Güter in die Klassen und die Bedingungen der Beförderung beschließt die Generalkonferenz der deutschen Bahnen und stellt hierin die Einheitlichkeit her. Die Frachtsätze für die Klassen bestimmt ebenso wie die Ausnahmetarife jede Verwaltung selbst.

Abfertigungsgebühren und Streckenfrachten. Die Frachtsätze setzen sich, wie das Schema S. 200f. für die preußisch-hessische Staatsbahn zeigt, aus Streckenfracht und Abfertigungsgebühr zusammen. Erstere soll die Vergütung für die Benutzung der Strecken und das Fahren des Gutes bilden, letztere für die Abfertigung bei Versand und Empfang und die Benutzung der dazu dienenden Einrichtungen. Für diese Teilung kann ebensowenig, wie für die Kosten des Personen- und Güterverkehrs oder der einzelnen Güterarten eine zutreffende Begründung aus den wirklichen Ausgaben abgeleitet werden. Die Kosten der Strecke lassen sich

---

[1]) Colson, Transports et tarifs 3. Ausgabe, 1809, S. 570ff. Im Wettbewerb gegen die deutschen und schweizerischen Bahnen, welche letztere die allgemeinen Tarifklassen angenommen haben, sind von französischen Grenzverwaltungen einige ähnliche Tarife eingeführt. Neuerdings werden in Frankreich Ausnahmetarife für Sammelladungen von Gepäck, messageries, Postpaketen usw. befürwortet, weil die Abfertigung dieser kleinen Sendungen unverhältnismäßige Kosten (77,81 cts pro tkm) verursacht. Pereire, Essai 1911. Die nordamerikanischen Eisenbahnen überlassen kleinere Sendungen den 22 Expreßgesellschaften, die übrigens auch Ladungen zur Abfertigung übernehmen. Archiv 1912, S. 517. Hoff und Schwabach, Amerikanische Eisenbahnen, S. 285.

[2]) Zehnjahrsbericht, S. 304.

von denen der Abfertigung nicht trennen. Die Bahnhöfe und Abfertigungsstellen werden nicht bloß für Versendung und Empfangsnahme benutzt, sondern haben auch mit dem Übergang des Gutes von Strecke zu Strecke, von Zug zu Zug, mit Verschieben und Umladen zu tun. Die Gesamtfracht enthält die Entschädigung für alle Leistungen und Anlagen, welche zur Beförderung dienen, ohne daß jene Unterscheidung nötig ist.

Die ältesten deutschen Tarife kannten Abfertigungsgebühren nicht, sondern nur eine Mindestfracht, welche verhindern soll, daß für die kürzesten Strecken bei der Berechnung nach Entfernungssätzen zu geringe Beiträge erhoben werden[1]). Abfertigungsgebühren wurden erst nötig, als Tarife mit den Nachbarn gebildet wurden. Da die Fracht nach der Streckenlänge zu verteilen war (Streckenfracht), so kam die Verwaltung, welche die Mühe der Annahme und Ausgabe des Gutes und die Abrechnung hatte, schlecht weg, wenn sie bei kurzer eigener Strecke nur für diese die Einheitssätze erhielt. Ihr mußte ein Teil der gemeinsamen Fracht als Deckung für die Abfertigungskosten vorweg eingeräumt werden; sonst weigerte sie sich, das Gut an der Übergangstation zu anderen als zu den vollen bis zu diesem Punkt geltenden eigenen Frachten (den Lokalsätzen) abzugeben. Die Bildung durchgehender Frachten mit ihren für den Verkehr wichtigen Ermäßigungen wäre ohne dies Zugeständnis an die Versand- und Empfangsbahnen nicht möglich gewesen.

Da die Versand- und Empfangsbahnen den Verkehr beherrschen, so haben sich bei der Ermittelung der Tarife die diesen Verwaltungen zugute kommenden Abfertigungsgebühren in Geltung erhalten, während die älteren Erschwerungen der Durchgangstrecken, wie Zuschläge für kurzen Durchgang (Transit), Brücken, Tunnel, Steilrampen, mehr und mehr gefallen sind. Auch in der stattlichen Höhe der Abfertigungsgebühren zeigt sich der bestimmende Einfluß der Versand- und Empfangbahnen. Diese Verwaltungen wollten, wenn sie sich im durchgehenden Verkehr auf gemeinsame niedrigere Streckenfrachten einließen, nicht auch an den Abfertigungsgebühren ihres Binnenverkehrs etwas einbüßen. Sie stießen also in der Regel die vollen Beträge der Abfertigungsgebühren, welche sie sich in den Sätzen des eigenen Bezirks (Lokalsätzen) in Anrechnung brachten, für die Durchgangsfracht zusammen[2]). Da die so gebildeten Frachten aber für kurze Entfernungen zu hoch wurden,

---

[1]) Die Rheinische Eisenbahn-Gesellschaft berechnete z. B. für Wagenladungen eine Anmeile von 16 Silbergroschen für 100 Zentner, welcher Satz sich bis zu der Annahme des Reformtarifs in ihren Tarifaufstellungen erhielt.

[2]) Während die rheinisch-westfälischen Bahnen im Binnenverkehr an Abfertigungsgebühr für den Zollzentner bei Eil- und Fracht-Stückgut 6 Silberpfennig, bei Ladungen 3,6 Spf. berechneten, wurden im Verbandsverkehr bei dem höherwertigen Stückgut 12 Spf. und bei den Ladungsklassen fast durchgängig 6 Pf., in den niedrigsten Spezialtarifen 7,2 Spf. genommen. Vgl. Anm. 2 S. 194.

in diesen den Mitbewerb des Fuhrverkehrs also nicht bestehen konnten und durch parallele Strecken des Binnenverkehrs unterboten wurden, so fing man auch in den Verbandstarifen mit den einfachen Abfertigungsgebühren des Binnenverkehrs an und stieg erst mit wachsender Entfernung allmählich zu den verdoppelten Sätzen auf.

So sind die bis zur Entfernung von 100 km sich aufwärts staffelnden Abfertigungsgebühren entstanden, welche sich in dem jetzigen Tarifschema der preußisch-hessischen Staatseisenbahn finden (vgl. S. 200). Die Steigung nach aufwärts kann sachlich nicht begründet werden, da die Abfertigungskosten nicht mit den Entfernungen wachsen und ebensowenig ein Grund vorliegt, das Anwachsen nur bis 100 km gehen zu lassen. Widerspruchsvoll erscheint die Aufwärtsstaffelung der Abfertigungsgebühren namentlich bei den Tarifklassen, für welche andererseits die Streckenfrachten schon innerhalb der ersten 100 km fallen[1]).

Trotzdem wird der überkommene und bewährte Frachtenstand nicht erschüttert werden dürfen, lediglich um eine weniger anfechtbare Grundlage für die Tarifberechnung zu erhalten. Die preußische Staatsbahn hat die steigende Skala der Abfertigungsgebühren, die im Westen und Osten des Landes verschieden war, im Jahre 1886 ausgeglichen[2]) und für den wichtigen Rohstofftarif sowie einige andere Ausnahmetarife gleiche Abfertigungsgebühren für jede Entfernung angenommen[3]).

Eine Ermäßigung der Abfertigungsgebühren, die für Wagenladungen mehrfach verlangt ist, bringt erhebliche Ausfälle an Einnahmen für die Bahn, verschafft aber der Frachtkundschaft eine fühlbare Erleichterung nur auf nahen Entfernungen, bei denen eine entsprechende, die Bahnverwaltung schadlos haltende Verkehrsvermehrung nicht zu erwarten ist. Andererseits würde bei geringerer Höhe der Abfertigungsgebühren die Verteilung der Fracht günstiger für die ausgedehnte preußische Staatsbahn im Verkehr mit kleineren Bahnen ausfallen, welche für ihre kurzen Strecken die Hälfte der Gebühr ebenso erhalten wie die meist sehr viel längeren Linien Preußens[4]).

---

[1]) Bei Eil- und Frachtstückgut vermindern sich die Anfangssätze schon bei 50 km. Vgl. Schema S. 200, Nr. 1—3.

[2]) Im wesentlichen auf Grundlage der westlichen Sätze.

[3]) Für den im Jahre 1897 allgemein eingeführten Rohstofftarif 7 Pf. für 100 kg, also 7 M. für die Ladung von 10 000 kg, statt 6 M., steigend auf 12 M. bei 100 km im Spezialtarif III.

[4]) Die preußische Staatsbahn gesteht in dem Übergangstarif für die Kleinbahnen nur die Kürzung von 2 Pf. für 100 kg der Wagenladungen zu, während die Hälfte der aus gemeinsamen Tarifen der andern Bahn zufallenden Abfertigungsgebühr 3—6 Pf. für 100 kg bei den regelmäßigen Tarifklassen und den meisten Ausnahmetarifen beträgt. Die letztere wird an die kleinen Privatbahnen bei Bildung direkter Sätze voll abgetreten. Die allgemeine Ermäßigung der Abfertigungsgebühren für Ladungen, die jetzt angekündigt ist, soll nur bei Wagen

Daß Abfertigungsgebühren in Ansatz kommen, bleibt für den Verkehr mit anderen Bahnen erwünscht, da ohne die gewohnheitsmäßige Abtretung einer Hälfte derselben die direkten Tarife mit den vollen Binnensätzen belastet würden, eine solche Erschwerung aber mit Rücksicht auf die tatsächliche Verteilung der Abfertigungsarbeiten zwischen Versand- und Empfangsstation ungerechtfertigt und der Ausbreitung direkter Tarifbeziehungen hinderlich wäre[1]).

Streckenfrachten. Während die Abfertigungskosten, wie andere Gebühren, in festen Sätzen erhoben werden, ändern sich die Streckenfrachten nach der Entfernung; durch sie wird die Beförderung ermöglicht, der Raum überwunden. Um ihre Gestaltung dreht sich hauptsächlich der Kampf der Meinungen über die Höhe der Güterfrachten.

Die hohen Streckensätze für Eil- und Frachtstückgut, mit welchen der Reformtarif auf der preußischen Staatsbahn anfing (vgl. Anm. 2 S. 198) werden weniger angefochten, seitdem der ermäßigte Spezialtarif für bestimmte Stückgüter und später (1898) ein abfallender Staffeltarif für allgemeines Stückgut sowie (1899) ein ermäßigter abgestufter Eilguttarif für leichtverderbliche Güter eingeführt ist[2]), außerdem auch für Stückgüter herabgesetzte Ausnahmetarife, z. B. für Fleisch, Seefische, Saatgut, gebildet worden sind.

Die Streckenfrachten der allgemeinen Ladungsklassen und der Spezialtarife sind auf den anfänglichen Sätzen stehen geblieben. Die Nebenklassen A^1 und A^2 zu 5000 kg sind wenig höher gehalten als die zugehörigen Klassen zu 10 000 kg (gegen B und Spezialtarif I nur etwa 10 %), um die Versender kleinerer Mengen möglichst günstig zu stellen. Den Stückgutfrachten entsprechend sind die Sätze der allgemeinen Klasse hoch gehalten, um nicht zuviel dem Sammeln der Spediteure zufallen zu lassen und die höherwertigen Güter, die in diesen Klassen verbleiben, einigermaßen nach Verhältnis zu belasten. Die Sätze der Spezialtarife

---

von mehr als 10 t Tragkraft eintreten. Für 15 t, 20 t usw. sind diese Gebühren mit der Tragkraft um 50 und 100 % gewachsen, ohne daß die Arbeit der Abfertigung sich vergrößert hat. Daher soll, abgesehen von Ausnahmetarifen, ein entsprechender Nachlaß daran eintreten.

[1]) Die östreichischen Bahnen z. B. gewähren keinen Nachlaß an Abfertigungsgebühren bei Bildung von Auslandstarifen. Die englischen Bahnen verteilen bei der Abrechnung durch das clearinghouse Abfertigungsgebühren für Anfangs- und Endstation (on each end); die ersten 5 Klassen der Klassifikation des clearing house haben höhere Gebührensätze als die special und mineral class. Wehrmann, Reisestudien, S. 50 ff. Die Eisenbahnen der Vereinigten Staaten von Amerika kennen bei der ihnen eigentümlichen Art der Tarifaufstellung Abfertigungsgebühren überhaupt nicht.

[2]) Der Tarif für bestimmte Stückgüter wurde 1892 auf alle deutschen Bahnen ausgedehnt. Den beiden anderen oben erwähnten Tarifmaßnahmen schlossen sich diese Bahnen alsbald an. Vergl. Schema S. 200. 201 Nr. 2 und 4,

stufen sich annähernd in der Skala der wichtigsten Klassen des alten norddeutschen Tarifverbandes ab (vgl. Anm. 2 S. 194).

. **Fallende Skala.** Aus dieser älteren Zeit stammt auch die fallende Skala, welche die preußische Staatsbahn bei der Tarifreform für den Spezialtarif III annahm (0,26 Pf., fallend von 100 km an auf 0,22 Pf. für 100 kg und 1 km, vgl. Anm. 2 S. 198). Die Ermäßigung der Streckensätze auf weite Entfernungen war grundsätzlich von den östlichen Staats-. bahnen in Preußen vorgenommen[1]), um durch billige Frachten die entfernten Gebiete und deren meist land- und forstwirtschaftliche Erzeugnisse dem volks- und verkehrsreicheren Westen, wie namentlich der Landeshauptstadt, näher zu bringen.

Bei Einführung des Reformtarifs und längere Zeit nachher machte sich gegen die abgestuften Streckenfrachten vielfach Widerspruch geltend, weil man neben der vielfachen Verschiebung der Frachtverhältnisse, die mit der Reform verbunden war, nicht auch noch eine weitere Verstärkung des Mitbewerbs durch grundsätzliche Verkürzung der größeren Entfernungen haben wollte. Indes wurde diese Abneigung bei den Stückguttarifen (siehe oben) überwunden, und bei den Ausnahmetarifen ist die Anwendung der fallenden Skala auf der preußischen Staatsbahn fast zur Regel geworden[2]).

Will man die Fracht nach der wirtschaftlichen Bedeutung und der Absatzgelegenheit abmessen, so kann man sich in der Tat nicht darauf beschränken, die kilometrischen Einheitspreise nach Warenklassen abzustufen. Von der Entfernung noch mehr als von der Klasse hängt die Gesamtfracht und damit die Möglichkeit der Beförderung ab. Je geringwertiger die Ware, um so hinderlicher wird die mit der Entfernung wachsende Verteuerung durch die Fracht. Es bleibt nichts übrig, als in jedem wichtigen Falle zu untersuchen, ob unter den gegebenen Umständen die verlangte Ware das gewünschte Ziel zu dem berechneten Frachtsatz noch erreichen kann. Dies geschieht bei der Feststellung der Ausnahmetarife und ist nicht minder berechtigt, als die Klasseneinteilung.

Bedenken gegen die Begünstigung weiter Entfernungen. Neben den Meinungsverschiedenheiten, die hierin nicht bloß bei jedem Artikel, sondern bei jeder Entfernung ausgefochten werden müssen, tritt wiede-

---

[1]) Sowohl die königliche Ost- wie die gleichfalls staatliche Niederschlesisch-Märkische Bahn hatten Staffeltarife für ihre Güterklassen, welche für wichtige Artikel, Getreide, Holz, Vieh, bei der Tarifreform als Ausnahmesätze größtenteils erhalten wurden. Der Minister hatte schon 1852 den Staffeltarif auf der Ostbahn für notwendig erklärt. Archiv 1911, S. 1141.

[2]) Vgl. die Mitteilung über die wichtigeren von 1900—1910 auf der preußischen Staatsbahn eingeführten Ausnahmetarife im Zehnjahrsbericht des Min. der öff. Arbeiten an S. Maj. den Kaiser und König, Berlin 1911, S. 271—290. Die meisten dieser Ausnahmetarife haben fallende Streckensätze.

rum, wie bei dem Personentarif (vgl. S. 182ff.) und den Abfertigungsgebühren (vgl. S. 203), die allgemeine Frage auf, ob die größeren Entfernungen im Frachtsatz begünstigt werden sollen oder nicht.

Die Bahnverwaltungen können von der Ermäßigung der Fracht auf weiten Strecken einen Zuwachs an Einnahme durch Sendungen erwarten, die sonst nicht gehen würden. Sie sind dabei meist genötigt, dieselbe kilometrische Herabsetzung der Frachteinheit auf den kurzen Strecken zu versagen, weil sonst an vorhandenen Transporten große Verluste entstehen würden, ohne daß auf eine schadlos haltende Vermehrung des Verkehrs zu rechnen ist[1]).

Die Einnahme der Bahn ist auf den kurzen Strecken für die Beförderungs-Einheit höher als auf den langen, da die Abfertigungsgebühr sich auf weniger Kilometer verteilt; im Spezialtarif III entfällt auf 100 kg und 1 km 0,9 Pf. bei 10 km, 0,38 bei 50 km, 0,34 bei 100 km, 0,28 bei 200 km usw. Einnahme. Die Verwaltung kann also nicht wünschen, die kürzeren Transporte zugunsten der weiteren zu verlieren. Aber ohne die länger laufenden Sendungen würde die Gesamteinnahme, welche für die Ertragsfähigkeit der Bahn nötig ist, nicht erreicht werden; die Verwaltung würde ohne die billigeren Durchgangsfrachten nicht imstande sein, der Beförderung auf nahen Entfernungen so niedrige Sätze zu gewähren, wie sie bestehen. Auch die Frachtkundschaft der kurzen Entfernungen muß also wünschen, daß die Bahn die Möglichkeiten, welche der Durchgangsverkehr bietet, hinreichend ausnutzt[2]).

Differentialtarife. Nur dürfen durch die Frachtermäßigungen für weite Entfernungen die natürlichen Verhältnisse des Raumes nicht in einer dem Gesamt-Verkehr schädlichen Weise verschoben werden. Wird auf einer Linie von 500 km Länge die Fracht für den Endpunkt A niedriger angesetzt als für den davor auf 400 km Entfernung belegenen Ort B, so wird B aus dem Bezug der Ware von dem ungünstiger liegenden Punkte A verdrängt und vom Mitbewerb ausgeschlossen. Auch die Bahn erleidet Einbuße, indem sie für die Beförderung auf 500 km nach A nur dasselbe bekommt, was sie vorher für die verloren gegangene Sendung nach B auf 400 km erhalten hat. Differentialtarife dieser Art haben Nachteile sowohl für den Verkehr wie für die Bahnverwaltung; sie sind in den Vereinigten Staaten von Amerika durch Bundesgesetz verboten (long and short haule clause, vgl. indes Anm. 1, S. 90) und werden in der Regel in Deutschland nicht zugelassen. Klagen über

---

[1]) Auf Frachten von 6—11 Mark, wie sie bis 10 km in den Spezialtarifen für 10 t erhoben werden, entfällt bei 10—20 % Ermäßigung nur ein Nachlaß von 6 oder 11 Pf. bis 12 oder 22 Pf. für die Tonne, von 0,6 oder 1,1 Pf. bis 1,2 oder 2,2 Pf. für 100 kg — Beträge, welche zu einer Verminderung der Warenpreise und Absatzvermehrung meistens nicht dienen können.

[2]) **Acworth,** Railway economics. 1904, S. 55 ff.

solche Tarifbildungen waren bei uns laut zu der Zeit, da differentielle Frachten als Folgen verschiedener Klassifikationen und Einheitssätze der im Mitbewerb stehenden Verwaltungen in großem Umfange vorkamen. Jetzt bestehen nur wenige Ausnahmetarife dieser Gattung[1]), namentlich für die Einfuhr von solchen Rohstoffen, die — bei uns nicht oder zu wenig gewonnen werden (Baumwolle, Flachs, Hanf), und für die Ausfuhr heimischer Erzeugnisse (Getreide, Zucker, Eisen- und Stahlwaren). Auf Widerspruch pflegen solche Begünstigungen des ausländischen Verkehrs, welche die eigene Erzeugung fördern, nicht zu stoßen.

Staffel für Getreide, Holz usw. Schwere Kämpfe werden dagegen über die Tarif-Ermäßigungen für das Inland geführt, bei denen die Frachten für weitere Entfernungen im ganzen höher als für die näheren, aber im Einheitssatz herabgemindert — differenziert — sind. Diese in größeren Netzen unentbehrliche Ermäßigung (vgl. S. 201, 207) findet lebhaften Widerstand bei den Erzeugnissen, für welche von dem Eindringen entfernteren Absatzes ein Herabgehen im Preise befürchtet wird.

Die mittleren, westlichen und südlichen Gebiete Deutschlands wehren sich dagegen, daß Getreide und Holz zu den gestaffelten Sätzen, für welche diese Artikel aus dem Osten seit Entstehung der Eisenbahnen nach Berlin gefahren sind, auf die west- und südwestlichen Linien ausgedehnt werden[2]). Es hat langer Bemühungen bedurft, ehe es mög-

---

[1]) Wenn ein Ausnahmetarif für Eisenerze von der Lahn und Sieg nach Hochofenstationen an der Ruhr, Saar oder in Schlesien besteht, so sind die zu den gewöhnlichen Sätzen berechneten Frachten dieses Artikels nach den vorbelegenen Zwischenorten im ganzen zum Teil höher als nach den Zielpunkten des Tarifs. Einen Nachteil davon empfindet niemand, weil Eisenerze nach den Zwischenorten nicht bezogen werden. — Allerdings kommt es auch vor, daß z. B. nach den Ostseeprovinzen von Oberschlesien für Kohlen niedrigere Frachten gelten als für vorgelegene Stationen, denen die Ermäßigungen wegen zu großer Ausfälle und Berufungen nicht gewährt werden können. In den Ostseeprovinzen wird durch diese Frachtbegünstigung die englische Kohle zum Besten des heimischen Rohstoffs zurückgedrängt. Da der dortige Verbraucher die billige englische Kohle schon hat, so findet eine Verschiebung der Mitbewerbsverhältnisse zuungunsten der näher belegenen Bezirke durch den Ausnahmetarif in der Hauptsache nicht statt. Mit Recht protestieren dagegen in Nordamerika Städte, die zwischen Chicago und San Franzisco liegen, deren Frachten ab Chicago aber sich höher stellen, als wenn von Chicago nach San Franzisco und zurück bis zu ihrer Station gefahren wird. Franke, Reisebericht über amer. Eisenb. Archiv 1904, S. 277.

[2]) Vgl. S. 207, Anm. 1. Der östliche Getreidestaffeltarif, der bei 12 Pf. für 100 kg Abf. G. bis 200 km die normalen Sätze des Spezialtarifs I 4,5 Pf. für 1 tkm enthält und dann bis 300 km 3 Pf., darüber hinaus 2 Pf. anstößt, wurde 1891 bei einer Teuerung infolge nasser Witterung und eines russischen Ausfuhrverbots für Getreide vom preußischen Minister über Berlin hinaus ausgedehnt. Diese Maßregel, welche die Einnahmen

lich war, den ebenfalls im Osten bis Berlin geltenden Staffeltarif für Vieh auf die übrigen preußischen Staatsbahnen im Jahre 1895 und dann auf ganz Deutschland zu übertragen[1]). Die wachsende Fleischteuerung hat den Widerstand gegen diese Ermäßigung ebenso wie gegen die — vorübergehend — 1906 eingeführten, kürzlich in anderer Form erneuerten Ausnahmetarife mit fallender Skala für frisches Fleisch gebrochen. Desgleichen ist die Aufnahme von Grubenholz 1903, von Heu und Stroh 1906, von Häcksel 1909 in den Rohstofftarif (2,2 Pf. bis 350 km, darüber Anstoß von 1,4 Pf. pro tkm + 7 Pf. für 100 kg) nur gelungen, weil der Bedarf an Grubenholz in den großen Bergwerksbezirken und an jenen Futtermitteln in den mittleren und westlichen Gebieten aus der Nähe nicht gedeckt werden konnte.

Staffeltarife für Fabrikate. Bei den Fabrikaten kommen im Inlandsverkehr ermäßigte Sätze für weite Entfernungen fast nur vor, wenn der Mitbewerb des Auslandes namentlich in den Küstengebieten bekämpft werden soll, so seit 1893 für Eisen und Stahl, seit 1894 für Schiffsbauteile, seit 1909 für baumwollene Garne und Gewebe aus dem Elsaß. Gegen sonstige Ermäßigungen auf weiten Strecken wehren sich die Gegenden, welche höhere Gestehungskosten haben und daher den Mitbewerb fürchten, z. B. die oberschlesische Eisen-Industrie gegenüber Westfalen.

Für Rohstoffe (Düngemittel, Pflastersteine, Wegebaumaterialien, Eis usw.), die nicht überall vorhanden sind, aber überall gebraucht werden, haben fallende Einheitssätze durchgebracht werden können. Hier macht indes die Regelung zwischen den verschiedenen Gewinnungsstätten in den Grenzgebieten ihres Absatzes und gegenüber den Frachten der Wasserstraßen Schwierigkeit. Von der regelmäßigen kilometrischen Bildung der Tarife muß abgewichen werden, um dem Waldenburger

---

aus dem Getreideverkehr für die preußische Staatsbahn um 4½ Millionen Mark erhöht, d. h. mehr als verdoppelt hatte und dem Osten erwünscht war, mußte 1894 aufgehoben werden, weil die anderen Bundesstaaten davon ihre Zustimmung zu dem russischen Handelsvertrage und demnächst auch zu der durch Reichsgesetz vom 14. April 1894 verfügten Aufhebung des Identitätsnachweises behufs Rückerstattung von Zoll für ein- und wieder ausgeführtes Getreide abhängig machten. Letztere Maßregel, welche gestattete, inländisches Getreide mit russischem zu mischen, wie es für die Ausfuhr nach England notwendig ist, und den vollen Zoll des eingeführten russischen Gewichts bei der Einfuhr von Getreide und anderen Waren zum gleichen Zollbetrage zurückzuerhalten, war den östlichen Getreideerzeugern und Seehäfen noch wertvoller als die ermäßigten Frachten nach dem Inlande.

[1]) Der Tarif für Großvieh (Rinder usw.) und Kleinvieh in gewöhnlichen Wagen vom 1. Okt. 1895 fordert bei 40 Pf. für 1 qm Abfertigungsgebühr 2 Pf. für 1 qm und 1 km bis 100 km, dann anstoßend für 101—200 km 1,75 Pf., für 201 bis 300 km 1,5 Pf. und über 300 km hinaus 1 Pf. für jedes qm und 1 km. Vorher galt westlich Berlin 2 Pf. für 1 qm und 1 km durchgängig. Für Pferde gilt östlich von Berlin noch heut ein niedrigerer Einheitssatz (2,5 Pf. für 1 qmkm statt westlich 3 Pf. für 1 qmkm).

Bezirk, der keine Wasserstraße zur Verfügung hat, den Absatz von Kohlen in Berlin gegenüber Oberschlesien zu ermöglichen, um die englische Kohle an den Seeküsten zurückzudrängen, um Eisenerze aus heimischen und fremden Bergwerken den Hochöfen zuzuführen usw. Öfters verwahrt sich die Schiffahrt mit Erfolg dagegen, die Eisenbahn-Frachten für die mit Vorliebe dem Wasser zufallenden Rohstoffe auf große Entfernungen so weit herabzusetzen, daß ihr der Mitbewerb z. B. zwischen Stettin und Oberschlesien unmöglich gemacht wird.

Gesamtergebnis. Die Staatsbahn in Preußen hat den Ausgleich zwischen dem auf fallende Sätze hindrängenden Fernverkehr und dem Widerstreben des Nahverkehrs dadurch gefunden, daß sie für die höherwertigen Güter in den regelmäßigen Ladungs-Klassen die gleiche kilometrische Berechnung bestehen läßt, für die Stückgüter aber, welche im wesentlichen feinere Güter enthalten, durch Ermäßigungen auf weite Entfernungen den allgemeinen Mitbewerb stärker entfesselt. Bei den Rohstoffen dagegen und anderen minderwertigen Gütern sind abfallende Frachtsätze zur Regel gemacht, und bei den Ausnahmetarifen, die auch für teurere Waren zur Anwendung kommen, wird in jedem Falle ermittelt, ob und wie weit die Fracht für lange Strecken herabgesetzt werden kann. Die Einnahme aus dem Güterverkehr hat sich bei diesem Verfahren noch glänzender als im Personenverkehr (vgl. S. 188) entwickelt.

Von 7500 M. Einnahme im Jahre 1854 ist der Güterverkehr der preußischen Staatsbahn auf 1 km Betriebslänge bis 26 000 M. im Jahre 1895 und 36 000 M. im Jahre 1909 gestiegen, also seit 1854 fast um das Fünffache, während die Einnahme im Personenverkehr sich nur um etwas mehr als das Dreifache (von 5000 auf 16 000 M.) gehoben hat[1]).

Zu der Gesamteinnahme tragen jetzt die allgemeinen Frachtklassen (Eil- und Expreß-, Frachtstückgut, Allgemeines und Ladungsklassen A[1] und B) 20 % bei, das gesamte Eil- und Frachtstückgut einschließlich der Spezialtarife für bestimmte Eil- und Frachtstückgüter 18 %, die Ausnahmetarife für Wagenladungen von 10 t und darüber 47 %[2]). Die allgemeinen Klassen liefern trotz ihrer höheren Frachten nur einen kleinen Teil des Gesamtertrages. Das Schwergewicht der Einnahmen

---

[1]) Der Verkehr selbst hat sich dank dem billigen Personengelde (vgl. S. 187) stärker bei den Personen als bei den Gütern entfaltet. Die beförderten Personen haben insgesamt von 1889—1899 um 136%, von 1899—1909 um 88% zugenommen, die geleisteten Personenkilometer um 95% und 85%, die beförderten Tonnen 1889 bis 1899 nur um 69% und 1899—1909 um 55%, die geleisteten Tonnenkilometer um 70% und 49%. Zehnjahrsberichte des Ministers der öffentlichen Arbeiten an den Kaiser und König.

[2]) An tkm bringen die allgemeinen Frachtklassen 7% im Verhältnis zu allen Tonnenkilometern, die gesamten Stückgüter 6%, die Ladungen der Ausnahmetarife für 10 t und mehr dagegen 64% auf.

und namentlich des Verkehrs liegt bei den Spezialklassen für bestimmte Güter und bei den Ausnahmetarifen.

Die durchschnittliche Einnahme stellt sich im Jahre 1909 für die Tonne bei der preußisch-hessischen Staatsbahn auf 4,05 M., für das tkm auf 3,54 Pf. Das tkm hat 1889 3,81 Pf., 1899 3,55 Pf. eingebracht und ist seit letzterem Jahre auf fast gleicher Höhe geblieben. Durchschnittlich ist jedes Gut auf 115 km befördert[1]).

Vergleich mit fremden Ländern. Durchschnittlich beträgt die Einnahme eines tkm für Güter aller Art auf den Eisenbahnen Deutschlands ungefähr ebensoviel wie auf der preußisch-hessischen Staatseisenbahn, nämlich 3,47 Pf. im Jahre 1907 [2]) bei einer durchschnittlichen Beförderungsstrecke von nur 99 km, auf der österreichischen Staatsbahn 3,83 Pf. bei 146 km Beförderungsstrecke, auf den ungarischen Bahnen 3,5 Pf., auf der belgischen Staatsbahn 3 Pf. bei 80 km durchschnittlicher Beförderung, in Frankreich 3,51 Pf., auf den schwedischen Bahnen 4,10 Pf., in Argentinien 4,76 Pf., in Südaustralien 5,3 Pf., in der Schweiz 7,38 Pf. Erheblich niedriger stellt sich das tkm in Rußland — auf 2,65 Pf. bei 260 km durchschnittlicher Beförderung, in den Vereinigten Staaten von Amerika auf 1,991 Pf. bei 226 km Beförderungsstrecke und in Kanada auf 1,94 Pf.[3]).

Der Durchschnittspreis für die Güterbeförderung hält sich sonach auf der preußischen Staatsbahn ziemlich in gleicher Höhe wie bei ihren deutschen und ausländischen Nachbarn[4]); er ist wesentlich höher auf den

---

[1]) Die Einnahme für die t betrug 1889 auf der preußischen Staatsbahn 4,63 M., 1899 4,05 M. Die durchschnittliche Beförderungsstrecke stellt sich jetzt bei Eilgut auf 134 km, bei Frachtstückgut auf 148, bei Klasse B auf 160 km, bei Spezialtarif III auf 88 km, bei den Ausnahmetarifen zu 10 t und mehr auf 120 km.

[2]) Archiv 1911 S. 1470. Auf der bayrischen Staatsbahn ist die Durchschnittseinnahme für 1 tkm 3,75 Pf., auf der badischen 3,95 Pf., auf der sächsischen 4,45 Pf., auf der preußischen 3,58 Pf., alles im J. 1910. Archiv 1911, S. 213, 224, 448.

[3]) Die Angaben beziehen sich auf die Jahre 1909 und 1910, teils auch auf 1907. In den Vereinigten Staaten von Amerika betragen die Durchschnittseinnahmen des tkm für Getreide 1,60 Pf., für Kohle 1,34 Pf., für Holz 2,01 Pf., für Fleisch 2,36 Pf., für Heu 2,68 Pf., für Vieh 3,05 Pf., für Baumwolle 4,56 Pf. Auf der preußischen Staatsbahn brachten im Jahre 1910 die Ausnahmetarife für 10 t und mehr, in welchen diese Artikel großenteils gefahren werden, 2,57 Pf. für das tkm auf. Die Durchschnittseinnahme für das tkm ist in Nordamerika seit 10 Jahren wie in Deutschland ziemlich beständig geblieben. Archiv 1911, S. 1211, 463, 1502, 1514, 1542, 1470, 1285, 1263, 1021, 779, 767. Für Getreide betrug 1868—1870 die Fracht von Chicago nach New York für die Tonne (1000 kg) 65 M., 1891—1895 nur noch 16—18 M. Da die Ozeanfracht New York—Liverpool in gleicher Zeit von 30 auf 10—12 M. herunter ging, so sanken die Beförderungskosten von Chicago nach Liverpool in dieser Zeit um fast 70 M. — gleich der Hälfte des Weizenpreises in Liverpool —; 1905 stellte sich die Weizenfracht von Chicago bis Mannheim auf 25 bis 30 M. für die t, gleich der deutschen Getreidefracht für 540—640 km.

[4]) Der etwas niedrigere Durchschnittssatz der belgischen Staatsbahn hängt mit dem starken Kohlenverkehr des kleinen Landes und den billigen, den Mitbewerb

schwedischen, schweizer, argentinischen, australischen Bahnen, dagegen
erheblich niedriger in den Vereinigten Staaten von Amerika, Kanada
und auch in Rußland. In diesen weiten Gebieten sind für die Einnahme
der Bahnen Rohstoffe und landwirtschaftliche Erzeugnisse ausschlaggebend, deren Verwendung und Ausfuhr durch niedrige Frachtsätze unterstützt werden muß. Ausfälle in den Frachteinnahmen werden außerdem
zum Teil durch die Verwertung der Bodenflächen ausgeglichen, die erst
durch die Bahnen der Besiedelung zugänglich geworden und bei der Er-
bauung den Bahngesellschaften unentgeltlich vom Staate überlassen
worden sind. Dadurch, daß die Sendungen auf große Entfernungen zu
billigen Sätzen in Rußland und Nordamerika stark ins Gewicht fallen
(die durchschnittlichen Beförderungsstrecken sind doppelt so lang
und noch länger als in Deutschland), ergibt sich die niedrige Durchschnittseinnahme für das Tonnenkilometer[1]).

Ein weiterer Grund dafür, daß die Durchschnittseinnahme für das tkm
sich in der bisherigen Höhe in Deutschland erhält, liegt in der hier ge-
übten Pflege der Binnenschiffahrt. Dem langsamen Verkehr, der in den
großen Wasserfahrzeugen gesammelt wird, fallen voriwegend die Massenartikel zu, welche meist von Lagerplätzen in den Verbrauch übergehen.
Die Bewegung auf den Wasserstraßen hat in Deutschland und besonders
in Preußen (vgl. dreiundzwanzigsten Abschnitt) einen bedeutenden Aufschwung genommen und entzieht den Eisenbahnen vorzugsweise
Sendungen, die von ihnen zu den niedrigsten Frachten gefahren werden.
Den deutschen Erwerbskreisen stehen, soweit sie die Wasserstraßen benutzen oder ihre Anlagen dahin verlegen können, deren Frachten zur
Verfügung und dienen zur Ausgleichung des Vorsprungs, den in
gewissen Fällen niedrigere Eisenbahnfrachten dem ausländischen Mitbewerb gewähren.

Tarife mit anderen Bahnen. Während im Personenverkehr die
Tarifsätze der wenigen Klassen für verschiedene Bahnen sich leicht
aneinanderfügen, findet die Ausdehnung der durchgehenden Frachtsätze auf fremde Bahnen ein schweres Hemmnis in den verschiedenartigen Güterklassifikationen und in der verschiedenen Höhe der Tarife,
welche die einzelnen Verwaltungen als angemessen für jede Ware ansehen.

---

gegen Rhein und ausländische Häfen aufnehmenden Frachten Antwerpens zusammen.
Für England werden die Durchschnittseinnahmen für das tkm nicht mitgeteilt. Aus
der Durchschnittseinnahme für die t, die in England 2,28 M., in Frankreich 4,27 M.,
in Deutschland 3,42 M. im Jahre 1907 betrug, läßt sich ein Schluß auf die kilometrische Fracht nicht ziehen. Archiv 1911, S. 1470.

[1]) Der Durchschnittsertrag für das tkm stellt sich in Nordamerika nach dem
Jahresbericht des Bundesverkehrsamts für kleinere Zufuhrbahnen sehr hoch, z. B.
für 5 Bahnen von 11 bis 13 Meilen Länge auf 9—33 cents für die tmile, d. i. auf
24—86 Pf., wobei allerdings zu beachten ist, daß sich für kurze Entfernungen der
Durchschnitt durch die einbezogenen Abfertigungskosten wesentlich vergrößert.

Tarife mit deutschen Staatsbahnen. Innerhalb Deutschlands hat die einheitliche Güterklassifikation dazu geführt, daß für die regelmäßigen Tarifklassen von den Staatsbahnen im wesentlichen gleiche Sätze angenommen sind (vgl. S. 77f.) und somit die Einheit des Gütertarifs für einen wichtigen, allerdings der Masse nach kleineren Teil des Verkehrs (vgl. S. 211 Anm. 2) bei der überwiegenden Mehrzahl der Bahnen erreicht ist. Ob es dabei bleibt, hängt davon ab, daß sich die Regierungen der bahnbesitzenden Staaten über die Klassifikation in den Generalkonferenzen fernerhin verständigen, und daß jede einzelne dieser Regierungen sich entschließt, Sätze für die allgemeinen und Spezialklassen zu behalten oder anzunehmen, welche auch den anderen Regierungen zusagen.

Kann die Erhaltung der Einheitlichkeit in diesem Umfange als wahrscheinlich nach den bisherigen Erfahrungen gelten, so besteht dagegen für die 64% des Verkehrs umfassenden Ausnahmetarife, soweit nicht besondere Abreden für den einzelnen Artikel oder Fall getroffen sind, Ungebundenheit, da jede Bahnverwaltung für jedes Gut Ausnahmen schaffen kann und dafür nach Belieben Preise und Bedingungen festzusetzen befugt ist. Im Bereich der einzelnen Staatsbahnverwaltungen bestehen hierin Verschiedenheiten; manche Ausnahmetarife gelten nur für gewisse Stationen. Von anderen Bahnen werden Ausnahmesätze nur dann übernommen, wenn sie den eigenen Strecken nicht die Ermäßigungen vorenthalten wollen, welche den fremden Linien gewährt sind[1]).

Das Übergewicht, welches die preußische Staatsbahn auf alle Tarifmaßnahmen infolge ihrer Ausdehnung, ihres Massenverkehrs und ihrer Erträge übt, kann sich bei der Bestimmung über die Höhe der Frachtsätze und besonders bei den Ausnahmetarifen geltend machen, da Vereinbarungen, die in dieser Beziehung zur Rücksichtnahme auf die Nachbarstaaten nötigen, nicht entgegenstehen. Sobald Preußen einen Frachtsatz einführt, der eine allgemeinere Bedeutung hat, so sind die anderen deutschen Bahnen genötigt, denselben auch anzuwenden, wenn sie auf den mit Preußen gleich laufenden Strecken nicht den Verkehr der berührten Waren ganz verlieren und auf den anderen Strecken die eigene Industrie in dem Mitbewerb auf dem deutschen Markt nicht zurücksetzen wollen. Tatsächlich wird indes der überwiegende Einfluß Preußens den Nachbarstaaten minder empfindlich, weil die preußische Staatseisenbahnverwaltung ihre Sätze nicht ohne dringendes Bedürfnis ermäßigt

---

[1]) Ebenso wie in den Stückguttarifen die von Preußen eingeführten Ermäßigungen von den anderen Staaten übernommen sind (vgl. Anm. 2 S. 206), so ist auch der Holzausnahmetarif der preußischen Staatsbahn auf die deutschen Nachbarstaaten übertragen worden.

und fast immer vor Einführung wichtiger Tarifmaßregeln mit den übrigen davon berührten deutschen Staatsbahnen verhandelt[1]).

Andererseits ist die wechselseitige Beeinflussung der Bahnen untereinander in den Tarifen immer stärker geworden, da die Wechseltarife zwischen den deutschen Bahnen, auch mit den Privatbahnen, unter dem einigenden Einfluß der gemeinsamen Güterklassifikation eine wachsende Ausdehnung genommen haben.

Tarife mit dem Auslande. Für die Tarife mit dem Auslande war die seit 1879 verfolgte Einführung und Erhöhung der Schutzzölle nicht förderlich. Während die Wechseltarife der Bahnen den Verkehr heben wollen, richten sich Schutzzölle und sonstige Schutzmaßregeln[2]) gegen das Eindringen fremder, der heimischen Erzeugung nachteiliger Waren. In der Ermäßigung der Bahntarife für solche Artikel wird, auch wenn damit nur dem Mitbewerb der Wasserstraßen oder fremder Bahnlinien begegnet werden soll, leicht eine gegen die Schutzzollpolitik gerichtete Maßregel erblickt[3]).

Das Mißtrauen gegen die Auslandstarife in Verbindung mit der verschiedenartigen, dem Ausland im allgemeinen unwillkommenen Klassifikation (vgl. S. 203) hat die Auslandstarife nicht zu der Entwicklung kommen lassen, wie sie nach der Vervollkommnung aller Bahnverbindungen erwartet werden konnte. Während der Wasserverkehr, auf welchen infolge der Zurückhaltung der Bahnen in den Auslandstarifen alles hindrängte, einen staunenswerten Aufschwung nahm (vgl. S. 224, 226), ist auf dem Schienenwege die Durchfuhr von Ausland zu Ausland zurückgegangen, die Beförderung vom Ausland nach Deutschland nur wenig gestiegen[4]).

Für die Verbesserung der Wasserstraßen ist in derselben Zeit, in welcher den Bahnen Beschränkungen für den Auslandsverkehr

---

[1]) Die Durchschnittseinnahme der preußischen Staatsbahn ist trotz ihres starken Verkehrs in niedrig tarifierten Massenartikeln nicht erheblich niedriger als die der anderen deutschen Staatsbahnen (vgl. Anm. 2 S. 212).

[2]) Z. B. Gesetze gegen die Viehseuchen.

[3]) Fürst Bismarck nannte in den anfänglichen Verhandlungen über die Schutzzölle die heimischen Verwaltungen, welche ermäßigte Tarife für ausländische Waren, besonders Getreide, Mehl, Holz, Vieh eingeführt hatten, „Bahnen des Auslandes" und drang auf Aufhebung solcher Ermäßigungen, sofern die Artikel auch in Deutschland erzeugt werden.

[4]) Nach der Güterbewegungsstatistik des Reichs ist auf den deutschen Eisenbahnen der Gesamtverkehr von 1906 bis 1910 von 344 Millionen Tonnen auf 396 Millionen gestiegen, also um etwa 15%; die Durchfuhr dagegen von Ausland zu Ausland sowie zwischen Ausland und den deutschen Seehäfen ist in dieser Zeit von 2 860 000 t auf 2 322 000 t zurückgegangen und der Empfang von dem Ausland und von den Seehäfen her von 26 auf 28 Millionen t gestiegen. Andererseits ist der Versand nach dem Ausland und den heimischen Seehäfen, welchen die Bahnen fördern dürfen, von 38 Millionen auf 46 Millionen t, d. i. mehr als 20%, gestiegen.

auferlegt wurden, außerordentlich viel in Deutschland geschehen und dadurch augenscheinlich die Wareneinfuhr vom Ausland in mindestens gleichem Maße gefördert, als sie im Bahnbetriebe gehemmt wurde. Die weitgehenden Ermäßigungen der Schiffsfrachten sind wirksamer, als die möglichen Zugeständnisse in den Bahntarifen (vgl. dreiundzwanzigsten Abschnitt). Die Entwicklung des deutschen Auslandsverkehrs hat im ganzen unter der Eindämmung der Bahntarife nicht gelitten, sondern nur andere Wege genommen und ist anderen Stellen innerhalb Deutschlands zugute gekommen, namentlich den Häfen an der See und den Strömen.

Nachteiliger kann für Deutschland werden, daß die fremden Staaten in bezug auf die Bahntarife mehr und mehr denselben Standpunkt wie die deutschen Verwaltungen einnehmen und den deutschen Waren für die Einfuhr auf ihren Linien die gewohnten Ermäßigungen versagen oder neue Zugeständnisse verweigern. Da Deutschland in der Mitte Europas durch den Schienenweg einen Vorteil für die Einfuhr nach den umliegenden Staaten hat wie in gleichem Maße kein anderes europäisches Land, so büßt es durch die Verkümmerung der Bahnbeförderung mehr ein als die mitbewerbenden Staaten. Deutschland tritt damit z. B. für den Verkehr nach Rußland, Rumänien usw. zum Teil in dieselbe Reihe zurück wie England, Amerika, welche lediglich auf Schiffahrtstraßen angewiesen sind.

Ermäßigte Eisenbahntarife für die steigende Ausfuhr der hochentwickelten deutschen Feinfabrikation werden schwerlich vom Auslande beibehalten oder neu zugestanden werden, wenn nicht entsprechende Gegenbewilligungen namentlich für die uns nötigen Rohstoffe gemacht werden. Will man die Zustimmung der fremden Bahnen zu billigen Frachten für die uns unentbehrlich gewordene Ausfuhr gewinnen, so wird dem Schienenweg wieder in weiterem Umfange gestattet werden müssen, den Auslandsverkehr durch eine entgegenkommende Frachtstellung zu heben. Daß die Zollpolitik davon durchkreuzt wird, ist sicherlich zu vermeiden. Anzunehmen ist dies aber nicht, soweit der Verzicht auf einen wirksamen Eisenbahntarif nur die Folge hat, daß die Einfuhr sich auf die Wasserstraße verlegt.

Schlußbetrachtung. Im Gütertarif überragt die preußisch-hessische Staatsbahn andere Verwaltungen nicht in dem Maße an Billigkeit, wie im Personenverkehr. Die durchschnittliche Belastung der Güter mit Fracht ist annähernd dieselbe wie bei den vergleichsfähigen Bahnen (vgl. S. 212). Der rasche Aufschwung des Güterverkehrs zeigt, daß diese Last bei der getroffenen Verteilung unter den verschiedenen Warengattungen und bei dem dafür gebotenen Maß von Regelmäßigkeit und Schnelligkeit der Beförderung wohl getragen werden kann. Wenn die Ermäßigung der Fracht nicht mehr so fortschreitet wie in früheren Jahren (vgl. S. 212),

so steht im Wege, daß die Anlagekosten und die Betriebsausgaben bei der Eisenbahn wie bei allen Gewerben außerordentlich gestiegen sind, die Eisenbahn aber ihre Tarife niemals,
abgesehen von der im wesentlichen vorübergehenden Maßnahme von
1873, erhöht hat. Während der Beförderungspreis für die Person annähernd auf den vierten Teil gegenüber der Zeit vor Entstehung
der Eisenbahnen heruntergegangen ist (vgl. S. 180), sind die Frachten
für Güter von 10 Pf. für die Zentnermeile = 26,66 Pf. für 1 tkm bei Beförderung mit Landfuhrwerk auf 3,54 Pf., also fast den achten Teil, gesunken[1]).

Wie sich in Zukunft die Gütertarife entwickeln, hängt von dem
Fortschritt des Verkehrs ab. Setzt sich der bisherige Aufschwung und
die allseitige Ausdehnung des Absatzes fort, so wird wahrscheinlich
dem in der Mitte Europas belegenen Deutschland eine weitere Verringerung der Frachten für große Entfernungen nützlich sein, Sollte die
im Gange befindliche Abschreibung der Anlagekosten wirksam bis ans
Ende durchgeführt werden (vgl. Abschnitt 33), so würde damit die Möglichkeit eröffnet, auch auf nahen Entfernungen die Beförderung und
damit die Erzeugungskosten zu verbilligen.

Zweiundzwanzigster Abschnitt.

Formale Gestaltung der Tarife.

Neben dem Tarif und den Tarifbedingungen ist im Güterverkehr eine
übersichtliche Gestaltung des Tarifs für die Frachtkundschaft wie für
die Verwaltung und ihre Abfertigungsstellen wichtig. Der Personentarif
wird fast nur von den Abfertigungsstellen gebraucht; der Reisende
erfährt, was er nötig hat, meist aus dem Aufdruck der Fahrkarte. Der
Waren versendende Geschäftsmann dagegen muß die für seine Unkosten
vielfach ausschlaggebenden Tarife vorher genau kennen.

Da ist es denn sehr zu begrüßen, daß die Verständigung der Bahnen
über Warenklassen, Bedingungen und Einheitssätze ermöglicht, die
Unzahl früherer Tarifausgaben in wenige Bücher für das Inland zu-
sammenzudrängen. Ein einziger Gütertarif erscheint in verschiedenen
Teilen für die weite preußische Staatsbahn mit ihren 6000 dem Güterverkehr dienenden Stationen (5976 im J. 1910) und für verschiedene
in ihrem Bereich liegende fremde Staats- und Privatbahnen[2]). Die

---

[1]) Ulrich, Eisenbahntarifwesen, 1886, S. 143. Die Ersparnis an Güterfrachten wird dort für Deutschland bis 1878 auf 18½ Milliarden M. berechnet, an
Personengeld auf 800 Millionen.

[2]) Die Militärbahn, die Oldenburgische Staatsbahn und der Wechselverkehr
mit der Mecklenburgischen Staatsbahn sind im Staatsbahntarif enthalten.

Möglichkeit ist hier für jeden gegeben, sich in diesem Bereich über die Güterfrachten mit einiger Sorgfalt und ohne erhebliche Kosten zu unterrichten.

Für die übrigen deutschen Bahnen gilt die gleiche Anordnung und im wesentlichen auch der gleiche Inhalt im Gütertarif, seinen Bedingungen und Enfernungstafeln wie für die preußische Staatsbahn. Die Zahl der Tarife ist allerdings noch immer erheblich.

In den Tarifen mit dem Auslande wird mehr und mehr erreicht, dieselben für das ganze Land zusammenzufassen und dadurch wenigstens die Unterscheidungen zwischen den Gebieten der einzelnen Bahnverwaltungen in Wegfall zu bringen. Jede Vereinfachung und Verbesserung in der Fassung der Tarife erleichtert dem Geschäftsverkehr die Ermittelung seiner Frachtkosten und zugleich auch die Massenarbeit der Abfertigungs- und Abrechnungsstellen. Sie vermindert die Irrtümer in der Frachtberechnung und den Schriftwechsel darüber, dient also zur Ersparung von Zeit und Kosten bei der Verwaltung und der Frachtkundschaft.

Dreiundzwanzigster Abschnitt.

Verhältnis zu anderen Beförderungsmitteln.

Die Eisenbahn macht, soweit die Schienen aneinanderstoßen, jede andere Vermittlung für die Beförderung unnötig. Dadurch, daß das Umladen und die Zwischenabfertigung wegfällt, werden Kosten und Zeit erspart, Beschädigungen und Verluste vermieden. Dieser Vorteil hört auf, sobald das Ende der Schienenbahn erreicht ist; an den Güterschuppen, an der Ladestraße, am Ufer setzt das Lastfuhrwerk, das Schiff ein, um die Weiterbeförderung zu übernehmen.

Anschlüsse. Nur Werke, Lagerplätze, Häfen, welche durch besonderen Strang mit dem Bahnnetz verbunden sind, genießen den vollen Nutzen der einheitlichen Beförderung von und bis zu ihrem Grundstück. Solche Anschlüsse, die für Massenbeziehungen unentbehrlich geworden sind, läßt die preußische Staatseisenbahnverwaltung nach allgemein festgestellten Bedingungen zu[1]). Die Anschlußinhaber haben die Bau- und Betriebskosten ihrer Verbindungsstrecke zu tragen und für das Ab- und Zubringen, soweit es durch die Bahnverwaltung erfolgt, bestimmte, nach der Entfernung abgestufte Gebühren zu zahlen, welche über die Selbstkosten nicht hinausgehen.

---

[1]) Schon Mitte der 70er Jahre verständigten sich die rheinisch-westfälischen großen Privatbahnverwaltungen einschließlich der unter Staatsverwaltung stehenden bergisch-märkischen Bahn über gemeinsame Bedingungen, welche von ihnen für Privatbahnanschlüsse gefordert wurden.

Da durch Anschlüsse der gewerbliche Betrieb außerordentlich gefördert wird, so öffnet die Bahnverwaltung dafür ihre Strecken so weit wie möglich [1]). Sie kann aber an ihren Hauptlinien Anschlüsse nicht mehr in freier Bahn zulassen, weil jede Weiche für die mit großer Geschwindigkeit fahrenden Züge eine unzulässige Gefahrstelle bildet, und ist an den großen Bahnhöfen häufig behindert, weil die für den Anschluß verlangte Stelle durch die übrigen Gleise hindurch zu schwer erreicht wird. Für Anschlüsse sind deshalb vorzugsweise kleinere Bahnhöfe in freiem Gelände, Neben- und Kleinbahnen geeignet. Sie werden in steigendem Maße dafür benutzt, ziehen dadurch das Großgewerbe mehr und mehr auf das Land und bilden so ein Gegengewicht gegen das übermäßige Anwachsen der Großstädte[2]). Mittels dieser Saugadern des Verkehrs wird die ganze Bodenfläche des Landes bis in seine abgelegensten Teile für die Entwicklung neuzeitlicher Arbeitstätigkeit gewonnen.

Einzelne Anschlüsse, die zu öffentlichen Häfen und Ladestraßen führen, dienen dem öffentlichen Verkehr und werden mit ihren Gebühren in die Bahntarife aufgenommen. Bisweilen werden aber auch die bahnamtlichen Abholegebühren für Privatanschlüsse in die Bahntarife eingerechnet, um die Unterschiede in den Verfrachtungen der einzelnen Werke auszugleichen, z. B. in Kohlen-Ausnahmetarifen von der Ruhr nach den Häfen.

Bestätterei. Wo Anschlüsse nicht benutzt werden, beginnt die Tätigkeit des Fuhrunternehmers. Die englischen Eisenbahnen, welche sich als common carrier betrachten (vgl. S. 8) und sich nicht grundsätzlich auf die Beförderung mittels der Schienen beschränken, übernehmen seit ihrer Entstehung die Verfrachtung from house to house für alle höheren Klassen, Ladungen wie Stückgüter. Sie rechneten dafür früher höhere Abfertigungsgebühren in die Tarife ein[3]). In Deutschland vermitteln die Eisenbahnverwaltungen ebenfalls an vielen Orten das Abholen

---

[1]) Die preußisch-hessische Staatsbahn hat 6069 Anschlüsse, welche nicht dem öffentlichen Verkehr dienen (darunter 4113 für Fabriken, 784 für Berg-und Hüttenwerke, 354 für die Landwirtschaft), die deutschen Bahnen zusammen 9571 solche Anschlüsse. Statistik des Vereins deutscher Eisenbahnverwaltungeu für 1908.

[2]) Im rheinisch-westphälischen Industriegebiet sind die Fabriken schon zu einem großen Teil auf das Land verlegt. An einzelnen Stellen, z. B. Reißholz bei Düsseldorf, haben Unternehmer auf eigene Kosten an der Hauptbahn eine Station anlegen lassen, um von da aus durch Anschlüsse ein Fabrikterrain zu bedienen.

[3]) Die für das Bestättern bei den höheren Klassen (carted classes) mehr eingestellten Beträge waren höher als die in Deutschland üblichen Rollgelder (Wehrmann, Reisestudien 1877, S. 24 ff.). Die erhöhten Abfertigungsgebühren wurden auch an Orten und in Fällen erhoben, wo die Bestätterei nicht stattfindet, was zu Beschwerden Anlaß gab. Daß dies heut noch der Fall ist, wird von englischen Eisenbahn - Fachmännern bestritten. Die Fuhrwerke, auch die Pferde, gehören vielfach den Bahnen.

und Zubringen der Stückgüter vom und zum Hause, aber halten dies Geschäft und die dafür zu erhebenden Rollgebühren getrennt von der Bahnbeförderung. Abgeholt wird nur auf Wunsch des Versenders, zugeführt, wenn der Empfänger nicht erklärt, selbst oder durch einen bevollmächtigten Fuhrmann das Gut abholen zu wollen. Tatsächlich fällt infolge dessen das Abholen von Hause regelmäßig den Versendern oder deren Spediteuren zu; das Zubringen dagegen wird bei dem Fehlen von Vollmachten für Privatspediteure in größerem Umfange seitens der von den Bahnen bestellten Fuhrleute besorgt und ist unentbehrlich, da auf den Güterschuppen der Raum für nachfolgende Güter freigemacht werden muß.

Eine Verpflichtung, sich ausschließlich der Bahnbestätterei zu bedienen, kann zwar nach der Verkehrsordnung für die Frachtkundschaft mit Genehmigung der Aufsichtsbehörde durch die Tarifbedingungen an einzelnen Orten begründet werden. Es ist aber nur in ganz vereinzelten Fällen, wo das Beispiel der englichen Einrichtungen und besondere Fabrikationsverhältnisse einwirkten, dazu gekommen[1]).

Die bahnamtliche Bestätterei, für welche die Bahnverwaltung haftet[2]), hat sich ebenso wie das Ab- und Zubringen der sonstigen Stückgüter und der Ladungen durch Eigentümer und Privatspediteure bewährt. Störungen treten nur ein, wenn die bei den Spediteuren beschäftigten Leute, welche großenteils in dem sozialdemokratischen Transportarbeiterverbande organisiert sind, streiken, wie dies wiederholt, z. B. in Hamburg, Magdeburg, Berlin usw., geschehen ist. Auf Dienst und Lohn dieser Arbeiter, für welche die bahnamtliche Bestätterei meist einen kleineren Teil ihrer Beschäftigung bildet, hat die Bahnverwaltung nur einen beschränkten Einfluß. Kann ihr vermittelndes Eingreifen die Arbeitseinstellung nicht verhindern, so bleibt ihr lediglich übrig, zur Verhütung von Verkehrstockungen mit den eigenen, schwer entbehrlichen Arbeitskräften soweit wie möglich zu helfen.

Von Wichtigkeit ist es daher für den Bahnverkehr, durch ein gutes Verhältnis zwischen den Spediteuren und ihren Arbeitern Streikbewegungen der letzteren hintanzuhalten. Nach dieser Richtung kann von den Bahnverwaltungen eingewirkt werden.

Mitbewerb durch Fuhrwerk, Anschlüsse, Kleinbahnen. Fuhrwerk, Anschlüsse, Kleinbahnen dienen nicht bloß als Zubringer des Staatsbahnnetzes, sondern stehen mit demselben auch im Mitbewerb, namentlich, ebenso wie bei dem Personenverkehr (vgl. S. 186), auf kurzen Entfernungen.

---

[1]) In Altona und einigen anderen holsteinischen Orten hat sich die obligatorische Bestätterei aus der Zeit der Altona — Kieler Bahn erhalten, in Elberfeld seit 1875. Eis.-Verkehrs-Ordnung vom 23. Dez. 1908, § 78, Nr. 1.

[2]) Verkehrsordnung, §§ 5. 78. Nr. 1.

Wo auf Strecken bis etwa 30 km ein starker Austausch von Waren stattfindet, z. B. zwischen Barmen—Elberfeld und Düsseldorf oder Köln, lohnt es sich unmittelbar von Geschäft zu Geschäft zu fahren statt zur Bahn und nach der Bahnbeförderung von der Station wieder abzuholen. Neuerdings wird die verbrauchende Kundschaft durch Automobile in der weiteren Umgebung der Städte von den Großgeschäften unmittelbar versorgt.

Die Privatanschlüsse für nichtöffentlichen Verkehr ziehen Massensendungen in den Fällen an sich, in welchen sie Hüttenwerke und Kohlenzechen untereinander oder mit Häfen verbinden[1]). Kann es auch der Staatsverwaltung recht sein, wenn ihr dadurch ein Verkehr entzogen wird, der bei geringer Einnahme für wenige Kilometer viel Arbeit verursacht und Strecke wie Bahnhöfe stark belastet, so besteht andererseits die Möglichkeit, daß mit der neuzeitlichen Zusammenfassung großer Werke zu einheitlichen Unternehmungen (Trusts, Konzerns, Riesengesellschaften) die Bahnen derselben sich auf weite Entfernungen ausdehnen und dann auf die Tarife der Staatsbahn einwirken. Wenn dies geschähe, würden Werke, welchen derartige Anschlüsse nicht zur Verfügung stehen, alsbald mit Beschwerden über zu hohe Frachten der Staatsbahn hervortreten. Der Staat hat also Ursache, wie im Personenverkehr (vgl. S. 191 f.) darauf zu halten, daß durch Anschlüsse umfangreicher Art nicht die einheitliche Geltung seiner Gütertarife im Lande untergraben wird. Er kann jedenfalls fordern, daß Privatanschlüsse und Privatbahnen für nicht öffentlichen Verkehr, welche tatsächlich den Verkehr ebenso wie die ausdrücklich dem öffentlichen Verkehr dienenden Bahnen[2]) versorgen, auch den gesetzlichen Regeln für letztere unterworfen werden.

Auch von den Kleinbahnen kann eine Beeinträchtigung der staatlichen Gütertarife ausgehen, um so leichter, als sie der Verkehrsordnung und den Bestimmungen über die Klassifikation der Frachten nicht unterliegen. Aber erheblich kann ihre Einwirkung nicht werden, da sie gesetzlich auf Verkehr von geringer Bedeutung beschränkt sind und, sobald sie einen allgemeinen Einfluß gewinnen, vom Staat erworben werden dürfen[3]). Überdies hat in der überwiegenden Zahl der Fälle der Staat auf Grund der von ihm gewährten Unterstützungen eine Mitwirkung bei der Verwaltung der nebenbahnähnlichen Kleinbahnen.

---

[1]) Großartige Anlagen dieser Art sind die Eisenbahnen der Kruppschen Gußstahlfabrik bei Essen, die Bahnen der Thyssenschen Werke und der Gutehoffnungshütte bei Oberhausen nach den Rheinhäfen Walsum und Alsum.

[2]) Der Verkehr der jetzt dem Staat gehörigen Oberschlesischen Schmalspurbahn, die von der Oberschlesischen Eisenbahn-Gesellschaft gebaut und früher von einem Unternehmer betrieben wurde, ist stets als ein öffentlicher angesehen und behandelt worden, obwohl er nur zwischen großen Werken sich bewegt

[3]) §§ 1, 30 Kleinbahngesetz vom 28. Juli 1892.

Wasserumschlag. Mitbewerb der Wasserstraßen. Von größter Wichtigkeit ist das Verhältnis der Eisenbahnen zu den Wasserstraßen. Sie waren vor den Eisenbahnen fast die alleinigen Vermittler größeren Güterverkehrs. Am Meer und an den Strömen entstanden die handeltreibenden Städte. Häfen zu bauen, die Flüsse zu regeln und durch Kanäle zu verbinden waren die Regierungen von grauen Zeiten her bemüht. Im 17. und 18. Jahrhundert wurden in Frankreich und England ganze Kanalnetze ausgeführt; auch in Deutschland entstanden mehrere Kanäle[1]).

Mit der Entstehung der Eisenbahnen stockte zunächst die Ausdehnung der Binnenwasserstraßen, da ihnen der Verkehr zum Teil verloren ging und die Anlagekapitalien für das Bahnnetz in Anspruch genommen wurden. In England, Frankreich, Amerika wurden die Kanäle als Mitbewerber von den Eisenbahngesellschaften bekämpft[2]).

Seit den 70er Jahren des vorigen Jahrhunderts wird aber in Deutschland wie in verschiedenen andern Staaten anerkannt, daß die Binnenwasserstraßen neben den Eisenbahnen für den Güterverkehr erforderlich sind; der Flußschiffahrt wird seitdem die öffentliche Aufmerksamkeit wieder zugewendet. Frankreich hat die Abgaben für die Befahrung von Strömen und Kanälen aufgehoben; Belgien hält sie so niedrig, daß nicht die Unterhaltungskosten für die Schiffahrtswege gedeckt werden. In Deutschland wurden die Schiffahrtsabgaben auf den Strömen aufgehoben und durch die Reichsverfassung von 1871 nur soweit für zulässig erklärt, als sie die Kosten zur Herstellung und Unterhaltung von Häfen und anderen Schiffahrtsanlagen nicht übersteigen[3]). Hier begann zugleich eine lebhafte, bis heut dauernde Tätigkeit im Ausbau der Häfen, der See- und Flußwege und der Kanäle.

Die großen Seehäfen in Hamburg, Bremen, Stettin, Emden wurden in gewaltiger Weise erweitert, die Seezeichen verbessert, Seekanäle seit

---

[1]) In Frankreich wurden von 1668—1684 durch den Minister Colbert die Kanäle du midi von Garonne nach Aud—Ore—Hérault, Rhône—Loire, canal du centre, Rôhne—Rhein gebaut, in England 1759—1776 der Bridgewater-Kanal, Manchester—Reescorn mit vielen Kanalanschlüssen, 1779 Leeds—Liverpool, in Brandenburg—Preußen 1668 der Friedrich-Wilhelms- oder Müllroser Kanal zwischen Oder und Spree, 1746—47 der Finow- und der alte Plauer Kanal zwischen Oder—Havel—Elbe. Die holländischen Kanäle sind meist älter.

[2]) In England und den Vereinigten Staaten von Amerika sind neueste Untersuchungen noch wieder zu dem Ergebnis gelangt, daß die Förderung der Binnenwasserstrassen unwirtschaftlich sein würde und sich keineswegs empfiehlt.

[3]) § 54 Reichsverfassung vom 16. April 1871. Cohn, Binnenwasserstraßen in England. Archiv 1911 S. 355 ff. Durch das Gesetz betr. den Ausbau der deutschen Wasserstraßen und die Erhebung von Schiffahrtsabgaben vom 24 Dez. 1911, RGBl. S. 1137, ist der Art. 54 der Reichsverfassung dahin geändert, das auf natürlichen Wasserstraßen Abgaben nur für solche Anstalten (Werke, Einrichtungen)

1859 hergestellt, von welchen jetzt 5 in 4,5 bis 9 m Tiefe bestehen[1]). Binnenkanäle sind 21 für Großschiffahrt mit 2 m und mehr Tiefe vorhanden, Kanäle mit 1,5 bis 2 m Tiefe 22 und bemerkenswerte Kanäle mit weniger als 1,5 m Tiefe 16. Deutschland besitzt 21 688 km Wasserstraßen, darunter 9579 km freie Flüsse, 3130 km kanalisierte Flüsse, 6489 km nur flößbare Wässer, 2490 km schiffbare Kanäle. Umfangreiche Entwürfe zu weiteren Wasserwegen werden verfolgt[2]).

Frankreich hat gegenwärtig 8832 km schiffbare Flüsse, 4860 km Kanäle, England 3200 km schiffbare Ströme, 6600 km Kanäle, die aber meistens wenig leistungsfähig sind. Der Staat hat sich in England unter dem Einfluß der Eisenbahngesellschaften gegenüber den Binnenwasserstraßen fortdauernd ablehnend verhalten, obwohl umfassende Verbesserungen und Erweiterungen immer wieder verlangt werden[3]).

Die Wasserfracht unterscheidet sich von der Beförderung auf der Schiene durch die geringere Reibung, welche den Kraftaufwand und damit die Kosten vermindert. Außerdem gestattet die Ausdehnung der tragenden Wasserfläche gegenüber der beschränkten Spurweite eine Vergrößerung des Fahrzeugs, welche die Bedienungskosten vermindert. 50 Güterwagen mit je 10—20 t Last, d. h. ein voller Güterzug, füllen etwa einen Flußkahn von 600 t Tragkraft, während Rheinschiffe bis 3600 t, Seeschiffe 30 000 t und mehr fassen können.

Die Verminderung der Bewegungskosten muß dazu führen, daß die Wasserfracht sich billiger stellt als die Bahnfracht, wenn nicht durch Schiffahrtsgebühren die Benutzung des Wasserwegs zu stark verteuert oder die Bahnfracht ungewöhnlich ermäßigt wird. Andererseits wird die Benutzung der Schiffahrt dadurch erschwert, daß die Ladung für den ganzen Schiffsraum erst gesammelt und für Orte, welche nicht an

---

erhoben werden dürfen, die zur Erleichterung des Verkehrs bestimmt sind. Sie dürfen bei staatlichen und kommunalen Anlagen die zur Herstellung und Unterhaltung erforderlichen Kosten nicht übersteigen. Die Einführung solcher Abgaben auf den Strömen steht noch bevor.

[1]) Weitere Vertiefungen bis 11 und 13 m sind in Ausführung begriffen, so bei dem Kaiser-Wilhelms-Kanal.

[2]) Die Angaben stammen z. Teil aus Zählungen von 1894 und 1905. Geplant und teilweise im Bau sind u. a. die Großschiffahrtswege von Berlin-Stettin (75 km). Mittellandkanal Rhein-Weser-Hannover (113 km) mit 2,8 m Tiefe, Donau-Main (160 km), Elster-Saale (130 km) mit 2,3 m Tiefe.

[3]) Der Seekanal von Manchester nach Liverpool ist durch Opfer der Stadt Manchester zustande gekommen, die nachträglich noch 5 Millionen £ daran gewendet hat. Verlangt werden jetzt in England Kanäle für 17$^1/_2$ Millionen £, die der Staat mit einem eigenen Zuschuß von etwa $^1/_4$ der Gesamtkosten für die Grafschaften und sonstigen Beteiligten bauen soll. Zur Deckung der Ausgaben sind Abgaben in Aussicht genommen, wie sie von den vorhandenen Kanälen erhoben werden, die mit 200 Millionen Tonnenmeilen 528 000 £ aufbringen (etwa $^1/_5$ d per tm = 1 Pf. für 1 tkm). Archiv 1911, S. 355 ff. Vergl. S. 222 Anm. 2.

den Landungsplätzen liegen, die Ware umgeladen und besonders zu- und abgefahren werden muß.

Der Wasserweg übernimmt die Beförderung nicht bloß da, wo die Schiene aufhört, wie am Meeresufer, sondern kann an die Stelle der Eisenbahn überall dann treten, wenn es sich lohnt, eine Schiffsladung zu sammeln. Er ergänzt die Eisenbahnbewegung, aber steht mit ihr auch im Wettbewerb.

Seeschiffahrt. Die Schiffahrt auf der abgabenfreien schrankenlosen See entwickelt sich immer großartiger, seitdem die Erdteile von den Eisenbahnen aufgeschlossen werden und in wachsendem Maße Menschen und Waren austauschen. Die Welthandelsflotte ist in ihrer Leistungsfähigkeit seit 1850 auf das Achtfache gestiegen[1]). Im deutschen Küstengebiet gingen 1909 110 000 Seeschiffe mit 28 684 000 Netto-Registertonnen ab und kamen ungefähr ebenso viel an[2]).

Die Seefrachten sind mit der Vergrößerung der Schiffe und des Handels stark gesunken (vgl. Anm. 3 S. 212). Sie betrugen im Durchschnitt der Jahre 1907—1910 für 1000 kg Getreide nach Rotterdam und Antwerpen von der Ostsee 7,09—5,29 M., vom Schwarzen Meer 9,29 bis 8,96, von New-York 6,38—5,46 M., von La Plata 11,77—10,88 M., von Ostindien 14,46—14,13 M. Diese Preise entsprechen ungefähr kilometrischen Einheitssätzen für den tkm von 0,8 Pf.; 0,15; 0,45; 0,08 und 0,11 Pf., welchen gegenüber die regelmäßige Eisenbahnfracht im Spez.-Tarif I sich auf 4,5 Pf. für den tkm stellt[3]).

Die Höhe der Seefrachten richtet sich nicht nur nach der Entfernung, sondern, abgesehen von den Jahreszeiten, nach der Leichtigkeit, Ladung und Rückladung zu erhalten. Die zunehmende Billigkeit ihrer Sätze hat den Unterschied der Räume in viel stärkerer Weise verkürzt, als dies durch die Eisenbahnen geschieht, und namentlich für die Rohstoffe weit größere Verschiebungen in den Wirtschaftsverhältnissen

---

[1]) 1850 gab es neben wenigen Frachtdampfern eine Seglerflotte von 8 Millionen Netto-Registertonnen. Jetzt (1907) haben neben 7,5 Millionen Registertonnen Seglern die Dampfschiffe der Welt 19 Millionen Registertonnen, welche gegenüber Seglern die dreifache Leistungsfähigkeit darstellen, da sie nur den dritten Teil der Zeit brauchen. Rotterdam zählte 1850 angekommene Seeschiffe 1940 mit 346 000 Netto-Reg.-To., 1890 Schiffe 4535 mit 2 918 000 Reg.-To., 1910 Schiffe 9368 mit 10 658 000 Reg.-To., Nachrichten für Handel und Industrie 1911, Nr. 47.

[2]) Statistik des Deutschen Reichs Bd. 234, die Seeschiffahrt 1909 III, S. 2, 25 535 000 Netto-Registertonnen von der obigen Gesamtzahl oben gingen in Dampfschiffen ab. Auf den deutschen Eisenbahnen wurden im gleichen Jahre 365 314 940 Tonnen bewegt.

[3]) Mannheimer Handelskammer. Jahresbericht 1910 I. Teil S. 10 u. 122. Die Seefrachten für Getreide schwanken z. B. zwischen Neu York und Rotterdam (etwa 7000 km) zwischen 4 und 7,50 M., beinahe also um das Doppelte, im Laufe der Jahre 1907—1910. Die sich aus diesen Sätzen ergebende Durchschnittsfracht von etwa 6 M. für die Tonne muß auf dem Lande schon für 106 km, die Entfernung von Berlin bis Brandenburg, entrichtet werden.

herbeigeführt. Getreide, Eisen- und andere Erze, Holz, Petroleum, Baumwolle kommen in Massen über See nach Deutschland. Umgekehrt dringt auf den Seewegen die schnell wachsende Warenausfuhr in alle Welt.

Die Eisenbahnen werden durch die überlegene Zugkraft der niedrigen Seefrachten genötigt, ihre Sendungen der Seeschiffahrt meist auf dem kürzesten Wege zuzuführen. Sie wirken indes darauf hin, Häfen, welche nach ihrer Lage miteinander in Wettbewerb treten können, in den Bahnfrachten möglichst gleich zu stellen, oder bevorzugen auch heimische Häfen vor den ausländischen behufs Unterstützung des vaterländischen Handels und Schiffsgewerbes[1]).

Mitbewerber der See sind die Eisenbahnen regelmäßig gegenüber der Küstenschiffahrt. In England haben die Bahngesellschaften den größten Teil des Kohlenverkehrs von Northumberland nach London an sich gezogen[2]). Die deutsche Küstenschiffahrt hat auf den längeren Strecken von den Ostseeprovinzen nach dem Rhein den Holz- und Getreideverkehr festgehalten, da die Bahnen ihre Sätze dorthin nicht entsprechend ermäßigen (vgl. Anm. 2 S. 209).

Im Überseeverkehr macht der Schienenweg hier und da für einen Teil der Beförderung seinen Einfluß geltend. Nicht bloß die Reisenden suchen in der Regel trotz höherer Preise den Punkt auf, von welchem aus die Seefahrt am meisten abgekürzt oder vermieden wird, Dover bei der Fahrt nach England, Genua und Brindisi nach dem Orient, Bremen nach Amerika, die transamerikanischen Linien und die sibirische Bahn nach Japan und China. Auch die Post zieht wegen der größeren Schnelligkeit die Überlandbahnen vor. Für teure, verderbliche, schwer umzuladende, eilige Waren ist diesen bei guter Beförderung im Frachtverkehr ebenfalls ein Wettbewerb mit den Seelinien zum Teil möglich[3]).

---

[1]) Zwischen Antwerpen, Rotterdam und den deutschen Nord- und Ostseehäfen werden in den Ein- und Ausfuhrfrachten der Bahnen feste Preisunterschiede gemacht, welche die allseitige Beteiligung am Handel ermöglichen sollen. Ähnliche Preisregeln bestehen für die atlantischen Häfen von Nordamerika Boston, New - York, Philadelphia, Baltimore. Die deutschen Tarife sind darauf gerichtet, die Waren aus dem Reich, der Schweiz, Rußland usw. möglichst den deutschen Häfen zuzuführen; die österreichischen und ungarischen Bahnen begünstigen Triest und Fiume. Der deutsche Levantetarif z. B. sucht den Verkehr von dem kürzeren Wege über Ungarn ab und nach Hamburg und Bremen zur Weiterbeförderung um Gibraltar herum zu ziehen.

[2]) Trotz des Mitbewerbs der Bahnen kamen 1910 in großbritannischen Seehäfen für den Küstenverkehr 31 916 000 Netto-Registertonnen an und gingen 31 606 000 ab, während im Verkehr mit fremden Ländern 41 615 000 ankamen, und 57 331 000 abgingen, also nur etwa 50% mehr. Nachrichten für Handel und Industrie 1911 Nr. 47.

[3]) Für Lebensmittel aus Italien (Apfelsinen und andere Früchte sowie Blumen) besteht seit Jahren ein billiger Ladungstarif nach Deutschland, Holland und Belgien (etwa 0,22 Pf. für 100 kg u. km), der diese Waren vom Wege über See abzieht.

Wehrmann. 15

Binnenschiffahrt. Auf Flüssen und Kanälen wird die Schiffahrt durch Strömung erschwert, durch Schleusen aufgehalten, durch Frost, Niedrig- und Hochwasser gehemmt oder gesperrt, im Tiefgang auf kleinere Fahrzeuge beschränkt. Sie hat in Deutschland wie in den meisten anderen Ländern Abgaben für die Benutzung der Kanäle zu tragen[1]).

Trotz dieser Hindernisse, Schwierigkeiten und Lasten hat die Binnenschiffahrt einen nicht weniger glänzenden Aufschwung genommen, wie die Meeresfahrt. Der Personenverkehr auf Flüssen und Kanälen tritt allerdings wegen der Langsamkeit der Beförderung gegen die Bahnen weit zurück. Der Güterverkehr auf den deutschen Binnenwasserstraßen betrug aber 1909 schon 75 115 272 t, also etwa den fünften Teil der Bahnbeförderung und erheblich mehr als die über See bewegte Menge[2]).

Die Steigerung des Verkehrs hat sich vorzugsweise auf den Strömen vollzogen, da die Kanäle den Anforderungen der Großschiffahrt erst zum Teil entsprechen[3]). An den großen Flußhäfen sammelt sich die stärkste Masse der Binnenwasserfrachten. In Duisburg, Ruhrort, Hochfeld gingen im Jahre 1900 zu Schiff ein und aus 14,4 Millionen Tonnen, in Berlin-Charlottenburg 6,6 Millionen, in Hamburg oberelbisch 5,7 Mill., in Mannheim 5,3 Millionen, in Stettin 2,4, in Magdeburg 2,0 Mill. t. Wo freilich die Kanaleinrichtung schon voll für den Massenverkehr getroffen ist, zeigt sich auch ein entsprechender Zuwachs. Auf dem Dortmund-Emskanal sind im Jahre 1911 3 828 491 t bewegt [4]).

Mit Häfen und Anlegestellen sind die deutschen Binnenwasserstraßen reichlich versehen. 60 werden zu den wichtigeren Hafenplätzen gezählt, 20 haben mehr als 1 Million t Gut in Zu- und Abgang. Der Verkehr wird nur zum kleineren Teil mit der Bahn umgeschlagen, von Bahn zu Schiff 7 757 661 t, von Schiff zu Bahn 9 511 569 t im Jahre 1909. Er bewegt sich hauptsächlich im Inland, auf welches 41 Millionen Tonnen fallen, während 18 Millionen vom Ausland kommen und 10 Millionen ins Ausland gehen.

---

[1]) Nach Reichsgesetz von 1911 sollen in Zukunft auch auf den Strömen Abgaben erhoben werden können, soweit damit Zinsen und Unterhaltungskosten für Verbesserungen des Flußlaufs zu decken sind. Für jeden Strom wird ein besonderer Verband gebildet, der über diese Einnahmen und die Ausgaben zu beschließen hat. Die Zustimmung der beteiligten Auslandstaaten steht für Elbe und Rhein noch aus. Für Seekanäle trägt auch die Schiffahrt der Meere Abgaben, sogar recht hohe, z. B. beim Suezkanal.

[2]) Vergl. S. 224 Anm. 2). Die 1907 in deutschen Seehäfen angekommenen und abgegangenen etwa 5 6000 000 Netto-Registertonnen stellen den Höchstbetrag der möglichen Ladung dar. Die Angaben für die Binnenwasserstraßen bezeichnen wirkliche Ladung.

[3]) Vergl. S. 223 Anm. 2) und 3). Die Zunahme des Güterverkehrs betrug von 1895 bis 1904 auf den Hauptströmen 430 %, auf den Kanälen 89 %.

[4]) Den Hafen in Dortmund, welcher lediglich dem Kanalverkehr dient, hat die Stadt Dortmund mit 15 Millionen Mark Kosten ausgebaut.

Auf Massengüter entfallen 68 225 661 t, auf minderwertige Waren 6 889 611 t[1]).

Frachten der Binnenwasserstraßen. Die Frachten der Binnenwasserstraßen hängen hauptsächlich von deren Leistungsfähigkeit ab, werden also durch Hoch- und Niedrigwasser, Frost u. dgl. beeinflußt. Ihre Höhe richtet sich im übrigen, wie bei den Seefrachten, nach der Ladegelegenheit (vgl. S. 224), steht aber mehr wie diese im Verhältnis zur Entfernung, da die Kosten der Bewegung auf den Binnengewässern stärker ins Gewicht fallen.

Die Preise sind besonders billig auf dem Rhein, welcher die größten Schiffsräume zuläßt (vgl. S. 223). Für Getreide betrug die Wasserfracht von Rotterdam nach Mannheim im Durchschnitt der Jahre 1907 bis 1910 4,74—2,34 M. für die t., für Kohlen 1,64—0,87 M., ging also bis etwa 0,5 für Getreide und 0,19 Pf. für Kohlen für den tkm herunter[2]).

Auf der Oder, bei welcher mit Kahnlasten von 600 bis 1000 t gerechnet wird, stellten sich die Frachten für die t für Kohlen im November 1910 von Breslau nach Berlin (Oberspree) auf 2,60—2,80 M., von Kosel nach Berlin auf 4,80—4,90 M., von Kosel nach Stettin auf 4,00—4,20 M., für Getreide von Breslau nach Berlin auf 4,00—4,50 M., von Kosel nach Berlin auf 6,8—7,0 M., von Kosel nach Stettin auf 5—5,50 M. Dies entspricht Einheitssätzen für den tkm für Kohlen von 0,9 Pf., 1,1 und 1,4 Pf., für Getreide von 1,5 Pf., 1,8 und 1,3 Pf.; sie überragen wesentlich die Frachten auf dem Rhein[3]).

Mitbewerb zwischen Binnenwasser- und Bahnfracht. Gegenüber den Preisen der Bahn — regelmäßig pro tkm für Getreide 4,5 Pf., für Kohlen 2,2 Pf., im Durchschnitt für die Güter der Ausnahmetarife 2,57 Pf. (vgl. Anm. 3 S. 212) — sind alle diese Schiffsfrachten erheblich billiger

---

[1]) Kohlen werden auf den deutschen Binnenwässern 21 Millionen t, Erden 9, Steine 7, Eisenerz 8, Holz 11, Getreide und Mehl 11, Eisenfabrikate 1,2 Millionen t, befördert. Bei dem Grenzdurchgang Emmerich wurden unter 24 846 000 t Gesamtgut nur 6757 t Stückgüter gezählt. Güterbeförderung auf den deutschen Binnenwasserstraßen 1909, Statistik des Deutschen Reichs, Bd. 235 II, S. 333 ff.

[2]) Mannheimer Handelskammer Jahresbericht 1910, Teil I S. 122. Die Frachten bewegten sich in den Jahren 1907 bis 1910 zwischen 6,50 M. und 2,25 M. pro Tonne für Getreide und 2,06 und 0,74 M. für Kohlen. Die Entfernung stellt sich auf ungefähr 450 km.

[3]) Wasserfrachten Breslau-Kosel November 1910, Oderstrombauverwaltung und Handelskammer Breslau. Die Entfernungen betragen ungefähr für Breslau-Berlin 300, für Kosel-Berlin 420, für Kosel-Stettin 440 km. Für Stückgüter werden für 100 kg Sätze von 60—75 Pf. von Breslau nach Berlin, 75—80 Pf. von Kosel nach Berlin, 60—70 Pf. von Kosel nach Stettin und 100—113 von Kosel nach Hamburg angegeben, die stark hinter den Bahnfrachten zurückbleiben. Bei der Flößerei, durch welche Stammholz längs der Flüsse geführt wird, ist der Unterschied gegenüber der Bahnfracht noch viel größer, weil in dem Floßbetriebe die Vorhaltung des Schiffsraumes und dessen Rückbeförderung gespart wird.

und zeigen, in welch wirksamer Weise die Wasserstraßen den Mitbewerb gegenüber den Bahnen aufnehmen. Bei solcher Niedrigkeit der Wasserfrachten ist die Mitbeteiligung des Bahnwegs überall da ausgeschlossen, wo auf der ganzen Strecke am Ausgangs- bis Endpunkt beide Beförderungsmittel zusammentreffen und die Sendungen sich für das Flußschiff eignen.

Von einer Zeche, die mit eigner Anschlußbahn ihre Kohlen auf den Rhein bringt, wird nie eine Ladung auf dem Schienenweg nach den Häfen von Mainz oder Mannheim gehen, ebenso wenig wie Mauersteine von den Ziegeleien an der Havel nach den Lagerplätzen der Berliner Schiffahrtsstraßen. Hier treffen alle Umstände zusammen, welche den Wasserweg vorteilhaft machen: das Massengut, das Kähne füllt, langsam gefahren werden darf, und an geräumigen Ufern gelagert wird, der Wegfall jeder Vor- und Nachbeförderung auf dem Lande.

Hat die Zeche oder Ziegelei bis zum Wasser noch eine Bahnfracht zu tragen, oder geht die Sendung über den Bestimmungsplatz am Ufer hinaus, so vermindert sich der Nutzen der Wasserbeförderung durch die Vor- und Weiterfracht sowie die Umladungen.

Je länger die Strecken sind, welche sich an die Schiffahrt anschließen, desto mehr treten die Vorteile des unmittelbaren Bezugs durch die Eisenbahn hervor; selbst wenn die Bahnfracht noch höher ist, so kann sie doch den Vorzug verdienen, weil sich mit ihr kleinere Sendungen beziehen lassen, die weniger Geldauslage und Lagerraum beanspruchen, weil ferner kein Verlust durch Umladung zu befürchten ist und auf das Eintreffen sicherer und eher gerechnet werden kann. Für Sendungen, die das Ansammeln und Umladen nicht vertragen, scheidet der Wasserweg ganz aus[1]).

Verteilung der Frachten zwischen Wasser- und Schienenweg. Weil der Nutzen der Wasserfracht unmittelbar am Wasser sich am stärksten geltend macht, so wird von altersher das Ufer bei der Erzeugung von Waren mit Vorliebe aufgesucht. Durch die Eisenbahnen wird die Entstehung von Fabriken an der Wasserkante wesentlich erleichtert, weil an jede entlegene Stelle der Schienenstrang geführt und dadurch die Fabrik in den Stand gesetzt werden kann, für ihre Rohstoffe die Schiff-

---

[1]) Die böhmischen Braunkohlen, die für Deutschland von den Bahnen viel auf die Elbe geliefert werden, gehen wenig mit den Schienenwegen über die Ankunftshäfen hinaus. Die Oder zieht die Beförderung der Kohlen von Oberschlesien für die Seeschiffahrt und die Einfuhr der Eisenerze nach den dortigen Hüttenwerken an sich, beteiligt sich aber nur wenig an der örtlichen Versorgung Stettins selbst mit Kohlen. Bis zur Elbe und Oder entstehen allerdings erhebliche Bahnfrachten, welche der Wasserbeförderung hinzutreten. Jede stärkere Ermäßigung der Bahnfrachten von Oberschlesien nach dem Ende des Stromgebiets wird deshalb von der Oderschiffahrt als eine Gefährdung ihres Betriebes bekämpft.

fahrt, für ihre Erzeugnisse die Bahn hauptsächlich zu benutzen. Das Verständnis für diesen doppelten Vorteil breitet sich immer mehr aus und führt dazu, daß längs der Binnenwasserstraßen Fabriken sich in steigendem Maße ansiedeln, daß für den Zweck solcher Ansiedelung neue Hafenanlagen (Industriehäfen) und Kanäle verlangt werden[1]).

Zweckmäßig ist die Verteilung der Arbeit zwischen Binnenschiffahrt und Schienenweg, wenn die Rohstoffe und minderwertigen Waren dem Wasserwege zugeführt werden, soweit sie in dessen Bereich verarbeitet, verbraucht oder der See übergeben werden können. Das Zubringen der Rohstoffe auf dem Lande und im wesentlichen die Beförderung höherwertiger Güter verbleibt der Eisenbahn. Schon jetzt besteht der Versand zu Wasser fast nur aus Massengut (vgl. S. 227 Anm. 1). Je mehr die Gewerbe, welche Rohstoffe und Rohwaren verwenden, sich an die Wasserstraßen legen, werden solche Güter auf diese und von der Bahn abgezogen werden.

Die Bahn verliert dadurch Sendungen, welche lediglich wegen der Kleinheit ihrer Fahrzeuge in Mengen von 10, 15, 20, 30 höchstens (in Amerika) 45 t geteilt werden. Wer von einer Stelle 1000 und mehr Tonnen bekommen und verbrauchen kann, tut besser sie mit einem einzigen Fahrzeuge zu beziehen. Auf dem Wasser nutzt diese Last den Weg nicht ab, wie auf den Schienen. Es ist unnötig, sie mit der Schnelligkeit zu bewegen, welche im Bahnbetriebe durch die Belastung der beschränkten Schienenstraße geboten ist. Arbeit und Kosten werden bei solchen Gütern auf dem Wasserwege sowohl bei der Beförderung wie vielfach auch bei Be- und Entladung gespart.

Der Einnahme-Verlust, welchen die Eisenbahnverwaltung durch die Ablenkung von Sendungen auf das Wasser erleidet, kann bedeutend sein[2]). Er betrifft aber fast ausschließlich Güter, welche zu den niedrigsten Sätzen gefahren werden und zugleich die meisten Arbeiten und Kosten machen. Für die Massen bei ihrem stark wechselnden Versand die Wagen stets heranzuschaffen, die Züge richtig auszulasten, die Ladungen auf den Übergangsbahnhöfen immer wieder zu ordnen und Strecken wie Stationen fassungskräftig genug für ihre Aufnahme zu er-

---

[1]) Am Rhein, an der Elbe, Oder, Spree sind Großindustrien mit Eisenbahn- und Wasseranschlüssen frühzeitig entstanden, z. B. Hochofen- und Hüttenwerke in Duisburg-Hochfeld, Fabriken bei Ludwigshafen, Mannheim, Magdeburg, Stettin, Berlin. Der Hafen in Dortmund, die märkischen Kanäle einschließlich Teltowkanal zeigen, wie künstliche Wasserstraßen für gewerbliche Anlagen verwendet werden. In England sind an dem Cheshire Weaver Kanal eine Reihe Fabriken entstanden. Dies Beispiel hat aber nicht vermocht, die Zustimmung des Parlaments zu den neuerdings verlangten Kanälen zu gewinnen. Vergl. Anm. 3 S. 223.

[2]) Bei den Beratungen über den Mittellandkanal gehörte die hohe Einnahme-Einbuße, welche die Staatsbahn an den Sendungen nach Osten erfahren sollte, zu den Gründen, aus welchen die Ausführung vom Landtage auf die Strecke von (Dortmund) Bevergern bis Hannover beschränkt wurde, entgegen dem Plane, den Kanal bis zur Elbe durchzuführen.

halten, gehört zu den schwersten und kostspieligsten Aufgaben der Bahn. Werden die Massen den gewerblichen Anlagen auf dem Wasser zugeführt und damit der Bahn entzogen, so fördern sie nicht minder die binnenländische Erzeugung, deren Fabrikate hauptsächlich dem Bahnwege zufallen. Die Einbuße an Fracht für die Rohstoffe findet ein Gegengewicht in der Einnahme an höhertarifierten Waren und entbindet in vielen Fällen die Verwaltung von teueren Erweiterungen ihrer Anlagen, mehrgleisigen Bahnen, Bahnhofsvergrößerungen usw.

Bei der Gestaltung Deutschlands und seiner großenteils gebirgigen Beschaffenheit werden die Wasserwege niemals eine solche Ausdehnung erlangen können, daß sie wie z. B. in den Niederlanden die Erträge der Eisenbahnen im Ganzen dauernd herabdrücken. Die Ausbildung der Wasserstraßen mit ihren billigen Frachten fördert das Großgewerbe, welchem gleich niedrige Sätze die Eisenbahnen nicht gewähren können, und ist daher für die Hebung der wirtschaftlichen Tätigkeit notwendig. Mit der Ansiedelung an den Ufern breitet sich die Fabrikation über bisher von ihr unbenutzt gebliebene Gebiete aus und lenkt die Bevölkerung von der ungesunden Ansammlung in den Städten auf das freie Land ab. Wenn eine Unbilligkeit darin gefunden wird, daß die Vorteile des Wasserwegs nur dem Tieflande zugute kommen, so ziehen die Berggegenden dafür die Feinfabrikation an und erfreuen sich einer angenehmeren, von den Belästigungen der Großindustrie freien Umgebung[1].

Freilich kommen bei der Abwägung zwischen Wasser- und Schienenweg im Einzelfalle die Herstellungskosten und Erträge in Betracht. Die Abgaben, welche in Deutschland bis jetzt lediglich von den Kanälen erhoben werden (vgl. Anm. 1 S. 226), genügen in wenigen Fällen, um zur Verzinsung des Anlagekapitals beizutragen[2]. Für weitere große Aufwendungen, die zugunsten von neuen Kanälen und von Verbesserungen der Stromschiffahrt gemacht und geplant werden, wird durch die neuere Wassergesetzgebung in Preußen die Erzielung einer mäßigen Rente mittels Schiffahrtsabgaben und Schleppmonopol angestrebt[3].

---

[1] Am Rhein liegen die Hüttenwerke, die Maschinenbau-Anstalten, die chemischen Fabriken, Cementöfen usw. nahe beim Ufer, die Textilfabriken, die Färbereien, die Stahl- und Bronzewaren-Gewerbe im bergischen Lande, im Oden- und Schwarzwald usw. Tief- und Bergland haben sich die Arbeit nach ihrer Natur geteilt und sind beide hoch entwickelt.

[2] Nach amtlichen Mitteilungen werfen nur die märkischen künstlichen Wasserstraßen des Staats so viel ab, daß ein Teil der Zinsen des Anlagekapitals gedeckt wird. Der Dortmund-Ems-Kanal 1892—99 erbaut, bringt noch nicht die Unterhaltungskosten auf. Der Kaiser Wilhelms-Seekanal, 1895 in Betrieb gesetzt, trägt seit einiger Zeit zur Verzinsung der Anlagekapitalien bei, wird aber wieder mit erheblichen Kosten erweitert.

[3] Die Abgabentarife für die Ströme und für das auf dem Mittellandkanal geplante Schleppmonopol, sollen sich, wie die der märkischen Wasserstraßen, möglichst an die Güterklassifikation der Eisenbahnen anschließen.

Wie weit die Hoffnung auf die Erträge der neuen Abgaben, deren volle Wirkung immer erst nach Ablauf mehrerer Jahre erwartet wird, zur Erfüllung kommt, wird die Zukunft zeigen. Sollte aber das Ergebnis hinter den Annahmen zurückbleiben, so wird der volkswirtschaftliche Nutzen der für den Wasserweg aufgewendeten Verbesserungen so lange verfochten werden können, als sie die wirtschaftliche Entwicklung des Landes in ausreichender Weise fördern. Ein untrügliches Zeichen dafür wird es sein, wenn neben der verbesserten Schiffahrt die Erträge der Eisenbahn auf die Dauer hoch bleiben und durch ihr Anwachsen die Ausfälle an den Schiffahrts-Abgaben ausgleichen. Wie bei den Mindererträgen des Reiseverkehrs (vgl. S. 190), wie bei den einzelnen weniger einbringenden Gütertarifen (vgl. S. 208) kommt es darauf an, ob die Gesamtheit der staatlichen Beförderungseinrichtungen der Arbeit im Lande in wirksamer Weise dient. Wenn dies der Fall ist und die Beförderungskosten im ganzen aufgebracht werden oder wie bisher in Preußen noch Überschüsse ergeben, kann bei einzelnen Zweigen des Verkehrs das Fehlen des Ertrages nachgesehen werden[1]).

Die Gemeindeverbände, welche in großer Zahl Häfen, zum Teil auch Kanäle anlegen, erzielen davon ebenso wenig wie der Staat regelmäßig Einnahmen, welche zur Verzinsung der Anlagekosten ausreichen[2]). Der Nutzen, welchen das Gemeinwesen von diesen Verkehrsanstalten zieht, wird in gleicher Weise wie bei den durch Gemeinden unterstützten, ungenügend rentierenden Straßen-, Untergrund- und Kleinbahnen (vgl. S. 40 und Anm. 2. S. 191) für groß genug angesehen, um die dafür gebrachten Opfer zu rechtfertigen. Der wachsende Wert des Gemeindebesitzes, die steigende Steuerkraft der Einwohner bieten hier den Ausgleich für den Ausfall an Rente.

Schwierigkeiten im Mitbewerb zwischen Binnenschiffahrt und Bahnweg. Sperrung der Schiffahrt. Die Verteilung der Frachten zwischen Schienen- und Wasserweg kann sich dann nicht nach der Höhe der Preise,

---

[1]) In den zahlreichen Ländern, in welchen Zuschüsse zu den Verkehrseinrichtungen, seien es Eisenbahnen, Wege oder Schiffahrtsstraßen, aus dem Steueraufkommen gegeben werden müssen, wird die Belastung damit gerechtfertigt, daß ohne diese Einrichtungen der Staat oder das Erwerbsleben nicht aufrecht erhalten werden könne. Auch in Preußen sind Straßen und Kanäle, deren Ausgaben durch eigene Einnahmen nicht gedeckt wurden, aus anderen Staatseinkünften gebaut und unterhalten, als es noch keine Eisenbahnüberschüsse gab.

[2]) Nicht nur Hamburg, Bremen, Lübeck haben viele Millionen für ihre Häfen, Lübeck auch für den Elbe-Trave-Kanal aufgewendet, sondern ebenso Köln, Düsseldorf, Magdeburg, Krefeld, Stettin, der Kreis Teltow usw. Von einer Reihe Fällen ist bekannt, daß aus den Gemeindesteuern für diese Anlagen trotz der Hafenabgaben zugeschossen werden muß. Wo in älterer Zeit Privatbahnen

vollziehen, wenn der eine oder der andere gesperrt ist. Bei dem Schienenweg tritt ein Hindernis selten ein, da bei Sperrungen andere Eisenbahnlinien regelmäßig zur Verfügung stehen. Wenn aber Frost und Hochwasser die Schiffahrt hemmen, fallen die Sendungen auf die Eisenbahn, die dadurch zu ungewöhnlicher Anspannung ihrer Kräfte genötigt wird und manchmal in Bedrängnis, namentlich in verschärften Wagenmangel, gerät. So störend solche Zeiten für den Betrieb sind, kann daraus ein Einwand gegen die Wasserstraßen doch nicht gezogen werden, wie dies wohl öfters geschieht. Die Masse des Wasserverkehrs bleibt doch der billigeren Beförderungsgelegenheit, auf deren Wiedereröffnung sie warten kann, treu. Die Eisenbahnverwaltung findet sich mit diesen Störungen, wie mit anderen ab. Tarifarische Mittel dagegen, wie die zeitweilige Verbilligung der Frachten in den von Güterandrang freien Zeiten, haben sich nicht bewährt, da deren Erfolg unsicher ist und der regelmäßige Gang des Handels dadurch ungünstig beeinflußt wird.

Besondere Tarife für Binnenhäfen. Von der Schiffahrt wird zuweilen über zu niedrige Bahnfrachten nach den Seehäfen und entfernteren großen Verbrauchszentralen für Rohstoffe (Berlin u. dgl.) sowie über zu hohe Tarife nach den Binnenhäfen geklagt. Entfernteren Verbrauchsstellen, insbesondere den Seehäfen, welche in Deutschland meist weit von den reichen Versandbezirken entfernt sind, kommt die fallende Skala, soweit sie angewendet wird, (bei Stückgut, Spez.-Tarif III, Ausnahmetarifen) in stärkerem Maße zu gute als den Sendungen nach den näher belegenen Inlandshäfen. Für die See-Ausfuhr bietet die Unterstützung durch besondere Tarife nach den Seehäfen den Vorteil, daß die Umladung vom Fluß- auf das Seeschiff vermieden wird. Die Eisenbahn erhält nach dem entfernteren Verbrauchsort oder den Seehäfen meist eine höhere Gesamtfracht für die Tonne, als nach dem benachbarten Flußhafen. Endlich läßt sich für eine Reihe Artikel nicht verhüten, daß Frachtsätze, welche ausnahmsweise für die Ausfuhr bewilligt werden, auch für den Verkehr am Orte benutzt werden. Der Vorzug, welcher dadurch dem Hafenorte zuteil wird, hat in der Regel weniger Bedenken bei den an der deutschen Küste vereinzelt liegenden Seehäfen. Bei den Binnenhäfen befinden sich dagegen meist hochentwickelte Gewerbsplätze, deren Bevorzugung sofort Berufungen der Nachbarstädte und anderer Hafenorte hervorruft.

Häfen bauten, wie die Rheinische Bahn in Duisburg-Hochfeld, die Pfalzbahn in Ludwigshafen, die Berlin-Anhaltische in Wallwitzhafen, oder Staatsbahnen Häfen unterhalten, wie die badische Staatsbahn in Mannheim, die sächsische Staatsbahn in Riesa, wird der Vorteil hauptsächlich nicht von den Hafeneinnahmen, sondern von der Förderung des Eisenbahnverkehrs erwartet.

Dieser Verhältnisse wegen halten sich die Bahnen im allgemeinen an die Regel, daß nach den Flußhäfen nur die gewöhnlichen Tarife und Ausnahmetarife wie für alle anderen Stationen gelten, Bevorzugungen aber, die für die Seeausfuhr nötig sind, lediglich den Seehäfen zugewendet werden[1]). In einigen wichtigen Fällen führt allerdings der Mitbewerb zwischen den Bahnverwaltungen zu einer grundsätzlichen Besserstellung der Binnenhäfen.

Für die badische Staatsbahn ist Mannheim, für die sächsische Staatsbahn Riesa der Endpunkt ihrer Linien, an welchem die vom Strome aufwärts kommenden oder stromabwärts gehenden Güter am vorteilhaftesten aufgenommen und abgegeben werden. Laufen diese Waren mit den in gleicher Richtung wie der Strom vorhandenen Bahnlinien, so können sie den beiden Staatsverwaltungen durch fremde Strecken entweder entzogen oder auf weniger günstigen Punkten zu- und abgeführt werden. Die badische wie die sächsische Staatsbahn gewähren deshalb den von ihnen eingerichteten Häfen bei Mannheim und Riesa (vgl. Anm. 2 S. 231). ermäßigte Tarife, um den Warenzug über den Strom zu lenken, welcher die Güter ihnen dort zubringt oder abnimmt.

Diese ausnahmsweise Begünstigung hat viele Beschwerden anderer Häfen zur Folge gehabt, ist aber auf Mannheim und Riesa, deren besondere Stellung an sonstigen Punkten sich nicht wiederfindet, beschränkt geblieben. Vermieden könnte diese unerwünschte Ungleichheit in der tarifarischen Behandlung anscheinend werden, wenn bei einer Gemeinschaftlichkeit der deutschen Bahnen (vgl. S. 28) die besonderen Vorteile für die badischen und sächsischen Eisenbahneinnahmen an dem Bezuge über Mannheim und Riesa wegfielen.

Die Streitfragen, welche zwischen Schienen- und Wasserweg in Deutschland bestehen, sind nicht erheblich. Beide Beförderungsarten ergänzen und unterstützen sich. Wo die Schiffahrt blüht, auf dem Rhein, auf der Elbe, Oder, Spree und an den Seehäfen, bewegt sich auch ein starker Bahnverkehr. Mögen einheitliche Gesichtspunkte beiderlei Kräfte immer auf das gemeinsame Ziel der Förderung der Volksarbeit einträchtiglich lenken!

---

[1]) Ausnahmen sind von der preußischen Staatsbahn z. B. gemacht für den Zucker-Ausfuhrtarif über den Hafen Magdeburg, für Erze und Kohlen über den Oderhafen Kosel. Die Sätze werden dann nach dem Flußhafen trotz der nahen Entfernung meist ebenso niedrig gestellt, wie nach dem Seehafen. Maßgebend sind dabei Rücksichten auf die Binnenschiffahrt, der ein wichtiger Artikel nicht ganz entzogen werden soll. Der mitbewerbenden Schiffahrt wird in diesen Fällen gegen die Regel ein Vorzug gewährt, um sie leistungsfähig zu erhalten.

Vierundzwanzigster Abschnitt.

Unterhaltung der Bahn. Betriebsmittel und Geräte. Beschaffung der Betriebsmittel und Verbrauchsstoffe. Neubau.

Beschaffung der technischen Mittel. Von der Leitung der Verwaltung, des Betriebes und Verkehrs (vgl. Abschnitte 17 bis 19) werden die staatlichen, gesellschaftlichen, wirtschaftlichen Ziele der Eisenbahn aufgesucht und verfolgt. Eine andere Seite der Eisenbahnverwaltung ist darauf gerichtet, die technischen Mittel herzustellen, zu beschaffen, zu unterhalten, mit welchen jene Ziele erreicht werden. Diese Arbeit ist nicht minder umfangreich, als die Verwaltungstätigkeit im Betriebe, wie das Maß der einerseits für den Betrieb, andererseits für den Bau zu leistenden Ausgaben zeigt.

Umfang der Arbeit. Bei einer Gesamtsumme der dauernden Ausgaben von 1594 Millionen weist der Etat der preußischen Staatseisenbahnverwaltung für 1912 an sächlichen Ausgaben für die Bahnunterhaltung (Tit. 8) 283 Millionen, für Unterhaltung der Betriebsmittel (Tit. 9) 264 Millionen, für Geräte- und Betriebsmaterialien (Tit. 7) 205 Millionen, zusammen 752 Millionen auf. Werden zu diesen Beträgen noch die einmaligen und außerordentlichen Ausgaben — im Etat 1912 124 Millionen — und die im Anleihegesetze desselben Jahres vorgesehenen Beträge für Neu- und Ergänzungsbauten sowie Fahrzeuge von 335 Millionen gerechnet, so ergibt sich eine im Etatsjahre 1912 für die technischen Mittel bestimmte Summe von 1210 Millionen. Hierzu müssen noch die unter persönlichen Ausgaben verrechneten Besoldungen für die bei der Unterhaltung der Bahn und der Betriebsmittel, bei Beschaffung und Verwaltung der Materialien verwendeten Arbeitskräfte gezählt werden, während andererseits von den Ausgaben für Geräte, Kohlen usw. ein großer Teil auf Verwendung im Betriebe fällt. Jedenfalls überragen die Aufwendungen für die technischen Mittel weit den Rest der für 1912 geforderten Ausgaben.[1]

---

[1] Im Titel 8 des Etats für Unterhaltung, Erneuerung und Ergänzung der baulichen Anlagen und im Tit. 9 für Unterhaltung, Erneuerung und Ergänzung der Fahrzeuge und der maschinellen Anlagen werden nur die Löhne der Bahnunterhaltungs- und Werkstattsarbeiter geführt, während Gehälter, Pensionen, Reisegelder unter die persönlichen Ausgaben fallen. Zu dem Tit. 7 Unterhaltung und Ergänzung der Geräte und Beschaffung von Betriebsmaterialien gehört auch der Bezug von Wasser, Gas, Elektrizität. Unter den übrigen dauernden Ausgaben in Höhe von 842 Millionen (nämlich 1594 Millionen Gesamtausgabe weniger 752 Millionen in Tit. 7, 8 und 9) befinden sich außer den persönlichen Ausgaben (Tit. 1—6 zusammen 775 Millionen im Etatsjahr 1912) noch 67 Millionen für Verwaltungskosten verschiedener Art (Tit. 10—12 Mieten, Steuern, Vergütungen).

Da das gleiche Verhältnis im Lauf der Etatsjahre mehr oder weniger regelmäßig wiederkehrt, so erhellt, in wie großem Umfange die Leistungen und wirtschaftlichen Ergebnisse der Eisenbahnverwaltung von der Auswahl und Herrichtung der technischen Mittel abhängen.

Gliederung der Arbeit. Diese Arbeit liegt hauptsächlich in der Hand der Techniker, während der administrative Beamte daran mit der rechtlichen und wirtschaftlichen Vorbereitung und Durchführung beteiligt ist. Unter der Leitung der bau- und der maschinen-technischen Abteilung des Ministeriums gliedern sich die Arbeiten beider durch diese Abteilungen vertretenen Dienstzweige bis herunter zu der unmittelbaren Ausführung nach besonderen Dienststellen, Beamten und Arbeitern; jedes dieser beiden großen Felder der Technik verlangt besondere Anordnungen, Kenntnisse und Schulung.

Manchmal werden die Grenzen zwischen der Maschinen- und Bautechnik zweifelhaft, wie u. a. das Telegraphen- und Sicherungswesen eine Zeit lang bau- oder maschinentechnischen Beamten zugewiesen wurde, bis der Zusammenhang mit dem Schienengleis und der Betriebsleitung klar die Zugehörigkeit zum bautechnischen Fach hervortreten ließ[1]). In anderen Fällen treffen beide Zweige der Technik in derselben Einrichtung zusammen, z. B. in den Versuchsstationen, wo die Festigkeit des Oberbaues und die Lauffähigkeit von Fahrzeugen zugleich erprobt wird, wo Proben an Eisen und anderen für Oberbau und Betriebsmittel wichtigen Materialien gemacht werden.

Die Grenzregulierungen vollziehen sich ohne wesentliche Schwierigkeit. Bei der Fülle der Arbeit bewährt sich wiederum die Geschäftsteilung; sie setzt sich bei jedem der beiden Dienstzweige in Unterabteilungen fort, bei der Bautechnik in Hoch-, und Brücken- und Streckenbau, in Oberbau und Sicherungsanlagen, bei der Maschinentechnik in Lokomotiv-, in Wagenbau, in Werkstätten und in anderen maschinentechnischen Anlagen, in elektrodynamischen Einrichtungen[2]). In den Unterabteilungen bilden sich bei den oberen Behörden die Spezialisten aus, auf deren tonangebender Führung der Fortschritt in den technischen Einrichtungen zumeist beruht, während bei den ausführenden Stellen in der Regel die Spezialfächer ebenso wie die sonstigen

---

[1]) Vergl. S. 156, 161. Andererseits werden die Schuppen für Werkstätten unter Aufsicht von maschinentechnischen Beamten ausgeführt, welche die Beschaffung und Aufstellung der Werkzeugmaschinen leiten.

[2]) Werkstätten hatte im Jahre 1910 die preußisch-hessische Staatseisenbahnverwaltung 621, davon 71 mit mehr als 300 Arbeitern, Gasanstalten 109, Lastkräne 3472, Brückenwagen 3180. Gewöhnlich zerfallen in den Direktionen die bautechnischen Dezernate in Streckenbau-, Signal- u. Sicherungswesen, Hochbau, Oberbau, Neubau, die maschinentechnischen außer dem Betriebsmaschinendienst in Werkstätten, maschinentechnische Nebenanlagen, Betriebsmaterialien.

von denselben Beamten zu leistenden Arbeiten behandelt werden müssen[1]).

Verteilung der Arbeit nach Zwecken, Strecken, Zeit. Schwierig ist die richtige Verteilung der technischen Arbeitsmasse nach Zwecken, Strecken und Zeit.

Schon die unerläßliche laufende Unterhaltung der Anlagen vollzieht sich nicht gleichmäßig; sie muß nach Jahreszeiten, Arbeitskräften, Bedürfnis vorsichtig verteilt werden, wenn die Mittel geschont, die Kräfte ausgenutzt, Störungen im Betriebe vermieden werden sollen. Bei den Ergänzungs-, den Neuanlagen und Neubeschaffungen kommt es weiter darauf an, unter der Fülle von Forderungen aller Art diejenigen zu erkennen, für welche die dringendste Notwendigkeit spricht. Die Zwecke schwanken zwischen Sicherungsanlagen gegen Unfälle, Ausdehnung der Gleise und Bahnhöfe, ohne die sich der Betrieb nicht sicher bewegen kann, zwischen Verbesserungen und Vermehrungen, die dem Aufschwung des Verkehrs dienen, zwischen Einrichtungen zur Erhöhung der Annehmlichkeit des Reisens und der Sicherheit der Versendungen, zwischen Bauten zu gunsten der Unterbringung und Pflege der Bediensteten, zwischen den Bedürfnissen der verschiedenen Provinzen, zwischen Stadt und Land[2]).

Keines dieser Ziele darf ohne Schaden für das Ganze unbeachtet gelassen, keines kann in der Regel voll befriedigt werden. Die verfügbaren Mittel sind einzuhalten, die vorhandenen Arbeitskräfte dürfen nicht überspannt und können nur allmählich durch Anlernung ergänzt werden. Auf möglichst gleichmäßige und fortlaufende Beschäftigung der liefernden Industrie, auf gleichartige Ausstattung aller Landesteile mit Anlagen muß Rücksicht genommen, der Gesamt-Betrieb der Staatsbahn bei allen Einzelheiten fest im Auge behalten werden.

---

[1]) Die höheren Spezialisten sitzen meist nur im Ministerium und in den Direktionen. Die Betriebsämter, die Bauabteilungen sorgen zugleich für Hochbau, Strecken- und Oberbau, Brücken, Sicherungsanlagen. Bei großen Bauten werden besondere höhere Beamte für Hochbau usw. mit der Ausführung beauftragt oder dazu zugezogen. An wichtigen Stellen sind besondere Bahnmeister für Hochbau, Sicherungsanlagen, Brücken usw. bestellt. Unter den Unterbeamten und Arbeitern befinden sich an allen verkehrsreichen Strecken Leute, die für besondere Geschäfte geschult und verwendet werden (Weichen-Stellwerks-Schlosser, Telegraphenarbeiter, Scharwerker usw.). Dagegen sind die besonderen Telegraphenmeister und Telegrapheninspektoren früherer Zeit 1904 in Wegfall gebracht und ihre Geschäfte den Bahnmeistern und Betriebsämtern übergeben, die in kleineren Bezirken wirtschaftlicher arbeiten und Störungen schneller beseitigen können.

[2]) Die Wohlfahrtseinrichtungen erfordern bedeutende Mittel, z. B. für Dienst- und Mietwohnungen 12 700 000 M. in dem Extraordinarium des Etats von 1900—1911. Für elektrische Sicherungsanlagen sind von 1894/5 bis 1911 zusammen 33 100 000 M. bewilligt, für beschaffte Fahrzeuge im Jahre 1910 167 Millionen Mark ausgegeben worden.

Diese Gesichtspunkte sind gegenüber den Aufgaben der Technik vom Standpunkt der Leistungsfähigkeit, der Wirtschaftlichkeit, der Wohlfahrt, der Personalbehandlung fortdauernd zur Geltung zu bringen. Hierüber haben sich die Verwaltungsbeamten mit den Technikern, die Vertreter der Staatsfinanzen mit den Eisenbahnfachmännern auseinanderzusetzen; hier stoßen die Wünsche aus den verschiedenen Gegenden des Staates im Landtage und in den öffentlichen Körperschaften aufeinander. Die zu treffenden Entscheidungen, auf welche die jeweilige Lage des Erwerbslebens erheblichen Einfluß hat, sind von höchster Bedeutung für die Eisenbahnverwaltung, deren ungestörter Gang von der fortlaufenden Ergänzung ihrer technischen Mittel abhängt. Geschieht darin nicht das Notwendige, so wird der Betrieb unsicher und unwirtschaftlich[1]).

Der Wichtigkeit dieser Entschließungen entspricht die formale Behandlung in der Staatseisenbahnverwaltung. Nicht bloß vom technischen Standpunkte werden alle bedeutenden Entwürfe, alle Betriebs- und Arbeitseinrichtungen alle Verbesserungen und Neubeschaffungen vom Ministerium geprüft. Bei größeren Beträgen (für die einzelne Anlage jetzt 30000 Mark) wird auch das Bedürfnis im Ministerium untersucht. Die Entscheidungen des Ministers werden durch technische und Verwaltungsbeamte vorbereitet, welche mit den Direktionen an Ort und Stelle über die Entwürfe beraten und den ganzen technischen Zustand des Bezirks dabei zu prüfen haben. Die größeren Summen (über 100 000 M. für den einzelnen Gegenstand) werden in das Extraordinarium des Etats aufgenommen und dadurch im einzelnen der Mitprüfung durch den Landtag unterzogen. An ihnen entspinnt sich meistens die öffentliche Erörterung über die finanzielle Lage der Staatsbahn.

Regiearbeit und Lieferung. Wie bei dem Neubau (vgl. S. 135ff.), so geht durch die ganze Bauverwaltung des Betriebes die Frage, wie weit die Arbeiten durch die Beamten selbst ausgeführt oder an Unternehmer vergeben werden sollen.

Die deutschen Bahnen haben sich im allgemeinen davon frei gehalten, was vielfach im Auslande geschieht, selbst ihre Kohlen zu gewinnen, ihre Schienen zu walzen, ihre Lokomotiven und Wagen zu

---

[1]) Das in der preußischen Staatsbahn verwendete Anlagekapital hat gegen das Vorjahr je am 31. März zugenommen 1902 um 172 Millionen Mark, 1903 um 218, 1904 um 332, 1905 um 216, 1906 um 241, 1907 um 327, 1908 um 217, 1909 um 411, 1910 um 341 Millionen Mark. Die Zuwachsbeträge, welche den Mehranlagen und Mehrbeschaffungen entsprechen, werden im Lauf der Jahre allmählich höher, zeigen aber auch erhebliche Rückschläge. Je mehr solche Schwankungen vermieden werden können, desto günstiger verteilt sich die Arbeit für die Eisenbahnverwaltung und die liefernden Gewerbe, und um so regelmäßiger verläuft der Betrieb.

bauen[1]). Die Staatsverwaltungen beschränken sich darauf, diejenigen Arbeiten für ihren Bedarf selbst auszuführen, welche sie am freien Markt nicht oder nicht rechtzeitig und nicht so gut bekommen können. Dazu gehört hauptsächlich die Ausbesserung an den Bahnanlagen und Fahrzeugen.

Die Regulierung der Gleise und alle sonstigen Arbeiten am Bahnkörper werden schon deswegen von Arbeitern der Verwaltung erledigt, weil sie unter dem fortlaufenden Betriebe stattfinden, oft durch Züge unterbrochen werden und nur Mannschaften anvertraut werden können, welche mit den Gefahren des Betriebes bekannt sind. Wo Gleise in Strecken umgebaut werden, die nicht gerade im Betriebe sind, ferner bei Umänderungen oder Ausbesserungen an Hochbauten werden Unternehmer verwendet.

Die Ausbesserung der Lokomotiven und Wagen geschieht in eigenen Werkstätten der Staatsbahn. Die eigene Ausführung gibt der Verwaltung die Gewähr, daß diese schwierigen, wechselnden Arbeiten mit der für den Betrieb notwendigen Zuverlässigkeit und rechtzeitig ausgeführt werden. Unter ihre Haupt-Werkstätten kann die preußische Staatseisenbahn-Verwaltung die nach Jahreszeit und Verkehr verschieden in ihrem weiten Bereich einströmende Beschäftigung nach Ermessen verteilen und so dafür sorgen, daß überall die Hände voll zu tun haben. Diese Ausbesserungs-Anstalten gehören zum Betriebe der Eisenbahn ebenso wie Lokomotivschuppen und die kleineren Werkstätten für die Bahnunterhaltung; sie können als Fabriken im Sinne der Reichsgewerbeordnung, wie eine Zeitlang mißverständlich geschehen ist, nicht angesehen werden, da sie weder für den allgemeinen Verbrauch arbeiten wollen, noch Waren erzeugen, die an den Markt gebracht werden können[2]).

Weichen werden in besonderen Abteilungen der Hauptwerkstätten hergestellt, weil die verschiedenen Formen derselben nicht in der Menge bezogen werden, welche herzustellen für die Privatfabriken lohnend ist. Auch einzelne viel gebrauchte Bestandteile der Fahrzeuge, wie Buffer und Zughaken, fertigt die Verwaltung aus Eisenabfällen zum Teil selbst an, um Arbeitspausen auszufüllen.

---

[1]) Die österreichische Staatseisenbahn-Gesellschaft betrieb eigene Berg- und Hüttenwerke, baute auch Lokomotiven und Wagen; Lokomotiv- und Wagenbau hat ebenfalls die englische London and North Western Railway in der großen Werkstätte zu Crewe. Die Pensylvania Railway beschäftigt in ihren Balduin Locomotive Works bei Pittsburg zeitweilig 17 000 Personen zum großen Teil mit Neubau. Wegen Mangels an Arbeit wird der Personalbestand daher manchmal stark, in den Jahren 1902/3 auf 6000 Köpfe, verringert. Wehrmann Reisestudien über englische Bahnen 1877. Hoff & Schwabach, Nordamerik. Eisenbahnen, 1906, S. 33 ff.

[2]) § 6 der Reichsgewerbeordnung vom 26. Juli 1900 (letzte Fassung) schließt die Anwendung des Gesetzes auf den Gewerbebetrieb der Eisenbahn-Unternehmungen aus.

Alle übrigen Neuherstellungen werden von Privatwerken bezogen, in denen bei wichtigeren Sachen die Ausführung von Abnahmebeamten und Abnahmeämtern überwacht wird. Die Fabrikation schreitet so im engen Anschluß an die Erfahrungen der Verwaltung, diese fördernd und selbst gefördert, zu größerer Vervollkommnung voran.

Planmäßige Ergänzung des Bahnnetzes. Nicht minder wichtig wie die Unterhaltung und Ausstattung der bestehenden Linien ist für die Verwaltung und Industrie die planmäßige Ergänzung des Staatsbahnnetzes.

Nachdem mit der Verstaatlichung die Hauptlinien in die Hände der Regierung gekommen sind, hat die Ausfüllung ihrer Maschen mit den Nebenbahnen nicht geruht (vgl. S. 26)[1]. Neuerdings setzt in stärkerem Maße die Herstellung neuer Hauptbahnen ein, die mit der Vermehrung des Verkehrs nötig werden (vgl. S. 152 Anm. 1). Der Umfang der mit solchen Neubauten verbundenen Arbeiten macht es besonders wünschenswert, sie regelmäßig auf die Jahre zu verteilen, damit nie eine übertriebene Anspannung der Kräfte eintritt.

Fünfundzwanzigster Abschnitt.

Beamte und Arbeiter im allgemeinen.

Auswahl der Beamten. Die technischen Mittel der Neuzeit haben die Leistungen der menschlichen Arbeit wesentlich erhöht und in weitem Umfange die menschliche Kraft und Überlegung durch mechanische Wirkungen ersetzt. Aber sie können selbst in ihrer feinsten Ausbildung niemals das menschliche Handeln ganz ausschalten. Im Gegenteil, die Leitung feiner und gewaltiger Maschinen, die damit verbundene Gefahr verlangt eine gesteigerte Sorgfalt und höhere Kenntnis.

Für die Eisenbahn kommt hinzu, daß von ihrem Dienst die Genauigkeit eines Uhrwerks verlangt wird, und daß ihr Betrieb sich auf der ganzen Fläche des Landes vollzieht, der unmittelbaren Aufsicht durch höhere Vorgesetzte daher nur in geringem Umfange unterzogen werden kann. Dem Eisenbahnbetriebsbeamten muß eine weitgehende Selbständigkeit eingeräumt und von ihm neben Gesundheit und vollkommener Kenntnis seiner Verrichtung ein starkes Gefühl für Ordnung und Pflicht, die Fähigkeit zu schneller Entschließung verlangt werden. Die Auswahl und Schulung der Beamten und auch der Arbeiter, welche die Beamten unterstützen und ersetzen, ebenso wie ihre Verwendung und Leitung, bleibt trotz aller technischen Vervollkommnung für die

---

[1] In der Gesamtlänge der vereinigten preußischen und hessischen Staatsbahnen von 37 569 km befanden sich am 31. März 1911 15 560 km Nebenbahnen. Geschäftliche Nachrichten 1912, S. 16.

Eisenbahnverwaltung eine so wichtige Aufgabe, daß ohne deren Lösung alle übrigen Anstrengungen keinen Erfolg haben[1]).

Ausbildung. Für den Eisenbahndienst bildet unser vielseitiges, umfassendes Schulwesen, die Erziehung im Heere eine treffliche Vorbereitung. Die zwingende Ordnung des Eisenbahngetriebes mit seinen Arbeiten und Gefahren führt dann in Verbindung mit planmäßiger Ausbildung den Anwärter dazu, daß er seine Pflichten verstehen und die Verantwortung dafür tragen lernt. Aus dem bunt gemischten Personal der früheren Privatgesellschaften und Staatsbahnen hat sich in der einheitlichen preußischen Staatseisenbahnverwaltung allmählich ein gleichmäßiger Stamm in allen Gattungen der Beamten und Arbeiter herausentwickelt; dieser ergänzt sich nach festen, ins einzelne gehenden Regeln.

Verhältnis zum Staat. Die große, wachsende Zahl der Eisenbahnbeamten und Arbeiter[2]), ihre Bedeutung für Verkehr und Staat hat seit Jahren dazu geführt, daß sich mit ihren Verhältnissen, ihrer Stellung die Landesvertretung, die Öffentlichkeit auf das eingehendste beschäftigt. Bei ihnen liegt in Preußen das finanzielle Schwergewicht der Verhandlungen über die Besoldung der Staatsbeamtenschaft; nicht minder werden sie von den Fragen über die staatsbürgerlichen Rechte der Staatsbeamten berührt.

Gleichstellung der Eisenbahnbeamten mit den übrigen Staatsbeamten. Die Zusammenfassung der Eisenbahnbeamten mit den übrigen Staatsbeamten hat für erstere die günstige Folge gehabt, daß sie im allgemeinen, namentlich in den mittleren und unteren Schichten, zu Erhöhungen der Besoldung durch die Gleichstellung mit anderen Dienstzweigen gelangt sind. Die früheren Privatbahnen gaben, abgesehen von den leitenden oder besonders befähigten Beamten, mäßige Gehälter; aber auch den Staatsbahnen gelang es nur langsam, für ihre Beamten zu erreichen, was die alten Dienstgebiete des Staates lange besaßen. Nachdem in den Besoldungsgesetzen von 1909 die systematische Ordnung für alle Beamten des preußischen Staates und des Reichs hergestellt ist, wird nun auch über jede Änderung der Einreihung durch Gesetz entschieden[3]).

---

[1]) Wegen der Wichtigkeit fester Gesundheit für den Eisenbahndienst bestehen bei der Staatseisenbahnverwaltung strenge Vorschriften für die Feststellung körperlicher Tauglichkeit. Auch Sehschärfe und Farbensinn (wegen der Signale) müssen die Betriebsbeamten besitzen.

[2]) Auf den deutschen Bahnen wurden i. J. 1909 691000 Beamte und Arbeiter beschäftigt, gegen 1899 mehr 32%, bei der preußischen Staatsbahn 1910 allein 485326. Die Reichspost hatte i. J. 1908 an Beamten und Arbeitern 325143 gegen 128687 i. J. 1890.

[3]) Unter den 184716 Beamten der preußisch-hessischen Staatseisenbahn, welche 1910 vorhanden waren, unterscheidet der Etat 85 verschiedene Gattungen etatsmäßiger Beamter. Von außeretatsmäßigen Beamten gibt es 16 Arten.

Ungleichartige Behandlung von Gattungen, die nach der gesetzlichen Ordnung zusammengehören, wird nicht bloß als Beeinträchtigung in der Einnahme, sondern auch als Kränkung der Standesehre empfunden und angefochten.

Gehalts- und Lohnfragen. Die Bewegungen, welche in der Beamten- und Arbeiterschaft über die Gehaltsfragen entstehen, und ihre Wahlberechtigung geben hauptsächlich zu Erörterungen über die staatsbürgerlichen Rechte der Beamten und Arbeiter Veranlassung. Die Befugnis, durch Arbeitseinstellung auf Durchsetzung ihrer Forderungen hinzuwirken, ist den Eisenbahnbeamten und Arbeitern in Deutschland (vgl. S. 108 ff.) mit Rücksicht auf ihre Pflicht versagt, den öffentlichen Verkehr ungestört zu erhalten.

Allgemeine Pflichten der Staatsbeamten. Als Staatsbeamte haben die Angestellten der Staatseisenbahnverwaltung die weitere Verpflichtung, die Ordnung im Staat zu unterstützen und sich ihres Amtes würdig zu verhalten[1]). Die Arbeiter der Staatseisenbahnverwaltung, welche den Beamten bei ihren Dienstverrichtungen unterstehen, die Beamten zum Teil ersetzen und selbst Beamte werden, sind durch ihren Arbeitsvertrag ähnlichen allgemeinen Verpflichtungen gegen den Staat unterworfen wie die Beamten[2]).

Diese allgemeinen Pflichten können auch bei Ausübung der staatsbürgerlichen Rechte — von Wahlen, von Petitionen, in Vereinen und

---

[1]) Allg. Landrecht für die Preußischen Staaten von 1794 Teil II Tit. 10. Von den Rechten und Pflichten der Diener des Staats. § 1. Militär- u. Zivilbediente sind vorzüglich bestimmt, die Sicherheit, die gute Ordnung und den Wohlstand des Staats unterhalten und fördern zu helfen. § 2. Sie sind, außer den allgemeinen Untertanenpflichten, dem Oberhaupte des Staates besondere Treue und Gehorsam schuldig. § 3. Ein jeder ist nach der Beschaffenheit seines Amtes und nach dem Jnhalt seiner Jnstruktion dem Staat noch zu besonderen Diensten durch Eid und Pflicht zugethan.

Preußisches Gesetz betr. die Dienstvergehen der nicht richterlichen Beamten vom 21. Juli 1852. § 2. Ein Beamter, welcher 1. die Pflichten verletzt, welche ihm sein Amt auferlegt, 2. oder sich durch sein Verhalten in und außer dem Amt der Achtung, des Ansehns und des Vertrauens unwürdig zeigt, die sein Beruf erfordert, unterliegt den Vorschriften dieses Gesetzes.

Gemeinsame Bestimmungen für alle Beamte der Staatseisenbahnverwaltung vom 17. Dez. 1899 E. V. Bl. S. 223 mehrfach geändert bis Erlaß vom 5. Januar 1907 E. V. Bl. S. 3. § 1. Jeder Beamte ist verpflichtet, das Jnteresse des königlichen Dienstes, insbesondere der Staatseisenbahnverwaltung nach jeder Richtung hin gewissenhaft wahrzunehmen, seinen Dienst unverdrossen auszuführen und sich in und außer Dienst eines musterhaften Betragens zu befleißigen.

[2]) Gemeinsame Bestimmungen für die Arbeiter aller Dienstzweige der Staatseisenbahnverwaltung vom 1. Dez. 1891, mehrfach geändert bis Erlaß vom 18. Oktober 1906, E. V. Bl. 1903.

§ 2 No. 1. Jeder Arbeiter hat sich den allgemeinen Anordnungen der Eisenbahnverwaltung zu unterwerfen. No. 3. Auch außerhalb des Dienstes hat der Arbeiter sich achtbar und ehrenhaft zu benehmen und sich von der Teilnahme

Wehrmann. 16

Versammlungen — nicht außer acht gelassen werden. Sie legen den Beamten und Arbeitern eine durch Staatsnotwendigkeit gebotene Schranke auf. Der Staat würde sich selbst aufgeben, wenn er gestatten wollte, daß diejenigen, welche ihn zu erhalten berufen sind, sich gegen ihn kehren. Ausgeschlossen muß deshalb sein, daß Beamte und Arbeiter des Staates für Bestrebungen eintreten, welche auf Umsturz und Unordnung gerichtet sind, daß sie in der Verfolgung ihrer Ansprüche eine Haltung einnehmen, welche mit der Staatstreue und Dienstpflicht unvereinbar ist.

Ausübung der staatsbürgerlichen Rechte. Die Zweifel, die Meinungsverschiedenheiten, die bei Handhabung dieser allgemeinen Grundsätze vorkommen können, nötigen zu vorsichtigem Auftreten. Die Beamten, abhängig vom Staat und für ihn erzogen, sind von Berufs wegen geneigt, staatliche Bedürfnisse zu befriedigen. Sie werden in den Gemeinden und anderen öffentlichen Verbänden durch ihre Stellung darauf hingewiesen, die staatlichen Gesichtspunkte zu vertreten. Sie sind bei Wahlen und öffentlichen Bewegungen die natürlichen Bundesgenossen staatlicher Ordnung und durch ihre Masse eine wertvolle Stütze[1]). Für Förderung von Wohlfahrtseinrichtungen zugunsten der Beamten und Arbeiter ist ihre Mitwirkung, besonders ihre Vereinstätigkeit unentbehrlich.

Daß die Beamten und Arbeiter des Staats ihre staatsbürgerlichen Rechte ausüben, ist nötig. Bei Ausübung der staatsbürgerlichen Rechte kann den Beamten und Arbeitern denn auch die Freiheit der Entschließung nicht versagt werden. Die Wahl zu staatlichen Zwecken insbesondere verdient ihren Namen nicht, wenn sie unter Zwang geschieht. Andererseits wird der Angehörige der Staatsverwaltung der Pflichten gegen seinen Dienst durch seine staatsbürgerlichen Rechte nicht enthoben. Er hat zu prüfen, wie weit er bei Wahrnehmung der letzteren gehen darf, ohne seine Dienstpflicht zu verletzen. Keinenfalls kann seine Stellung als Staatsbürger ihm gestatten, durch sein Verhalten den Umsturz des Staates zu fördern, dem er Treue und Unterstützung versprochen hat[2]).

Die Eisenbahnverwaltung, die ohne straffe Zucht nicht bestehen kann, hat ihrerseits alle Ursache, politische wie konfessionelle Streitig-

---

an ordnungsfeindlichen Bestrebungen und Vereinen fern zu halten. No. 4. Jeder Arbeiter soll den Nutzen der Staatseisenbahn-Verwaltung nach Kräften zu fördern bestrebt sein.

[1]) Die Beamten werden bei allgemeinen Wahlen seitens der Regierung regelmäßig darauf hingewiesen, daß ihre staatsbürgerliche Pflicht sei, an der Wahl teilzunehmen.

[2]) Die bekannten Anordnungen der preußischen Staatseisenbahnverwaltung sind stets dahin gegangen, daß den Beamten und Arbeitern die Teilnahme an ordnungsfeindlichen Bestrebungen nicht gestattet wird. Gegen unzulässige Beeinflussung der Wahlen seitens der Vorgesetzten wird eingeschritten. Daß jeder Beamte und Arbeiter frei wählen könne, ist seitens des leitenden Ministers wiederholt anerkannt.

keiten, welche Vorgesetzte und Untergebene, Kameraden untereinander
entfremden, von ihrem Personal möglichst fernzuhalten. Ihr großes,
Friedenszwecken dienendes Heer wird nicht, wie Armee und Flotte,
durch Gesetz[1]) von der politischen Tätigkeit fern gehalten. Notwendig
ist aber, daß es unbeirrt durch den Kampf der Meinungen gleichmäßig
wie die Landesverteidigung seine Arbeit im Dienst des Landes verrichtet. Daß durch die Anteilnahme der Eisenbahner an den Partei-
ungen Störungen des Verkehrs verursacht werden, kann keine Partei
im Lande wünschen.

Etatsmäßige, außeretatsmäßige Beamte, Hilfsbeamte, Arbeiter. Der
täglich wiederkehrende Dienst der Eisenbahnen bringt es mit sich, daß
die Bediensteten dauernd in Tätigkeit bleiben. Bei Verkehrschwan-
kungen, die bald im Reisen, bald in der Güterbeförderung eintreten,
kann meist durch Verschiebungen von einem Dienst in den andern das
Zuviel oder Zuwenig an Personal ausgeglichen werden. Nur in der Unterhaltung der Bahn, die bei Frost eingeschränkt werden muß, nötigt der
Arbeitswechsel regelmäßig zur Annahme vorübergehend eingestellter
Mannschaften in der guten Jahreszeit. Außerdem verlangt der Neubau
besondere Kräfte, für welche manchmal nach Beendigung der Neubauten
die Arbeit aufhört. Soweit das Neubauen und die Ausführung großer
Ergänzungsbauten in der ausgedehnten preußischen Staatseisenbahn-
Verwaltung zu einer immerwährenden Erscheinung geworden ist, kommen
auch dauernd beschäftigte Beamte dabei vor. Wegen der Rückschläge in
der Neubautätigkeit bleibt aber ein Teil der dafür verwendeten Beamten
im Hilfsverhältnis; technische Gehilfen, welche wegen ihrer besonderen
Leistungen hoch bezahlt werden, lassen sich überdies schwer in den
Normalgehaltsklassen unterbringen.

Abgesehen von diesen Fällen vorübergehender Beschäftigung hat
jeder, der einmal angenommen ist und sich bewährt, Aussicht, bei der
Eisenbahnverwaltung zu bleiben, der Arbeiter so gut wie der Beamte.
Daß sich jemand nicht bewährt, kommt bei der sorgfältigen Auswahl
der Arbeitskräfte verhältnismäßig wenig vor. Die Unterscheidung
zwischen Beamten und Arbeitern, zwischen etatsmäßigen, außeretatsmäßigen und Hilfsbeamten beruht nicht auf der Absicht, dem einen
Verhältnis mehr Dauer zu geben, als dem anderen, sondern auf der Art
der Verwendung und auf der Erziehung für die amtliche Tätigkeit[2]).

---

[1]) Reichsmilitärgesetz vom 2. Mai 1874. R.G.Bl. S. 45, § 49 Abs. 1. Für die
zum aktiven Heere gehörigen Militärpersonen mit Ausnahme der Militärbeamten
ruht die Berechtigung zum Wählen sowohl in betreff der Reichsvertretung wie
der Landesvertretungen.

[2]) Bei der preußisch-hessischen Staatsbahn waren 1910 etatsmäßige Beamte
176 741, außeretatsmäßige 7975 = 4,32 % der Beamten, technische Gehilfen 2326,
Hilfsbeamte im unteren Dienst, Schrankenwärter- und Wärterinnen 71 169, zusammen Beamte und Hilfsbeamte 259 211 Köpfe, Arbeiter 228 115.

Amt und Arbeitsvertrag. Der Beamte handelt innerhalb seines Auftrags unter eigener Verantwortung, der Arbeiter nach Anweisung und unter Aufsicht. Die Art der Tätigkeit kann im übrigen die gleiche sein. Der beamtete Weichenschlosser, der Weichensteller arbeitet mit der Hand, wie der Werkstattschlosser. Es gibt schreibende Arbeiter ebensogut wie Beamte (Wagennotierer, Listenführer auf Güterböden).

Diese Unterscheidung zwischen Beamten und Arbeitern muß festgehalten werden, wenn nicht der Wert des Amts, das gerade im Eisenbahndienst mit seinen Gefahren besondere Bedeutung hat, an Kraft verlieren soll[1]). Wohl aber ist es möglich und kann unter Umständen geboten sein, die Beschäftigung auch des Arbeiters im Eisenbahndienst mit Rücksicht auf dessen Bedeutung für den öffentlichen Verkehr und die Landesverteidigung (vgl. S. 91ff.) als eine staatliche Pflicht zu erklären. Auf der preußischen Militärbahn wird der Arbeiterdienst von Soldaten verrichtet; in Italien und Portugal hat man behufs Verhütung von Streiks den Dienst der Eisenbahner jeder Gattung auf den Hauptbahnen durch Gesetz unter staatliche Zwangsverpflichtung gestellt.

Im übrigen bildet das Amt für diejenigen Arbeiter, die sich dafür eignen und es anstreben, ein wohl zu erreichendes Ziel, da jährlich 5—6000 Arbeiter in amtliche Stellungen gelangen, d. i. etwa $2\frac{1}{2}$—3% der Gesamtheit aller Arbeiter. Durch die erhebliche Ziffer der Beamten (mehr als die Hälfte der Gesamtbediensteten (Anm. 2 S. 243) und die Vorbereitung zahlreicher Arbeiter für das Amt wird dem Personal der Staatseisenbahnverwaltung die dienstliche Festigkeit gegeben, welche für die Sicherheit des Verkehrs erforderlich ist.

Hilfsbeamte. Außeretatmäßige Beamte. Der Arbeiter, welcher sich in längerer Beschäftigung als für ein Amt geeignet erweist, hat sich zunächst als Hilfsbeamter im unteren Dienst zu bewähren. Die Anwärter, welche nach Erfüllung von Vorstudien oder sonstigen Vorbedingungen in die Verwaltung treten, werden außeretatmäßige Beamte, die Techniker, wenn ihnen Aussicht auf dauernde Übernahme vorerst nicht gemacht werden kann, technische Gehilfen. Es ist die nicht ganz

---

[1]) Da die österreichische Staatsbahn alle Arbeiter nach zehnjähriger einwandsfreier Beschäftigung in gewissem Sinne zu Beamten macht, so ist auch von Arbeitern der preußischen Staatsbahn, z. B. vom Trierer Verbande, wiederholt der Wunsch, Beamte zu werden, ausgesprochen und im Landtage erörtert. Es wird dabei auf die Rechte der Beamten, mehr Gehalt als Lohn und höhere Pension, gerechnet, der schwereren Pflichten und der für Arbeiter besonders empfindlichen Versetzbarkeit zu wenig gedacht. Die Staatseisenbahnverwaltung hat diese Wünsche immer abgewiesen. Höher gelöhnte, namentlich ältere Arbeiter können übrigens in Beamtenstellen öfters wegen der niedrigen Anfangsgehälter nicht überführt werden. Die Arbeiterpensionen übertreffen z. Teil nach den neueren Erhöhungen die Pensionen der geringeren Gehaltsstufen

leichte Aufgabe der Verwaltung, das Verhältnis der Hilfs- und außeretatmäßigen Beamten so einzurichten, daß sie nicht allzu lange auf die etatsmäßige Anstellung zu warten haben[1]).

Etatsmäßige Stellen. Erst mit der Verleihung einer Etatstelle erlangt der Beamte Gehalt, Wohnungsgeldzuschuß, Aussicht auf Beförderung. In den 85 Arten der etatsmäßigen Stellen (vgl. Anm. 3 S. 240) prägt sich die Vielgestaltigkeit der Eisenbahnverwaltung aus. Mit der Veränderung der Verwaltung entstehen neue Arten, wie seit etwa 20 Jahren die Vorstände von Abnahmeämtern, von Betriebs-Maschinen-Werkstätten-Nebenämtern, vom Wagenamt, Chemiker, Rechnungsdirektoren, Eisenbahnlandmesser, Eisenbahningenieure, technische Betriebs-, Oberbau- und Betriebsmaschinen-Kontrolleure, Oberbahnmeister, technische und nichttechnische Bureau-Assistenten, Werkführer, Unterassistenten, Fahrkartenausgeber, Eisenbahngehilfinnen, Maschinenwärter bei elektrischen Anlagen, erste Seemaschinisten und Seemaschinenmeister, Rottenführer, Brückenwärter, Rangierführer, und fallen andere fort, wie Betriebskassenrendanten, Betriebs- und Verkehrskontrolleure, Betriebssekretäre, Telegraphenmeister, Kanzlisten II. Klasse, Telegraphisten, Kranmeister, Kranwärter. Durch die mannigfaltige Gliederung wird der Verwaltung die richtige Verteilung der Arbeitsmasse ermöglicht.

Technische und nichttechnische Beamte und Arbeiter. In der Leitung der Verwaltung und des Betriebes (vgl. 17. und 18. Abschnitt) treffen technische und nichttechnische Beamte zusammen; die Behandlung des Verkehrs (vgl. Abschn. 19—22) fällt zumeist den nichttechnischen, die Unterhaltung und Beschaffung der technischen Mittel (vgl. Abschn. 24) vorzugsweise technischen Beamten anheim. Die Ausbildung und Verwendung der technischen und nichttechnischen Beamten ist durchweg getrennt.

Man hat zu verschiedenen, namentlich in den älteren Zeiten versucht, Beamte in beiden Richtungen zu gebrauchen, hat besondere Ausbildungspläne zu diesem Behuf entworfen und glaubte der Verwendbarkeit der einzelnen wie der Sparsamkeit zu dienen, wenn der allseitig brauchbare Eisenbahnmann erzogen würde[2]). Diese Versuche sind

---

[1]) Der außeretatmäßige Beamte erlangt erst mit der etatsmäßigen Anstellung Pensionsberechtigung, während der Hilfsbeamte im unteren Dienst schon als Arbeiter ein Pensionsrecht erwirbt und dies behält. Die technischen Gehilfen, die der Arbeiterpensionskasse wegen ihrer über das Lohnmaximum derselben hinausgehenden Bezüge nicht angehören, sind bis jetzt noch im Fall der Erwerbsunfähigkeit auf die Unterstützungen der Verwaltung angewiesen. Die Aussichten auf Erlangung einer etatsmäßigen Stelle haben sich mit der Zeit wesentlich gebessert. Im Jahre 1889 waren von den beschäftigten Beamten 82,2% etatmäßig, i. J. 1899 88,9%, i. J. 1910 93,53%. Vergl. Anm. 2) S. 243.

[2]) Wiederholt ist vorgeschlagen, besondere Eisenbahnanwärter aufzunehmen, die sowohl juristisch wie technisch vorbereitet wären und in der Verwaltung

im ganzen gescheitert. Wohl aber haben sich einzelne technische Beamte öfters als tüchtig in wirtschaftlichen und bureaumäßigen Arbeiten erwiesen; andererseits erlangen Leute, welche nicht technisch gebildet sind, durch dauernde Beschäftigung mit bestimmten technischen Aufgaben unter guter Anleitung manchmal darin eine ausreichende Gewandtheit.

Indessen der Techniker, welcher aufhört, sich mit technischen Arbeiten zu beschäftigen, verliert die Gelegenheit und zuletzt die Fähigkeit, seine sorgfältig erworbenen technischen Kenntnisse zu verwerten. Ähnlich ergeht es umgekehrt dem im anderen Gebiet verwendeten, nichttechnischen Beamten. Es bleit das Nützlichste für den einzelnen und die Verwaltung, jeden darin arbeiten zu lassen, wofür er ausgebildet ist. Eine Ausbildung für Verwaltung und Technik zugleich überschreitet das Maß der im Durchschnitt für einen Mann möglichen Leistung.

Vielmehr spaltet sich die Technik schon in der Ausbildung und ebenso bei der Verwendung in Ingenieur-, Hoch- und Maschinenbau. Bau- und Maschinentechniker werden bis zu den Arbeitern hinunter in der Eisenbahnverwaltung unterschieden. Außerdem bilden sich mehr und mehr Spezialfächer, welche volle Arbeitskräfte in Anspruch nehmen: Sicherungstechnik, Brückenbau, Oberbaukunde. Ähnlich gibt es auf dem Verwaltungsgebiet besonders kundige Beamte in Rechts-, Etats- und Kassensachen, in Tarifen, in Personalangelegenheiten usw. (vgl. Anm. 1, S. 236 S. 156).

Dieser Zersplitterung gegenüber ist es umso mehr nötig, die allgemeine Fachbildung gründlich zu gestalten, damit die große Menge der Bediensteten imstande ist, der schnellen Entwicklung aller Verhältnisse und Mittel zu folgen und ihre Kenntnisse richtig zu verwenden, damit ferner die guten Köpfe sich innerhalb des Faches je nach ihrer Beanlagung in die verschiedenen Verrichtungen zweckmäßig eingliedern können.

Höhere, mittlere, untere Beamte. An die Unterscheidung zwischen höheren, mittleren und unteren Beamten, welche durch alle Dienst-

---

soweit in beiden Fächern ausgebildet werden sollten, um die Betriebsgeschäfte zu übernehmen. Jn den Bedingungen für die Vorbereitungen für den höheren technischen Dienst im preußischen Staat ist auf Anregung aus technischen Kreisen ein besonderes Fach für den „Verwaltungsingenieur" vorgesehen, der sowohl die Verwaltungs- wie die technischen Aufgaben erledigen soll; die Verwendung des Verwaltungsingenieurs lehnt aber die preußische Staats‑Eisenbahnverwaltung ab. In mittleren Stellungen sollte früher der Bahnverwalter auf Nebenbahnen die Verrichtungen von Bahnmeister, Werkmeister und Stationsbeamten zugleich übernehmen. Die Trennung zwischen den Dienstzweigen ist doch auch hier die Regel geblieben. Auf Kleinbahnen kommt es häufiger vor, daß ein einziger Leiter des Unternehmens technische und Verwaltungsarbeiten übernimmt, namentlich wenn noch eine sachverständige Oberaufsicht angerufen werden kann.

zweige des preußischen Staates geht, hat sich auch die Eisenbahn-Verwaltung allmählich gewöhnt, während in der ersten Zeit die Ämter nach Bedürfnis und Brauchbarkeit mit Leuten aus allen Schichten, Kaufleuten, Militärs, Landwirten, Ingenieuren besetzt wurden. Jetzt wird in der Regel vom höheren Beamten akademische, vom mittleren höhere Schulbildung, vom unteren Beamten nur Volksschulerziehung verlangt. Indessen werden zu den höheren und mittleren Beamten auch Stellungen gerechnet, für welche die entsprechenden Anforderungen an wissenschaftliche Vorbildung nicht gestellt werden. Als gesetzlich unterscheidendes Merkmal kann jetzt der Wohnungsgeldzuschuß angesehen werden, dessen erste drei Klassen den höheren Beamten zugewendet werden, während in die IV. Klasse die mittleren, in die V. Klasse die unteren Beamten fallen[1]). Auf einen höheren Beamten kamen im Jahre 1910 bei der preußischen Staatsbahn 36 mittlere, 110 untere Beamte und einschließlich der Arbeiter überhaupt 277 andere Bedienstete[2]). Die Zahl der höheren Beamten ist verhältnismäßig gering, weit überwiegend die der unteren Beamten und Arbeiter[3]).

Zu den höheren Beamten rechnen die aus den mittleren Beamten hervorgehenden Rechnungsdirektoren, Vorstände von Betriebs-, Maschinen- und Werkstätten-Nebenämtern, die Hauptkassenrendanten.

Die mittleren nichttechnischen Beamtenstellen sind neben den wissenschaftlich vorgebildeten Anwärtern auch den Militäranwärtern und bewährten Unterbeamten zugänglich, wenn sie sich bei Warnehmung des mittleren Dienstes tüchtig zeigen und die Prüfungen dafür ablegen. Wegen hervorragender technischer Leistungen werden technische Gehilfen auch ohne die vorgeschriebene Vorbildung und Prüfung in die mittleren technischen Stellen übernommen.

---

[1]) Verwaltungsordnung für die Staatsbahnen vom 1. April 1907 (GS. S. 81) § 16. Das für den Staatseisenbahndienst anzunehmende Personal wird nach den vom Minister festzustellenden Grundsätzen in dem Verhältnisse unmittelbarer Staatsbeamter angestellt oder auf Grund eines Dienstvertrages beschäftigt. § 17. Zur Anstellung als Mitglied des königlichen Eisenbahn-Zentral-Amts oder einer königlichen Eisenbahndirektion, als Vorstand einer Eisenbahn-Betriebs-Maschinen- oder Werkstätten-Inspektion ist i n d e r R e g e l die Ablegung der höheren Staatsprüfung erforderlich.

§ 19. Die Besetzung der Beamtenstellen, für welche es einer besonderen wissenschaftlichen oder technischen Vorbildung bedarf, wird durch die vom Minister zu erlassenden Vorschriften geregelt.

[2]) Im Jahresdurchschnitt hatte 1910 die preußisch-hessische Staatseisenbahn (ohne die Ministerial-Abteilungen für das Eisenbahnwesen, aber mit dem Eisenbahn-Zentral-Amt) etatmäßige und außeretatmäßige höhere Beamte 1772, mittlere Beamte und technische Gehilfen 63 555, etatmäßige und außeretatmäßige untere Beamte und Hilfsbeamte im unteren Dienst, Schrankenwärter und Schrankenwärterinnen 193 884. Vgl. für Arbeiter Anm. 2) S. 243.

[3]) Die höheren, mittleren und unteren Beamten tragen ungleiche Uniformen und werden bei Ordensverleihungen verschieden behandelt.

Da aus den Arbeitern hauptsächlich die unteren Beamten ausgewählt werden (vgl. S. 244), so ist für den tüchtigen Mann ein Durchgang durch diese Stellen ein Aufstieg aus dem Arbeiterstande in die oberen Schichten, selbst zu einzelnen höheren Beamtenposten möglich. Die lediglich im Dienst erworbene Brauchbarkeit tritt in gewissem Umfange ebenbürtig neben die Ergebnisse der Schulbildung[1]).

Militär-Anwärter. Die Eisenbahnen, staatliche wie private, gehören zu den Verwaltungen, für welche nach Reichsbestimmungen die Versorgung der Unterklassen der Reichsverteidigung mit Stellen vorgeschrieben ist[2]). Die Militäranwärter, d. h. diejenigen, welche über die gesetzliche Verpflichtung bis zu 12 Jahren vertragsmäßig fortdienen oder vor Ablauf der 12 Jahre dienstunfähig werden (Kapitulanten), haben vorzugsweise Anspruch auf einen großen Teil der mittleren[3]) und alle Unterbeamtenstellen (Zivilversorgungsschein); andere Unteroffiziere und Gemeine können nur Anspruch auf Anstellung als Unterbeamte erhalten (Anstellungsschein).

Voraussetzung für jeden Anspruch eines Militäranwärters ist, daß er „zum Beamten würdig und brauchbar ist." Die Militäranwärter haben dieselben Eigenschaften und Kenntnisse nachzuweisen wie die Zivilanwärter. Sie bringen den Sinn für Unterordnung, für Befehlserteilung und Umsicht mit, der für Eisenbahnzwecke wertvoll ist. Dagegen gehen bei ihnen zehn Jahre bester Manneskraft für den Eisenbahndienst verloren und sie rücken in die beamtenmäßigen Stellen besonders in die vorbehaltenen oberen Ämter vermöge ihrer vorzugsweisen Berechtigung häufig weit vor den Zivilanwärtern ein, die länger im Eisenbahndienst stehen und darin erfahrener sind. Hieraus entspringen Gegensätze zwischen den beiden Klassen der Anwärter, die schwer auszugleichen sind.

Für den Eisenbahnbetriebsdienst bildet aber der Militärdienst eine treffliche Vorschule; es wird deshalb grundsätzlich bei dem Eintritt in den Eisenbahndienst demjenigen Arbeiter bei gleichen sonstigen Eigenschaften der Vorzug gewährt, der im Heere gedient hat.

Männliche und weibliche Bedienstete. Der Eisenbahndienst, welcher hauptsächlich ins Freie oder in Werkstätten mit schwerer Arbeit führt, ist fast ausschließlich ein Geschäft für Männer. Nur 8546 weibliche

---

[1]) Im Bureaudienst wird meist den Beamten der Vorzug gegeben, welche eine höhere wissenschaftliche Vorbildung genossen haben.

[2]) Gesetz über die Versorgung der Personen der Unterklassen des Reichsheeres, der Kaiserlichen Marine und der Kaiserlichen Schutztruppen vom 31. Mai 1906 (R. G. Bl. S. 590 ff.) §§ 15—17. Grundsätze für die Besetzung der Subaltern- und Unterbeamtenstellen bei den Reichs- und Staatsbehörden mit Militäranwärtern vom 8. Juli 1907 E. V. Bl. S. 249.

[3]) Die Hälfte der oberen nichttechnischen mittleren Stellen, zwei Drittel der nichttechnischen Assistenten und Diätare fällt den Zivilversorgungsberech-

Kräfte finden sich im Jahre 1910 unter 488 326 Beamten und Arbeitern bei der preußischen Staatsbahn. Die meisten — 3577 — sind Schrankenwärterinnen neben ihren Männern oder an leichteren und gesicherten Stellen[1]). 1522 werden als etatsmäßige oder außeretatsmäßige Beamte vorzugsweise in den Fahrkartenausgaben und Güterabfertigungen beschäftigt. Im Wege steht der Ausdehnung ihrer Verwendung, abgesehen von den gesetzlichen Versorgungsansprüchen der Militäranwärter, daß vielfach der Abfertigungsdienst mit Aufsicht und Anleitung von Arbeitern verbunden ist, wofür Frauen sich nicht eignen, und daß Nachtdienst geleistet werden muß, den Frauen im Eisenbahnbetriebe nicht übernehmen können. Da den Männern nicht ausschließlich der Nachtdienst zugemutet werden darf, so werden für die Abwechselung im Tagdienst ebenfalls Männer verwendet.

Der Volksunterricht reicht für die Arbeiten, welche der Frau im amtlichen Eisenbahndienst übertragen werden, aus; die weiblichen Kräfte kommen daher nur als Unterbeamte vor.

Im Verhältnis als Arbeiter werden Frauen fast nur weibliche Verrichtungen übertragen.[2])

Sechsundzwanzigster Abschnitt.

Höhere Beamte.

In der Hand der verhältnismäßig höheren wenigen Beamten (vgl. S. 247) liegt die Leitung, die wissenschaftliche Fortbildung, die Entwicklung des gewaltigen Staatseisenbahn-Getriebes. Daß diese Männer gut ausgewählt, richtig ausgebildet, angemessen beschäftigt und frisch erhalten werden, ist von entscheidender Wichtigkeit.

Verhältnis zwischen technischen und Verwaltungsbeamten. Während Techniker sämtliche Vorstände der Betriebs-, Maschinen und Werkstattsämter (zusammen im Etat 1912 489) und sämtliche höhere etatsmäßige Hilfsstellen (Regierungsbaumeister usw. im Etat 1912 zusammen 239)

---

tigten zu. Technische Stellen werden nur der Marine bei Nachweis der nötigen technischen Kentnisse eingeräumt, so die Schiffskapitäne, Schiffsmaschinisten.

[1]) Eisenbahnbetriebsbeamte oder Bahnpolizeibeamte sind Schrankenwärterinnen nicht, sondern nur die Schrankenwärter. §§ 45 und 74 Eisenbahnbau- und Betriebsordnung vom 4. November 1904 mit Änderungen vom 24. Juni 1907 EVBl. 1905 S. 15. 1907 S. 292.

[2]) 3546 Frauen waren im Jahre 1910 als Betriebs-, Bahn-Unterhaltungs- und Werkstättenarbeiter beschäftigt. Die Frauen, welche beim Kiesverladen oder Gleisstrecken namentlich im Osten Preußens verwendet werden, stehen meist im Dienst von Unternehmern.

allein besetzen, werden Verwaltungsbeamte etatsmäßig nur in Posten des Ministeriums, des Zentralamts und der Direktionen angestellt, in welche sie unmittelbar aus der Beschäftigung als außeretatsmäßige Hilfsarbeiter rücken[1]). Etwa ein Fünftel der akademisch gebildeten Beamten gehört dem Verwaltungszweige an, wenn etatsmäßige und außeretatsmäßige Beamte zusammengezählt werden.

Der Unterschied in der zahlenmäßigen Verwendung beider Beamtengattungen liegt zum Teil in dem Überwiegen der technischen Geschäfte (vgl. S. 234, 245, 249), zum Teil aber auch darin, daß die Verkehrs-Ämter mit Vorständen aus dem mittleren Beamtenstande besetzt werden, weil für diese Stellen nicht wie bei den Betriebs-, Maschinen- und Werkstattsämtern akademische Vorbildung erforderlich ist. Als Folge dieser Ungleichartigkeit ergibt sich, daß die Verwaltungsbeamten jünger in die ihnen allein offenen Stellen der Direktions- und Ministerialmitglieder kommen, wie die Techniker, welche zunächst in den Ausführungsämtern Vorstände werden oder in die etatsmäßigen technischen Hilfsstellen der Direktionen rücken.

Jüngere Verwaltungsbeamte werden danach öfters Vorgesetzte älterer Techniker. Die technischen höheren Beamten kommen nach Durchgang durch die Amts- und Hilfsstellen in die höheren Posten mehrfach in einem späteren Lebensalter, als für den Dienst erwünscht ist. In den etatsmäßigen höheren Hilfsstellen verbleiben manchmal tüchtige technische Kräfte noch in den Jahren, in welchem die Fähigkeit zu selbständigem Handeln sich am besten entfaltet.

Eine Änderung hierin zu gunsten der Techniker läßt sich nicht dadurch herbeiführen, daß mehr Geschäfte in den Zentralstellen und Direktionen und deshalb auch mehr Stellen in diesen Behörden den Technikern überwiesen werden. Was den Verwaltungsbeamten jetzt zugeteilt ist, außer den eigentlichen Rechtssachen, Organisation, Etat und Wirtschaftskontrolle, Grunderwerb, Tarif und Verkehr, Personalangelegenheiten, gehört zu den Verwaltungsgeschäften und kann in den leitenden Behörden nur Händen übergeben werden, hinter welchen für diesen Teil der Arbeit die bestmögliche wissenschaftliche Fachbildung steht[2]).

---

[1]) Etatsmäßige Stellen für höhere Beamte, abgesehen von denjenigen, welche aus den mittleren Beamten besetzt werden (vgl. S. 247) sind im Etat 1912 für die Direktionen und das Zentralamt — 22 Präsidenten, 466 Direktionsmitglieder — zusammen 488, für das Eisenbahnwesen im Ministerium 42 vorgesehen. Von den außeretatsmäßigen höheren Beamten — 489 im Etat 1912 — gehört die Überzahl der Technik an. Die höheren Verwaltungsbeamten versehen während ihrer außeretatsmäßigen Beschäftigung zum Teil Stellen der Vorstände von Verkehrsämtern, um in der Leitung des Außendienstes ausgebildet zu werden.

[2]) In der vielseitigen, tief in alle Lebens- und Staatsverhältnisse eingreifenden Staatsbahn kann der Verwaltungsbeamte nicht darauf beschränkt werden, als Bei-

Wohl aber haben wesentliche Nachteile, welche das Verweilen in den Hilfs- und Ausführungsstellen mit sich brachte, dadurch gebessert werden können, daß für diese Stellen die gleichen Höchstgehälter wie für die Direktionsmitglieder bei der Besoldungsreform eingeführt wurden[1]). Den Amtsstellen ist außerdem viel Selbständigkeit eingeräumt und manche Nebenvorteile kommen ihnen zu gute, so daß in diesen Posten ein tüchtiger Mann sein Leben mit Befriedigung verbringen kann. Wie in jedem großen Betriebe sind die Ausführungsstellen für den Erfolg besonders wichtig und ist es erwünscht, daß die Inhaber lange genug darin verbleiben, um erfolgreich wirken zu können.

Beförderung in höhere Stellen. Für die Beschleunigung der Beförderung und die Abkürzung der unselbständigen Beschäftigung in Hilfsstellen gibt es nur das eine Mittel, daß die Anwärter auf die höheren technischen Stellen vermindert werden. Dazu bietet die mit der Zeit wesentlich gestiegene Befähigung der mittleren technischen Beamten die Möglichkeit. Sie sind seit einigen Jahren Vorstände von Betriebs-, Maschinen-, Werkstätten-Nebenämtern (in minder wichtigen Bezirken) geworden und Eisenbahningenieure, welchen in den Bureaus ähnliche Arbeiten wie den Regierungsbaumeistern in minder schwierigen Fällen übertragen werden. So werden für Geschäfte, welche bis dahin von akademisch gebildeten Beamten vorübergehend wahrgenommen wurden, geschulte Kräfte gewonnen, die an untergeordneter Stelle dauernd bleiben und keinen Anspruch auf weiteres Aufsteigen haben. Zugleich hat man dadurch den mittleren technischen Beamten in ähnlicher Weise die Aussicht auf höher ausgestaltete Stellen eröffnet, wie sie die mittleren nichttechnischen Beamten schon längere Zeit besitzen[2]). Die akademisch gebildeten Techniker aber werden mehr auf Geschäfte beschränkt, welche dem Umfang ihrer Vorkenntnisse entsprechen, und haben, entsprechend der verringerten Anwärterzahl, Aussicht, schneller in Vorstands-Direktionsstellen und damit zu der für jeden so vorgebildeten Mann erwünschten Selbständigkeit zu kommen.

Zusammenwirken der höheren Beamten. Das Zusammenarbeiten der höheren Beamten, welches in einer großen Betriebsverwaltung so not-

---

rat oder Syndikus mitzuwirken. Mehr noch als der Kaufmann in den großen gewerblichen Betrieben, hat er neben dem Techniker die wirtschaftliche und staatliche Richtung des Unternehmens zu bestimmen und danach sich an der Leitung der Geschäfte selbst zu beteiligen.

[1]) Das Höchstgehalt von 7200 M. erreichen die Direktionsmitglieder in 6, die Amtsvorstände in 7, die etatsmäßigen Regierungsbaumeister pp. in 8 Stufen von den Mindestbeträgen von 4200, 3600 und 3000 M. an gerechnet. Dienstwohnungen, Reisegelder haben fast alle Vorstände der Betriebs-, Maschinen- und Werkstattsämter.

[2]) Die Vorstände der Nebenämter haben dieselben Gehaltsbezüge wie die Vorstände der Verkehrsämter.

wendig ist, bleibt trotz aller darauf berechneten Einrichtungen[1]) eine schwer zu erfüllende Aufgabe. Der tüchtige Mann wahrt gern seine Selbständigkeit und denkt an den eigenen Bezirk eher als an das Ganze. Das höchste Ziel, die gleichmäßige Förderung des Verkehrs für Alle im Lande mit technisch und wirtschaftlich richtigen Mitteln kann aber nur erreicht werden, wenn jeder Dienstzweig, jede Behörde, jeder leitende Beamte für die anderen mitsorgt und die gemeinsamen Zwecke bei allen Plänen und Anordnungen fest im Auge behält. Wer durch frische Tätigkeit diesen Geist des Zusammenwirkens bei seinen Untergebenen, sei er Techniker oder Verwaltungsbeamter, lebendig zu erhalten vermag, ist zu einer Führerstellung in der Staatseisenbahn innerlich berufen[2]).

Ausbildung und Auswahl der höheren Beamten. Die akademische Fachbildung ist, abgesehen von den an mittlere Beamte vergebenen Stellen, für alle höheren Beamten der Eisenbahnverwaltung in Übereinstimmung mit den übrigen Dienstzweigen des Staates festgehalten. Den 3 oder 4 Jahren auf Hochschule oder Universität folgt die Ausbildung im Dienst, welche der Techniker sogleich bei der Eisenbahnverwaltung durchmacht[3]), während der Verwaltungsbeamte zunächst seine wissenschaftlichen Kenntnisse in den Gerichts- oder Verwaltungsbehörden anzuwenden lernt.

Der junge Techniker hat, wenn er nach abgelegter letzter Prüfung fertig für die Übernahme in den Eisenbahndienst ist, den Vorzug, daß er schon eine drei- bis vierjährige Erfahrung darin hinter sich hat, wogegen der Verwaltungsbeamte dann meist den Geschäftsgang nur in anderen Behörden kennt. Bei der endgültigen Übernahme in den Eisenbahndienst, die 1 bis 2 Jahre nach dem Eintritt[4]) erfolgt, ist der Techniker

---

[1]) Vgl. S. 150, Anm. 1, S. 156. Die Oberräte, welche in der Zusammenfassung der Geschäfte den Präsidenten der Eisenbahndirektion unterstützen sollen, werden beständig vermehrt. 1910 hatte der Etat 33 Oberregierungsräte, 40 Oberbauräte, 1912 sieht 35 Oberregierungs- und 45 Oberbauräte vor.

[2]) Von den 22 Präsidenten des Eisenbahn-Zentralamts und der Eisenbahndirektionen sind zurzeit 4 aus der Bautechnik, 1 aus der Maschinentechnik, 17 aus den Verwaltungsbeamten entnommen. In den Eisenbahnabteilungen des Ministeriums gehört der Unterstaatssekretär und drei Ministerialdirektoren zu den Verwaltungsbeamten; 1 Ministerialdirektor ist Bautechniker, 1 Maschinentechniker.

[3]) Der Maschinentechniker hat ein Jahr als Arbeiter in Werkstätten zuzubringen, wofür ihm auch die Beschäftigung in anerkannten Privatfabriken freigestellt ist, und hat mehrere Monate als Heizer auf der Lokomotive zu fahren. Der Hochbauer erfährt seine Ausbildung bei der Hochbau-Abteilung des Ministeriums der öffentlichen Arbeiten an Bauten verschiedener Art und wird nach erfolgter letzter Prüfung an die Eisenbahn-Abteilung auf Wunsch für Hochbauten abgegeben.

[4]) Die endgültige Übernahme erfolgt bei Assessoren nach Ablauf eines Probejahrs, in welchem sie planmäßig durch die verschiedenen Zweige der Eisenbahnverwaltung durchgeführt werden. Bei Regierungsbaumeistern 2 Jahre nach der Prüfung, in denen sie ebenfalls möglichst vielseitig beschäftigt werden. Es melden sich zur Eisenbahnverwaltung jetzt meist nur Gerichtsassessoren, an denen die

hinsichtlich seiner Brauchbarkeit für die Eisenbahn der Verwaltung in der Regel besser bekannt als der Verwaltungsbeamte.

Ausbildung der Verwaltungsbeamten. Wenn dann einzelne Verwaltungsbeamte trotz sorgfältiger Auswahl, wofür die abgelegten Prüfungen, der lange Ausbildungsgang, das Lebensalter von meist 28 und mehr Jahren die besten Unterlagen bilden, sich doch hinterher als weniger brauchbar für die besonderen Geschäfte des Eisenbahnbetriebes erwiesen, so wurde in früherer Zeit über Assessorismus, d. h. eine bureaukratische, nicht geschäftskundige Auffassung geklagt. Man rief im Landtage und in der Presse nach dem Kaufmann, der ja allerdings bei der Einführung der Bahnen sich verdient gemacht hatte (vgl. S. 140, 143).

Die Versuche, die aber mit Einberufung von lediglich kaufmännisch ausgebildeten Persönlichkeiten bei der Staatseisenbahnverwaltung gemacht wurden, bewährten sich nicht. Für die vorzugsweise spekulative Tätigkeit des Kaufmanns fehlt es im regelmäßigen Dienst der Eisenbahnverwaltung an ausreichender Verwendung. Zu der vielseitigen Verwaltungsarbeit bringt er nicht die Fachbildung mit. Fähige Kaufleute sind überdies für Beamtengehälter nicht zu haben.

Ebensowenig ist es gelungen, eine besondere Ausbildung für die Eisenbahnverwaltungstätigkeit nach abgelegter Hochschulprüfung in Rechts- und Staatswissenschaften einzurichten. Sie ist zu einseitig, um dem Anwärter, wenn er sein Ziel bei der Eisenbahn nicht erreicht, noch andere Gelegenheiten zur Beschäftigung zu eröffnen. Die Kenntnis des Rechtslebens, welche während der Ausbildung bei den Eisenbahnbehörden erworben werden kann, würde außerdem für die meisten Verwaltungsstellen der Eisenbahn ungenügend sein.

Den Mangel an Kenntnis des geschäftlichen Lebens, der öfters bei eintretenden jungen Eisenbahnverwaltungsbeamten ebenso wie bei Regierungs- und Gerichtsbeamten beklagt wird, kann man nur dadurch heben, daß bei der Vorbildung mehr auf den Erwerb von wirtschaftlichen Kenntnissen und Erfahrungen gehalten wird. Die Bestrebungen, die in dieser Richtung im Gange sind, verdienen und erhalten von der Staatseisenbahnverwaltung volle Unterstützung[1]).

Gerichte, welche die Ausbildung dazu unbeschränkt zulassen, Überfluß haben. Regierungs- und Berg-Assessoren, welche früher mehrfach in der Eisenbahnverwaltung vorkamen, erscheinen kaum mehr, seitdem Regierungs- und Bergbehörden die Anwärter nur in bestimmtem Maße annehmen und dafür hinreichende Beschäftigung haben.

[1]) Es wird schon lange bei der Annahme von Assessoren für die Eisenbahnverwaltung Wert auf vorherigen Besuch von wirtschaftlichen, besonders Eisenbahn-Vorlesungen und Beschäftigung in gewerblichen oder landwirtschaftlichen Unternehmungen gelegt. Die Anforderungen an den Ausbildungsgang werden dadurch nicht unerheblich erhöht. Sehr erwünscht wäre, wenn, wie schon vor 50 Jahren in Berlin geschah, an den Universitäten für Nichttechniker besondere technologische Vor-

Im übrigen bietet der Eisenbahndienst selbst die beste Gelegenheit, Lücken in der Kenntnis des tätigen Lebens zu ergänzen, da er jeden, der offene Augen hat, mitten in die Verhältnisse fast aller schaffenden Kreise des Landes hineinführt.

Ausbildung der höheren Techniker. Für den höheren Techniker war früher, abgesehen vom Hochbau (vgl. Anm. 3, S. 252) die Eisenbahnverwaltung, ähnlich wie bis vor kurzem noch das Gericht für die Assessoren, diejenige Behörde, in welcher der Anwärter bei Zurücklegung des vorgeschriebenen Ausbildungsganges und Ablegung der Prüfungen sicher den Anspruch auf Staatsanstellung erwerben konnte. Die Folge war, wie bei den Gerichten (vgl. Anm. 4, S. 252) ein Überfluß von Anwärtern und damit sehr verspätetes Einrücken in etatmäßige Stellen, die bei der ersten Anstellung nach dem Dienstalter besetzt werden[1]).

Die Nachteile, welche durch Überalterung für die Beamten wie für die Verwaltung entstehen, waren die Veranlassung, daß vom Jahre 1905 an die Anwärter nach der Vorbereitung auf der Hochschule auf Grund der Prüfungsergebnisse ausgesucht und nur so viel solche Anwärter (Diplom-Ingenieure) angenommen werden, als für den Ersatz in den Stellen der Eisenbahn nötig ist. Zugelassen wird indes, daß Diplom-Ingenieure, welche als Anwärter nicht angenommen werden können, auf Wunsch ihre Ausbildung bis an die Prüfung zum Regierungs-Baumeister ebenfalls bei der Staatsbahn erhalten[2]). Hierdurch ist es wie früher jedem ermöglicht, die Erziehung, welche die Staatseisenbahnverwaltung für die Anwendung höherer Technik bieten kann, zu benutzen, soweit die dienstlichen Kräfte dafür verfügbar sind. Die Verwaltung bleibt aber in der Lage, die Bewerber um die wichtigen höheren technischen Ämter ebenso frei zu wählen wie für alle anderen Stellen.

---

lesungen mit Besichtigung der Fabriken gehalten und auch auf die Landwirtschaft ausgedehnt würden. Ähnliches geschieht jetzt in den staatswissenschaftlichen Vorlesungen, die hauptsächlich für schon angestellte Verwaltungs- und Gerichtsbeamte eingerichtet sind. Zu bedauern ist, daß nicht auch, wie bei den Maschinentechnikern (Anm. 3, S. 252), bei jungen Akademikern anderer Dienstzweige die Teilnahme an Arbeiten mit der Hand ausbedungen werden kann. Sonst bringen nur die Dienstleistungen bei dem Heer dem gebildeten jungen Mann etwas von der Wertschätzung der körperlichen Arbeiten bei, welche nötig ist, um deren Verrichtung später leiten zu können. Der Sport kann dazu nur wenig beitragen.

[1]) Die etatsmäßige Anstellung erfolgte zeitweilig 14 Jahre nach abgelegter Baumeisterprüfung im Alter von einigen 40 Jahren. Jetzt rücken Baumeister wie Assessoren in der Regel 7 Jahre nach abgelegter letzter Prüfung, neuerdings auch früher, in etatsmäßige Stellen. 38% außeretatsmäßige Beamte kamen im Jahre 1910 auf 100 etatsmäßige höhere Beamte (489 auf 1283). Bei den mittleren Beamten waren nur 10% außer-etatsmäßig (5598 auf 55 331).

[2]) Bestimmungen über die Ausbildung der höheren Techniker für den Staatsdienst. Solche Diplom-Ingenieure erhalten während der Ausbildung ebenso wie die Anwärter die Bezeichnung Regierungs-Bauführer und bei Ablegung der Regierungs-Baumeister-Prüfung den Titel als „geprüfte Baumeister".

Kollegialität der höheren Eisenbahnbeamten. Die Eifersüchtelei, welche in der Entwicklungszeit der Verwaltung wiederholt zwischen Technikern und Verwaltungsbeamten deutlich zum Ausdruck kam[1]), ist allmählich unter den ausgleichenden Maßregeln der Staatsregierung zum Schweigen gebracht worden. Mehr und mehr ist zwischen beiden Dienstzweigen der kollegiale Sinn vorherrschend geworden, der von Anfang an in der Eisenbahn-Verwaltung Großes zustande gebracht hat, und von dessen Erhaltung die weiteren Erfolge zum wesentlichen Teile abhängen.

Siebenundzwanzigster Abschnitt.

Mittlere Beamte.

Frühere Scheidung zwischen Subaltern- und Außenbeamten. Bei der Staatseisenbahn-Verwaltung wurden anfänglich die Bureau-Beamten der Direktionen, welche wie bei anderen Behörden Subalternbeamte heißen, getrennt von den Beamten des Außendienstes gehalten. Für den nichttechnischen und den technischen Bureaudienst, für den Stations-, für den Abfertigungs-, für den Bahn- und für den Werkmeisterdienst wurden die Anwärter je besonders angenommen, ausgebildet und geprüft. Nur ausnahmsweise wurden geeignete Leute vom Bureau- in den Außendienst, namentlich aber umgekehrt übergeführt. Die Besoldungen im Außendienst standen nicht unwesentlich gegen die Gehälter der Bureaubeamten zurück. Die Verwendbarkeit der Beamten litt unter dieser Teilung der Anwartschaften. Besser befähigte Kräfte drängten vorwiegend zum Bureaudienst,

Vereinigung der mittleren Beamten im Bureau- und Außendienst. Je mehr die Leitung des Betriebes als Hauptaufgabe in den Vordergrund trat und die Eisenbahnbehörden sich selbst der Arbeit im Betriebe zuwendeten (vgl. S. 146), desto stärker wurde das Bedürfnis für sie, Bureaubeamte zu haben, welche gründlich im Außendienste Bescheid wissen. Die Trennung der Anwärter für den Abfertigungs- und Stationsdienst konnte nicht aufrecht erhalten werden, da mit der Zeit die Bahnhöfe, auf welchen beide Dienste vereinigt waren, die Beamten also in beiden Bescheid wissen mußten, immer mehr zunahmen[2]). Die Vereinfachung und planmäßige Gliederung des Geschäftsganges, welche allmählich, namentlich seit der Umgestaltung der Verwaltung im Jahre 1895 (vgl. S. 149 ff.), erreicht wurde, die Verbesserung der Dienstanweisungen

---

[1]) Jahrelang wogte der Streit in der Presse, in Broschüren, in Vereinen, in regelmäßigen Landtags-Petitionen und Verhandlungen.

[2]) Im Jahre 1910 hatte die preußisch-hessische Staatsbahn 5906 Bahnhöfe und nur 1190 selbständige Abfertigungsstellen (für Fahrkarten, Gepäck, Eilgut und gewöhnliche Güter) außer den 1351 Haltepunkten.

und des dienstlichen Unterrichts gestatteten, daß dem Anwärter die Vorbereitung für mehrere Dienstzweige zugemutet werden konnte.

So kam man Ende der 90er Jahre dazu, für alle mittleren Stellen, welche dem nichttechnischen Bureaudienst gleichwertig zu erachten sind, die Annahme gemeinsamer Anwärter, eine gemeinschaftliche Ausbildung und Prüfung vorzuschreiben[1]). Die Anwärter kommen aus drei verschiedenen Richtungen: den Zivilsupernumeraren, welche als Bewerber nur für die höheren Stellen der mittleren Laufbahn eintreten, eine Mittelschulbildung[2]) nachweisen und sich in der dienstlichen Vorbereitungszeit von 3 Jahren allein erhalten müssen, Militäranwärter, welche vom Eisenbahnassistenten aufsteigen, und Arbeiter, welche zunächst durch die Unterbeamtenstellen gehen. Alle haben gleichmäßig, wenn sie in die oberen mittleren nichttechnischen Stellen (vgl. Anm. 1) gelangen wollen, die Fachprüfung erster Klasse abzulegen[3]).

Die Reihenfolge der Anstellung ist zwischen den Militär- und den Zivilanwärtern durch Gesetz geregelt (vgl. Anm. 3, S. 248). Um den Ansprüchen der beiden Gruppen von Zivilanwärtern ebenfalls eine feste Grundlage zu geben, besetzt die Staatseisenbahnverwaltung einen bestimmten Teil der den Zivilanwärtern zufallenden Stellen mit Zivilsupernumeraren, soweit diese in Betracht kommen[4]), den anderen Teil mit Bewerbern aus dem Arbeiterstande. Da letzteren der den Militäranwärtern nicht vorbehaltene Teil der Assistentenstellen — Assistentenstellen sind im Etat 1912 14 339 vorhanden — ganz zufällt, so sind die Aussichten für den Eisenbahnarbeiter, der Unterbeamter wird, später eine mittlere Stelle zu bekommen, nicht ungünstig.

Nachdem der Bureau-, der Abfertigungs- und der Stationsdienst in der Laufbahn vereinigt waren, wurden auch die Gehälter, zuletzt in

---

[1]) Seit 1. Oktober 1899 gilt die gemeinsame Ausbildung (Zehnjahrsbericht S. 29). Als gleichwertig den nichttechnischen Eisenbahnsekretären gelten die Obervorsteher des Außendienstes (Oberbahnhofs-, Obergüter-, Oberkassen-, Obermaterialienvorsteher), den technischen Eisenbahnsekretären die Oberbahnmeister. Der Begriff des „mittleren Beamten" geht jetzt durch alle Dienstzweige des Staats.

[2]) Die Zivilsupernumerare müssen die Reife für die Obersekunda eines Gymnasiums oder eine gleichwertige Schulbildung besitzen.

[3]) Die Zivilsupernumerare werden behufs Erlangung der Berechtigung zur Anstellung für die Fachprüfung nach der Vorbereitung vorgeladen, die schon angestellten Militäranwärter haben sich dazu binnen 3 Jahren nach ihrer Ernennung zum Eisenbahnassistenten zu melden. Alle werden nach der Fachprüfung bei Freiwerden der Stellen in der Regel zunächst zu Bahnhofs-, Güter, Kassen- oder Materialienvorstehern ernannt, welche den Obervorstehern in Rang und Gehalt nachstehen. Bis zur Anstellung werden die Zivilsupernamerare als Praktikanten gegen Diäten beschäftigt. Prüfungsordnung für die mittleren und unteren Staatseisenbahnbeamten vom 1. Mai 1909. E.V.Bl. S. 51.

[4]) Zivilsupernumerare werden nicht Eisenbahnassistenten, sondern gleich Vorsteher.

der Besoldungsreform von 1908, ausgeglichen. Der Anwärter erreicht dieselben Gehaltsbeträge, einerlei ob er in den inneren Bureaus der Verwaltung, in den Bahnhöfen, Abfertigungsstellen oder Kassen dauernde Beschäftigung findet. Die Auslese der nichttechnischen mittleren Verwaltungsbeamten nach den Fähigkeiten und ihre vielseitige Verwendbarkeit ist dadurch erheblich erleichtert[1]).

Die Anwärter aus der Zahl der Zivilsupernumerare werden vorwiegend im Bureaudienst verwendet, für dessen schriftliche Arbeiten bessere Schulbildung wertvoll ist[2]). Im übrigen leisten nach langjähriger Arbeit im Dienste der Verwaltung die Anwärter der verschiedenen Richtungen trotz der Ungleichartigkeit ihrer Schulbildung alle das Erforderliche.

Technischer mittlerer Verwaltungsdienst. Bei den technischen mittleren Verwaltungsbeamten ist gleichfalls die Ausbildung für den Bureau- und den Außendienst möglichst vereinigt. Sowohl für den bau- und den maschinentechnischen Eisenbahnsekretär wie für den technischen Bureauassistenten, Bahnmeister oder Werkmeister ist das Reifezeugnis einer anerkannten Fachschule (Baugewerkschule oder Maschinenbauschule) erforderlich. Während für den Assistenten, Bahn- und Werkmeister im übrigen die Volksschulbildung genügt, wird für den Sekretär, ebenso wie bei dem nichttechnischen Eisenbahnsekretär, das Zeugnis für den einjährig-freiwilligen Militärdienst (Reife für Obersekunda) verlangt[3]). Bahn- und Werkmeister

---

[1]) Die Eisenbahnassistenten (Bahnhofs- und Materialienverwalter) beziehen 1650 bis 3300 M. Gehalt, die Bahnhofs- usw. Vorsteher 2000 bis 4000 M., die Obervorsteher und nichttechnischen Eisenbahnsekretäre 2100 bis 4500 M., alle in 7 bis 8 Altersstufen und neben einem pensionsfähigen Wohnungsgeldzuschuß von 546 M. Da die Leiter der Bahnhöfe und häufig auch der Abfertigungsstellen sowie stellenweise ihre Assistenten statt des Wohnungsgeldzuschusses freie Dienstwohnungen haben, so ist jetzt die Lage der Außenbeamten zum Teil günstiger als die der Bureaubeamten. Nach dem Etat 1912 sind 4574 nichttechnische Eisenbahnsekretäre usw., 1254 Obervorsteher und 4169 Bahnhofs- usw. Vorsteher vorhanden, daneben allerdings noch aus älterer Zeit die künftig wegfallenden etwa 1500 nichttechnischen Betriebssekretäre. Einschließlich der Schiffskapitäne sind im mittleren nichttechnischen Verwaltungsdienst 25873 Stellen. Außerdem werden zu den mittleren nichttechnischen Beamten die Kanzlisten gerechnet, sämtlich Militäranwärter, welchen die Anfertigung der Reinschriften anvertraut ist. Ihre Arbeiten werden durch Formulare, Umdruck, Kurzverfügungen beständig eingeschränkt. Gegen 578 Kanzlisten im J. 1890 sind jetzt trotz Steigerung der Gesamtausgaben fast um das dreifache nur 553 etatsmäßige Stellen für Kanzleidienst vorgesehen.

[2]) Zivilsupernumerare mit dem Reifezeugnis für die Oberprima kommen vor anderen Bewerbern in der Reihe der Aufzeichnung zur Einberufung, so lange bis die Wartezeit der letzteren seit der Aufzeichnung 3 Jahre beträgt. Bestimmungen über Annahme und Ausbildung der Zivilsupernumerare.

[3]) Der Bewerber um eine technische Eisenbahnsekretärstelle kann sich auch dadurch vorbereiten, daß er mit der Reife für Unterprima eine deutsche technische

Wehrmann. 17

sowie technische Bureau-Assistenten von hervorragender Befähigung können aber auch ohne die höhere Schulbildung zur Ausbildung und Prüfung für den technischen Eisenbahnsekretär zugelassen werden.

Im übrigen müssen alle Bewerber um eine technische mittlere Stelle in den Handverrichtungen ihres Fachs erfahren sein und eine mehrjährige Vorbereitung im Dienste der Verwaltung durchmachen, bevor sie für die etatsmäßige Anstellung geprüft werden[1]). Bei den Beamten des mittleren technischen Dienstes ist ebenso wie bei den nichttechnischen ein Wechsel vom Bureau- zum Außenbetriebe und umgekehrt infolge der gleichartigen Ausbildung in gewissem Umfange möglich und gebräuchlich.

Da die technischen Sekretäre längere Zeit als die nichttechnischen zu ihrer Vorbereitung brauchen, steigen sie um eine Altersstufe eher zu dem höchsten Gehalt auf[2]).

Stellung des mittleren Verwaltungsdienstes in der Staatseisenbahn. Die Beamten des mittleren Dienstes — in den etwa 26 000 nichttechnischen und 6600 technischen Stellen (vgl. Anm. 1 S. 257 und Anm. 2 unten), zu denen noch zahlreiche Hilfskräfte treten — bilden die unmittelbare Unterstützung für die höheren Beamten im Innen- und Außendienst. Sie haben die Ausführungsarbeiten in den Bureaus und die Leitung des Betriebs an Ort und Stelle. Sie helfen als Betriebs-, Verkehrs-, Oberbau-, Materialien-, Betriebsmaschinen-Kontrolleure und Betriebsingenieure bei der Beobachtung des Gesamtgetriebes und Aufklärung aller Vorgänge darin. Bei ihnen beruht in der Hauptsache die Erziehung der ihnen unterstellten Bediensteten, deren persönliche Anleitung und die

Hochschule 3 Jahre besucht und eine Vorprüfung bei einem Ausschuß des Ministeriums besteht. Wer die Landmesser-Prüfungen auf Grund mehrjährigen Hochschulbesuchs abgelegt hat, bedarf keines weiteren Nachweises über Schulbildung. Prüfungsordnung für die mittleren und unteren Staatseisenbahnbeamten vom 1. Mai 1909, § 1.

[1]) Die Eisenbahnbetriebsingenieure haben nach der Ernennung zum Eisenbahnsekretär und einer weiteren Vorbereitungszeit noch eine Ergänzungsprüfung über Kenntnisse des technischen Betriebsdienstes abzulegen.

[2]) Die nichttechnischen Sekretäre und Obervorsteher haben 8, die technischen Sekretäre und Obervorsteher 7 Stufen von je 3 Jahren von 2100 bis 4500 M, Gehalt. Die Bahnmeister I. Klasse, die technischen Bureau-Assistenten und Bahnmeister stehen den nichttechnischen Vorstehern und Assistenten gleich. Die Eisenbahnlandmesser und Eisenbahningenieure haben 2700 bis 4800 M. Gehalt. Von diesen und technischen Eisenbahnsekretären sind im Etat 1912 1746 Stellen neben 86 künftig wegfallenden technischen Betriebssekretären. Oberbahnmeister und Werkstättenvorsteher haben 332, Bahnmeister II. Klasse und Werkmeister 2036, technische Bureau-Assistenten und Bahnmeister 2407 Stellen. Im ganzen umfaßt der mittlere technische Verwaltungsdienst 6607 Stellen.

Durchführung der Wohlfahrtsbestrebungen. Sie setzen die Überlieferung in den Gewohnheiten und Erfahrungen der Verwaltung unter dem Wechsel der höheren Beamten fort.

Die Stufen, in welche diese Beamten verteilt sind, die Techniker in technische Bureau-Assistenten oder Bahnmeister, Bahnmeister I. Kl. oder Werkmeister und technische Eisenbahnsekretäre, oder Oberbahnmeister, die Nichttechniker in Eisenbahnassistenten, Vorsteher und Obervorsteher oder nichttechnische Eisenbahnsekretäre unterscheiden sich durch Schwierigkeit und ·Umfang der Arbeiten. In den Bureaus der Eisenbahnbehörden und Dienststellen werden die Geschäfte systematisch nach Raten verteilt, die Dienststellen selbst in Stationen 1. bis 4. Klasse, in Abfertigungen, Bahnmeistereien usw. für Obervorsteher, Vorsteher, Verwalter zerlegt[1]).

Lokomotiv- und Zugführer. Die Lokomotiv- und Zugführer, welche ebenfalls zu den mittleren Beamten mit zusammen über 25 000 Stellen gehören[2]), haben eine ganz andere Ausbildung und Aufgabe als die mittleren Verwaltungsbeamten. Sie gehen sämtlich aus den Unterbeamten, den Lokomotivheizern und Schaffnern hervor und sind vorwiegend vorher Arbeiter gewesen, die Lokomotivführer alle Handwerker in den Eisenbahnwerkstätten, die Zugführer mehrfach Arbeiter in der Bahnunterhaltung und im Betriebe[3]). Sie haben nur Volksschulbildung mitzubringen und die für ihren Dienst erforderlichen Kenntnisse und Erfahrungen in einer Prüfung nachzuweisen. Ihre Zuweisung zu den mittleren Beamten geht zurück auf die älteren Zeiten des Eisenbahnwesens und beruht darauf, daß diese Beamten die Züge selbständig zu fahren oder die Fahrt zu leiten haben, sowie daß mit dieser Aufgabe Gefahr und eine hohe Verantwortlichkeit verbunden ist[4]).

---

[1]) In den Bureaus werden Raten A. für Sekretäre, B. für Assistenten C. für Unterbeamte unterschieden, deren Inhalt in den Hauptzügen vom Ministerium festgesetzt ist. Im Jahre 1910 gab es 553 Bahnhöfe I. Kl., 1167 II. Kl., 967 III. Kl. Die I. Kl. hat in der Regel Obervorsteher, die II. Kl. Vorsteher, die III. Kl. Assistenten oder Verwalter als Leiter. Den 4208 Bahnhöfen IV. Kl. stehen Unterbeamte vor.

[2]) Mit den 17 453 Lokomotivführern werden die 20 Schiffsmaschinisten und 177 Maschinisten elektrischer Anlagen, mit den 7735 Zugführern die 16 Steuermänner gleichgestellt. Zusammen haben diese Beamten im Etat von 1912 25 501 Stellen.

[3]) Militäranwärter, obwohl lediglich (mit geringen Ausnahmen, vergl. Anm. 3. S. 248), zu den nichttechnischen Unterbeamtenstellen berechtigt, melden sich verhältnismäßig wenig zum Unterbeamtendienst; im Jahre 1910 gab es nur 868 außeretatsmäßige männliche untere Beamte, die sämtlich Militäranwärter sind, da die Zivilanwärter des Unterdienstes als Arbeiter geführt werden.

[4]) Das Auswaschen und Reinigen der Maschinen geschieht auf größeren Stationen durch die Arbeiter und Werkführer der Lokomotivschuppen, die Prüfung der Züge vor Abgang durch die Wagenmeister. Die Instandhaltung der Maschine

Der Dienst des Lokomotiv- und des Zugführers ist mit der kunstvollen Einrichtung der Lokomotiven und Züge zum Teil schwieriger geworden, andererseits dadurch erleichtert, daß die Vorbereitung für die Indienststellung mehr und mehr auf die Betriebswerkstätten und Stationen übergeht[1]).

Die Sicherheit und Pünktlichkeit, mit welcher auf deutschen Bahnen der Fahrplan durchgeführt wird, hängt in erster Reihe von der Zuverlässigkeit und Tüchtigkeit dieser Beamten ab.

In höhere Stellen gelangen Lokomotiv- und Zugführer nur, wenn sie unter Ablegung der vorgeschriebenen Prüfungen in die Laufbahn der Werkmeister oder Eisenbahnassistenten übertreten.

Achtundzwanzigster Abschnitt.

Unterbeamte.

Stellung der Unterbeamten. Die Unterbeamten in ihrer gewaltigen Zahl[2]) bilden die breite Unterlage für die Pyramide der Eisenbahnbeamtenschaft, die in den höheren Beamten gipfelt. Sie besorgen hauptsächlich die Handverrichtungen, die durch Beamte ausgeführt werden müssen, am Gleise, an den Weichen und Signalen, an den Maschinen und Wagen. In weitem Umfange fallen ihnen aber in einfachen Verhältnissen oder unter Leitung mittlerer Beamter auch Geschäfte der Aufsicht und schriftliche Arbeiten zu.

Auswahl und Ausbildung. Die Unterbeamten gehen vorwiegend aus den Eisenbahnarbeitern hervor (vgl. S. 259), haben nur Volksschulbildung und für die technischen Stellen (Werkführer, Wagenmeister, Maschinenwärter, Lokomotivheizer, Feuermänner, Wagenwärter) handwerkmäßige Vorbereitung nachzuweisen. Im Dienste der Verwaltung werden sie vor ihrer Verwendung zu amtlichen Geschäften planmäßig ausgebildet in einem Zeitraum, der meist nur einige Monate, nie über ein Jahr dauert, dann zu Hilfsbeamten bestellt und nach einer förmlichen Prüfung etatsmäßig angestellt.

Aus den Werkstätten werden fast durchgängig die technischen Unterbeamten entnommen, manchmal, z. B. die Weichensteller für

---

war früher stets Aufgabe des Führers, dem sie zugeteilt war. Jetzt, wo viele Maschinen doppelt und mehrfach besetzt sind, geht die Fürsorge in weiterem Maße auf die Betriebswerkstätten über.

[1]) Die Lokomotivführer beziehen 1400 bis 2500 M. Gehalt neben einem pensionsfähigen Betrage der Nebenbezüge von 540 Mark, die Zugführer 1400 bis 2100 M. Gehalt und 300 M. pensionsfähige Nebenbezüge.

[2]) Im Jahre 1910 waren bei der preußisch-hessischen Staatsbahn 120 127 etatsmäßige Unterbeamte, 1588 außeretatsmäßige (davon 720 weibliche, die übrigen Militäranwärter, vgl. Anm. 3. S. 259) und 72 169 Hilfsbeamte (im Arbeiterverhältnis).

Stellwerke, auch aus den Spezialfabriken. Die Bahnunterhaltungsarbeiter liefern Rottenführer und Bahnwärter, sie und die Betriebsarbeiter Weichensteller, Rangierführer, Schaffner. Güterbodenarbeiter werden zu den Unterbeamtenstellen namentlich als Ladeschaffner herangezogen.

Erweiterte Verwendung der Unterbeamten. In jeder Beschäftigung, welche der amtlichen Verwendung und der etatmäßigen Anstellung vorausgeht, hat sich der Anwärter erst vollständig zu bewähren, ehe er weiterkommt. Die sorgsame Auswahl sowie die Verbesserung des Volks- und des technischen Schulunterrichts haben im Verein mit der Vereinfachung der Verwaltung (vgl. S. 149, 255) ermöglicht, daß die Arbeiten welche an Unterbeamte übertragen werden, mit der Zeit erheblich erweitert werden konnten. Jetzt werden ihnen nicht bloß die sämtlichen Haltepunkte und Bahnhöfe IV. Kl. (vgl. Anm. 2 S. 255, Anm. 1 S. 259) zur Leitung anvertraut; auch in den Bureaudienst der Eisenbahnbehörden sind die Unterbeamten eingeführt; als Rate C (vgl. Anm. 1, S. 259) werden ihnen dort bestimmte einfache Geschäfte überwiesen. Sie stellen zum großen Teile die Hilfskräfte der Vorsteher auf Bahnhöfen III., aber auch an minder wichtigen Punkten von Bahnhöfen I. und II. Kl. die „Unterassistenten“ oder „Rangiermeister“. Sie werden, wenn sie die Bedingungen des Bundesrats für die Wahrnehmung der Betriebsgeschäfte erfüllen oder die staatliche Prüfung ablegen, zu Vertretungen mittlerer Beamter herangezogen, die Lokomotivheizer als Lokomotivführer, die Schaffner als Zugführer, die Weichensteller und Unterassistenten als Eisenbahnassistenten usw.[1]).

Die Unterbeamten unterstützen die mittleren Beamten in ähnlicher Weise wie diese die höheren Beamten. Sie besitzen die genaue Kenntnis der örtlichen Verhältnisse, in denen sie meist dauernd verbleiben, während die mittleren Beamten mehr als sie versetzt werden.

Verhältnis der Unterbeamten zu den mittleren Beamten und Hilfsbeamten. Die Unterbeamten ergänzen, ersetzen und vertreten die mittleren Beamten in allen Dienstzweigen, soweit diese nicht ausreichen und ermöglichen, den Schwankungen in Verkehr und Betrieb jederzeit die Zahl geschulter Bediensteter anzupassen. Bei starkem

---

[1]) Für die Stellen, in welchen Unterbeamte mit Arbeiten höherer Art beschäftigt sind (Werkführer, Fahrkartenausgeber) und für Stellen, die eine obere, in der Regel nur durch Beförderung zu erreichende Stufe bilden, „gehobene Stellen“ (Wagenmeister, Rangiermeister, Lademeister, Unterassistent, Weichensteller I. Klasse), werden höhere Gehälter und andere Abzeichen gewährt. Die Gehälter laufen für die höher bedachten Stellen zwischen 1400 und 1800 bis 2100 M., für die anderen zwischen 1100 oder 1200 und 1300 bis 1800 M. Der pensionsfähige Durchschnittssatz des Wohnungsgeldzuschusses beträgt für Unterbeamte (Klasse V) 300 Mark.

Gebrauch von Kräften werden Unterbeamte zu den Geschäften der mittleren Beamten herangezogen und ihrerseits durch Hilfsbeamte ersetzt. Bei Rückgang der Arbeit tritt jeder wieder in die frühere Stelle. Je mehr es gelungen ist, an jeder Station oder Stelle Leute auszubilden, die zur Wahrnehmung der Geschäfte mittlerer und unterer Beamter geeignet sind, desto leichter vollziehen sich — ohne Zeitverlust, ohne Versetzungen — die beständigen Verschiebungen in der Verwendung der Mannschaften.

Erleichtert wird die Vertretung der Beamten untereinander in hohem Grade durch die vom Bundesrat gegebene Ermächtigung der Landesaufsichtsbehörden, bei einfachen Betriebs- und Verkehrsverhältnissen zuzulassen, daß Beamte einer Klasse den Dienst einer andern Klasse wahrnehmen, auch wenn sie die vorgeschriebenen Erfordernisse nicht erfüllt haben, aber tatsächlich dazu befähigt und mit den örtlichen Verhältnissen vertraut sind[1]). Hierdurch wird es möglich, an den zahlreichen Stellen, wo auf Haupt-, vorzugsweise aber auf Nebenbahnen bei einfachen Umständen die Verrichtungen einer Beamtenklasse die Arbeitskraft eines Mannes nicht ausnutzen, überhaupt oder zeitweilig dem unteren Beamten die Geschäfte der höheren Klasse, dem Assistenten die des Vorstehers, dem Unterbeamten die des Assistenten usw. zu übertragen.

Hilfsunterbeamte. Hilfsbeamte im unteren Dienst treten für alle Verrichtungen der Unterbeamten ein, im inneren Dienst nichttechnische Bureaugehilfen, Schreibgehilfen usw, im unteren Bahnhofs- und Abfertigungsdienst Hilfslademeister, Hilfsweichensteller usw., im unteren Bahnbewachungsdienst Hilfsbahnwärter, Schrankenwärter usw., im Lokomotiv- und Wagendienst Hilfsheizer, Hilfswagenmeister usw., im Zugdienst Hilfsschaffner. Sie sind vereidigte Beamte, aber stehen im Arbeiterverhältnis und können jederzeit zur Verwendung als Arbeiter zurückgeführt werden, wenn sie sich nicht im Beamtendienst bewähren. Sie verlieren dabei nur die Zulage, welche ihnen für den Beamtendienst gewährt wird.

Mit Sonntags- oder stundenweiser Ablösung fängt die Ausprobierung des Hilfsbeamten an; sie schreitet zu längeren Vertretungen vor, bis er ständiger Hilfsbeamter wird. In den Jahren solcher Beschäftigung erlangt der Arbeiter diejenige Fertigkeit in den Dienstformen und die Zuverlässigkeit, welche ihn ebenbürtig neben den im Heeresdienst erzogenen Militäranwärter treten läßt. (Vgl. Anm. 3, S. 259.) Diese

---

[1]) Bestimmungen über die Befähigung von Eisenbahnbetriebs- und Polizeibeamten vom 8. März 1906, E.V.Bl. S. 146. Auf Lokomotivführer findet diese Erleichterung keine Anwendung; dieser soll die Erfordernisse der Befähigungsvorschriften wegen der mit der Maschinenführung verbundenen Verantwortlichkeit voll erfüllen.

Art der Vorbereitung sichert der Verwaltung, daß in die Unterbeamtenstellen nur Leute kommen, auf die sie vertrauen kann. Geringere
Leistungen werden von den Schrankenwärtern und Schrankenwärterinnen
erwartet, welche vielfach Invaliden und für andere Verwendung nicht
brauchbar sind. Volle Verwendbarkeit für etatmäßige Unterbeamtenstellen haben dagegen die Anwärter, von denen es am 1. April 1910
36 210 gab[1]). Diese Zahl ist gegenüber 120000 etatsmäßigen Unterbeamten erheblich und hängt damit zusammen, daß im preußisch-
hessischen Staatsbahnnetz die Nebenbahnen große Ausdehnung gewonnen haben; 15 560 km Nebenbahnen kamen 1911 auf 21 179 km
Hauptbahnen. In den einfachen Verhältnissen der Nebenbahnen
müssen Arbeiterverrichtungen vielfach mit amtlicher Tätigkeit verbunden bleiben, und werden daher mehr Hilfsbeamte beschäftigt, die
gleichzeitig, oft vorwiegend, als Arbeiter verwendet werden können.
Auch auf den Hauptbahnen kommen derartige Fälle in größerer Zahl vor.

Neunundzwanzigster Abschnitt.

Arbeiter.

Stellung der Arbeiter. Die Arbeiter der Staatseisenbahnverwaltung,
im Jahre 1912 an Zahl 229 115, haben die Aussicht, einmal zu den
193 284 Unter- oder Hilfsunterbeamten zu gehören, welche vorwiegend
aus den Arbeitern entnommen werden. (Vgl. S. 259.) Sie stehen schon
deshalb nicht in dem Gegensatz zu den Beamten wie bei den gewerblichen
Unternehmungen, in welchen große Massen von Handarbeitern wenigen
Leitern oder Beamten gegenüberstehen und durch gesellschaftliche
Stellung und Ausbildung dauernd von ihnen geschieden sind.

Auswahl der Arbeiter. Der Staatseisenbahnarbeiter wird, wenn
nicht lediglich eine vorübergehende Beschäftigung beabsichtigt ist,
nicht minder sorgsam ausgewählt wie der Beamte[2]). Der Arbeitsvertrag,
in welchen er nach den Gemeinsamen Bestimmungen für die Staatsbahnarbeiter tritt, wird seitens der Verwaltung als ein dauerndes Verhältnis aufgefaßt, welches nur infolge ungehöriger Führung des Arbeiters

---

[1]) Zehnjahrsbericht S. 33. Die Anwärter für Unterbeamtenstellen bestehen
überwiegend aus ständigen Hilfsbeamten im Arbeiterverhältnis.

[2]) § 1 der gemeinsamen Bestimmungen für die Arbeiter aller Dienstzweige der
Staatseisenbahnverwaltung:

Die für den unmittelbaren Dienst in der Staatseisenbahnbetriebsverwaltung
anzunehmenden Arbeiter, als Werkstätten- und Gasanstalts-, Telegraphen-,
Bahnhofs-, Strecken-, Neubau-Arbeiter, Hilfsunterbeamte, Arbeiter des inneren
Verwaltungsdienstes müssen

1. für die ihnen zuzuweisenden Arbeiten die erforderliche Gesundheit,
Rüstigkeit, Gewandtheit, hinlängliches Seh- und Hör-Vermögen,

zur Auflösung kommt, aber durch Schwankungen des Verkehrs nicht berührt wird. Der Arbeiter kann sich als ständiges Glied der Verwaltung fühlen und nimmt an ihrem Gesamtleben durch den Aufstieg, der sich ihm zur Beamtenschaft eröffnet, teil.

Zeitpunkt des Eintritts in die Verwaltung. Angenommen werden Arbeiter zum Dienst der Verwaltung in der Regel erst, wenn sie kräftig genug geworden sind und, bei Verwendung als Handwerker, wenn sie die nötige Fachbildung erlangt haben. Indes wird der Nachwuchs für die Werkstattsarbeiter — im Jahre 1912 auf der preußisch-hessischen Staatsbahn 71 633 — zum Teil in Lehrlingen gewonnen, die vier Jahre in den Werkstätten der Verwaltung unterrichtet werden[1]). Auch werden befähigte Söhne von Eisenbahnbediensteten, soweit ihnen eine leichte Beschäftigung gegeben werden kann, und keine Betriebsgefahr für sie entsteht, zum Bahnhofs- und Abfertigungsdienst (als Wagenschreiber, Bote, Listenführer usw.) schon nach Beendigung der Schulzeit zugelassen. Die Eltern sehen in der frühzeitigen Heranziehung ihrer Kinder zu einer geregelten Arbeit die beste Sicherung dagegen, daß sie nach Verlassen der Schule mit 14 Jahren sich nicht an Untätigkeit und Unordnung gewöhnen. Die Verwaltung aber gewinnt in den Familien, deren Glieder nacheinander in der Folge der Geschlechter zu ihr kommen, einen in Treue erprobten Stamm.

Im übrigen erfolgt die Annahme der Arbeiter meist erst nach Ablauf der Militärdienstzeit[2]) und grundsätzlich nicht nach Beendigung des 40. Lebensjahres. Die besonders dazu ermächtigten Dienststellen-Vorsteher, für die Werkstätten die Amtsvorstände, besorgen die Annahme, soweit nötig, unter Vermittlung der amtlichen Arbeitsnachweise. Die Betriebsarbeiter, im Jahre 1912 an Zahl 76 117, werden zum Teil aus den Bahnunterhaltungsarbeitern genommen, da sie bei der Bahnunterhaltung Gelegenheit haben, den Betrieb zunächst an einer weniger gefährlichen Stelle kennen zu lernen und ihre Eignung dafür zu zeigen.

Wechsel in der Arbeiterschaft. Die Bahnunterhaltungsarbeiter (im Jahre 1912 81 335 Köpfe) haben die stärksten Schwankungen in

---

2. die für ihre Beschäftigung nötigen Schulkenntnisse und fachmäßige Vorbildung haben,

3. sich in ihren bisherigen Lebensverhältnissen achtbar und unbescholten geführt und an ordnungsfeindlichen Bestrebungen sich nicht beteiligt haben,

4. aus ihrem letzten Dienstverhältnis ohne Vertragsbruch geschieden sein.

[1]) Im Jahre 1910 waren 3220 Lehrlinge vorhanden, von denen 1652 in besonderen Lehrlingswerkstätten beschäftigt wurden, meist Söhne von Eisenbahnbeamten oder Arbeitern.

[2]) Wer vor dem Militärdienst bei der Eisenbahn beschäftigt war, wird nach Ablauf desselben vorzugsweise wieder angenommen, wenn er sich vorwurfsfrei geführt hat. Für solche Leute werden im Herbst, ehe die Reservemannschaften zur Entlassung kommen, Arbeitsstellen offen gehalten.

ihrem Bestande, einmal wegen der Ungleichmäßigkeit in den Unterhaltungsarbeiten und Neubauten (vgl. S. 236f.), sodann weil aus ihnen vielfach Ersatz und Vertretung für den Betrieb gestellt wird. Für andere als fortlaufende Arbeiten der Bahnunterhaltung werden die Leute vorübergehend angenommen. Durch ihr Ausscheiden, den regelmäßigen Abgang der jüngeren Männer zum Heeresdienst und durch das Aufsteigen in die Beamtenschaft ergibt sich der nicht unbedeutende Wechsel in der sonst so beständigen Arbeiterschaft der Staatsbahn[1]).

Dieser regelmäßige Ab- und Zugang, welcher die Schulung der Bediensteten nicht unerheblich erschwert, ermöglicht andererseits, den Schwankungen des Betriebes mit dem Personal ohne wesentliche Mehrkosten und ohne Härten zu folgen. Geht der Betrieb stark, so werden aus den Bahnunterhaltungsarbeitern die Betriebsarbeiter, aus diesen die Hilfsunterbeamten, aus letzteren die Unterbeamten, von den Unterbeamten die mittleren ergänzt, für die Bahnunterhaltung aber die Leute wie gewöhnlich vorübergehend von ihren landwirtschaftlichen und sonstigen Arbeiten in größerem Umfange fortgezogen. Beim Nachlaß des Verkehrs verschiebt sich das Personal in umgekehrter Richtung bis zu den Leuten, die aus ihrer vorübergehenden Beschäftigung entlassen werden.

Hierdurch und durch zeitweilige Zurückhaltung in der Annahme von Bewerbern hat die Eisenbahnverwaltung in Zeiten des Verkehrsniedergangs stets den eingetretenen Überfluß an Personal auf den angemessenen Bestand bald zurückbringen können, ohne einen Beamten oder ständigen Arbeiter deswegen zu entlassen[2]).

Gattungen der Arbeiter. Die in der Mehrzahl handwerkmäßig ausgebildeten Arbeiter in den Hauptwerkstätten[3]) werden, wenn sie auch nicht der Fabrikation dienen (vgl. S. 238), doch ähnlich wie in Fabriken beschäftigt. Ihre Dienststunden sind ein für allemal festgesetzt. (Vgl. S. 279.) Die Arbeit wird durch Werkführer, Werkmeister[4]), Werkstättenvorsteher, Vorsteher der Werkstättenämter verteilt und beauf-

---

[1]) Am 1. August 1911 waren bei der preuß. hess. Staatsbahn vorhanden: mit einem Beschäftigungsalter von unter 5 Jahren Hilfsbeamte 26%, Betriebsarbeiter 34%, Werkstättenarbeiter 39%, Bahnunterhaltungsarbeiter 59%, Von 5 bis 15 Jahren waren beschäftigt 61% Hilfsbeamte, 46% Betriebsarbeiter, 46% Werkstattsarbeiter, 33% Bahnunterhaltungsarbeiter.

[2]) Wegen Rückgangs des Arbeitsbedarfs Hilfsbeamte oder Arbeiter zu entlassen, ist durch Ministerial-Erlaß vom 19. Oktober 1906 (E. V. Bl. S. 602) ausdrücklich verboten.

[3]) Im Jahre 1910 hatte die preußisch-hessische Staatsbahn 70 Hauptwerkstätten, 13 (kleinere) Nebenwerkstätten. Außerdem bestanden 538 Betriebswerkstätten meist in Verbindung mit Lokomotivschuppen.

[4]) Ein Werkführer wird gewöhnlich für 50, ein Werkmeister für 100 Mann gerechnet.

sichtigt, für größere Ausbesserungen in Kolonnen unter Leitung eines Vorarbeiters zusammengefaßt. Die Arbeiten sind nach dem Handwerk (Schmiede, Schlosser, Tischler, Lackierer, Kupferschmiede usw.) verschieden und nach Schwierigkeit der Leistung verschieden gelohnt. Die Gemeinsamkeit des Dienstes aber und das regelmäßige Verbleiben der meisten bei derselben Werkstatt[1]) führt dazu, daß die Werkstattsarbeiter ein starkes Gemeinschaftsgefühl besitzen, das sich in ihren Wohlfahrtsbestrebungen sowohl wie in ihren Forderungen gegenüber der Verwaltung geltend macht.

Die Betriebsarbeiter, welche fast durchweg aus ungelernten Leuten bestehen, unterstützen in der Verwaltung, im Abfertigungs- und Bahnhofsdienst die Beamten überall in ihren Verrichtungen, sind daher weit auf den Bahnhöfen verteilt und stehen im engen Zusammenhange mit den mitarbeitenden Beamten. Größere Mengen finden sich vorzugsweise auf den Güterböden bedeutender Städte oder Umladestellen, zum kleineren Teil unter Leitung von Unternehmern, welche der Verwaltung die Verantwortlichkeit für die Ausführung der Arbeiten erleichtern sollen. Da in dem Netz der deutschen Bahnen eine Ladestation planmäßig für die anderen mitzuarbeiten hat (vgl. S. 175 f.), so muß ein Unternehmer viele Anweisungen der Behörde beachten, die seine Selbständigkeit und damit auch deren Nutzen einschränken.

Unter den Bahnunterhaltungsarbeitern sind auch handwerkmäßig geschulte Leute vorhanden (vgl. Anm. 1, S. 236). In der Hauptsache stehen sie, soweit die Bahnstrecken im freien Lande liegen, dem landwirtschaftlichen Arbeiter nahe oder sind selbst Landarbeiter, die in den Bestellungs- und Erntezeiten ihren eigenen Geschäften nachgehen und auch beim Ruhen der Bahnunterhaltung im Winter zum Teil Verwendung ihrer Kraft im eigenen Haushalt finden. In den Städten freilich und in Fabrikbezirken fällt diese Möglichkeit meist fort, und muß der Bahnunterhaltungsarbeiter ebenso wie der Betriebs- und Werkstattsarbeiter darauf rechnen, daß die Bahnverwaltung seine Tätigkeit in vollem Umfang gebraucht.

Dreißigster Abschnitt.

Gehälter und Löhne.

Allgemeine Grundsätze. Nach den für alle Staatsdienstzweige gesetzlich festgestellten Grundsätzen (vgl. S. 240) steigen die Eisenbahnbeamten

---

[1]) Regelmäßig scheiden aus dem Werkstattsdienst nur die jungen Leute, welche sich nach Neigung und Befähigung dem Lokomotivdienst widmen und 1 Jahr in Eisenbahnwerkstätten gearbeitet haben müssen.

fast durchgängig von bestimmten Mindestbeträgen in meist 7 bis 8 Alters-
stufen von 3 Jahren auf bis zu den Höchstgehältern ihrer Gattung. Die
Höchstbeträge der bestbesoldeten mittleren Klassen überflügeln die
Mindestgehälter der höheren Beamten, die Höchstbeträge der bestbe-
soldeten unteren Beamten reichen an die Mindestgehälter der mittleren
Beamten heran, so daß der altgewordene Beamte der niederen Stellung
zum Teil die gleiche Einnahme an Gehalt hat wie der obere in jungen
Jahren[1]). Bis zur Höhe der Mindestgehälter reichen annähernd die
Diäten, welche die Beamten beziehen, bevor sie eine etatsmäßige An-
stellung bekommen haben (vgl. S. 244).

Die Löhne, welche von den Eisenbahndirektionen geordnet und
grundsätzlich nach den ortsüblichen Beträgen für gleichartige Leistungen
bemessen werden, fangen in der Regel mit Mindestbeträgen an
und steigen in bestimmten Zeitabschnitten während einer
Gesamtdauer von 10 bis 15 Jahren zu den Höchstsätzen
auf. Der Verdienst älterer Arbeiter übersteigt nicht selten
die Gehälter der unteren Beamten in den niederen Altersstufen[2]).
Nur jüngeren Arbeitern läßt ihr Lohnstand es meistens wünschenswert
erscheinen, in Beamtenstellen aufzusteigen.

Der Lohn wird im Gegensatz zu dem Gehalt, was, ebenso wie im
ganzen auch die Diäten, fortlaufend gezahlt wird, grundsätzlich nur für
die Zeit gewährt, in welcher der Arbeiter dienstlich tätig gewesen ist.
Indes ist in den letzten Jahrzehnten die Fortgewährung des Lohnes für
die Fälle, in welchen der Arbeiter durch militärische und staatsbürgerliche
Pflichten in Anspruch genommen wird, ganz oder teilweise bewilligt,
auch bei dringenden persönlichen Verbindlichkeiten in Aussicht gestellt
und außerdem die Erteilung eines regelmäßigen Urlaubs mit Lohn-
zahlung bei guter Führung und dienstlicher Zuverlässigkeit vorbehalten[3]).

Auf die örtlichen Ungleichheiten der Lebensverhältnisse, welchen
der Arbeitslohn sich anpaßt, wird bei den Beamten nur im Wohnungsgeldzuschuß Rücksicht genommen, der nach 5 Ortsklassen verschieden

---

[1]) Vgl. Anm. 1. S. 251. Anm. 1. S. 257. Anm. 2. S. 257. Anm. 1. S. 261.
Der höhere Beamte kommt zur etatsmäßigen Anstellung meist erst in der ersten
Hälfte der 30er Jahre, der mittlere in der zweiten Hälfte der 20er Jahre, der
Militäranwärter etwas später. Die Bemessung der Mindestgehälter nimmt
hierauf Rücksicht.

[2]) Der Durchschnitts-Jahreslohn der Werkstattarbeiter betrug 1910 bei der
preußisch-hessischen Staatsbahn 1380, der Hilfskräfte im unteren Dienst 1077,
der Betriebsarbeiter 1230, der Bahnunterhaltungsarbeiter 850 M. Das Mindestgehalt
(ohne den Wohnungsgeldzuschuß, dessen pensionsfähiger Betrag 300 M. ist),
stellt sich für den Lokomotivheizer auf 1200, für Weichensteller, Bahnmeister,
Schaffner auf 1100 Mark.

[3]) Gemeinsame Bestimmungen für Staatsbahnarbeiter vom 18. Oktober 1906,
E.V. Bl. S. 603. Min.-Erlaß vom 20. Dez. 1906, E.V. Bl. S. 673.

hoch bemessen ist[1]). Es sollen damit die Unterschiede nicht bloß der Mieten, sondern auch der Lebensmittelpreise ausgeglichen werden, um derentwillen früher besondere Ortszulagen mehrfach gewährt wurden.

Besondere Anordnungen für einzelne Klassen von Eisenbahnbediensteten. Stellenzulagen. Den eigentümlichen Verhältnissen einzelner Klassen von Eisenbahnbeamten wird durch den für alle Dienstzweige des Staates gültigen Vorbehalt Rechnung getragen, daß Stellenzulagen (nichtpensionsfähige) auch nach der Besoldungsreform von 1909 noch gewährt werden können, soweit der Beamte besondere Dienstobliegenheiten versieht, wie Bahnwärter, die im Bahnhofs- oder Abfertigungsdienst als Haltepunkt- oder Blockwärter beschäftigt sind, wie untere Beamte, die nach entsprechender Prüfung im mittleren nichttechnischen oder technischen Dienst verwendet werden usw.[2]). Hierdurch wird der Verwaltung ermöglicht, in dem Umfange, wie es bei den Betriebsschwankungen nötig ist (vgl. S. 265), die Vertretung von Beamten höherer Gattung durch nachstehende durchzuführen und für Stellen oder Beschäftigungen besonders schwieriger oder verantwortlicher Art eine außerordentliche Vergütung zu gewähren[3]).

Dienstkleidung und Zuschüsse. Um den Beamten, welche im Dienst Uniform zu tragen verpflichtet sind, d. h. im wesentlichen den Beamten des Außendienstes, die Beschaffung der Dienstkleider zu erleichtern, kauft mittels einer Kleiderkasse die Verwaltung die Stoffe, läßt die Kleider anfertigen und zu den Selbstkosten abgeben. Die unteren Beamten, neuerdings auch die Hilfsbeamten, erhalten einen diese Kosten zu etwa $\frac{2}{3}$ deckenden Zuschuß[4]).

Remunerationen und Unterstützungen. Allgemeine Weihnachtsremunerationen waren früher bei der preußischen Staatsbahn üblich,

---

[1]) Die Ortsklassen sind durch Gesetz festgestellt, zuletzt für Preußen unter dem 26. Mai 1909 (G.S.S. 91). Die Unterschiede der Wohnungsgeldzuschüsse nach dem Gesetz vom 25. Juni 1910 (G.S.S. 105) bewegen sich für die V. Tarifklasse zwischen 150 und 480, für die IV. Klasse zwischen 330 und 800, für die III. Klasse zwischen 630 und 1300 M.

[2]) Die Fälle werden in den dem Landtag vorgelegten Erläuterungen zum Etat der Eisenbahnverwaltung besonders aufgeführt. Sie betreffen auch mittlere und höhere Beamte und gehen von 120 M. jährlich bei unteren bis zu 600 M. bei mittleren und höheren Beamten.

[3]) Für die Beschäftigung als Betriebsingenieur, Rechnungsrevisor, Bureauvorsteher oder Bureauvorstand werden Eisenbahnsekretären, auf wichtigen Stellen Oberbahnhofs- und Obergütervorstehern sowie Vorständen von Verkehrsämtern, außerdem den Rechnungsdirektoren Zulagen gegeben.

[4]) Die unteren Beamten erhalten 30 M., die Hilfsunterbeamten 15 M Zuschuß, wofür nach dem Etat von 1912 zusammen 4 189 000 Mark Ausgabe veranschlagt sind.

aber, weil sie nie an alle verteilt werden konnten, wegen der Ungleichmäßigkeit der Bewilligungen stets stark angefochten. Im letzten Jahrzehnt haben sie allmählich aufgehört. Remunerationen werden nur bei außergewöhnlichen Leistungen, wie sie bei Verkehrsandrang, Betriebsstörungen, schwierigen Bauten vorkommen, Unterstützungen bei Bedürftigkeit vergeben. Trotz der Einschränkung sieht der Etat 1912 dafür noch 12 369 000 M. vor.

Den Arbeitern werden bei längerer Beschäftigung im Dienste der Verwaltung einmalige Lohnzulagen gezahlt, die 1904 und 1910 erheblich erhöht sind. Sie betragen nach 20, 25, 30, 35, 40, 45 und 50 Jahren 20, 30, 40, 60, 80, 100 und 150 M. Im Jahre 1900 waren 2809, im Jahre 1909 8003 Zulagenempfänger vorhanden. Zehnjahrsbericht S. 44.

Reisekosten. Ersparnisprämien. Für diejenigen Bediensteten, welche ihre Beschäftigung zu beständigem Reisen nötigt, sind in den gesetzlichen Bestimmungen über die Reisekosten besondere Vorbehalte gemacht, um die Höhe der Reisevergütung den Leistungen anzupassen. Für Reisen, die regelmäßig in demselben Bezirk gemacht werden und daher mit geringeren Ausgaben verbunden sind, hat man die allgemein den Staatsdienern gewährten Beträge herabgesetzt. Den Lokomotiv- und Zugbeamten werden Kilometergelder gewährt, durch welche die Höhe der Vergütung abhängig von dem Umfange der dienstlichen Arbeit wird.

Die gleiche Absicht verfolgen die den Lokomotivbeamten zugesicherten Ersparnisprämien, die im Verhältnis zu dem Verbrauch von Kohlen und Schmiermaterialien stehen sollen. Es hat sich aber sowohl bei diesen Prämien wie bei den Kilometergeldern ergeben, daß der Umfang der Leistung bei der heutigen straffen Ordnung des Betriebes nicht von dem Willen des Beamten, sondern im wesentlichen nur von der Zuteilung des Dienstes abhängig ist. In schnellen Zügen und bei günstiger Lage des Dienstwechsels macht der Beamte viele Kilometer, bei langsamer Fahrt und häufigem Aufenthalt wenige; bei schwereren Zügen und ungünstiger Witterung ist der Verbrauch an Kohlen und Schmiermaterial hoch, bei leichten geringer usw. Die Beamten, welchen ein günstiger Dienst zufällt, haben deshalb einen hohen Verdienst und damit einen unbilligen Vorsprung vor ihren Kameraden.

Um die daraus entspringenden Beschwerden und Dienstwechselungen zu vermeiden, ist schließlich von der seit Anfang der Eisenbahnen bestehenden Berechnung nach Kilometern und Ersparnissen abgegangen; nunmehr wird die Fahrt wie bei den gewöhnlichen Reisekosten nach der Zeit, d. h. durch Stundengelder vergütet und an Stelle der vom Verbrauch abhängigen Prämien im wesentlichen ein fester Betrag gewährt. Dabei werden die Bediensteten gleichmäßiger behandelt und Unregelmäßigkeiten, die aus zu weit getriebener Ersparung entstehen können, verhütet[1]). Die Verwaltung sorgt, wie bei den sonstigen amtlichen Verrichtungen, durch Dienstverteilung und Aufsicht dafür, daß jeder nach seinen Kräften Fahrdienst zu leisten hat und mit den Verbrauchstoffen sorgsam umgeht.

Stücklohn. Stücklohn, bei dem ebenfalls die Höhe der Vergütung von dem Umfang der Leistung abhängt, kommt in der Staatseisenbahnverwaltung an verschiedenen Stellen vor.

Stücklohn in den Werkstätten. In den Hauptwerkstätten der Staatsbahn besteht der Stücklohn seit langer Zeit und umfaßt etwa 70 % der dort geleisteten Arbeit[2]). Da die Ausbesserungen der Betriebsmittel je nach Art der Beschädigung oder Abnutzung sehr verschieden sind, so ist es schwer, eine feste Grundlage für die Berechnung des Stücklohns zu finden. Man hat in langwierigen Beratungen umfangreiche Verzeichnisse geschaffen, in welchen unter tausenden von Positionen die Stücklohnarbeiten aufgeführt sind. Früher wurden für die einzelnen Stücklohnarbeiten die Preise angesetzt. Neuerdings stellt man in den Verzeichnissen bei jeder Arbeit die Zeit fest, welche dafür gebraucht wird. Nach der Zeit berechnet sich der Lohn, der nach Lage der Werkstatt, nach Dienstalter und Führung des Handwerkers verschieden ist. Mit dieser Zeitrechnung ist es gelungen, den Grundsatz, wonach die Bediensteten allmählig im Lohn aufsteigen, auch bei dem Stücklohnverfahren der Werkstätten durchzuführen und damit einer langjährigen Beschwerde der Arbeiter abzuhelfen.

Bestehen bleibt die Schwierigkeit, daß die Arbeiten nicht so genau bezeichnet werden können, um alle Verschiedenheiten zu treffen und Abweichungen in der Auffassung über die Einschätzung der Arbeit auszuschließen. Für außergewöhnliche Fälle hat man außerdem noch einige Berichtigungen der Ergebnisse aus den Berechnungen vorbehalten müssen, um Unbilligkeiten zu verhüten. Die Einschätzung der Arbeit erfolgt bei größeren Ausführungen vor Beginn durch Werkmeister und Kolonnenführer, zum Teil unter Mitwirkung des Amtsvorstandes.

---

[1]) Das Bestreben, möglichst wenig Kohlen und Schmieröl zu verbrauchen, führte, so lange die Höhe der Prämien davon abhängig war, öfters dazu, daß die Fahrzeit nicht innegehalten wurde und daß Achsen heiß liefen. Die Ersparnis im Betriebe hängt zu viel von wechselnden Umständen (Wetter, Verkehr, allgemeine Anordnungen) ab, als daß ziffernmäßig daran eine dienstliche Vergütung geknüpft werden könnte. Deshalb sind auch weitergehende Versuche, welche früher z. B. von der Rheinischen Eisenbahngesellschaft zu Cöln a. R. mit Ersparnis-Prämien für Minderausgaben in der Station und Streckenverwaltung gemacht wurden, fruchtlos geblieben. Die Sparsamkeit im Betriebe kann nur durch Erziehung aller Bediensteten und durch zweckmäßige Beaufsichtigung wirksam verfolgt werden.

[2]) In der Hauptwerkstatt der Main—Neckar-Bahn zu Darmstadt wurde die Stücklohnarbeit erst nach Übernahme des Betriebes durch die preußisch-hessische Gemeinschaft eingeführt.

Der Grundgedanke des Stücklohnsverfahrens, dem Handwerker und handwerksmäßig ausgebildeten Arbeiter einen seiner Geschicklichkeit entsprechenden höheren Lohn zu verschaffen, erleidet mit der Zeitberechnung eine nicht unwesentliche Einschränkung. Nur die Erfahrnng kann zeigen, ob der noch verbleibende Ansporn eine entsprechende Erhöhung der Leistung zur Folge hat.

Die mühsamen Einzelberechnungen, welche das Stücklohnverfahren nötig macht, verursachen nicht unerhebliche Kosten für Rechnungsbeamte, welche bei einfacher Tagelohnberechnung überflüssig werden würden. Außerdem behaupten die beteiligten Arbeiter daß die Güte der Arbeit und die Zweckmäßigkeit im Materialverbrauch unter der Hast des Stückverdienstes leidet[1]).

Bei der festen vertrauenswürdigen Arbeiterschaft der Staatseisenbahnwerkstätten und der guten Ausbildung der Werkbeamten ist die tüchtige Ausführung der Arbeiten aber in jedem Falle gesichert.

Stücklohn auf Güterböden. Auf größeren Güterböden werden Stücklöhne gezahlt, um mittels des Mehrverdienstes die Ver- und Umladungen zu beschleunigen und dadurch die Ausnutzung der Ladestationen und Wagen zu erhöhen. Auch hier sind umfangreiche Aufschreibungen und damit entsprechende Kosten nötig, um die Ergebnisse festzustellen. Ebenso lassen sich bei den Schwankungen des Verkehrs Ungleichmäßigkeiten des Arbeitsverdienstes nicht vermeiden. Das Verfahren wird aber wenig angefochten und erscheint fast unentbehrlich, wenn es gilt bei Verkehrsandrang die Güter rechtzeitig fortzuschaffen.

Stücklohn bei Verladungen von Kohlen usw. Sonst kommt die Stücklohnberechnung im Betriebe der Staatsbahn noch bei der Schwellentränkung, bei Kohlenverladungen, bei größerem Umbau von Gleisen vor und bewährt sich bei diesen und ähnlichen schweren, regelmäßig verlaufenden Arbeiten.

---

[1]) Die Beschränkung des Stücklohns, daß die Höhe des Verdienstes nicht mehr als 50% über den für den Arbeiter festgesetzten Tagelohn hinausgehen dürfe, ist vor einigen Jahren aufgehoben worden. Aber ändern läßt sich nicht, daß die Kolonnen der Arbeiter bei gemeinsamen Ausbesserungen verschieden zusammengesetzt werden und die Verdienste der Einzelnen, je nach der Fähigkeit der zußammen arbeitenden Leute, verschieden ausfallen. Der tägliche Durchschnittslohn stellte sich im Jahr 1910 bei Stückarbeit für Handwerker, handwerkmäßig ausgebildete und sonstige Werkstattsarbeiter je auf 4,90 4,54, und 4,05 M., immer etwa 0,70 M. höher als bei Tagelohn. — Bei der badischen Staatsbahn ist neuerdings an Stelle der Stückzeit- und Stückpreislöhnung ein Grundlohnakkord getreten, welcher nach einheitlichen Sätzen für alle Arbeiter entsprechend der Leistung bemessen wird. Daneben gibt es eine Dienstalterszulage. Bei dem gewählten Verhältnis zwischen letzterer und dem Grundlohnakkord sollen die Verdienstschwankungen nicht geringer ausfallen als in dem früheren Verfahren. Verkehrstechnische Woche 1912, S. 118 folg.

Höhe der Gehälter und Löhne. Gehälter und Löhne zeigen eine rasch aufsteigende Richtung. Das Gehalt betrug in Mark nach dem Etat für

	1868	1888	1910
einen Regierungs- und Baurat	4800	4200—6000	4200—7200
einen Bauinspektor . .	3000—3600	4200	3600—7200
einen Eisenbahnbaumeister (Regierungsbaumeister)	2400		3000—7200
einen Bahnmeister . .	1050—1350	1500—2100	2100—4500 für Oberbahnmstr., 2000—4000 für Bahnmstr. I Kl.; 1650—3300 für Bahnmeister,
einen Bahnwärter . .	540— 720	660— 750	1100—1300.
einen Stationsvorsteher I. Klasse . . . . . (Oberbahnhofsvorsteher)	1500—2100	2100—3200	2100—4500
einen Stationsvorsteher II. Klasse	1200—1500	1800—2100	2000—4000
einen Eisenbahnassistenten oder Bahnhofsverwalter . . .	900—1200	1500—1800	1650—3300
einen Lokomotivführer	1050—1650	1200—1800	1400—2500
einen Lokomotivheizer	750—1050	900—1200	1200—1800
einen Bremser . . .	600— 900	690— 990	1100—1500

Die Sätze sind in 40 Jahren durchweg stark, zum Teil über das Doppelte der früheren Beträge gestiegen. Eine besonders ins Gewicht fallende Verbesserung erfolgte bei dem wirtschaftlichen Aufschwung, der nach den deutschen Einigungskämpfen eintrat[1]). Die Besoldungsreform von 1909 hob die Gehälter im Vergleich zu der letzten vorher im Jahre 1893 erfolgten allgemeinen Regelung noch um 20 bis 30%.

Der durchschnittliche Gehaltsaufwand (ohne Wohnungsgeldzuschuß und Nebenbezüge) stieg für einen etatsmäßigen Beamten der Staats-

---

[1]) Die Gehälter der preußischen Staatsbeamten waren in den bescheidenen Verhältnissen der früheren Zeit niedrig gehalten und wurden unzulänglich, als nach den militärischen und politischen Erfolgen im Deutschen Reich der Wohlstand, damit aber auch der Lebensaufwand stieg. Neben dem Gehalt ist der Wohnungsgeldzuschuß eingeführt, der später, namentlich in der untersten Tarifklasse V und für die großen Städte, erhöht worden ist. Eine Vergleichung mit den früheren Sätzen gibt wegen der Verschiebung in den Ortsklassen kein klares Bild. Vgl. Anm. 2 S. 268.

eisenbahn von 1215 M. im Jahre 1889 auf 1459 im Jahre 1899 oder um 20 % und auf 1730 im Jahre 1910 oder um weitere 18,5 %[1]).

Ebenso, in der letzten Zeit noch stärker sind die Löhne in die Höhe gegangen. Der tägliche Lohn (oder Vergütung) stellte sich im Durchschnitt bei der preußisch-hessischen Staatseisenbahn für

	1895	1910	also 1910 höher gegen 1895
		Mark	
1. alle Gehilfen, Hilfskräfte und Arbeiter (einschl. der Lehrlinge) auf	2,39	3,39	41,8 %
2. Werkstätten-Arbeiter im Stücklohn	3,95	4,90	24 %
3. Bahnunterhaltungsarbeiter .	1,99	2,83	42,2 %
4. Betriebsarbeiter	2,32	3,37	45,3 %
5. technische Hilfskräfte des mittleren Dienstes	5,34	7,41	38,7 %
6. Hilfskräfte des unteren Bewachungsdienstes, Schrankenwärter u. Schrankenwärterinnen	1,64	2,60	58 %

Die Sätze in den niedrigsten Stufen haben ähnlich wie bei den Gehältern die bedeutendste Erhöhung erfahren.

Neben der Geldvergütung ist für die zum Tragen der Uniform verpflichteten Unter- und Hilfsunterbeamten die Gewährung des Kleidergeldzuschusses in dem letzten Jahrzehnt hinzugetreten (vgl. S. 269 f. Anm. 1) und für Beamte und Arbeiter aller Schichten die Zahl der Dienst- und Mietwohnungen, welche die Verwaltung gewährt, erheblich vermehrt, die Bauart und die Einrichtung dieser Wohnungen wesentlich verbessert[2]).

Die Einkommensverhältnisse der Eisenbahnbediensteten sind fortschreitend günstiger geworden. Zugleich sind allerdings die Preise für die Lebensbedürfnisse gestiegen, jedoch nicht aller.

---

[1]) Zehnjahresbericht S. 24 und Betriebsbericht 1910.

[2]) Im Jahre 1910 wurden durch Bedienstete der preußisch-hessischen Staatsbahn 53 882 staatseigene und 10 966 Wohnungen der durch die Verwaltung unterstützten Genossenschaften benutzt. Von diesen 64 798 Wohnungen waren 9836 an mittlere, 43 367 an untere Beamte, Hilfsunterbeamte, Gehilfen und Arbeiter (an letztere 9874) vergeben. 13,3% Wohnungen kamen auf alle Eisenbahnbediensteten im Jahre 1910 gegen 11,9% in Jahre 1908. Da etwa 90% aller Bediensteten verheiratet sind, so kommen auf 100 Bedienstete mit eigenem Haushalt 14,8 Wohnungen für welche Mittel der Verwaltung aufgewendet worden sind.

Wehrmann. 18

Verhältnis zum Lebensunterhalt. Eine Vergleichung[1]) ergibt, daß im Großhandel in Mark kostete

	1891	1901	1910
Roggen in Königsberg 1 t	199,3	129,8	148,3
Weizen „ „ 1 t	221,5	154,7	202,6
Speisekartoffeln in Berlin 1 t	63,8	39,2	40,7
Roggenmehl in Berlin 1 Doppel-zentner (dz)	29,1	18,9	19,2
Butter in Berlin I. Qual. 1 dz	220,3	224,2	244,5
Rohzucker in Magdeburg 1 dz	34,2	19,1	24,6
Raffinade in Magdeburg 1 dz	56,8	57,9	47,4
Heringe in Stettin 150 kg . .	35,5	36,3	31,6
Kaffee in Bremen 1 dz . . .	168	75,8	95,4
Reis in Bremen	22,8	21,6	21,9
Steinkohlen in Dortmund 1 t	11,5	14	12,8
Petroleum in Berlin 1 dz . . .	21,9	22	22
Schlachtvieh in Berlin, Rind 1 dz Schlachtgewicht	120,3	117,3	145
Schweine, Lebendgewicht 1 dz	102,2	112	128
Hammel, Lebendgewicht 1 dz	106,7	112,9	148,1

Abgesehen vom Fleisch sind für die aufgeführten Lebensmittel die Großhandelswerte nicht nennenswert gestiegen, mehrfach auch gefallen. Dasselbe gilt für eine Reihe von Waren, welche durch die Massenfabrikation billiger geworden sind. Die persönliche Arbeit ist freilich mit dem durchweg gestiegenen Lohn teurer geworden; damit sind auch die Zuschläge für den Vertrieb und den Kleinhandel wesentlich erhöht. Die Besteuerung für die größeren Leistungen von Staat und Gemeinden sind höher geworden. Wo beides ins Gewicht fällt, wie z. B. beim Kleinverbrauch, bei städtischen Wohnungen, wachsen die Preise. Was aber geliefert wird, ist infolge des erleichterten Verkehrs, der aufmerksameren Hygiene, der fortgeschrittenen Fabrikation und Technik vielfach besser als früher. Notpreise kommen wenig vor. Im ganzen hat sich die Lebenshaltung für die Masse der Eisenbahnbediensteten ebenso wie für das gesamte Volk gehoben[2]).

---

[1]) Entnommen aus den Vierteljahrsheften zur Statistik des Deutschen Reichs 1911. Zur Statistik der Preise I, 69: Großhandelspreise wichtiger Waren an deutschen Plätzen 1891 bis 1910. Nach den Berichten von 26 Handels- und Gewerbekammern und 9 Behörden.

[2]) Für den oberschlesischen Industriebezirk wird in den gesammelten Schriften von Fr. Bernhardi (Kattowitz 1908, S. 463 ff.) festgestellt, daß die Löhne der Hüttenleute seit 1834 um mehr als das Dreifache, der Bergleute um das $2^{1}/_{2}$fache bis 1883 gestiegen waren;. z. B. daß ein erster Schmelzer 1834 316 M., 1883 1095 M., im Jahre 1902 1296 M. erhielt. In der gleichen Zeit hoben sich

Gesamtheit der persönlichen Ausgaben. Mit der Höhe der Gehälter und Löhne steigen die persönlichen Ausgaben der Verwaltung[1]), die im Jahre 1910 im Verhältnis zur Gesamtbetriebsausgabe der Staatseisenbahnverwaltung 60,05 % gegen 59,83 % im Jahre 1909 und 58,45 % im Jahre 1908 ausmachten. Für den einzelnen Eisenbahnbediensteten betrug im Durchschnitt die persönliche Ausgabe im Jahre 1910 1796 M. gegen 1717 M. im Jahre 1908, also nicht unerheblich mehr.

Das Gegengewicht gegen diese wachsende Mehrbelastung liegt in der Steigerung des Verkehrs und damit der Einnahme. Im Verhältnis zur Gesamteinnahme stellten sich die persönlichen Ausgaben 1910 auf 40,39 %, 1908 auf 43,61 % und für 1000 Wagenachskilometer aller Art auf eigener Bahn 1910 auf 41,83 M., 1908 auf 45,04 M. Trotz der höheren Kosten für die Arbeitsleistung sind die persönlichen Ausgaben für die Verkehrseinheit gefallen, weil mehr Verkehr von dem einzelnen Bediensteten im Durchschnitt bewältigt wurde.

Dies günstige Ergebnis wird gewonnen, ohne daß für jeden Beamten und Arbeiter eine höhere dienstliche Anstrengung nötig geworden zu sein braucht, da manche Züge eine Mehrlast, manche Bahnhöfe einen stärkeren Ab- und Zugang ohne Verlängerung oder Überspannung des Dienstes vertragen. Sache der Verwaltung ist es, hier durch sorgsame Prüfung im einzelnen die Kräfte in Einklang mit dem Verkehr zu setzen und nur so weit zu vermehren, als zur Verhütung von Überanstrengungen nötig ist. Auf dieser Kleinarbeit beruht bei den persönlichen Ausgaben großenteils der wirtschaftliche Einfluß der Verwaltung, während bei den sachlichen Ausgaben die Sparsamkeit sich hauptsächlich in den großen technischen Anordnungen wirksam zeigen muß (vgl. S. 236 f.)[2]).

Die Gehälter und Löhne werden auch in Zukunft wachsen, die Gehälter in den üblich gewordenen allgemeinen Regelungen, die Löhne mit der Bewegung des Arbeitsmarkts, die der Steigerung günstig bleibt,

---

die Preise für Kartoffeln um 83 %, für Roggen um 45 %. Am Kattowitzer Markt kosteten 1883 Kartoffeln 2,98 M., Roggen 7,08 M. für 50 kg. Der Arbeiter nährte sich nicht mehr hauptsächlich von Kartoffeln, sondern verbrauchte viel Brot, daneben regelmäßig Fleisch, Fett, Butter, Milch, Kaffee, Zucker.

[1]) Zu den persönlichen Ausgaben werden die Titel 1 bis 6 des Etats (Besoldungen, Wohnungsgelder, Löhne, Nebenbezüge, Unterstützungen, Wohlfahrtsaufwand) gerechnet — im Jahre 1910 712 Millionen — und die Löhne der Bahnunterhaltungs- und Werkstättenarbeiter aus Titel 7 und 8 — im Jahre 1910 69 und 95 Millionen —, zusammen 876 952 281 M. Auch die Pensionen und Hinterbliebenenbezüge, welche auf Grund der Staatsgesetze bezogen werden, gehören dazu. Die Aufwendungen für Wohnungen, für freie Fahrten und Umzüge erscheinen an anderen Stellen des Etats und sind hier nicht berücksichtigt.

[2]) Die Verwaltung der preußisch-hessischen Staatsbahn hat im Vergleich zum Durchschnitt der deutschen Staatsbahnen mit Rücksicht auf den größeren Verkehr bei der gesamten Betriebsverwaltung auf 1 km Betriebslänge etwas mehr

solange reichliche Arbeitsgelegenheit geschafft werden kann. Den niedergehenden Marktverhältnissen ist seit Jahren die Staatsbahn mit Lohnverminderungen nicht mehr gefolgt[1]).

Durch gute Organisation, zweckmäßige Ausbildung, Vermeidung überflüssiger Arbeiten, Erleichterungen der Arbeit jeder Art kann die Verwaltung ihrerseits darauf wirken, daß die Leistung trotz der höher werdenden Vergütung noch immer nutzbringend bleibt[2]).

Einundreißigster Abschnitt.

Verantwortlichkeit. Dienstzucht.

Strafrechtliche Verantwortung. Die Beamten der Staatseisenbahn fallen unter die allgemeinen Strafen, welche für Verbrechen und Vergehen im Amte festgesetzt sind. Jede im Eisenbahnbetriebe angestellte Person wird außerdem, wenn sie durch Vernachlässigung ihrer Pflichten den Transport gefährdet oder den Telegraphendienst stört, strafrechtlich zur Verantwortung gezogen und kann für unfähig zu weiterer eisenbahndienstlicher Verwendung erklärt werden[3]).

Beamte und Arbeiter, nämlich 13,07 Köpfe gegenüber 12,45; dagegen fallen an persönlichen Ausgaben bei der preußisch-hessischen Staatsbahn auf

	100 000 Wagen- achskilometer	100 000 Lokomotiv- nutzkilometer	100 000 M. Brutto-Einnahme
	3721 M	156 969 M	35 818 M
andererseits bei allen deutschen Staats- bahnen im Durchschnitt	4001 M	159 249 M	37 344 M

Also im Verhältnis zur Nutzleistung — den Wagenachskilometern, den Lokomotivkilometern — sowie zur Bruttoeinnahme stellen sich die persönlichen Ausgaben bei der preußischen Staatsbahn niedriger. Statistik der Eisenbahnen des Deutschen Reichs 1910, Tabelle 25.

[1]) Die Tagewerke sämtlicher Arbeiter der Staatsbahn ergaben seit 1895 bis 1910 folgende jährliche Durchschnittslöhne für einen Tag in Mark: 2,39, 2,41, 2,48, 2,55, 2,63, 2,72, 2,74, 2,76, 2,78, 2,82, 2,89, 3,05, 3,18, 3,24, 3,29, 3,39, also eine ununterbrochene Steigerung, die nur in Jahren der Arbeitsanspannung etwas höher ausfällt, als 1898—1900, 1907 und 1910. Die stufenweise Alterserhöhung der Löhne erfolgt ohne Rücksicht auf die Lage des Arbeitsmarktes.

[2]) Im Verwaltungsdienst beschäftigte die preußische Staatsbahn an Beamten und Arbeitern

	auf 1 km durchschn. Betriebslänge	auf 100 000 Wagen- achskilometer	auf 100 000 Lokomotiv- nutzkilometer	auf 100 000 M. Brutto-Einnahme
	0,56	0,10	4,21	0,96 Köpfe
dagegen im Durch- schn. die deutschen Staatsbahnen . .	0,57	0,11	4,50	1,06 Köpfe

[3]) Strafgesetzbuch für das Deutsche Reich vom 15. Mai 1871 mit Novelle vom 26. Februar 1876 §§ 128, 129, 155, 223—232, 316—328, 331—360 (R. G. Bl. 1876, S. 40 ff.). Auch die weitere Beschäftigung einer für unfähig erklärten Person im Eisenbahndienst wird strafrechtlich geahndet.

Diese letztere Bestimmung, welche namentlich bei Eisenbahnunfällen zur Geltung kommt, hat seit jeher die an der Beförderung beteiligten Beamten, Lokomotiv-, Zug-, Stationsbeamte veranlaßt, sich in Rechtsschutzvereinen zusammenzuschließen, welche den Angeklagten die Mittel zur Verteidigung vor Gericht verschaffen. Die Unfallsachen, welche an die Gerichte kommen und oft die öffentliche Meinung stark erregen, bilden für die Verwaltung immer einen besonders wichtigen Anlaß, ihre Einrichtungen und die Fragen der Verantwortlichkeit ihrer Bediensteten von neuem zu prüfen.

Disziplinarvorschriften. Im übrigen wird die Dienstzucht hauptsächlich durch Vorschriften der Disziplin erhalten, die je nach der Stellung der Bediensteten verschieden sind.

Die Beamten stehen, wie die übrigen nicht richterlichen Staatsbeamten, unter dem Disziplinargesetz, welches für diesen Teil der Staatsdiener die Verletzung amtlicher Pflichten und unwürdiges Verhalten ahndet [1]). Außerdem geben die vom Minister erlassenen „Gemeinsamen Bestimmungen für alle Beamte im Staatseisenbahndienst" sowie die „für die Arbeiter aller Dienstzweige der Staatseisenbahnverwaltung" Verhaltungsregeln und treffen Anordnungen über das dienstliche Strafverfahren[2]).

Die Strafen steigen von Warnungen und Verweisen, zu denen jeder Vorgesetzte gegenüber seinen Untergebenen befugt ist, bis zu Geldbußen und Entfernung aus Amt und Dienst auf. Für letztere ist Zuständigkeit und Verfahren verschieden nach der Stellung des zu Bestrafenden. Geldbußen können den untergebenen Beamten der Minister bis zum Betrage eines monatlichen Diensteinkommens, die Eisenbahndirektion bis 90 M., der Amtsvorstand bis 9 M., den Arbeitern von der Direktion und dem Amtsvorstand bis 5 M., von den Vorstehern der Dienststellen, welche die Arbeiter annehmen, bis 1 M. auferlegt werden. Der Bestrafte muß vorher gehört, der Tatbestand festgestellt sein; Beschwerde an die höhere Stelle ist überall zugelassen.

Disziplinarverfahren. Die Entfernung aus Amt und Dienst ist bei unkündbar angestellten Beamten an das gesetzliche Verfahren ge-

---

[1]) Preußisches Gesetz betreffend die Dienstvergehen der nicht richterlichen Beamten vom 21. Juli 1852, G. S. S. 465 § 2.

[2]) Die Bestimmungen für die Beamten sind vom 17. Juli 1897, E. V. Bl. S. 223, mit Abänderungen bis 11. März 1909, die für Arbeiter vom 14. Dezember 1891 mit Abänderungen bis 18. Oktober 1906 (E. V. Bl. S. 603). Den Beamten wird Amtsverschwiegenheit, wechselseitige Unterstützung, anständiges Auftreten, Vermeidung von verbotenen oder nicht genehmigten Nebenbeschäftigungen usw., den Arbeitern dienstwilliges Verhalten, Ordnung in den Geräten anbefohlen. Die Urlaubserteilung, das Verfahren bei Erkrankungen, Meldungen, Strafen, Beschwerden u. dgl. wird geordnet. Sammlungen zu Ehrengeschenken an Vorgesetzte sind untersagt.

knüpft, welches gegen die vom König oder dem Minister ernannten Beamten vor dem Disziplinarhof in Berlin, gegen die übrigen vor der anstellenden Eisenbahndirektion stattfindet. Den auf Widerruf oder Kündigung angestellten Beamten, welche nach dem Disziplinargesetz ohne förmliches Verfahren von der Anstellungsbehörde entlassen werden können, ist in der Verwaltungsordnung für die Staatseisenbahnen das Recht beigelegt, Beschwerde wegen unfreiwilliger Entlassung oder einer die Hälfte des Gehalts übersteigenden Geldstrafe bei der Eisenbahndirektion einzulegen; diese entscheidet darüber als Kollegium mit Stimmenmehrheit[1]). Ein besonderes Verfahren ist hierfür nicht vorgeschrieben.

Den Arbeitern steht wegen der Entlassung stets die Beschwerde an die Eisenbahndirektion zu[2]). Bei aller Verschiedenheit in der Zuständigkeit und im Verfahren ist sämtlichen Fällen gemeinsam die Übung, daß die Untersuchung gründlich geführt und Gelegenheit zur Nachprüfung durch eine Beschwerdestelle gegeben wird. Auch da, wo eine weitere Beschwerde nicht vorbehalten ist, greift, abgesehen von dem gesetzlich geordneten Disziplinarverfahren, der Minister ein, wenn es zum Schutz des Bestraften erforderlich scheint.

Unkündbare Anstellung. Ein tatsächlicher Nachteil entsteht für die Beamten nicht, denen die Unkündbarkeit der Anstellung nach den Vorschriften entweder gar nicht oder spät gewährt wird[3]). Die Ausdehnung des umständlichen, langwierigen Verfahrens nach dem Disziplinargesetz auf die ganze Masse der unteren und mittleren Beamten würde die Beseitigung ungeeigneter Elemente in einer für den Betrieb bedenklichen Weise erschweren. Die unkündbare Anstellung wird daher, abgesehen von höheren Bediensteten, nur erprobten mittleren Beamten und Unterbeamten in Beförderungsstellen in Aussicht gestellt. Wenngleich wiederholt Anläufe auch im Landtage gemacht sind, diese Beschränkung zu beseitigen, kann doch nicht zugegeben werden, daß in der bestehenden Gewohnheit ein Mißstand liegt; der etatsmäßige Beamte tritt, abgesehen von dem verschiedenartigen Disziplinarverfahren, in keiner Beziehung, weder im Einkommen, noch in den Pensionsbezügen, hinter den unkündbar Bediensteten zurück.

---

[1]) Verwaltungsordnung von 10. Mai 1907, G.S. S. 81 § 8. Die Vorschrift gilt auch für das den Eisenbahndirektionen gleichstehende Eisenbahn-Zentralamt.

[2]) Gemeinsame Bestimmungen § 13 Nr. 6. Ministerialerlaß vom 18. Oktober 1906, EVBl. S. 603. Die Direktion entscheidet über Beschwerden der Arbeiter nicht als Kollegium, sondern im gewöhnlichen Geschäftsverfahren, bei welchem die Entschließung des Präsidenten maßgebend ist. § 9 der Verwaltungsordnung, § 3 Geschäftsordnung für die Königl. Eisenbahndirektionen V.V.S. 26.

[3]) Nach der Verwaltungsordnung werden Schaffner, Lokomotivheizer, Weichensteller, Bahnwärter und andere Unterbeamte nur im Kündigungsverhältnis etatsmäßig angestellt. Andere untere und die mittleren Beamten müssen eine etatsmäßige Stelle und ihr Amt mindestens 5 Jahre befriedigend versehen haben. § 16 Nr. 3 und 4.

Zweiunddreißigster Abschnitt.

Wohlfahrtseinrichtungen. Vereine.

Nächst dem Einkommen ist das Wichtigste für das Wohlbefinden des Bediensteten die regelmäßige Dauer seiner Beschäftigung, die Beschaffenheit der Räume, in denen er sich behufs seines Dienstes aufzuhalten hat, seine Verpflegung im Dienst und seine Versorgung in Krankheitsfällen. Zu seiner Sicherung gehört ferner die Fürsorge für den Fall seiner Dienstunfähigkeit und für seine Familie.

Dienstdauer. Während die Arbeitszeit für die Werkstätten ein für allemal auf 9 Stunden[1]) festgelegt ist und den Beamten der Eisenbahnbehörden gleichmäßige Bureaustunden (meist 7 bis 8) vorgeschrieben werden, richtet sich die Dauer im Außendienst nach der Ausdehnung des Betriebes und der Art der Beschäftigung. Der Bahnwärter, der Blockwärter können länger Dienst tun als die aufsichtführenden Stationsbeamten oder die Rangiermeister und Rangierführer im gefahrvollen Verschiebedienst. Auf Nebenbahnen oder wenig besetzten Hauptbahnen ist der Dienst leichter, als auf verkehrsreichen Strecken, der Dienst in der Nacht bei gleicher Stärke beschwerlicher, als am Tage. Mit größeren Pausen kann der Dienst länger dauern, als ohne solche[2]).

Eine gleiche zeitliche Bemessung des Dienstes, wie sie mit dem Achtstundentag nach Erfahrungen in der Fabrikarbeit auch für den Eisenbahnbetrieb hier und da gefordert ist, wäre eine Unbilligkeit für die Fälle schwereren Dienstes und unausführbar an denjenigen Stellen, an welchen eine kürzere Zeit (7 oder 6 Stunden) gewährt werden muß, um Überanstrengung zu vermeiden z. B. bei schwerer geistiger Arbeit, an Posten mit unaufhörlichem Zug- oder Rangierdienst. Um auf diesem wichtigen Gebiet gleichmäßig zu verfahren, haben die bahnbesitzenden Bundesregierungen 1898 Bestimmungen über die

---

[1]) Vgl. S. 265. Die 9 Stunden sind voll auf die Arbeit zu verwenden. Für Ab- und Zugang, für Ablegen, Ankleiden, Waschen usw. finden keine Abzüge statt. Bis zur allgemeinen Einführung der 9stündigen Arbeitszeit im Jahre 1902 galten solche Abzüge, so daß die tatsächliche Arbeitsleistung sich früher nicht über 9 Stunden 20 Minuten ausdehnte. Die Verminderung um diese Dauer hatte keinen bemerkbaren Einfluß auf den Umfang der geleisteten Arbeit.

[2]) Im Betriebsbericht der preußisch-hessischen Staatsbahn wird regelmäßig nach dem Stande am 1. Oktober des Jahres die planmäßige Dauer des täglichen Dienstes für 25 verschiedene Gattungen von Beamten und Arbeitern angegeben. Nach dem Bericht für 1910 hatten einen Dienst von nicht mehr als 8 Stunden von den Bahn- und Schrankenwärtern 0,86%, von den Stationsvorständen, Fahrdienstleitern usw. 16,06 und 16,82%, von den Rangiermeistern und Rangierführern 23,02%, von den Abfertigungsbeamten 5,82%, von dem Zugbegleitpersonal 1,33%, von dem Lokomotivpersonal 3,92%. In den Dienst der Zugbeamten fallen die Pausen auf den Wechselstationen; der Lokomotivdienst ist anstrengender als der Zugbegleitdienst.

Dienstdauer der Eisenbahnbetriebsbeamten vereinbart und 1909 umgeändert. Die preußische Verwaltung hat diese Vorschriften nicht bloß auf die Betriebsbeamten, sondern auf alle Eisenbahnbediensteten einschl. Arbeiter zur Anwendung gebracht und ist in manchen Punkten mit ihren Vergünstigungen, z. B. bei der Höchstdauer der Schicht (Mindestruhe) darüber hinausgegangen[1]).

Sinken der Dienstdauer. Im Gegensatz zu der fortgesetzten Steigerung der Gehälter und Löhne verfolgt die Zeitdauer der Arbeitsleistung im Betriebe eine sinkende Richtung. Von den Stationsbeamten hatten im Jahre 1892 nur 13 % bis 10 Stunden täglichen Dienst, im Jahre 1900 52,95 %, im Jahre 1909 62,84 %, sowie mehr als 2 Ruhetage im Monat in diesen Jahren 29,20 %, 47,79 % und 53,26 %, von den Lokomotivbeamten 1892 bis 10 Stunden nur 26,84 %, 1900 40,80 %, 1909 50,33 % [2]). Es ist eine Folge des stärker werdenden Verkehrs und der damit an vielen Punkten verbundenen Anspannung des Betriebes, daß die Dienstdauer da verkürzt wird, wo die Anstrengung über das zulässige Maß hinausgeht.

Diensteinteilungen. Da von der Dienstbemessung die Frische der Angestellten und damit auch die ordnungsmäßige Ausführung und Sicherheit des Betriebes abhängt, so ist die Feststellung der Diensteinteilungen in die Hände der Amtsvorstände gelegt und für die Zugbeamten den Eisenbahndirektionen selbst die Bestätigung vorbehalten. Die getroffenen Anordnungen werden allen beteiligten Bediensteten in übersichtlichen Formen bekannt gemacht.

---

[1]) Nach den preußischen Vorschriften über die Dienst- und Ruhezeiten der Bediensteten (jetzt vom 1. Oktober 1908 Personalvorschriften S. 238 ff.) kann z. B. die Höchstdauer der Schicht, welche bei einfachen Betriebsverhältnissen namentlich auf Nebenbahnen zulässig ist, nie 15 Stunden überschreiten, während von den Bundesregierungen 16 Stunden hierfür festgesetzt waren. Die durchschnittliche tägliche Dienstdauer soll bei der Bahnbewachung nur bis 14 Stunden, bei dem Stationsaufsichtsdienst je nach Anstrengung bis 8, 10 und 12 Stunden, beim Zugbegleitpersonal bis 11, bei dem Lokomotivpersonal bis 10 Stunden gehen. Als Unterbrechung des Dienstes (Ruhezeit) gelten bei Zugbeamten in der Heimat nur 10 Stunden, außerhalb 6 Stunden, bei allen anderen Bediensteten nur mindestens 8 Stunden. Nachtdienst (von 12 bis 4 Uhr) soll nie mehr als 7 Nächte hintereinander geleistet werden.

[2]) Zehnjahresberichte von 1890—1900 und von 1900—1910 S. 30, S. 39. In der Dienstdauer, die über 10 Stunden hinausgeht, zeigt sich eine entsprechende Verminderung der Prozentziffern. Die Ruhetage haben mindestens 24 zusammenhängende Stunden, gehen aber darüber hinaus bis zu 36 Stunden (30% aller gewährten Ruhetage) und mehr (38% der Ruhetage). Jeder Bedienstete soll mindestens 2 Ruhetage im Monat erhalten und an jedem dritten Sonntage Gelegenheit für den Besuch des Gottesdienstes haben. Wenn ausnahmsweise die Sonntagsruhe im Güterzugdienst (vgl. Anm. 3 S. 164) wegen starken Verkehrs aufgehoben wird oder zu Weihnachten, Ostern, Pfingsten die Ruhetage beschränkt werden, so wird für Ersatz der ausgefallenen Ruhezeit gesorgt. Betriebsbericht für 1910 Anlage 10.

Außerdem wird die tatsächliche Ausführung von den höheren Beamten beständig überwacht. Weil die Beschaffung der Ablösungen nicht immer leicht ist, die Bediensteten auch die Neigung haben, sich durch wechselseitige Vertretungen längere dienstfreie Zeiten zu verschaffen, so ist besondere Aufmerksamkeit nötig, um verbotswidrige Anstrengungen zu verhüten.

Urlaub. Zu der schonenden Regelung der täglichen Dienstdauer ist in den letzten Jahrzehnten die Erteilung eines jährlichen Erholungsurlaubs an alle Bedienstete getreten. Während früher die Beurlaubung behufs Auffrischung regelmäßig in der Hauptsache nur bei geistiger Arbeit, sonst bei nachgewiesenem Bedürfnis gewährt wurde, ist anerkannt worden, daß für jede Beschäftigung in dem ununterbrochen fortlaufenden Eisenbahndienst eine einmalige Ausspannung der Beamten und Arbeiter abgesehen von den ganz jungen Leuten notwendig sei. Die Dauer der dafür zu gewährenden Zeit ist nach Stellung und Dienstalter verschieden festgelegt. Der Arbeiter bekommt während des Urlaubs seinen Lohn ebenso wie der Beamte sein Gehalt[1]). Der Wert dieser freien, jedem auf Wunsch bewilligten Zeit wird dadurch erhöht, daß die Verwaltung für die der Erholung dienenden Reisen freie Fahrt für die eigenen Strecken gewährt und auf den Nachbarstrecken vermittelt.

Diensträume. Verpflegung im Dienst. In den einfachen, wirtschaftlich beschränkten älteren Zeiten waren die Diensträume ebenso wie die sonstigen Bauten der Eisenbahn meist bescheiden und wurden bei schnell wachsendem Verkehr öfters unzulänglich. Die großgewordenen Eisenbahnbehörden saßen lange noch eng zusammengepfercht in den oberen Stockwerken der Eisenbahnstation ihres Sitzes, in welchen sie bei der Entstehung der Bahn untergebracht waren. Auf ähnliche Weise behalf man sich auf Stationen und Abfertigungsstellen.

Erfahrung und reichlich gewordener Fluß der Einnahmen haben die Verwaltung instand gesetzt, helle, luftige, gut ausgestattete Dienst- und namentlich auch Übernachtungs- und Aufenthaltsräume zu schaffen, welche allen Anforderungen der Gesundheitspflege entsprechen. Kocheinrichtungen in den Aufenthaltsräumen, auf den Lokomotiven und in den Packwagen, Kantinen, Anstalten zur Bereitung von Kaffee, Tee, Kakao, Kraftbrühe, Selterswasser u. dgl., Milchschankstellen, Badeanstalten in Stationen und Werkstätten geben Gelegenheit, sich

---

[1]) Vgl. S. 267. Nach den 1898 für die Beamten, 1902 für die Arbeiter vom Minister der öffentlichen Arbeiten festgestellten Grundsätzen erhalten mittlere Beamte in gehobener Stellung 3 Wochen, bei einem Lebensalter von mehr als 50 Jahren 4 Wochen Erholungsurlaub, andere mittlere Beamte 2 und 3 Wochen, untere Beamte 1 und 2 Wochen, Hilfsbeamte 6 bis 8 Tage, Arbeiter nach 7 jähriger Beschäftigung 6 Tage. Der Stücklohn wird nach Durchschnittsverdienst vergütet. Im Jahre 1909 ist an 90 % der urlaubsberechtigten Arbeiter Urlaub erteilt. Zehnjahrsbericht S. 44.

während der Dienstzeit zu erfrischen[1]). Der Genuß alkoholischer Ge
tränke istden im Betriebe beschäftigten Beamten und Arbeitern während
des Dienstes seit 1905 verboten, wodurch die Pünktlichkeit und Sicherheit desBetriebes gewonnen hat und die Fälle von Ungehorsam und
Streit unter den Bediensteten sowie Erkrankungen zurückgegangen sind.

Wohnungsfürsorge. Da die Eisenbahnanlagen meist eine ständige
Überwachung fordern, so wird schon deswegen eine große Zahl von
Wohnungen für die beaufsichtigenden Beamten nötig. Andere werden
erforderlich, weil die Anlagen sich entfernt von den allgemeinen Wohn-
plätzen befinden oder weil für Verkehrsandrang, Brand und sonstige
Unglücksfälle Hilfe in der Nähe gehalten werden soll. Darüber hinaus
sind aber aus Rücksichten der Wohlfahrt Wohnungen für Beamte und
Arbeiter, namentlich in den Großstädten und Industriebezirken von der
Verwaltung oder mit deren Unterstützung hergestellt. An 100 Baugenossenschaften waren zu diesem Behuf aus Mitteln der seit 1895
fast alljährlich erlassenen Wohnungsfürsorge-Gesetze Anfang 1910
bereits 28 Millionen M., an 67 Baugenossenschaften — zum Teil dieselben —
von der Arbeiterpensionskasse der Staatsbahn 19 Millionen Mark gezahlt
oder zur Verfügung gestellt, von der Verwaltung selbst aus Etats-
und besonders bewilligten Mitteln von 1890—1909 über 93 Millionen
Mark verbaut[2]). Für Arbeiter und untere Beamte werden außerdem
seit einigen Jahren billig verzinsliche, allmählich tilgbare Darlehen
für Herstellung von Ein- und Zweifamilienhäusern gegeben und für
unverheiratete Arbeiter an größeren Bahnhöfen bei Wohnungsmangel
Ledigenheime errichtet[3]).

Fürsorge bei Erkrankungen a) der Beamten. Seit Entstehung der
Eisenbahnen haben die Verwaltungen für die Behandlung der Betriebsbeamten durch Bahnärzte gesorgt, deren Unterstützung sie wegen

---

[1]) Bei großer Kälte und Nässe oder ungewöhnlichen Anstrengungen werden
den Beamten und Arbeitern stärkende Speisen und Getränke für Rechnung der
Verwaltung verabfolgt. Die Benutzung der Badeanstalten geschieht unentgeltlich
für alle Bediensteten des Betriebes und der Werkstätten. In Nordamerika werden
vielfach die Übernachtungs- und Aufenthaltsräume in den großen Städten nicht
von den Eisenbahngesellschaften eingerichtet, sondern mit deren Einverständnis
und zum Teil auch Unterstützung von Brotherhoods, Unions und Young men Asso-
ciations, welche damit einen bedeutenden Einfluß auf die Bediensteten gewinnen.
Hoff und Schwabach, Nordamerikanische Eisenbahnen, S. 162 ff.

[2]) Vgl. Anm. 2 S. 273. Die bisherigen 13 preußischen Fürsorgegesetze bewilligen
Staatsmittel zur Verbesserung der Wohnungsverhältnisse von Arbeitern, die in
staatlichen Betrieben beschäftigt sind, und von gering besoldeten Staatsbeamten
(zuletzt G. S. S. 71) Das Reich erläßt ähnliche Gesetze für seine Betriebe, Post
und Reichseisenbahn.

[3]) Ende 1910 waren für Ein- und Zweifamilienhäuser 1 291 000 M. Darlehen
gezahlt oder in Aussicht gestellt, 1100 Betten in Ledigenheimen vorhanden.
Geschäftliche Nachrichten S. 170.

der notwendigen Untersuchung des Gesundheitsstandes der Bediensteten ohnehin nicht entbehren konnten. Die freie Arzthilfe ist dann auf die Angehörigen der Beamten ausgedehnt worden in der Erkenntnis, daß ohne die Familie auch der Beamte nicht gesund erhalten werden kann[1]). Die Bahnärzte untersuchen die Betriebsbeamten nicht bloß bei der Annahme (vgl. Anm. 1 S. 240), sondern für Hör- und Sehvermögen auch fortlaufend in Zwischenräumen. Sie beaufsichtigen die gesundheitlichen Verhältnisse in den Betriebseinrichtungen.

b) der Arbeiter. Für die Arbeiter und deren Angehörige brachte, abgesehen von vereinzelten unter den Eisenbahnbediensteten bestehenden Hilfskassen, erst das Reichsgesetz betreffend die Krankenversicherung der Arbeiter von 1883[2]) eine planmäßige Krankenfürsorge. Jetzt gewähren die Betriebskrankenkassen — eine für jeden Direktionsbezirk — nicht bloß den versicherungspflichtigen Arbeitern, sondern über das Gesetz hinaus den Gehilfen in den Bureaus sowie den Angehörigen des Arbeiters freie Arzthilfe und ganz oder teilweise auch unentgeltliche Heilmittel[3]). Sie erheben als Beiträge 3 % bis 3,6 % der gezahlten Löhne, wovon $^2/_3$ auf die Mitglieder, $^1/_3$ auf die Eisenbahnverwaltung fällt, und zahlen zum großen Teile, ebenfalls mehr als nach Gesetz, das Krankengeld über 26 Wochen und über die Hälfte des Tagesverdienstes hinaus sowie auch Sterbegelder.

c) der Beamten und Arbeiter. Ergänzt werden seit 1904 die Einrichtungen der Krankenfürsorge durch eine Eisenbahnverbands-Krankenkasse, welche von dem „Allgemeinen Verbande der Eisenbahn-Vereine der preußisch-hessischen Staatsbahn und der Reichseisenbahnen" errichtet worden ist. Diese Kasse, welche allein durch mäßige Beiträge der Mitglieder erhalten wird, gewährt im Verhältnis zur Höhe der Beiträge Zuschüsse zu den Kranken- und Sterbegeldern und ermöglicht den versicherungspflichtigen Bediensteten, sich während der Krankheit die Fortzahlung des vollen Lohns zu sichern[4]).

---

[1]) Im Jahre 1910 hatten bei der preußischen Staatsbahn 168 300 Betriebsbeamte Anspruch auf freie ärztliche Behandlung. Die dafür bestellten 2582 Bahnärzte bezogen 2 281 000 M. Vergütung.

[2]) Das Reichsgesetz vom 15. Juni 1883 (RGBl. S. 73 ff.), abgeändert unter dem 10. April 1892 (RGBl. S. 417) und 25. Mai 1903 (RGBl. S. 223) war das erste Ergebnis der Allerhöchsten Botschaft an den Reichstag vom 17. November 1881, betreffend die Arbeiterversicherung (den Schutz der wirtschaftlich Schwachen).

[3]) Die Betriebskrankenkassen hatten im Durchschnitt täglich im Jahre 1900 227 952 Mitglieder, 1910 323 468 Mitglieder, vergüteten 1910 2 847 987 Krankheitstage und zahlten für ärztliche Behandlung 3 420 184 M. an etwa 3000 Krankenkassenärzte. Die Gesamtjahresausgabe betrug 12, das Vermögen aller Kassen 15 Millionen Mark, der Beitrag der Eisenbahnverwaltung abgesehen von der unentgeltlichen Geschäftsführung 3 899 217 M.

[4]) Die Zahl der versicherungspflichtigen Mitglieder betrug 1910 im Jahresdurchschnitt 230 221 = 66 % der Mitglieder der Betriebskrankenkassen. Ver-

Die Aussicht, während der Erkrankung den ganzen Lohn zu be halten, ebenso wie der Beamte das ganze Gehalt weiter bekommt, begünstigt die Neigung, den krankhaften Empfindungen nachzugeben und sich dem Dienste zu entziehen. Deshalb hat die Verbandskrankenkasse eine besondere Krankenkontrolle eingerichtet, welche die Beaufsichtigung durch die Vorgesetzten unterstützt, um die Kasse vor unbegründeten Ansprüchen zu schützen[1]). Die Zahl der Erkrankungsfälle bei den Betriebskrankenkassen betrug auf je 100 Mitglieder 1907 36,89, 1908, 39,54, 1909 38,51, 1910 35,60[2]). Die Auf- und Abbewegung in mäßigen Grenzen zeigt, daß das menschenfreundliche Verfahren, dem kranken Arbeiter den Lohn in möglichster Höhe zu belassen, bei genügender Aufsicht einen nachteiligen Einfluß auf die Dienstleistungen nicht hat.

Bestellung oder Wahl der Ärzte. Unerläßlich ist bei der Fürsorge für die Kranken, daß die Verwaltung in der Aufsicht über ihre Bediensteten von den Ärzten unterstützt wird. Der öffentliche Verkehr wird aufs schwerste gefährdet, wenn der Beamte oder Arbeiter, der einen Ausfall an seinem Einkommen wegen Krankheit nicht zu befürchten hat, in dem Arzt einen willigen Helfer in dem Bestreben findet, sich unberechtigterweise dem Dienste zu entziehen. Den Beamten gegenüber ist die Verwaltung dadurch geschützt, daß sie ihnen im Betriebsdienst unentgeltlich den Mann ihres Vertrauens als Arzt zuweist. Von den Betriebskrankenkassen der Eisenbahn werden, wie von den meisten Betriebskrankenkassen der Großgewerbe, die Ärzte ebenfalls bestellt und in der Regel aus den Bahnärzten genommen. Den Wünschen der Kranken, sich selbst den Arzt, zu welchem sie Vertrauen haben, aussuchen zu dürfen, wird indes von der Verwaltung und den Betriebskrankenkassen insofern entgegengekommen, als in einigen größeren Orten, soweit den Bediensteten mehrere Ärzte erreichbar gemacht werden können, ihnen unter einer größeren Anzahl die Wahl — beschränkte freie Arztwahl — offen gelassen wird.

---

sichert wurden (für 5 Pf. wöchentlichen Beitrag 1,75 M. wöchentliches Krankengeld) Krankengeldzuschüsse von 0,50 bis 2,25 M. Um den älteren Bediensteten bei Errichtung der Kasse zu den gleichen Beiträgen trotz höherer Erkrankungsgefahr den Beitritt zu ermöglichen, zahlte die Staatseisenbahn einen einmaligen Zuschuß von 3 Millionen Mark. Die Beamten können in einer besonderen Abteilung dieser Kasse (1910 32 000 Mitglieder) für sich und ihre Angehörigen freie Arznei und Sterbegeld versichern. Die Gesamtausgabe betrug etwa 3 Millionen Mark im Jahre 1910; 2 057 684 Krankheitstage wurden vergütet.

[1]) Die Verbandskasse hat 1910 für Krankenkontrolle 40 000 M. ausgegeben.

[2]) Auch die Krankheitstage, welche auf ein Mitglied oder eine Erkrankung entfallen, halten sich annähernd auf gleicher mäßiger Höhe, etwa 8—9 Tage auf ein Mitglied, 22—25 Tage auf eine Erkrankung.

Unbeschränkt freie Arztwahl. Gegen die Bestellung der Ärzte durch die Krankenkassen richtet sich seit längeren Jahren eine Bewegung der Ärzte unter Führung ihres Leipziger Verbandes, welcher verlangt, daß jedem ordnungsmäßig geprüften Arzte die Behandlung der versicherungspflichtigen Kranken frei gelassen wird, also die unbeschränkt freie Arztwahl. — Die Forderung wird mit dem Bedürfnis begründet, dem ärztlichen Stande die Möglichkeit des freien Erwerbs offen zu halten, nachdem durch die Versicherung der größte Teil des Volks[1]) mit seiner ärztlichen Verpflegung auf die Krankenkassen angewiesen ist, und mit menschlicher Rücksichtnahme auf die Kranken, welche nicht gezwungen sein sollen, sich einem Arzte zu fügen, dem sie kein Vertrauen schenken. Mitbestimmend ist zugleich der Wunsch, durch Vereinigung der Ärzte zu verhindern, daß diese, wie stellenweise geschehen sein soll, genötigt werden, für zu niedrige Vergütungen die Behandlung Versicherungspflichtiger zu übernehmen.

An die Staatseisenbahn ist bei Neubesetzung von Krankenkassen- und auch Bahnarztstellen wiederholt das Verlangen gestellt, ihrerseits die unbeschränkt freie Arztwahl einzuführen[2]). Ein Vorwurf unangemessener Vergütung der ärztlichen Leistungen ist dabei gegen die Verwaltung und die Krankenkassen der Bahn nie erhoben[3]). Mit den bahnärztlichen Vereinen stehen die Eisenbahnorgane auf dem besten Fuß wechselseitiger Unterstützung. Gegen die lediglich aus verallgemeinernder Verfechtung von Standesgrundsätzen geforderte freie Arztwahl hat die Eisenbahnverwaltung die Rücksichten auf den öffentlichen Verkehr und die Betriebssicherheit geltend gemacht. Sie erfordern, daß bei den Eisenbahnbediensteten die Bedürfnisse des Dienstes vom Arzt mit in Betracht gezogen werden und deshalb die Behandlung nur Ärzten überlassen werden kann, welche Erfahrung in diesem Dienste haben oder in einem ihnen zugeteilten größeren Kreise zu erwerben Gelegenheit finden[4]).

---

[1]) Nachdem auch die landwirtschaftlichen Arbeiter im Jahre 1910 in die Krankenversicherung durch Reichsgesetz einbezogen sind, berechnet man, daß 80 % der Volkszahl unter diese Einrichtung fallen.

[2]) Die Anträge gingen von einzelnen örtlichen oder bezirksweisen Ärztevereinigungen aus und richteten sich teilweise auf bestimmte Orte oder auch auf den ganzen Umfang der Verwaltung. In einzelnen Fällen wurden sie durch die Drohung unterstützt, jede ärztliche Behandlung von Eisenbahnbediensteten zu versagen. Die Bahnärzte waren bei diesen Anträgen nur stellenweise beteiligt: die bahnärztlichen Vereine und Verbände erhoben dagegen mehrfach Widerspruch.

[3]) Vgl. Anm. 1 und 3 S. 283. Die Vergütungen für ärztliche Dienste, auch für Untersuchungen, Gutachten, werden mit den Vertretern bahnärztlicher Vereine regelmäßig vereinbart.

[4]) Die neueste Gesetzgebung über die Krankenversicherung im Jahre 1910 hat die Streitfrage betreffs der freien Arztwahl nicht zur Entscheidung gebracht.

Fürsorge für Dienstunfähigkeit und Hinterbliebene. Die Eisenbahnverwaltungen, staatliche wie Gesellschaften, haben frühzeitig für ihre Beamten Pensionskassen eingerichtet in der Erkenntnis, daß es für ihren weitschichtigen verantwortlichen Betrieb wichtig ist, durch Fürsorgeeinrichtungen die Bediensteten möglichst dauernd an das Unternehmen zu fesseln (vgl. S. 106). Sie gingen darin weiter, als damals der Staat in seinen sonstigen Dienstzweigen, indem sie der großen Masse der auf Kündigung angestellten Beamten ein Pensionsrecht gaben, für den Dienst der Zugbeamten sowie für Unfälle die pensionsberechtigte Dienstzeit höher berechneten und Witwen- und Waisengelder gewährten. Die Pensionsbestimmungen des Staats galten früher nur für unkündbare Beamte[1]).

Unfallversicherung. Für Unfälle stellte schon das preußische Eisenbahn-Gesetz vom 3. November 1838 den damals neuen Grundsatz auf, daß jeder bei der Beförderung entstehende persönliche oder Sachschaden zu ersetzen sei, wenn nicht die Eisenbahn einen unabwendbaren äußeren Zufall „oder die eigene Schuld des Beschädigten" als Ursache nachweist (§ 25). Ohne dies Gesetz hätten die verunglückten Eisenbahnbediensteten ein Verschulden des Unternehmers beweisen müssen.

Über diese erste gesetzliche Gabe einer milderen gesellschaftlichen Auffassung, welche durch das Haftpflichtgesetz vom 7. Juni 1871[2]) auf das Deutsche Reich gleich nach seiner Entstehung übertragen wurde, gingen später die Unfallversicherungsgesetze des Deutschen Reichs für die Arbeiter und die gleichzeitig in den 80er Jahren entstehenden Unfallfürsorgegesetze für die Beamten des Reichs und Preußens hinaus[3]).

Sie ist damit noch immer dem Spiel der Kräfte zwischen Krankenkassen und ärztlichen Vereinen überlassen. Die Staatseisenbahn hat einen Versuch mit der unbeschränkt freien Artwahl in Frankfurt a. M. zugelassen, aber lediglich auf Arbeiter, die nicht Hilfsbeamte sind, beschränkt.

[1]) § 4 des Pensions-Reglements für die Zivil-Staatsdiener vom 30. April 1825 (v. Kamptz, Annalen Bd. XII, S. 843), welches die erste regelmäßige Pensionierung für Staatsbeamte in Preußen einführte. Eine allgemeine Witwen-Verpflegungsanstalt war schon durch Königliches Patent vom 28. Dezember 1775 gegründet und den Zivilstaatsdienern zugänglich gemacht; aber der Beitritt war den unteren Beamten nicht gestattet und die Höhe der Versicherung den Eintretenden über gewisse Mindestbeträge hinaus überlassen. — In den Pensionsstatuten der Eisenbahnverwaltungen wurden die Dienstjahre der Zugbeamten 1½ fach, der Lokomotivbeamten doppelt gerechnet. Bei Unfällen wurden die Pensionen und Hinterbliebenenbezüge erhöht.

[2]) Das Gesetz betr. die Verbindlichkeit zum Schadenersatz für die bei dem Betriebe von Eisenbahnen, Bergwerken usw. vorkommenden Tötungen und Körperverletzungen, RGBl. S. 207, erweitert zum Teil den Grundsatz des preußischen Eisenbahngesetzes, bezieht sich aber nicht auf Sachschäden.

[3]) Das Gewerbe-Unfallversicherungsgesetz vom 30. Juni 1900 (RGBl. S. 335), unter welches die Betriebe der Staatseisenbahnverwaltung fallen, ist an die Stelle des ersten Gesetzes vom 6. Juli 1884 getreten. Die Ansprüche aus dem

Nach ihnen wird bei Unfällen ohne Rücksicht auf das Verschulden des Verletzten die Entschädigung gezahlt, die bei den Arbeitern für vorübergehende, teilweise und volle Erwerbsunfähigkeit in Rente, bei den Beamten für Dienstunfähigkeit in der höchsten Pension und bei Beamten und Arbeitern für den Todesfall in erhöhten Witwen- und Waisenbezügen besteht. Jetzt ist jeder im Betriebe verunglückende Eisenbahnbedienstete sicher, eine angemessene Vergütung für seine beschädigte oder zerstörte Arbeitskraft für sich oder seine Hinterbliebenen zu erhalten.

Bei 2130 Unfällen, für welche im Jahr 1910 Entschädigungen auf Grund der Unfallversicherungsgesetze im Bereich der Preußisch-hessischen Staatsbahn festgesetzt worden sind, waren im gleichen Zeitraum einschließlich der früheren Fälle 7 533 536 M. an Vergütungen zu zahlen, also erheblich mehr als der Beitrag der Verwaltung zu der Krankenversicherung[1]). Die Belastung der Verwaltung durch das Unfallfürsorgegesetz läßt sich nicht nachweisen, da die Unfallbezüge mit den übrigen Pensionen, Witwen- und Waisengeldern für Beamte zusammengefaßt sind.

Pensionen und Hinterbliebenenbezüge. Die mit dem Deutschen Reich eintretende bessere Zeit brachte für Preußen ein neues Zivilpensionsgesetz vom 27. März 1872 mit günstigeren Bezügen für die Beamten und dem Wegfall der jährlichen Beiträge, welche dieselben bis dahin zu zahlen hatten[2]). Im Jahre 1882 folgte ein preußisches Gesetz über die Witwen- und Waisenversorgung der Beamten, für welche die zuerst eingeführte Beitragszahlung bald nachher ebenfalls aufgehoben wurde. Die Bestimmungen über die Pensions- und Hinterbliebenenbezüge der Beamten sind durch das neueste Gesetz von 1909 abermals günstiger geworden.

Für die Arbeiter wurde die Invaliditäts- und Altersversicherung, als letztes der großen Fürsorgegesetze, erst durch das Reichsgesetz von 1889 eingeführt, welches schon 1899 abgeändert wurde[3]). Schon

---

Haftpflichtgesetz fallen neben den Vergütungen aus Unfallversicherungs- oder Unfallfürsorge-Gesetz für den Beschädigten fort. S. auch § 4 Haftpflichtgesetz.

[1]) Vgl. Anm. 3, S. 283. Bei Beginn des Jahres 1910 liefen schon 22 835 Entschädigungen. Von der Summe der letzteren wurden neben einigen Untersuchungs- und Heilungskosten an Renten der Verletzten 5 373 993, an Renten und Abfindungen der Witwen 865 887, an Renten der Verwandten in ab- und aufsteigender Linie 855 792 M. zusammen an 35 168 Personen gezahlt. Auf 1000 unter den 310 350 versicherten Personen fielen im Jahre 1909 8,21 Entschädigungen gegenüber 7,88 bei allen gewerblichen Unfallberufsgenossenschaften des Reichs, aber 15,38 bei der Knappschafts-, 15,28 bei der Rheinisch-Westfälischen Hütten- und Walzwerk-, 18,67 bei der Fuhrwerksberufsgenossenschaft.

[2]) GS. S. 268. Die Pension beginnt hiernach schon nach 10 jähriger, früher erst nach 15 jähriger Dienstzeit, wurde im voraus gezahlt usw.

[3]) Reichsgesetze vom 22. Juni 1889 und 13. Juli 1899.

vorher waren von der Staatsbahnverwaltung zwei Kassen, die eine für
Betriebsarbeiter, die andere für Werkstattsarbeiter, errichtet, welche
den Mitgliedern bei Erwerbsunfähigkeit Pension und im Todesfall
den Hinterbliebenen Witwen- und Waisengeld gewährten[1]).

Mit Inkrafttreten der allgemeinen Invaliditäts- und Altersversicherung sind die beiden älteren Kassen zu einer einzigen für alle
Arbeiter im ganzen Bereich der Staatseisenbahn verschmolzen[2]), welche
in einer Abteilung (A) für die versicherungspflichtigen Arbeiter die gesetzlichen Aufgaben erfüllt und außerdem in einer anderen Abteilung (B)
den mindestens 1 Jahr bei der Verwaltung beschäftigten Arbeitern
Zuschüsse zu den Invalidenrenten und Hinterbliebenenbezügen gewährt.

Ebenso wie den Beamten nach Verhältnis ihres Gehalts
aus Staatsgeldern, werden aus der Arbeiterpensionskasse den Arbeitern
nach Verhältnis ihres Lohns Pensionen, Witwen- und Waisengelder
gezahlt[3]).   Die Bedingungen sind für die Arbeiter insofern günstiger,
als das Pensionsrecht, welches bei den Beamten nach zehn Jahren anfängt,
bei den Arbeitern schon nach fünf Jahren beginnt, und ihr Aufsteigen in
der Höhe der Pension nicht auf $\frac{3}{4}$ des Einkommens wie bei den Beamten
beschränkt ist. Die Arbeiter bezahlen aber, im Gegensatz zu den Beamten,
Beiträge zur Pensionskasse[4]).   Die Staatseisenbahn legt in die Kasse ebensoviel wie die Beiträge der Arbeiter, außerdem aber noch für die Abteilung B einige außerordentliche Zuwendungen[5]).   Sie trägt allein
die Verwaltungsausgaben.

---

[1]) Neben den von der Staatsverwaltung errichteten Kassen bestehen Hilfskassen von Arbeiter-, namentlich Werkstattsarbeitervereinen, welche — meist
ohne Rechtsanspruch — Krankenunterstützungen und Sterbegelder, d. h. solche
Hilfen gewähren, auf welche die „eingeschriebenen Hilfskassen" nach den Reichs-
gesetzen von 1876—1884 beschränkt sind.

[2]) Mit 1. Januar 1891.

[3]) Für Abteilung A bestehen 5, für Abteilung B 8 Lohnklassen, deren
höchste die Diensteinkommen von 1500 M. und mehr umfaßt. Es findet ein starkes
Aufsteigen in die höheren Lohnklassen statt.   Die höheren Lohnklassen der Abteilung B IV—VIII umfaßten am 1. Januar 1907 71 %, am 1. Januar 1911 80 %
der Mitglieder.   Abt. A hatte 1910 370 560, B 334 204 Mitglieder, 90 % des Bestandes von A gegen 75 % im Jahre 1900.

[4]) Die Wochenbeiträge betragen je nach der Lohnklasse bei Abteilung A
14—36 Pf., bei Abteilung B für männliche Mitglieder (die zugleich für die Witwen
und Waisen versichern) 38—128 Pf., für weibliche 16—52 Pf.   Im Durchschnitt
zahlte im Jahre 1910 ein Mitglied in Abteilung A 7,29 M., in Abteilung B 20,16 M.

[5]) Die außerordentlichen Zuschüsse der Verwaltung bestehen regelmäßig
in einem Sechstel der Gesamtbeiträge zur Abteilung B (das Sechstel stellte sich im
Jahre 1910 auf rd. 2 Millionen Mark) und in dem durchschnittlich geschätzten und
der Abteilung A entnommenen Aufwand für die Verwaltung dieser Abteilung, im
Jahre 1910 fast 600 000 M. Dazu treten die Zinsen des Vermögens, welches 1910
für beide Abteilungen über 162 Millionen Mark betrug.

Gesamtleistungen für Versicherungszwecke und Unterstützungen.
Die Beiträge der Eisenbahnverwaltung stellten sich im Jahre 1910 auf

3 899 200 M. für die Eisenbahnbetriebskrankenkassen,
9 664 400 „ für die Arbeiterpensionskasse,
7 486 000 „ für Entschädigungen nach Unfallversicherungsgesetz,
446 000 „ desgl. für Arbeiter nach Haftpflichtgesetz,
1 900 000 „ für Unterstützungen für Arbeiter und Hinterbliebene
ausgeschiedener Arbeiter;

23 397 200 M. im ganzen für Versicherung, Entschädigung, Unterstützung der Eisenbahnarbeiter.

Die ansehnliche Summe, welche für die Wohlfahrt der Arbeiter in dieser Form ausgegeben wird, erhöht sich wesentlich, wenn daneben die nicht näher zu ermittelnden, aber großen Beträge berücksichtigt werden, welche für die Verwaltung der Kassen und für Arbeiterwohnungen ausgegeben werden (vgl. S. 282, 283 Anm. 3 S. 288 Anm. 5). Die obige Summe allein ergibt 7,2 % der im Jahre 1910 für Arbeiter aller Art bezahlten Löhne, zusammen über 325 Millionen Mark. Der einzelne Arbeiter hatte 1910 für Kranken- und Invalidenversicherung an Beiträgen zusammen 51,66 Mark zuzahlen, während auf jeden der 300 000 Arbeiter und Hilfsunterbeamten von der Lohnsumme im jährlichen Durchschnitt 1083 M. und außerdem von den Wohlfahrtsausgaben der Verwaltung 78 M. entfallen[1]).

Die Pensionen, Witwen- und Waisengelder für die Beamten betrugen im Jahre 1910 über 70 Millionen Mark. Werden alle Wohlfahrtsausgaben der Verwaltung, immer ausschließlich der nicht genau ersichtlichen für Verwaltung der Wohlfahrts-Einrichtungen und Wohnungen, für Beamte und Arbeiter zusammengefaßt, so ergibt sich ein Betrag von 100 Millionen Mark oder etwa 13 % der mehr als 770 Millionen Mark erreichenden Ausgaben für Besoldungen, Löhne und Nebenbezüge[2]).

Andere Wohlfahrtseinrichtungen. An die staatlichen Versicherungs-Einrichtungen der neueren Zeit hat sich eine vielgestaltige Tätigkeit innerhalb der Eisenbahnverwaltung angeschlossen, um die Wohlfahrt der Bediensteten und ihrer Familien nach jeder Richtung hin zu fördern. Für Lungenkranke sind Heilstätten errichtet und werden Heilmittel in der

---

[1]) Die Mitglieder zahlten im Durchschnitt zur Krankenkasse 24,21 M., zur Pensionskasse Abteilung A 7,29 M., Abteilung B 20,16 M. Zu den Löhnen (Tit. 3, 7, 8) treten für die im Zugdienst verwendeten Arbeiter und Hilfsbeamten noch Fahrgelder, die aus einem andern Etatstitel (Tit. 4) gezahlt werden und nicht näher ermittelt werden können. (Die Angaben sind zum Teil der Darstellung der Wohlfahrtseinrichtungen der preußisch-hessischen Staatsbahn im Archiv für Eisenbahnwesen 1912, S. 54 ff., zum Teil aus dem Betriebsbericht entnommen.)

[2]) Die Wohlfahrtsausgaben sind im Titel 6 des Etats enthalten, zu denen die Unterstützungen aus den Titeln 5, 5 b—d gerechnet werden können.

häuslichen Behandlung unentgeltlich ausgegeben[1]). Für Kranken- und Kleinkinderfürsorge, für Turnunterricht, für Erholungs- und Genesungsheime werden Beihilfen gewährt[2]). Die Obstbaum- und Bienenzucht auf Dienstländereien wird unter den Beamten und Arbeitern gefördert.

Eisenbahn-Vereine. Für diese Wohlfahrtsbestrebungen haben sich als sehr wirksam Vereine erwiesen, die unter Förderung seitens der Verwaltung und unter Leitung von höheren, mittleren und unteren Beamten sowie von Arbeitern alle Kreise der Bediensteten umfassen, und die seit 1900 sich auf 751 Orte mit 427 600 Mitgliedern ausgedehnt, sich nach Direktionsbezirken in Verbänden zusammengeschlossen, außerdem auch einen „Allgemeinen Verband für die preußisch-hessischen Staats- und Reichsbahnen" gebildet haben. Die Bezirksverbände und einzelne Vereine rufen die Erholungsheime, die Spar- und Darlehnskassen, Frauenhilfs- und andere Fürsorgevereine ins Leben. Der Allgemeine Verband hat die Krankenverbandskasse (S. 283) sowie eine Verbandskasse zur Unterstützung der Spar- und Darlehnskassen der Eisenbahnvereine gegründet und verfolgt sonstige wirtschaftliche Ziele zur Besserung der Lage der Eisenbahnbediensteten auf dem Wege der Selbsthilfe. Durch die gemeinsamen Wohlfahrtsbestrebungen wird ebenso wie durch die auf alle Klassen ausgedehnten Feste und Ausflüge der Eisenbahn-Vereine der kameradschaftliche Sinn unter den Beamten und Arbeitern gestärkt und das allumfassende Gemeingefühl gehoben, welches für den vollen Erfolg eines so großen, wichtigen und schwierigen Unternehmens wie das der Staatseisenbahn unentbehrlich ist[3]).

---

[1]) In 2 für zusammen 2 Millionen Mark von der Arbeiterpensionskasse errichteten Heilstätten werden lungenkranke Arbeiter unentgeltlich, Beamte gegen mäßiges Entgelt behandelt.

[2]) 338 Vereine und Anstalten haben Beihilfen für Kranken- und Kleinkinderfürsorge erhalten. 2400 Lehrlinge bekommen Turnunterricht in den Werkstätten der Verwaltung oder in Vereinen. 8 Erholungsheime sind bereits errichtet. Im Etat der Staatsbahn sind für diese Zwecke feste Beträge, jetzt für Vereine 99 000, für Erholungsheime 50 000 M. ausgeworfen. In den Erholungsheimen werden die Preise so gestellt, daß auch der Arbeiter und untere Beamte davon Gebrauch machen kann.

[3]) Von den alle Bediensteten umfassenden Eisenbahnvereinen sind die Vereine zu unterscheiden, welche bestimmte Gattungen von Beamten und Arbeitern zusammenschließen und die Wünsche dieser Gattungen vor den Behörden und Volksvertretungen sowie in der Öffentlichkeit vertreten wollen. Sie haben sich in den letzten beiden Jahrzehnten mit der Ausbreitung des parlamentarischen und politischen Lebens erheblich vermehrt; bei der Eisenbahn hat jetzt fast jede Gruppe der Bediensteten ihre besondere Vereinigung. Von Streikbewegungen halten diese Vereine bei aller Lebhaftigkeit, mit welcher sie ihre Bestrebungen nach oben und gegeneinander verfolgen, sich fern (S. 108). Vereinzelte Versuche, die Vereine dieser Art zu Massenverbänden zusammenzuschließen und damit einen Druck auf die Behörden und Volksvertretungen zu üben, sind an der Dienstordnung und dem Pflichtbewußtsein der Beamten gescheitert.

Wert der Wohlfahrtseinrichtungen. Die Wohlfahrtseinrichtungen bilden den notwendigen Schutz des Einzelnen gegen die Folgen der weitgreifenden Forderungen, welche die großen staatlichen und wirtschaftlichen Gebilde der Neuzeit an ihre Glieder stellen. Wer bei der Eisenbahn seine ganze Arbeit dem Unternehmen widmet, muß erwarten, daß seine Arbeitskraft geschont wird, und daß er mit seiner Familie für Dienstunfähigkeit und Tod versorgt wird. Wo Wohnungsmangel herrscht, ist für die dahin oft nur vorübergehend versetzten Bediensteten Wohnraum zu schaffen. Bei dem Wechsel der Stellungen und Orte, der notwendigen Strenge des verantwortlichen Dienstes kann in Notfällen der Einzelne sich nicht die Hilfen schaffen, welche die Verwaltung jederzeit zu geben imstande ist.

Wenn auch in Gehalt und Lohn hauptsächlich die Vergütung für die Arbeitsleistung liegen muß (vgl. S. 279), so sind doch die Anordnungen, die Anstalten der Verwaltung zum Schutz und zur Wohlfahrt des Bediensteten für ihn von hohem Wert. Was sie bieten, würden die Einzelnen mit eigener Bemühung, mit selbständigen Mitteln, ohne Hilfe der Verwaltung, z. B. mit unabhängigen Vereinigungen, Versicherungsgesellschaften überhaupt nicht oder nur unter weit größeren Aufwendungen erreichen können. Die durchgreifenden Wohlfahrtseinrichtungen der Eisenbahn sind ebenso den Bediensteten von Nutzen, wie sie der Verwaltung zur Erhaltung einer arbeitskräftigen und arbeitsfreudigen Mannschaft dienen. Das menschliche Bestreben zu helfen ist eine notwendige Ergänzung des dienstlichen Zwanges. Das Band, welches zwischen der Verwaltung und ihren Gliedern durch das Arbeitsverhältnis geknüpft ist, wird dadurch fester gezogen und weniger als Fessel, sondern als kameradschaftliche Arbeitsgemeinschaft empfunden[1])

---

[1]) In den Vereinigten Staaten von Amerika, wo die Eisenbahnen von einer Fürsorge für die Bedürfnisse ihrer Bediensteten vielfach ganz absehen (vgl. Anm. 1 S. 282), besteht kein gesetzlicher Zwang für Versicherungseinrichtungen. Nur ein Teil der besser gestellten Eisenbahngesellschaften hat Unterstützungseinrichtungen (Relief fund department) oder Pensionskassen für ihre Leute. Einen Anspruch gewährt z. B. die Baltimore and Ohio-Eisenbahn erst nach 10 bis 30 jähriger Dienstzeit im Alter von 61—69 Jahren; manche Kassen geben gar keinen Rechtsanspruch, sondern nur nach Ermessen Unterstützungen. Hoff und Schwabach, Nordamerik. Eisenbahnen, S. 170 ff. Den sozialdemokratischen Gewerkschaften, welche selbst die Beamten und Arbeiter unter ihren Schutz zu nehmen wünschen, sind die Wohlfahrtseinrichtungen der Unternehmer im Wege. Die gewerkschaftlichen Vereinigungen gewähren aber regelmäßig keinen Rechtsanspruch, sondern geben in Notfällen Untersützungen nach Ermessen und soweit ihnen nach Abzug der Verwaltungs- und Agitationskosten, namentlich Streiks, Mittel noch zur Verfügung stehen.

Dreiunddreißigster Abschnitt.

Etat. Wirtschaftsdienst. Erträge.

I. Etat und Betriebsbericht. Die Staatseisenbahnverwaltung hat
über das Erwerbsgeschäft, was sie treibt, wie jeder Kaufmann, sich
Rechenschaft zu geben, ihre Einnahmen und Ausgaben sich im voraus
klarzumachen, sie dann nach der Wirklichkeit festzustellen und miteinander behufs Ermittelung des Jahresergebnisses zu vergleichen. Die
Wirtschaftsführung der Staatsbahn wird dem Staatshaushalt einge-
gliedert, zu welchem sie als Teil gehört.

Da das Vermögen, welches die Staatseisenbahn darstellt, sich beständig durch Ausscheiden unbrauchbar gewordener Anlagen und Betriebsmittel sowie Hinzutreten neuer Bahnen, Einrichtungen, Maschinen
und Wagen, durch Anleihen und Tilgungen verändert, so hat die Verwaltung auch darin dem Kaufmann nachzufolgen, daß sie sich regelmäßig
über ihren Vermögensstand und die Mittel ihn zu erhalten, Klarheit
verschafft.

Diese Zwecke verfolgen der Etat und der Betriebsbericht der Staatseisenbahn, welche jährlich vom Landtag geprüft werden. Beide Vor-
lagen sind mit der Zeit so vollkommen als möglich ihrer Aufgabe angepaßt worden[1]).

Veranschlagung der Einnahmen und Ausgaben. Für den Etat besteht
die große Schwierigkeit, die Einnahmen und Ausgaben 1½ Jahr vor dem
Rechnungsjahr richtig zu veranschlagen [2]). Früher wurde, wie in anderen
Staatsdienstzweigen, vielfach der Durchschnitt der drei letzten Rech-
nungsjahre zugrunde gelegt. Dieses Verfahren mußte, als die Verkehrs-
und Betriebsverhältnisse sich immer schneller entwickelten, verlassen
und von den Wahrnehmungen der jüngsten Zeit ausgegangen werden.
Aber auch letzterer Maßstab versagt, wenn infolge von Erwerbskrisen
wie 1901 und 1908 die Einnahmen unerwartet fallen, während die Ausgaben, die sich größtenteils erst allmählich auf den verringerten Ver-
kehrsstand zurückführen lassen, noch unverändert fortgehen oder gar
infolge von Preis- und Lohnsteigerungen erhöht werden[3]).

---

[1]) In den Betriebsberichten seit 1854 liegt eine eingehende, durchsichtige
Darstellung der Verhältnisse der Staatsbahn vor, die seit Jahren noch durch
genauere Mitteilungen in „Geschäftlichen Nachrichten" und im Archiv für Eisenbahnwesen ergänzt wird.

[2]) Das Rechnungsjahr beginnt für den preußischen Staat wie für das Reich
mit 1. April. Die Vorlage des Etats an den Landtag geschieht im Winter vorher
und wird fast ein Jahr lang in den Ministerien vorbereitet

[3]) Im Jahre 1908 blieb die Gesamteinnahme der preußisch-hessischen Staatseisenbahn hinter dem Etat (2045 417 000 M.) um 135 179 979 = 6,61% zurück.
Die Gesamtausgabe überstieg dagegen die Veranschlagung um 3 106 849 = 0,23%;

Die Schätzung muß heute alle Umstände der Volks- und Weltwirtschaft vorsichtig in Rechnung ziehen, damit der Etat der Staatsbahn von der Wirklichkeit annähernd eingehalten wird. Der Erfolg, welcher damit erreicht wird, hat nicht bloß die Bedeutung einer rechnerischen Befriedigung.

Die Zahlen des Etats bilden, wenn die Möglichkeit sie einzuhalten besteht, eine Grenze für die Ausgaben, welche jede Dienststelle sich bemühen soll, nicht zu überschreiten. Werden dagegen so niedrige Summen z. B. bei Löhnen, Materialien, Fahrgeldern (Titel 3, 4, 7, 8, 9 des Etats) bewilligt, daß sie dem Verkehr, nach welchem diese Ausgaben sich richten, gar nicht entsprechen, so hört der Etat in diesen Punkten auf, eine hemmende Schranke zu sein. Die Dienststellen, die jedenfalls, um den Betrieb durchzuführen, erheblich darüber hinaus gehen müssen, verlieren auf wichtigen Gebieten ihrer Wirtschaft den Maßstab für die Höhe ihrer Ausgaben. Ein „wahrer" d. h. der künftigen Wirklichkeit möglichst entsprechender Etat ist der beste Zügel, an welchem die Wirtschaftlichkeit in allen Teilen der Verwaltung geleitet werden kann[1]).

Ob die Ausgaben zutreffend veranschlagt werden, hängt in der Hauptsache davon ab, daß die Einnahmen im Etat richtig gegriffen sind, da für jede Einnahme die Aufwendungen vorzusehen sind, mit welchen sie verdient wird. Bei einer jetzigen Gesamteinnahme von fast $2\frac{1}{2}$ Milliarden bedeutet ein Irrtum um 1 % schon einen Mehr- oder Mindereingang von 25 Millionen Mark, welchem entsprechend in gewissem Maße die Ausgaben im Etat sich zu niedrig oder zu hoch stellen. Im ersteren Falle besteht die Gefahr, daß für die wachsenden Verkehrsbedürfnisse die Einrichtungen — erweiterte Anlagen, neue Betriebsmittel — nicht rechtzeitig beschafft werden, weil die Ausgaben dafür nicht veranschlagt werden konnten. Bleiben dagegen die Einnahmen in der erwarteten Höhe aus, so gehen damit nicht auch die entsprechend zu hoch angesetzten Ausgaben von selbst zurück. Diese können nur durch sparsames Bemühen der Verwaltung dem Niedergang des Verkehrs allmählich angepaßt werden[2]).

---

dazu traten 52 526 446 M., welche auf dieses Jahr wegen der kurz nachher für alle Staatsdiener bewilligten Besoldungserhöhungen verrechnet werden mußten. Gegen das Vorjahr stellte sich die Gesamtausgabe um 61 359 619 M. oder 4,65% höher, während die Gesamteinnahme um 43 747 586 = 2,24% fiel. Statt des im Etat vorgesehenen Betriebsüberschusses von 667 345 360 M. (nach Anrechnung obiger 52 Millionen aus dem Etat des Finanzministeriums) wurden nur 529 Millionen wirklich erzielt. Betriebsbericht S. 39—43, 154.

[1]) Der Ruf nach einem „wahren" Etat wird deshalb in Zeiten schwerer Ausfälle des Staatseisenbahnbetriebes, wie 1908, im Landtage und in der Öffentlichkeit lebendig. Die Etatsummen für Besoldungen (Tit. 1 und 2 des Etats) hängen von den bewilligten Stellen ab und werden deshalb nie überschritten, ebensowenig wie Remunerationen und Unterstützungen. Tit. 5—5d.

[2]) Vgl. Anm. 3 S. 292. Nachdem im Jahr 1908 der Betriebsüberschuß gegen den Anschlag um 138 Millionen M. zurückgeblieben war, vermochte die Verwaltung

Eine zu trübe Beurteilung der Zukunft hat für die Aufstellung des Etats ebenso ungünstige Folgen wie die zu rosige Auffassung.

Zurechnung der Einnahmen und Ausgaben auf das Etatsjahr. Nicht minder schwierig ist die Entscheidung darüber, welche Einnahmen und Ausgaben in der großen Wirtschaft der Staatseisenbahn dem einzelnen Etatsjahr zugerechnet werden sollen.

Reste. Bei den Einnahmen zwar läßt sich der Abschluß für das Rechnungsjahr (der 10. Mai und 15. Juni, Abschluß der Kasse und der Jahresrechnung) im allgemeinen als Grenze festhalten, hinter welcher spätere Zahlungen und Vergütungen dem neuen Jahre zugewiesen werden. Die Ausgaben aber, soweit sie wie bei Bauten und Beschaffungen unabhängig vom Etatsjahr geleistet werden müssen, können nicht durch den Abschluß auseinandergerissen werden. Sie werden als „Reste" über den Abschluß hinaus weiter gebucht, bis die Ausführung beendet oder der Fonds erschöpft ist[1]). Ist die Zweckbezeichnung für die Reste nicht auf bestimmte Gegenstände beschränkt, so daß eine anderweite Verwendung möglich ist, dann liegt in den Resten eine „latente Reserve" der Staatseisenbahnverwaltung, welche ihr gestattet, manchen nicht genügend vorgesehenen Bedürfnissen nachzuhelfen. Neuerdings sind die Anordnungen im Etat durchweg so scharf gefaßt, daß die Fonds überall nur nach der Absicht ihrer Bewilligung abgewickelt werden..

Ergänzungen. Inwieweit Ergänzungen der Staatseisenbahn dem einzelnen Etatsjahr zur Last zu legen oder durch Vermehrung des Stammkapitals zu decken sind, ist die am meisten umstrittene Frage.

Kleine Ergänzungen. Selbstverständlich ersetzt die Verwaltung, ebenso wie die Privatbahnen aus ihren Erneuerungs- und Reservefonds, alle abgängig gewordenen Gleise und Fahrzeuge aus laufenden Mitteln. Dabei ist der Ersatz häufig wertvoller, als die frühere Einrichtung; die Schienen und Schwellen werden entsprechend dem stärker gewordenen Verkehr schwerer, die Fahrzeuge leistungs-, tragfähiger und besser ausgestattet[2]). Für Anlagen, die als Ersatz oder Ergänzung notwendig

---

im darauf folgenden Jahre gegenüber dem Etat trotz einer Mehreinnahme von 79 Millionen M. durch Einschränkung der Aufwendungen auf das wirkliche Verkehrsbedürfnis die Betriebsausgabe um 18½ Mill. Mark zu vermindern und den Betriebsüberschuß um 97 Millionen M. zu erhöhen.

[1]) Auf Grund einer Ermächtigung im preußischen Staatshaushaltsgesetz vom 11. Mai 1898 § 14 können laut Etatsvermerk verschiedene Einnahmen und Ausgaben „nach ihrer wirtschaftlichen Zugehörigkeit zu dem Etatsjahre" veranschlagt werden. Von diesem Vorbehalt wird vorzugsweise bei dem Gleisumbau, bei außergewöhnlicher Unterhaltung und Ergänzungen sowie bei schon begonnenen oder verdungenen Ausführungen Gebrauch gemacht.

[2]) Wie groß der Wertunterschied ist, läßt sich nicht feststellen. Im Jahre 1910 sind aber z. B. aus den dauernden Ausgaben des laufenden Etats für 20 Millionen Mark mehr Fahrzeuge beschafft, als ausgemustert.

werden, treten die laufenden Unterhaltungsmittel ein, sofern die Ausgabe für die einzelne Einrichtung nicht mehr als 30 000 M. beträgt. Die Gegenstände bis zu 100 000 M. Beschaffungskosten werden als erhebliche Ergänzungen angesehen und auf Grund von Einzelbewilligung regelmäßig ebenfalls aus den Einnahmen des Etats gedeckt. In den Mitteln, welche auf diese Weise der Staatseisenbahn zugeführt werden, ohne das ihr zur Last stehende Stammkapital zu vermehren, liegt eine nicht unerhebliche Erhöhung des Gesamtwerts[1]).

Die Belastung des Jahresetats mit Ergänzungen geringeren Betrages besteht seit längerer Zeit unangefochten. Lebendig ist aber von jeher der Streit darüber, inwieweit größere Ergänzungen aus den Erträgen der Staatsbahn zu decken oder Anlehen dafür aufzunehmen sind.

Größere Ergänzungen und Neubeschaffungen. Die Eisenbahngesellschaften haben, ebenso wie die sonstigen großen gewerblichen Unternehmungen neuerer Zeit, fast immer Deckung für solche Ausgaben durch Vermehrung ihres Anlagekapitals gesucht und die Entlastung ihres Unternehmens von den damit verbundenen Mehrzinsen in der planmäßigen Einlösung ihrer Schuldverschreibungen gefunden, welche den Nennwert der Aktien meist erreichten, vielfach überstiegen[2]).

Früheres Verfahren. Von der preußischen Staatsbahn wurde dagegen im Jahre 1859 seitens des früheren Staatsministers Milde bei den Landtagsverhandlungen verlangt, daß zum weiteren Ausbau und zu Ergänzungen nicht immer Anlehen unter Belastung des Staats aufgenommen, sondern die Erträgnisse des Betriebes dazu verwendet werden möchten. Der Minister von der Heydt wies den Vorschlag ab und das Abgeordnetenhaus genehmigte die von der Regierung befürwortete Anleihe für den Neubau von Bromberg nach Thorn und einige Ergänzungen[3]).

So befolgte dann die Regierung weiter die Gewohnheit der Privatbahnen und nahm die Kosten nicht bloß für neue Bahnen, sondern auch für große Erweiterungen und Neubeschaffungen auf Anlehen. Da trotz der beständigen Ausdehnung des Netzes die Verzinsung des Anlagekapitals eine aufwärts steigende Richtung behielt, so erschien jede Aufwendung vom Kapital für die Staatseisenbahn als einträglich und daher

---

[1]) Nach der Reichsstatistik für 1908 sind bis dahin aus Betriebseinnahmen der preußischen Staatsbahnen Erweiterungsbauten für 417 Millionen Mark, Fahrzeuge über den ausgemusterten Bestand für 430 Millionen Mark —zusammen etwa 8% des Gesamt-Anlagekapitals — beschafft. Die Werterhöhung durch kleinere Ergänzungsbauten und höherwertige Ersatzbeschaffungen berücksichtigt die Reichseisenbahnstatistik nicht. (Vgl. Anm. 2 S. 294.)

[2]) Nur von der ungewöhnlich günstig wirtschaftenden Berlin-Hamburger Eisenbahngesellschaft wird berichtet, daß sie ihr zweites Gleise aus Betriebseinnahmen gebaut habe.

[3]) Archiv für Eisenbahnwesen, 1911, S. 1170.

gerechtfertigt[1]). Das Land erhielt die für seine Entwicklung notwendige Vergrößerung und Verbesserung der Staatsbahn auf dem Wege der Anleihen alsbald, während es sonst sehr lange darauf hätte warten müssen, daß sich die nötigen Mittel voll in den Überschüssen fanden.

Neuere Bedenken in den 80er Jahren. Erst als die Belastung des Staats durch die Eisenbahnschuld nach den großen Verstaatlichungen um mehr als das Dreifache gestiegen war und nach längeren günstigen Jahren wieder einmal ein Abfall in der Rente eintrat[2]), drang die Besorgnis durch, daß das Wachsen der Staatsschuld infolge der Eisenbahnanleihen zu einem dauernden Niedergang der Erträge aus dem Bahnbetriebe führen und zu einer Gefahr für die Staatsfinanzen werden könnte. Der Landtag forderte die Regierung im Jahre 1892 auf, ,,tunlichst bald die Kosten für Anlage zweiter und weiterer Gleise, für Um- und Erweiterungsbauten von Bahnhöfen und Vermehrung der Betriebsmittel im Staatshaushaltsplan vorzusehen und demgemäß die Mittel für diese Bedürfnisse schrittweise aus den Betriebseinnahmen der Staatsbahnen zu beschaffen"[3]).

Verstärkung der außergewöhnlichen Ausgaben. Die Regierung fing von da an, ,,einmalige und außerordentliche Ausgaben" von mehr als 100000 M. für den einzelnen Gegenstand — sei es für Bahnhofserweiterungen und Umbauten, Werkstätten, Wohnungen, Verbesserungen von Sicherheitseinrichtungen, Verstärkungen von Brücken und Oberbau und dgl. — in steigendem Maße auf den Jahresetat zu nehmen, oder auch sich nachträglich aus den Reinüberschüssen der Staatsbahn bewilligen zu lassen. Im Jahre 1895 stellten sich diese Beträge schon auf 42,6 Millionen Mark und wuchsen bei der Gunst verkehrsreicher Zeiten bis auf 227,9 Millionen Mark im Jahre 1906[4]).

---

[1]) Nachdem die preußische Staatsbahn in den ersten Jahren ihres Betriebes eine ungenügende Verzinsung (1854—1857 2,21 bis 3,82%) abgeworfen hatte, ist die Rente seitdem mit Ausnahme des Krisenjahres 1874 (3,85%) über vier Proz. geblieben, hielt sich meist über 5 %, ist 1866, 1899, 1905 und 1906 über 7% hinausgegangen und hat 1910 6,48% betragen, fast ebensoviel wie 1895 mit 6,57%. Geschäftliche Nachrichten für die preußisch-hessische Staatseisenbahnen 1912, S. 58 ff.

[2]) Das verwendete Anlagekapital, hinter welchem die Staatseisenbahnschuld allerdings 1890 um etwa 1 Milliarde zurückblieb, betrug 1879 1480 Millionen, 1890 6403 Millionen Mark. Während in den Jahren 1886 bis 1890 5,22, 5,71, 5,95, 6,16 und 5,16% Rente aufgekommen waren, brachte 1891 nur 4,79% und 1892 5,01%.

[3]) Resolutionen des Abgeordnetenhauses vom 10. Mai und des Herrenhauses vom 30. Mai 1892.

[4]) Übersicht über die finanziellen Ergebnisse der preußischen Staatsbahn im Betriebsbericht für 1910 S, 248. Oben sind zusammengezählt die Zuschüsse zum Extraordinarum und zu den außeretatsmäßigen Ausgaben mit den zur Bildung und Ergänzung der Dispositionsfonds verwendeten Überschüssen, da diese Fonds ebenfalls für außergewöhnliche, unvorhergesehene Ausgaben z. B. häufig für Vermehrung von Betriebsmitteln verwendet werden. Zur außerordentlichen Tilgung

Regelmäßige Tilgung der Staatsschulden. Ausgleichsfonds. Gleichzeitig geschah ein weiterer Schritt zur Verminderung der staatlichen Schuldverpflichtungen durch das Gesetz von 1897, welches eine regelmäßige Tilgung der ganzen konsolidierten Staatsschuld mit $^3/_5$ vom Hundert ihres Bestandes anordnete[1]. Allein diese Einlösung, welche erst nach 150 Jahren zur vollen Löschung führt, bleibt weit zurück hinter der Tilgung, wie sie früher für die umgetauschten verlosbaren Staatsanleihen bestand und von den Privatbahngesellschaften für ihre Schuldverschreibungen, somit auch von der Staatseisenbahnverwaltung für die übernommenen Obligationen der verstaatlichten Bahnen bewirkt wird. In letzteren Fällen wird die volle Löschung, da die Einlösung sich stets über den ursprünglichen Stand des Anlehens erstreckt, schon mit 50 bis 60 Jahren erreicht, also die Tilgung dem Wechsel der Zeiten in viel höherem Grade entrückt. Man erwog, daß die Privatgesellschaften nach Löschung ihrer Schulden, die Länder, in welchen dereinst, wie in Frankreich gegen 1950, die großen Privatbahnen dem Staat größtenteils ohne Entgelt zufallen (vgl. S. 125), einen bedeutenden wirtschaftlichen Vorsprung vor den Staatsbahnen bekommen müßten, welche mit ihren Schulden belastet bleiben, und daß dieser Vorsprung nicht ohne Nachteil auf die wirtschaftliche Stellung unseres Volkes sein würde.

Die Rechnungsüberschüsse des Staatshaushalts, welche nach dem Gesetz von 1897 außerdem zur Schuldentilgung bestimmt waren, wurden durch ein Gesetz von 1903 diesem Zweck wieder entzogen und einem Ausgleichfonds zugeführt, der für die Eisenbahnverwaltung bis zur Höhe von 200 Millionen Mark behufs Deckung von Minderüberschüssen und außergewöhnlichen Ausgaben gebildet werden sollte[2].

Erschöpfung des Ausgleichsfonds. Dieser Ausgleichsfonds kam überhaupt nicht zu einer ausreichenden Wirksamkeit, da die Rücklagen aus den Überschüssen des Staatshaushalts immer schnell wieder durch Zuwendungen an das Extraordinarium verschlungen wurden. Im Krisenjahr 1907 wurde der Fond mit Entnahme von 50,5 Millionen vollständig ausgeschöpft, ohne daß es gelang, den Fehlbetrag des Staatshaushalts, welcher noch mit 21,3 Millionen Mark bestehen blieb, ganz auszugleichen. Überschüsse des Staatshaushalts hatten sich nicht in dem Maße

---

von Eisenbahnschulden wurden übrigens in den Jahren 1895—1900 auch noch Beträge von je 29,6 bis 75,4 Millionen M. den Betriebsüberschüssen entnommsn.

[1] Gesetz vom 8. März 1897 betr. die Tilgung der Staatsschulden. (G.S. S. 43.)

[2] Gesetz vom 3. Mai 1903 betreffend die Bildung eines Ausgleichsfonds für die Eisenbahnverwaltung. (G.S. S. 155 § 3a.) Der Ausgleichsfonds ist in nachstehender Reihenfolge zu verwenden: 1. Zur Bildung eines Dispositionsfonds der Eisenbahnverwaltung bis zur Höhe von 30 Millionen M., zur Vermehrung der Betriebsmittel, Erweiterung der Anlagen und Grunderwerbung. 2. Zur Ausgleichung von Minderüberschüssen der Eisenbahnverwaltung. 3. Zur Verstärkung des Extraordinariums.

bilden können, um zu einer ausreichenden Dotierung des Ausgleichsfonds zu gelangen, da schon im Etat auf die wachsenden Erträge der Staatseisenbahn, selbst auf die „Konjunkturgewinne fetter Jahre" immer neue dauernde Staatsausgaben aufgebaut waren und die höheren Ablieferungen der Eisenbahnverwaltung aufzehrten.

Fehlbeträge im Staatshaushalt. Als der Ausgleichsfond nichts mehr bot und zugleich im Jahre 1908 bei andauerndem Niedergang des Güterverkehrs trotz erheblicher Verminderung des Extraordinariums die Staatseisenbahnverwaltung nur 99,2 Millionen Mark — weniger als in jedem Jahre seit 1895 — für andere Staatszwecke übrig hatte, stellte sich im Staatshaushalt der außergewöhnlich hohe Fehlbetrag von 147 Millionen Mark heraus[1]).

Neue Regelung der größeren Ergänzungen, der Ablieferungen für allgemeine Staatszwecke und des Ausgleichfonds. Um die Wiederkehr so empfindlicher Ausfälle[2]) zu verhüten, soll nach einem Beschluß des Abgeordnetenhauses vom 11. April 1910 die Beschaffung der größeren Ergänzungen aus den Betriebseinnahmen und die Ablieferung der Eisenbahn für andere Staatszwecke nach festen Grundsätzen versuchsweise für 5 Jahre geregelt, und so erreicht werden, daß nicht mehr auf schwankende Verkehrseinnahmen dauernde Staatsausgaben gegründet und daß ferner ausreichende Zuflüsse für den Ausgleichsfond gewonnen werden. Diese Ziele verfolgt der in Anlage III mitgeteilte, zuerst in den Etat von 1910 aufgenommene Vermerk.

Der Landtag schränkte hiermit den im Jahre 1892 gefaßten Beschluß insofern erheblich ein, als er nicht mehr verlangte, daß die Kosten für Anlage zweiter und weiterer Gleise sowie für die Vermehrung der Betriebsmittel aus den Betriebseinnahmen der Staatsbahnen zu entnehmen seien. Die Deckung hierfür und für größere Umgestaltungen ist grundsätzlich auf Anlehen verwiesen und im übrigen die Ausgabe für einmalige und außerordentliche Aufwendungen (Bahnhofsumbauten, Verbesserungen usw.) auf einen Durchschnittsbetrag der letzten 10 Jahre beschränkt, d. i. auf 1,15 % des statistischen Anlagekapitals.

---

[1]) Der Fehlbetrag beträgt 202 Millionen Mark, wenn davon nicht 55 Millionen Mark auf die für 1908 nicht bewilligten Steuern abgerechnet werden. Der Güterverkehr ergab 1908 gegen 1907 eine Mindereinnahme von 51 Millionen M. In das Extraordinarium und die Dispositionsfonds wurden 1908 aus den Betriebsüberschüssen über 125 Millionen M. weniger gelegt als 1906 (vgl. S. 292). Der Reinüberschuß der Staatsbahn bewegte sich von 1895 bis 1907 zwischen 107,2 Millionen M. im Jahre 1896 und 211,4 Millionen im Jahre 1905.

[2]) Der Fehlbetrag im preußischen Staatshaushalt von 1908, dessen Gesamtbetrag über 4 Milliarden hinausging, hat nur mit Hilfe eines Zuschlags für Einkommensteuer von 25% teilweise ausgeglichen werden können. Eine Anleihe wollte man zur Deckung nicht aufnehmen, weil der Fehlbetrag nicht durch „werbende Anlagen", sondern durch die Gehaltsaufbesserungen der Beamten entstanden war.

Erst nachdem aus dem „Betriebsüberschuß", d. h. dem Unterschied zwischen Betriebsausgabe und Betriebseinnahme, die Verzinsung und Tilgung der Eisenbahnschulden sowie die einmaligen und außerordentlichen Ausgaben in der festgesetzten Höhe ausgewiesen sind, ergibt sich der „Reinüberschuß" der Staatsbahn, welcher indes nicht über den Durchschnittsbetrag der letzten 10 Jahre, d. i. über 2,10 % des statistischen Anlagekapitals zur Verwendung für andere Staatszwecke abgeliefert werden darf[1]). Die Summe, welche nach dieser Ablieferung übrig bleibt, ist dem Ausgleichsfond zugedacht, und damit in guten Jahren diesem eine Quelle von Einnahmen gesichert, welche dem Zugriff seitens der anderen niemals zu erschöpfenden Staatsbedürfnisse entzogen ist.

Rente des Staats aus dem Staatseisenbahnvermögen. Das statistische Anlagekapital, welches als Grundlage für die Berechnung der Zuwendungen an das Extraordinarium und an die allgemeinen Staatszwecke angenommen wird, besteht aus allen Aufwendungen, welche für die Bahnanlage gemacht sind, auch denjenigen, welche aus Betriebseinnahmen gedeckt werden und den Staat nicht mit Anlehen belasten (vgl. Anm. 1 S. 295). Es umfaßt auch die Beträge, welche durch Tilgung der Anlehen bereits von der Belastung des Staats in Abgang gekommen sind. Da bei der Berechnung des Reinüberschusses alle vom Staat für die Eisenbahn geleisteten Ausgaben berücksichtigt werden, einschließlich der Verzinsung für den auf die Eisenbahn entfallenden Teil der Staatsschuld, so stellt die vorbehaltene Rente von 2,10 % des statistischen Anlagekapitals einen von allen Abzügen freien Reinertrag von dem Kapital dar, welches jemals aus irgend welchen Quellen in die Staats-Eisenbahn verwendet ist, zurzeit von 11 150 163 643 Mark. Es konnte dafür ein Betrag von 226 800 000 Mark zugunsten allgemeiner Staatszwecke in den Etat von 1912 eingesetzt werden, erheblich mehr als der höchste bis dahin für den Staat verbliebene Reingewinn (vgl. Anm. 1 S. 298).

Die Schuld, mit welcher der Staat zurzeit aus Aufwendungen für die Staatsbahn belastet ist, beträgt 7166,1 Millionen. Von diesem noch

---

[1]) In Vorbereitung des Beschlusses des Abgeordnetenhauses von 1910 wurden die Pensionen, welche früher, soweit sie nicht aus verstaatlichten Kassen flossen, im Etat des Finanzministeriums für Eisenbahnbedienstete verrechnet wurden, ebenso wie einige andere auf die Eisenbahn bezügliche Einnahmen und Ausgaben von dort in die Eisenbahn-Rechnung übernommen. Nachdem so die zum Eisenbahnvermögen gehörigen Kosten vereinigt waren, wurde für das Jahr 1908 im Betriebsbericht zum ersten Male „vielfachen Wünschen entsprechend" eine Gewinn- und Verlustrechnung und eine Bilanz in kaufmännischen Formen gebracht. Die Ergebnisse der Wirtschaftsführung bei der Eisenbahn werden dadurch verständlicher. Eine sachliche Bedeutung, wie bei Handelsgeschäften, haben diese Aufstellungen nicht, da die Eisenbahn nur immer einen Teil der von vielen anderen alkaufmännischen Gesichtspunkten abhängigen Staatswirtschaft bildet.

ungetilgten Kapital des Staats berechnet sich die Nettorente auf 3,01 %. Dem Staat bringt also nach der neuen Regelung das mit der Eisenbahn betriebene Geschäft noch immer einen erheblichen Rein-Gewinn, der Aussicht hat zu steigen, da sich das statistische Anlagekapital ständig vermehrt, im Durchschnitt der 10 Jahre seit 1901 um 300 Millionen Mark. Ebenso erhöht sich von Jahr zu Jahr in den 1,15 % des statistischen Anlagekapitals der Betrag, welcher für einmalige und außerordentliche Ausgaben aus den Betriebsüberschüssen entnommen wird[1]). Dem Ausgleichsfonds sind ferner im Jahre 1910 schon 71 Millionen Mark zugeflossen und stehen höhere Zuweisungen in Aussicht[2]).

Verminderung der Staatseisenbahnschuld. Die Ablieferungen der Eisenbahn für allgemeine Staatszwecke werden von der Eisenbahnschuld abgeschrieben, da sie als Rückzahlungen für frühere Aufwendungen des Staats zugunsten der Eisenbahn anzusehen sind. Die Staatseisenbahnschuld vermehrt sich trotzdem wegen der Anlehen für neue Bahnen und große Ergänzungen; seit 1895 bis 1910 ist sie von 5817 auf 7166 Millionen Mark gestiegen. Aber die Belastung durch die Schuld im Verhältnis zum Anlagekapital wird infolge der verschiedenen Abschreibungen und der Beschaffung von Ergänzungeu aus Etatsmitteln (vgl. S. 294. 298) immer günstiger. Im Jahre 1895 blieb die Schuld hinter dem (allein preußischen) statistischen Anlagekapital von 7065 Millionen Mark um 1198 Millionen = 17 % des Gesamtbetrages zurück, im Jahre 1910 gegenüber 10 799 Millionen Anlagekapital um 3633 Millionen = 36 %[3]). Der sinkenden Belastung entspricht ein verhältnismäßig sich verringender Ansatz von Schuldenzinsen bei der Berechnung des Reinüberschusses, womit die Aussicht sich verbessert, daß die beschlossenen Zuwendungen an das Extraordinarium und für allgemeine Staatszwecke immer wirklich gedeckt, sowie daß die Rücklagen in den Ausgleichsfonds regelmäßig, und zwar in aufsteigender Richtung, werden erfolgen können.

Angriffe gegen die neueste Regelung des Reingewinns. Die neueste Regelung gewährt dem Staat den bisherigen Reingewinn reichlich und

---

[1]) Im Etat für 1912 sind 124 200 000 M. für einmalige und außerordentliche Ausgaben ausgeworfen, also erheblich mehr als der im Etatsvermerk beschlossene Mindestbetrag von 120 000 000 M. Vgl. Anl. III Punkt 2 Anm. 3. Die obige (kaufmännische) Gewinnberechnung von 2,10 beziehungsweise 3,01% unterscheidet sich von dem in der Reichsstatistik darzustellenden Betriebsüberschuß (vgl. S. 296 Anm. 1) für das im Jahresdurchschnitt verwendete Anlagekapital. Dieser Betriebsüberschuß betrug im Jahre 1910 für die Preußische Staatsbahn 6,48 %. Die Angabe des Betriebsüberschusses in dieser Form ist nötig für die Vergleichung der Betriebsergebnisse deutscher und anderer Bahnen unter sich, die nur möglich ist auf der gemeinsamen Grundlage von Betriebseinnahme, Betriebsausgabe und Baukapital.

[2]) Für 1911 etwa 160 Millionen.

[3]) Übersicht über die finanziellen Ergebnisse im Betriebsbericht S. 248. Der Anteil der Eisenbahn an den Staatsschulden Preußens sank von 94 % im Jahre 1895 auf 76 % im Jahre 1910.

in gesicherter Form, so daß „dauernde Ausgaben nicht mehr auf schwankende Einnahmen" gegründet werden. Sie stellt zugleich die Eisenbahnverwaltung in dem festen Zuschuß zum Extraordinarium und in dem sich füllenden Ausgleichsfond die Mittel zur Verfügung, um, wie es für einen großen Betrieb wünschenswert ist, vorausschauend und unabhängig von dem Verkehrswechsel die Anordnungen für Erweiterung der Anlagen und Vermehrung des Fuhrparks treffen zu können. Dennoch ist die neue Regelung bekämpft worden, und zwar mit dem Vorwurf, daß dadurch die Gegenwart zu stark zugunsten der Zukunft belastet werde.

Der Vorwurf ist gegenstandslos, wenn die Beträge, welche den „anderen Staatszwecken" durch die Dotierung von Extraordinarium und Ausgleichsfonds entzogen sind, durch Anlehen anderweit aufgebracht werden; denn dann wird die Zukunft durch Verzinsung dieser Anlehen ebenso getroffen wie bei Verweisung der gesamten außerordentlichen Eisenbahn-Ausgaben auf die Eisenbahn-Anleihegesetze. Aber die Belastung der Gegenwart tritt allerdings ein, wenn ein Fehlbetrag, der bei größerer Inanspruchnahme durch Eisenbahnerträge gedeckt werden könnte, statt dessen Steuer-Erhöhungen nötig macht.

In diesem Fall, der bereits vorgekommen ist (vgl. Anm. 2 S. 298), befürworteten die Gegner der Steuererhöhung, abweichend von dem bisherigen Brauch, die gesamten einmaligen und außerordentlichen Ausgaben durch Eisenbahnanleihegesetze zu befriedigen, weil der gestiegene Wert der Staatseisenbahn[1]) und die seitherige Entlastung der Staatseisenbahnschuld eine solche Deckung als unbedenklich erscheinen lasse. Auf diesem Wege würden die Fehlbeträge im Staatshaushalt beseitigt oder erheblich vermindert werden; die Anleihe aber, welche dann zur Bestreitung des Extraordinariums der Eisenbahn mehr erforderlich wäre, würde für „werbende Anlagen"[2]) aufgenommen und daher dem Staatskredit nicht so abträglich sein wie ein Vorschuß auf ungedeckte dauernde Ausgaben des Staats.

Wäre auf solche Vorschläge eingegangen, so war die Staatseisenbahn mit ihren einmaligen und außerordentlichen Ausgaben wieder völlig

---

[1]) Mit Rücksicht auf den gestiegenen Wert des Grund und Bodens und die gute Rente der Staatsbahn sowie auf die mannigfachen im Anlagekapital nicht enthaltenen Verbesserungen — latente Reserven — (vgl. S. 294) wird von den Verteidigern der Bestreitung des Extraordinariums aus Anleihen statt des statistischen Anlagekapitals (11 Milliarden) ein Verkaufswert von 15—20 Milliarden angenommen.

[2]) Als „werbende Anlage" kann allerdings nicht jeder Erweiterungsbau angesehen werden, z. B. der Umbau eines Empfangsgebäudes, der hauptsächlich aus Rücksichten der Annehmlichkeit erfolgt. Allein die meisten Erweiterungen werden durch verstärkten Verkehr nötig gemacht, ebenso jede Vermehrung der Betriebsmittel.

auf Anlehen angewiesen, die regelmäßige Speisung des Ausgleichfonds ausgeschlossen, eine fortschreitende Belastung der Betriebseinnahmen mit den Zinsen für vermehrte Eisenbahnschulden eröffnet und damit ein sicheres allmähliches Herabgehen der Eisenbahnrente eingeleitet. Da zugleich in der unbeschränkten Ablieferung des Reingewinnes der Eisenbahn für andere Staatszwecke ein verstärkter Antrieb zur „Begründung dauernder Ausgaben auf schwankende Einnahmen" gegeben war, so hätte das finanzielle Gefüge des Staats eine erhebliche Schwächung erfahren.

Auf starke Finanzen hat das vielbedrohte Preußen stets halten müssen. Ein Herabgehen der Eisenbahnrente würde die Gefahr einer neuen Tariferhöhung, wie im Jahre 1874, für unseren Verkehr heraufbeschwören, da der Staat mit Steuern den Ausfall nicht würde ausgleichen wollen und können. Das Sinken der Eisenbahnrente wegen Überlastung mit Schulden ist um so mehr zu scheuen, als die Höhe der Erträge, wie bei jedem anderen Gewerbe, auch durch Krieg, innere Unruhen, Wettbewerb anderer Völker und Beförderungs-Einrichtungen, Niedergang der wirtschaftlichen Arbeit usw. geschwächt werden kann. Wird dagegen nach der neuen Regelung von der Eisenbahnschuld mehr und mehr abgeschrieben und der Ausgleichsfond leistungsfähig gemacht, so eröffnet sich, wenn unser Land in seiner jetzigen Blüte bleibt, neben langsam wachsender Eisenbahnrente des Staats und gleichmäßig fortschreitendem Ausbau des Netzes die Hoffnung, daß die Einnahmen der Staatseisenbahn einmal eine wirkungsvolle Herabsetzung der Gütertarife und damit eine dann vielleicht sehr nötige Förderung der gewerblichen Arbeitskraft in unserem Volke zulassen werden (vgl. S. 297). Um dieser Zukunft willen ist in hohem Grade wünschenswert, daß die Vorsicht, welche in der neuen Regelung des Reinüberschusses der Staatseisenbahn waltet, niemals außer Augen gelassen wird.

II. Wirtschaftsdienst. Rechnungswesen. Entsprechend den hergebrachten Rechnungsformen der preußischen Staatsverwaltung leiten die Eisenbahndirektionen als Provinzialbehörden den Rechnungsdienst und legen die Jahresrechnung der Oberrechnungskammer vor, welche diese nach Prüfung dem Abgeordnetenhause zur Erledigung überreicht.

Von jeher sind aber Erleichterungen gegenüber den allgemeinen Anforderungen der Rechnungsaufsicht im Hinblick auf die Besonderheiten des Eisenbahnbetriebes zugestanden worden. Die Feststellung der Verkehrseinnahmen erfolgt mit Rücksicht auf die Mannigfaltigkeit und Beweglichkeit der Tarife im wesentlichen auf Grund der Arbeiten der eigenen Verkehrskontrollen durch die Eisenbahndirektionen[1]). Bei Er-

---

[1]) Verkehrskontroll-Ordnung vom 1. Januar 1909. Verwaltungsvorschriften S. 209 ff.

ledigung der Entschädigungsansprüche und Rückvergütungen aus dem Verkehr ist gestattet, nach Brauch im Erwerbsleben und nach Billigkeit zu verfahren, so daß es der Rechtfertigung solcher Ausgaben nach strengen Rechtsgrundsätzen nicht bedarf[1]). Seit langen Jahren, insbesondere seit der Organisation der Staatseisenbahnverwaltung, ist im wachsenden Maße die Feststellung von Rechnungen über regelmäßig wiederkehrende kleinere Ausgaben, wie Löhne und dgl. den Eisenbahndirektionen von der Oberrechnungskammer überlassen (delegiert).

Zu diesem Behuf ist das Rechnungsbureau, eines der zentralen Bureaus der Eisenbahndirektionen mit besonderen Revisionsbeamten ausgestattet und für die darin erfolgende Erledigung der Rechnungen der Leiter des Bureaus, der seit der Organisation von 1895 als Rechnungsdirektor höherer Beamter geworden ist, verantwortlich gemacht. Die Oberrechnungskammer begnügt sich in weitem Umfange damit, die von der Direktion behandelten Rechnungen stichweise zu prüfen[2]).

Das ganze Kassen- und Rechnungswesen wickelt sich schnell und sicher ab. Defekte sind selten und treten nach den getroffenen Einrichtungen regelmäßig bald zutage. Die Kassenführung und Rechnungslegung ist soweit vereinfacht, als die Übersichtlichkeit der Buchungen und die Regelmäßigkeit des Geschäftsganges erlaubt, die auch bei vollkommen vertrauenswürdigen Beamten, wie sie der Staatsbahn zur Verfügung stehen, notwendig ist, um die Ordnung aufrecht zu erhalten.

Wirtschaftlichkeit. Die wirtschaftliche Führung des Betriebes beruht auf der umsichtigen Gestaltung und Beschaffung der Anlagen und sonstigen technischen Mittel (vgl. S. 236 f.), sowie in der zweckmäßigen Auswahl und Verwendung der Beamten und Arbeiter (vgl. S. 275 f.). An dieser Aufgabe, für welche die „Wirtschaftsordnung" Richtlinien angibt[3]), sind alle Bediensteten beteiligt; sie ruht aber in erster Stelle bei den leitenden Beamten, unter welchen wiederum die Etatsräte der Direktionen (vgl. S. 156 f.) und des Ministeriums alle Gesichtspunkte für wirtschaftliche Bestrebungen zu sammeln und aufzuklären haben.

---

[1]) Übereinkommen betreffend die Behandlung der Reklamationen aus dem Personen-, Gepäck- und Güterverkehr.

[2]) Geschäftsanweisung für die Rechnungsdirektoren v. 1. Juli 1910, VV. S. 63. § 1. Der Rechnungsdirektor ist .... ständiger Vertreter des Etatsrates und Abnahmekommissar der Ober-Rechnungskammer; § 4, auch bei der Abnahme der Jahresrechnungen. § 2. Er wacht über die Kassen- und Rechnungsgeschäfte der Eisenbahn-Hauptkasse, der Bureaus, Verkehrskontrollen und äußern Dienststellen, ferner über die Revisionen der Kassen, Materialien und Geräte.

[3]) Die „Wirtschaftsordnung" ist ein Teil der weitschichtigen „Finanzordnung", welche alle Zweige des Kassen-, Rechnungs- und Wirtschaftswesens in der Staatseisenbahnverwaltung regelt und von Zeit zu Zeit neu herausgegeben wird, um in bequemer Form die Neuerungen allen Beamten zugänglich zu machen.

Die ersteVorbedingung für die wirtschaftliche Tätigkeit ist, daß jeder Beamte über seinen und seiner Untergebenen dienstlichen Bereich völlig Bescheid weiß. Dies wird durch die jedem Gliede der Verwaltung zugänglich gemachten Ordnungen, Dienstanweisungen, Diensteinteilungen erreicht[1]).

Außerdem werden die Ämter gehalten, am Anfang des Etatsjahres über die Verwendung ihrer Baumittel planmäßig zu verfügen sowie in einem „Kopfetat" nachzuweisen, daß sie mit den ihnen zugeteilten Beamtenstellen und Lohnsummen auskommen; endlich wird in vierteljährlichen Wirtschaftsberichten der Ämter an die Direktion, der Direktionen an den Minister dargestellt, inwieweit die Etatsummen für die Ausgaben reichen.

Erträge. Der rechnerische Maßstab für die Wirtschaftsführung ist das Verhältnis der Betriebsausgaben zu den Betriebseinnahmen, der Betriebskoeffizient sowie die Rente vom verwendeten Anlagekapital (vgl. Anm. 2 S. 296) Der Betriebskoeffizient zeigt bei der preußischen Staatsbahn, wie bei allen großen verkehrsreichen Bahnen, eine steigende Richtung. Wenn er auch nach Jahren sinkenden Verkehrs und der darauf folgenden Beschränkung der Ausgaben (vgl. S. 293) wieder fiel[2]), so ist er doch in der Zeit von 1895 bis 1910 allmählich von 56 % auf 67 % hinaufgegangen.. Der Betriebsüberschuß hat aber mit einigen Schwankungen (vgl. Anm. 1 S. 296) noch immer annähernd die gleichen Prozente vom durchschnittlichen Anlagekapital abgeworfen, da durch Mehrverkehr die höheren Aufwendungen gedeckt werden.

Wird die preußisch-hessische Staatsbahn in diesen Erträgen (vgl. Anm. 1 S. 300) und den Betriebsleistungen, aus denen sie entspringen, mit anderen deutschen und fremden Bahnen verglichen, so tritt deutlich hervor, wie erfolgreich ihre Wirtschaftsführung ist[3]).

Nach den Ergebnissen des Jahres 1909 steht der Betriebs-Koeffizient der preußischen Staatsbahn mit 68,18 % erheblich niedriger wie bei den anderen deutschen Staatsbahnen (Baden 75,21 %, Sachsen 73,85 %), bei den österreichischen Staatsbahnen (81,85 %), bei dem Gesamtnetz der deutschen Vereinsbahnen (80,74 %), bei der niederländischen Staats-

---

[1]) Die Finanzordnung (vgl. Anm. 3 S. 303), die Verwaltungsvorschriften, planmäßige Sammlungen aller Dienstanweisungen werden in großem Umfange an die Bediensteten hinausgegeben.

[2]) Im Jahre 1901, in welchem der Ertrag des Güterverkehrs gegen 1900 von 922 auf 884 Millionen Mark zurückgegangen war, stieg der Betriebskoeffizient auf 63,56 % von 61,02 % im Vorjahr und fiel im Jahre 1903 auf 61,72 %. Im Jahre 1908 bei 1244 Millionen Mark Einnahme aus dem Güterverkehr gegen 1296 Millionen im Jahre 1907, hob sich der Betriebskoeffizient auf 74,62 gegen 69,68 % im Vorjahre und fiel bis zum Jahre 1910 auf 67,27 %. Betriebsbericht für 1910, S. 248.

[3]) Die Ziffern sind aus statistischen Mitteilungen des Ministeriums vom Mai 1912, S. 220 ff. entnommen.

eisenbahn-Betriebsgesellschaft (75,84 %), bei den skandinavischen Bahnen (75 bis 93 %). Niedriger ist der Betriebskoeffizient bei den belgischen Staatsbahnen 67,71%, bei den französischen Hauptbahnen 58,68%[1]) bei dem Gesamtnetz von Großbritannien einschl. Irland 62,44 % und bei der Schweiz 67,26 %.

In den Prozenten des Betriebsüberschusses für das Anlagekapital steht die preußische Staatsbahn allen genannten Bahnen mit 5,76 % weit voran. Nur die deutschen Privatbahnen und die Schweiz kommen noch bis 4 und 4,01 % [2]).

In der Einnahme aus dem Güterverkehr mit 36 000 M für 1 km bleibt die preußische Staatsbahn nur hinter der Reichsbahn (mit 42 000 M., Frankreich dagegen 18 000, Großbritannien 32 000 M.) zurück, in der Einnahme aus dem Personenverkehr mit 16 277 M. für 1 km hinter Baden, Sachsen, der Schweiz mit etwa 17 000 und namentlich Großbritannien mit 27 384 M.

An geleisteten Personenkilometern für 1 km mit 675 023 wird die preußische Staatsbahn nur von der belgischen Staatsbahn mit 940 370 und an gefahrenen Gütertonnenkilometern für 1 km mit 953 976 von der Reichsbahn mit 1 248 995 übertroffen[3]).

Die preußisch-hessische Staatsbahn verdankt ihre guten Erträge neben einem mäßigen Anlagekapital (vgl. S. 35) ihrem hochentwickelten Verkehr und der Anpassung der Betriebsausgaben an diesen Verkehr.

Vierunddreißigster Abschnitt.

Beiräte der Staats-Eisenbahnverwaltung.

Ältere Zeit. Privatbahnen haben den Beirat aus gewerblichen Kreisen, welcher für ein Erwerbsunternehmen nützlich ist, in ihren Aufsichtsräten[4]). Von jeher ist es außerdem bei den deutschen Bahnen,

---

[1]) Die Nebenbahnen, welche in der Angabe für Frankreich fehlen, in dem preußischen Staatsnetz aber fast ein Drittel der Streckenlänge ausmachen, haben bei schwächerem Verkehr verhältnismäßig hohe Betriebsausgaben.

[2]) Die badische Staatsbahn bringt 2,95% Rente auf, die bayrische (rechtsrheinisch) 3,82 %, die württembergische 2,94 %, die sächsische 3,83 %, die Reichsbahn 3,83 %, die österr. Staatsbahn 2,11 %, die belgische 3,37 %, die französischen Hauptbahnen 3,99 %, das englische Netz 3,44 %.

[3]) Für Großbritannien liegen Ziffern nicht vor; auf 1 km der französischen Hauptbahnen sind durchschnittlich im Jahr 405 667 Personenkilometer und 537 968 Gütertonnenkilometer geleistet.

[4]) Die vom Staat verwalteten Privatbahnen, die Oberschlesische und die Bergisch-Märkische Bahn, legten nach Maßgabe ihres Vertrags mit dem Staat den Deputationen ihrer Aktionäre wichtige Bau- und Betriebsfragen zur Beschlußfassung oder Begutachtung vor.

auch den vom Staat verwalteten, üblich gewesen, vor Erledigung von wichtigen Fragen des Baus, des Fahrplans und Tarifs Sachverständige aus den beteiligten Kreisen zur Mitberatung heranzuziehen.

Als mit der Ausdehnung des Staatseisenbahnbesitzes die wirtschaftlichen Entscheidungen eine allgemeine Bedeutung annahmen und mehr und mehr von der Zentralstelle abhängig wurden, trat das Bedürfnis auf, dem sachverständigen Beirat bestimmte Formen zu geben und damit eine nach außen verwertbare Unterlage für die Entschließungen der Verwaltung zu gewinnen. Die Beratungen des Eisenbahnetats und der Eisenbahnanleihegesetze im Landtage bieten zwar die Gelegenheit zu allseitiger Besprechung der Eisenbahneinrichtungen, aber nicht die Muße für eingehende Erörterung einzelner wichtiger und insbesondere räumlich beschränkter Fragen. Die ständige Tarifkommission mit ihrem Verkehrsausschuß und die Generalkonferenz der deutschen Eisenbahnen ist nur zur Fortbildung des Tarifsystems ermächtigt. (vgl. S. 77). Für die Eisenbahnverwaltung kommt es darauf an, sowohl bei den Provinzialbehörden wie bei der Zentralstelle Sachverständige zur Hand zu haben, die gestützt auf das Vertrauen der Erwerbskreise gemeinsam ein Gutachten von Gewicht über Eisenbahnbedürfnisse des Bezirks oder des Landes erstatten können.

Vertreter wirtschaftlicher Korporationen. Nachdem zuerst im Jahre 1874 in den Reichslanden Elsaß-Lothringen bei der Generaldirektion der Eisenbahnen in Straßburg ein Eisenbahnausschuß von Vertretern der Handelskammern, später auch von landwirtschaftlichen und industriellen Korporationen errichtet war, ordnete der preußische Minister für Handel, Gewerbe und öffentliche Arbeiten die gleiche Einrichtung im Jahre 1878 bei den Staats- und vom Staat verwalteten Privatbahnen an[1]). Zu gleicher Zeit gingen die übrigen deutschen Staatsbahnverwaltungen damit vor.

Im Anschluß an eine 1879 bei der ersten Verstaatlichung vom Landtag gefaßte Resolution, wonach die Zuziehung von Beiräten als „wirtschaftliche Garantie" für eine verkehrsgemäße Verwaltung gefordert war, erging 1882 in Preußen ein besonderes Gesetz, durch welches Bezirkseisenbahnräte bei jeder Staatsbahndirektion oder bei mehreren vereinten Direktionen und ein vom Minister der öffentlichen Arbeiten einzuberufender Landeseisenbahnrat eingesetzt wurden[2]).

Bezirkseisenbahnräte. Landeseisenbahnrat. Diese Beiräte bestehen aus Vertretern des Handelsstandes, der Industrie, der Land- und

---

[1]) Erlaß vom 27. Juni 1878.

[2]) Gesetz betr. die Einsetzung von Bezirkseisenbahnräten und eines Landeseisenbahnrats für die Staatseisenbahnverwaltung vom 1. Juni 1882, GS. S. 313, abgeändert durch Gesetze vom 15. Juni 1906 (GS. S. 321) und vom 15. Juni 1910, GS. S. 89.

Forstwirtschaft, die auf 5 Jahre für die Bezirkseisenbahnräte von den durch den Minister für öffentliche Arbeiten, für Handel und für Landwirtschaft bestimmten Korporationen und Vereinen gewählt, für den Landeseisenbahnrat teils von den Bezirkseisenbahnräten aus ihrem Gebiet gewählt, teils von den genannten drei Ministern berufen werden; der Landesherr ernennt den Präsidenten des Landeseisenbahnrats. In ihren regelmäßigen Sitzungen behandeln die Bezirkseisenbahnräte wichtige Fragen des Bezirks oder mehrerer Bezirke, besonders für Fahrplan und Tarif, der Landeseisenbahnrat allgemeine Angelegenheiten der Beförderung[1]); die mindestens zweimal jährlich stattfindenden Verhandlungen des letzteren werden dem Landtag vorgelegt.

Anordnungen über Angelegenheiten ihrer Zuständigkeit, über welche die Beiräte vorher nicht gehört sind, werden ihnen beim nächsten Zusammentritt mitgeteilt. Etwaigen Tariferhöhungen, welche die Beiräte durch ihr „Gutachten" nicht zu hindern vermögen, ist zugleich eine neue Schranke gezogen, indem sie an die Genehmigung durch Gesetz gebunden sind, „soweit sie nicht zum Zwecke der Herstellung der Gleichmäßigkeit der Tarife oder infolge von Änderungen des Tarifschemas vorgenommen werden"[2]).

Die Verhandlungen der Bezirkseisenbahnräte über den Personenzugfahrplan haben sich für dessen Gestaltung nützlich erwiesen, da sie die Wünsche der Bevölkerung zum Ausdruck bringen. Besonders gründlich, oft unter Zuziehung von Sachverständigen, werden die Tariffragen behandelt und alle Fäden der verwickelten Herstellungs- und Wettbewerbsverhältnisse auf das Eingehendste klar gelegt. Die hier geführten Untersuchungen besitzen einen dauernden Wert, auch wenn die Verwaltung hie und da nicht den Beschlüssen der Beiräte folgt.

---

[1]) Gesetz (Anm. 2 S. 306) § 14. Dem Landeseisenbahnrat sind zur Äußerung vorzulegen:
1. die dem Entwurf des Staatshaushalts beizufügende Übersicht der Normaltransportgebühren für Personen und Güter,
2. die allgemeinen Bestimmungen über die Anwendung der Tarife (Allgemeine Tarifvorschriften nebst Güterklassifikation),
3. die Anordnungen wegen Zulassung oder Versagung von Ausnahme- und Differentialtarifen (unregelmäßigen Tarifen),
4. Anträge auf allgemeine Änderungen des Betriebs- und Bahnpolizeireglements, soweit sie nicht technische Bestimmungen betreffen.

Auch hat der Landeseisenbahnrat in allen wichtigeren Fragen für das öffentliche Verkehrswesen der Eisenbahnen auf Verlangen des Ministers der öffentlichen Arbeiten sein Gutachten zu erstatten und kann darüber auch Anträge stellen oder Auskunft fordern.

§ 21. Die Mitglieder der Beiräte erhalten für die Sitzungen freie Fahrt, der Landeseisenbahnrat auch Diäten von 15 M.

[2]) Gesetz (Anm. 1 oben) § 20 bezieht sich nur auf die Normaltransportgebühren für die einzelnen Güterklassen, nicht auf die Ausnahmetarife und behält außerdem die verfassungsmäßige Tarifbefugnis des Reiches vor.

Zusammensetzung und Zuständigkeit der Beiräte ist bei den Staatsbahnen in Bayern, Sachsen, Württemberg, Baden, Oldenburg, Mecklenburg ähnlich wie in Preußen geordnet.

Sonstige Befragung von Sachverständigen. Neben den gesetzlichen Beiräten werden Sachverständige aus dem Großgewerbe vom Zentral-Eisenbahnamt über die zu erwartende Zunahme des Güterverkehrs und die danach einzurichtende Bestellung der Betriebsmittel in einer jährlich einberufenen Versammlung gehört und auch sonst für wichtige Einzelfragen die beteiligten wirtschaftlichen Kreise um Auskunft angegangen.

Arbeiterausschüsse. Nachdem die Reichsgewerbeordnung Arbeiterausschüsse für Werkstätten empfohlen hatte[1]), wurden solche auf Anordnung des Ministers für die größeren Werkstätten der Eisenbahnverwaltung eingeführt. Sie haben sich für Fragen der örtlichen Arbeitsordnung, der Wohlfahrt bewährt und kommen auch in Lohnangelegenheiten zu Wort, bei welchen aber die Entscheidung meist von allgemeineren Erwägungen abhängt. Ein Zusammentreten mehrerer Arbeiterausschüsse wird nur soweit gestattet, als die Verwaltung es bei einzelnen Sachen für zweckmäßig hält[2]).

Später sind Ausschüsse auch für die Arbeiter größerer Stationen, Abfertigungsstellen und Bahnmeistereien gebildet und bringen für die an solchen Punkten vereinigten Massen die Wünsche und Bedürfnisse den unmittelbaren Vorgesetzten zur Kenntnis.

Beamtenausschüsse. Die zahlreichen Vorschriften für die Staatseisenbahnbeamten und ihre 85 verschiedenen Gattungen (vgl. Anm. 3, S. 240) gehen aus Beamtenhänden hervor und werden fast nie ohne eingehende Rückfragen bei denjenigen Bediensteten aufgestellt, für welche sie gelten sollen. Besonders ernannte Kommissionen bereiten größere Arbeiten vor. Eine Beratung in gewählten Ausschüssen würde diese Angelegenheiten nicht besser und meist nicht schnell genug erledigen, abgesehen davon, daß es schwer sein würde, für die nach Zahl und Bedeutung sehr verschiedenen Gattungen von Beamten eine Vertretung zu finden, welche die nötige Sachkenntnis und das Vertrauen der Bediensteten in sich vereinigte. Zu der von einigen Seiten angeregten Bildung von Beamtenausschüssen ist es nicht gekommen.

---

[1]) Die Reichsgewerbeordnung, zuerst vom 21. Juni 1869 für den norddeutschen Bund, in letzter Fassung vom 26. Juli 1900 § 134 d, fordert obligatorisch Arbeiterausschüsse nur für den Bergbau, sonst fakultativ. Sie hat keine Geltung für Eisenbahnen § 6. Vgl. Anm. 3 S. 108.

[2]) Vgl. Anm. 3 S. 290. Die von der Verwaltung eingerichteten Arbeiterausschüsse können ebenso wenig wie die selbständigen Beamtenvereine, sich für berechtigt halten, durch Massenzusammenschluß einen Druck gegen die Verwaltung anzuwenden. wie an einzelner Stelle versucht ist.

Fünfunddreißigster Abschnitt.

Staatsbahn oder Privatbahn.

Leistungen des Unternehmungsgeistes einzelner. Der Unternehmungsgeist einzelner hat weit mehr als staatliches Bauen zur Entwicklung des Eisenbahnnetzes auf der Erde beigetragen[1]). Selbst das Drittel der gesamten Streckenlänge, welches jetzt aus Staatsbahnen besteht, ist zum großen Teile von Gesellschaften hergestellt und erst später in die Hände der Regierungen übergegangen.

Fälle, in welchen der Staatsbau notwendig oder unmöglich ist. Zum Staatsbau zwingen staatliche Notwendigkeiten überhaupt nur dann, wenn die Verteidigung des Landes Bahnverbindungen erheischt, die sonst nicht zu erhalten sind, wie bei verschiedenen deutschen Bahnen, oder wenn noch die Schwierigkeit, das Land zu verwalten und den Bewohnern Sicherheit zu gewähren hinzutritt, z. B. bei den asiatischen Bahnen Rußlands, dem britischen Staatsbahnnetz in Indien, bei den afrikanischen Kolonien. Auch da bleibt lediglich die Ausführung durch den Staat übrig, wo für die Erschließung des Landes mit Bahnen sich das Kapital nicht findet, wie in menschenleeren oder von armen Eingeborenen bevölkerten Strichen Australiens und Afrikas. Andererseits kann der Staatsbetrieb nicht in Frage kommen, wenn die Staatsgewalt so schwach ist, wie in manchen amerikanischen oder asiatischen Staaten, welche die Ausbeutung des Bahnverkehrs fremden Gesellschaften überlassen.

Wahl zwischen Staats- und Privatbetrieb der Bahnen. Die Frage, ob dem Staats- oder dem Privatbetriebe der Vorzug gebührt, wird erst möglich, wenn einerseits die Staatsgewalt machtvoll genug ist, um Bahnunternehmungen zu leiten, anderseits tüchtige Gesellschaften zur Verfügung stehen, welchen solche Aufgaben sich anvertrauen lassen.

Beide Voraussetzungen sind in den Staaten der alten Welt und Nordamerikas vorhanden. Es kann nicht bezweifelt werden, daß Großbritannien, welches ein Staatsbahnnetz in Indien, Australien und Afrika verwaltet, dazu auch im eigenen Lande fähig wäre, daß die Vereinigten Staaten von Amerika wie die Post auch Eisenbahnen in den Bundesdienst nehmen könnten, daß Frankreich, Brasilien, Argentinien nicht minder, wie jetzt mäßige Teile ihres Bahnnetzes, auch größere Strecken staatlich zu verwalten imstande sein würden.

Wenn trotzdem in den von altersher gewerbfleißigen und reichen Ländern angelsächsischer Zunge gar keine Staatsbahnen und in Frankreich im Gegensatz zu andern Staaten Europas nur wenige aufgekommen

---

[1]) Vgl. S. 31.

sind, so liegt der Grund nicht darin, daß dort die Staatsgewalt oder das Staatsbeamtentum unfähig wäre, das Bahnnetz zu leiten, sondern daß man dem Staate eine solche Aufgabe nicht anvertrauen will. Die Abneigung dagegen wurzelt ferner nicht in einer theoretischen Vorliebe für freihändlerische Lehren, auf Grund deren der staatliche Betrieb im Bahnverkehr zu verwerfen wäre. Hat freilich in England der Freihandel noch die Herrschaft, so bestehen doch hohe Schutzzölle schon lange in Frankreich und Nordamerika.

Entscheidung gegen Staatsbetrieb in parlamentarisch regierten Ländern. Die Ursache, warum trotz der günstigen Erfahrungen, welche mit der Staatseisenbahnverwaltung in Deutschland und anderswo gemacht sind[1]), die großen parlamentarisch regierten Staaten sich ablehnend gegenüber dem staatlichen Eisenbahnbetrieb verhalten, tritt deutlich hervor, wenn die Wirkungen des letzteren auf die Leitung von Staat und Volkswirtschaft betrachtet werden.

Einfluß des Beamtentums auf die Leitung des Staats. Ein Heer von einer Million Beamten und Arbeitern, welche im Dienst der deutschen Staatsbahnen stehen, bildet eine kraftvolle Stütze für den Staat, mit dessen Wohl und Wehe ihr Los unmittelbar verknüpft ist. In den Ländern, wo die Regierung unabhängig von dem Wechsel der Mehrheiten in der Volksvertretung fortgeführt wird, erscheint eine solche Verstärkung der Staatsmacht willkommen. Eine politische Beeinflussung der Bediensteten von seiten der Regierung zuungunsten der einen oder anderen Partei ist kaum zu befürchten. Der Verwaltung ist vielmehr mit Rücksicht auf die Dienstzucht und die Sicherheit des Betriebes daran gelegen, aufregende Streitigkeiten aus dem Kreise ihrer Beamten und Arbeiter fern zu halten[2]).

Wird die Regierung dagegen von der jeweiligen Mehrheit im Parlament besetzt, so ist die ihr von den Staatsdienern gewährte Unterstützung zugleich eine Stärkung für die Macht der herrschenden Partei. Je rücksichtsloser diese den Einfluß benutzt, den sie auf ihre Untergebenen auszuüben vermag, desto größere Vorteile gewinnt sie unter Umständen für ihre politische Stellung.

In den Vereinigten Staaten von Amerika wechseln die Beamten bei einer großen Anzahl von Stellungen mit der regierenden Partei[3]). Diese umfangreichen Veränderungen beeinträchtigen im Postdienst in empfindlicher Weise die Regelmäßigkeit der Verwaltung. Wegen der hierbei gemachten Erfahrungen ist das Telegraphenwesen noch bis heute in der Hand von Privat-Gesellschaften belassen. Für den schwierigen, gefahrvollen Betrieb der Eisenbahnen würde ein politischer

---

[1]) Vgl. S. 304.
[2]) Vgl. S. 242 f.
[3]) Nach dem Spruch: Dem Sieger die Beute.

Wechsel der Beamten die nachteiligste Wirkung haben. Der Verstaatlichung der Bahnen müßte in Nordamerika unzweifelhaft die vielbesprochene Reform des civil service vorangehen, wonach die Staatsbeamten fachmännisch ausgebildet und fest angestellt werden sollen. Aber auch wenn infolgedessen die Bahnbediensteten von den Änderungen in der Regierung unberührt gelassen würden, wäre es unausbleiblich, daß sie in den Kampf um die Herrschaft im Lande zum Schaden des Dienstes stark hineingezogen würden, und wahrscheinlich, daß sie gern der Partei ihre Stimmen geben, welche eine feste Führung des Staates sichert.

Die Freunde eines parlamentarischen Regierungswechsels werden daher geneigt sein, in dem Anschwellen des Staatsbeamtentums, wie es mit der Verstaatlichung der Eisenbahnen in umfangreichster Weise eintritt, eine Gefahr für ihr System zu erblicken, welches hinfällig wird, sobald eine herrschende Partei willens und imstande ist, ein dauerndes Regiment einzuführen. Andererseits sind die Bediensteten großer Eisenbahn-Gesellschaften zuverlässige Hilfstruppen für die mit diesen Gesellschaften in Verbindung stehenden politischen Führer und gehören zu den sichersten Stützen parlamentarischer Macht[1]).

Einfluß der Staatseisenbahnverwaltung auf die Leitung der Volkswirtschaft. Nicht minder fällt der Einfluß ins Gewicht, welchen der Staat durch die Eisenbahnverwaltung auf die Leitung der Volkswirtschaft gewinnt.

Macht großer Eisenbahn-Gesellschaften. Die großen Eisenbahn-Gesellschaften, welche sich überall bilden, wo der Staatsbetrieb nicht vorherrscht, sind jede für sich allein und noch mehr in ihrer Gesamtheit gewichtige Vertreter des von ihnen versorgten Verkehrs und wohl imstande, auf Grund ihrer Kenntnis und mit ihren geschäftlichen Verbindungen die eigene Meinung gegenüber der Regierung zur Geltung zu bringen. In parlamentarisch regierten Staaten üben sie um so stärkeren Einfluß, als ihre Direktoren, Aufsichtsräte und sonstigen Vertreter vielfach Mitglieder in den Landesversammlungen sind[2]).

---

[1]) Vor der Verstaatlichung machte sich auch in Deutschland der politische Einfluß, welchen die größeren Eisenbahngesellschaften mittelst ihrer Bediensteten übten, deutlich bemerkbar, in der Zeit des Konfliktes zwischen Bismarck und der Mehrheit des Abgeordnetenhauses meist im Gegensatz zu der aufwärts strebenden Politik der Regierung.

[2]) Für England wird in dem regelmäßig erscheinenden Führer (manual) für Eisenbahnaktionäre besonders als „Railway interest in parliament" ein Verzeichnis der zahlreichen Mitglieder der houses of commons and lords gegeben, welche den Direktionen und Aufsichtsräten der Eisenbahn-Gesellschaften angehören. Diese sind ebenso in den Behörden und gesetzgebenden Körperschaften von Frankreich und den Vereinigten Staaten von Amerika vertreten. Gegen den Willen der Eisenbahngesellschaften ist ein Gesetz, welches sie für nachteilig halten, schwer durchzubringen.

Außerdem sind die Eisenbahn-Gesellschaften vielfach mit anderen Großgewerben teils durch Vereinigungen des Aktienbesitzes, in Aufsichtsräten und Direktionen, teils durch geschäftliche Beziehungen eng verknüpft. Ihre über weite Gebiete reichende Macht unterstützt die beherrschende Stellung, welche ohnedies der Großindustrie zufällt, und dient nicht bloß den besonderen Betriebszwecken der mit ihr verbundenen großgewerblichen Unternehmungen[1]), sondern auch deren allgemeinen Bedürfnissen auf dem Gebiet des Wirtschaftslebens und der Politik.

Die Regierung, welche sich nicht auf eigene Staatsbahnen stützen kann, ist im Streit über Fragen des Eisenbahnverkehrs nicht allein dem Einwande ausgesetzt, daß sie weniger davon verstehe, als die den Verkehr vermittelnden Gesellschaften. Sie sieht sich auch unmittelbar von den machtvollen Gruppen der Landesvertretung abhängig, in welchen die Eisenbahn-Gesellschaften maßgebenden Einfluß haben und gegen jede ihnen nicht zusagende Maßregel Widerstand heraufbeschwören. Die Unterwerfung der Regierung unter den Willen des Parlaments ist in Sachen des Verkehrs trotz aller Befugnisse, die in Gesetz und Konzessionen dem Staat vorbehalten sein mögen, nicht besser zu erreichen, als durch das Bestehen großer Eisenbahn-Gesellschaften.

Wirtschaftlicher Einfluß der Staatseisenbahnverwaltung. Wird dagegen die Regierung als Eigentümerin der Hauptbahnen berufen, den größten wirtschaftlichen Betrieb im Lande zu lenken, so ist ihre bestimmende Einwirkung in Fragen des Eisenbahnverkehrs gesichert. Die ihr dadurch gegebene Macht und Sachkenntnis wird ihr zugleich in anderen damit zusammenhängenden Wirtschaftsangelegenheiten, bei dem Wasserverkehr, bei Ansiedelungen, bei dem Zollwesen eine stärkere Stellung verschaffen. Die Regierung kann mit dem Besitz der Eisenbahnen in der Hand eher darauf rechnen, den leitenden Einfluß auf das Wirtschaftsleben im Lande zu gewinnen, während umgekehrt bei der Beherrschung der Eisenbahnen durch Gesellschaften diese Rolle sich nach der Seite der Parlamentsmehrheiten verschiebt.

Entscheidung, ob Staatsbahn oder Privatbahn. Die Frage, ob Staats- oder Privatbahn den Vorzug verdient, hängt für alle Länder mit festbegründeter Staatsmacht von der Meinung über den Wert parlamentarischer Regierung ab. Finanziell hat sich die eine wie die andere Form bewährt. Für die Entwicklung des Verkehrs dagegen gewährt die Staatsbahn den Vorteil, daß Bedürfnisse der Allgemeinheit ausschließlich bei allen Maßnahmen ausschlaggebend sein können, daß

---

[1]) Nicht leicht wird eine Eisenbahngesellschaft Tarife machen, welche ihr selbst zwar annehmbar wären, aber einem ihrer Großaktionäre oder Vorstände in seinen gewerblichen Unternehmungen Mitbewerb hervorrufen könnten.

jede Verbesserung durchgreifend für das ganze Staatsgebiet zur Einführung kommt, daß die erzielten Erträge dem ganzen Volke zufallen. Gesellschaften vermögen, wie die Erfahrung zeigt, die gleiche für das ganze Volk zweckmäßige Gestaltung des Bahnverkehrs nicht zu erreichen und verteilen ihre Erträge in ungleicher Art auf viele einzelne.

Der Besitz von Staatsbahnen kann bei geschickter Leitung auf die ganze wirtschaftliche Entwicklung des Volkes einen großen Einfluß haben, wie er mit Privat-Gesellschaften, auch wenn sie gut verwaltet sind, nicht erreichbar ist. Daß in Deutschland der Staatsbetrieb Geltung erlangt und Erfolg hat, ist dem in Jahrhunderten gewonnenen Vertrauen auf die fürstliche Gewalt zu danken. Ihre bewährte Führung bürgt dafür, daß auch in Zukunft sich die deutschen Staatsbahnen als eine Quelle wirtschaftlichen Segens für unser Land erweisen werden[1]).

Der Widerstand gegen den Staatsbetrieb in Frankreich, England und Nordamerika beruht hauptsächlich auf dem Wunsch, die machtvolle Stellung, welche die privaten Eisenbahnunternehmungen den gesellschaftlichen Einflüssen gewähren, unerschüttert zu lassen und damit eine wichtige Stütze für die Beherrschung der Regierung durch das Parlament zu behalten. Der private Besitz der Eisenbahnen richtet zugleich einen Schutz dagegen auf, daß nicht unter den Wünschen der herrschenden Parteien der Fahrplan übermäßig ausgedehnt, der Tarif zu stark herabgesetzt und somit Rente und Leistungsfähigkeit der Eisenbahn in Gefahr gebracht wird.

In dem kleinen republikanischen Bundesstaat der Schweiz ist zum wesentlichen die Staatsbahnverwaltung durchgeführt. Ob dies auch in den großen Ländern parlamentarischen Regiments möglich sein und Erfolg haben wird, kann nur die Zukunft lehren. Bis dahin bildet der Staatsbahnbesitz einen wirtschaftlichen Vorsprung, den in Europa unter den großen Ländern nur die monarchisch regierten haben[2]).

---

[1]) Auch in Rußland hat sich die Verstaatlichung bewährt. In den Verhandlungen über den Entwurf zum Reichsbudget 1912 erkennt die Reichsduma den glänzenden Erfolg der Staatseisenbahnen, welche im J. 1911 197 Millionen Rubel Ertrag gebracht haben, während 1908 noch die Zinsen der Eisenbahnanleihen völlig ungedeckt blieben, mit lebhafter Freude an. Archiv für Eisenbahnwesen 1912, S. 977.

[2]) Acworth, bedeutender Eisenbahnschriftsteller, Bulletin des internationalen Kongreß-Verbandes 1912, S. 279 erklärt in einem diesjährigen Vortrage, daß für England die Frage der Verstaatlichung nahe getreten sei, nachdem der „Wettbewerb als treibende Kraft" aufgehört habe, wirksam zu sein: Die Eisenbahngesellschaften dürften nicht in eigener Sache unkontrollierte Richter bleiben. Wenn der Wettbewerb auf andere Weise, als durch Verstaatlichung ersetzt werden könnte, würde er „sehr erstaunt" sein.

Sechsunddreißigster Abschnitt.

Deutsche Staatsbahnen oder Reichsbahn.

Bundesstaatliche Vielgestaltigkeit der Eisenbahnen in Deutschland. Die staatliche Verwaltung der Eisenbahnen hat sich in Deutschland stärker durchgesetzt, als in irgend einem andern großen Staate[1]). Aber die Eisenbahnen gehören nur zu einem kleinen Teil dem Reiche, vielmehr hauptsächlich den einzelnen Staaten, welche durch die Aufsicht des Reichs nur in mäßigem Grade beschränkt werden (vgl. S. 131). Der im Reich vereinigte Bundesstaat besitzt Bahnen lediglich in den Reichslanden Elsaß-Lothringen. Von den übrigen 25 deutschen Staaten haben 7 Staatsbahnen[2]). Das Königreich Sachsen betreibt die Bahnen in Sachsen-Altenburg und zum Teil in Reuß älterer Linie, Preußen in den übrigen kleineren Staatsgebieten. In Hessen und zum Teil in Baden werden die diesen Staaten gehörigen Bahnen durch Preußen auf Grund eines Gemeinschaftsvertrages verwaltet; in den andern Staaten ist Preußen Eigentümer der von ihm betriebenen Bahnen[3]).

Die Staatsbahnverwaltung ist in Deutschland ebenso verschiedenartig gestaltet, wie die Post, die Militärverwaltung, das Gesandtschafts-, das Universitätswesen u. a. mehr[4]). In der Natur des Bundesstaats liegt es, daß die Gliederung des Reichs in manchen Dingen keine einheitliche ist. Da die Bundesglieder an Ausdehnung und Bevölkerungszahl sehr verschieden sind, so weichen naturgemäß auch die Machtbefugnisse der einzelnen Staaten weit von einander ab. In der gegenwärtigen Regelung der deutschen Bahnverhältnisse kann also gewiß kein Widerspruch mit der Reichsverfassung und dem Bundesrecht gefunden werden.

Reichseisenbahnwünsche. Trotzdem taucht immer von neuem der Plan auf, welchen einige Jahre nach der Gründung des Reichs Fürst Bismarck verfolgte, die Bahnen in den Besitz des neuen Bundes zu bringen, wie dies nachher in der Schweiz zum Teil geschehen ist[5]). Er hat Anhänger

---

[1]) Vgl. Anl. I zu S. 31. Deutschland hat Staatsbahnen zu 91% der Gesamtbahnlänge, Italien zu 83%, Österreich-Ungarn zu 80%, das europäische Rußland zu 60%.

[2]) Preußen, Sachsen, Bayern, Württemberg, Baden, Mecklenburg, Oldenburg.

[3]) Bei obigen Angaben wird von den Grenzstrecken abgesehen, für welche besondere von der örtlichen Anlage abhängige Abmachungen überall gelten.

[4]) Neben der Reichspost bestehen besondere Posten in Württemberg und Bayern. Bayern, Sachsen, Württemberg haben besondere Kommandobehörden, die anderen Staaten gehören zum preußischen Kontingent. Die genannten Staaten halten im Auslande Gesandtschaften, andere nur bei gewissen deutschen Staaten, manche gar keine. Universitäten befinden sich nur in einem Teil der Staaten u. s. f.

[5]) Vgl. S. 29.

in Württemberg, dessen Staatsbahnverwaltung sich zwischen den umschließenden größeren süddeutschen Nachbarn eingeengt fühlt und in den kleineren Staaten, die keine Bahnen besitzen. Verkehrtreibende versprechen sich von der Vereinheitlichung der deutschen Bahnen eine Vereinfachung, Einschränkung der Betriebskosten und infolgedessen Verkehrserleichterung. Besonders erhebt sich der Ruf nach Reichsbahnen, wenn unter den bahnbesitzenden Staaten Meinungsverschiedenheiten über Tarifsätze, Verkehrsleitungen, Fahrpläne entstehen und sich zeigt, daß eine einheitliche Spitze für die Entscheidung darüber fehlt[1]).

Sind nun die Gründe, welche für die Durchführung des Reichsbahngedankens sprechen, gewichtig genug, um ihn weiter zu verfolgen? Und auf welchem Wege würde er verwirklicht werden können?

Gründe gegen Reichseisenbahnen. Deutschland besitzt, wie die Gegner von Reichseisenbahnen hervorheben, eine einheitliche Klassifikation für den Güterverkehr und einheitliche reglementarische Bestimmungen für Personen- und Gütertarif, eine weitgehende Übereinstimmung in den Tarifsätzen und die Möglichkeit, sich im Bundesrat oder unter den wenigen bahnbesitzenden Staaten über Eisenbahnfragen in einfachen Formen zu verständigen. Die Vereinigung des Eisenbahnbesitzes beim Reich würde, so wird geltend gemacht, die Selbständigkeit der Einzelstaaten weiter schwächen und sie hindern, ihre besonderen Bedürfnisse durch eigene Maßregeln, wie bisher, zu pflegen.

Von diesem Standpunkt aus wird angenommen, daß die Gemeinschaftlichkeit der deutschen Eisenbahneinrichtungen schon bis zu einem befriedigenden Grade gediehen sei und daß ein weiterer Fortschritt sich bei dem jetzigen Zustande des Bahnnetzes auf einem allerdings umständlicheren, aber auch gangbaren Wege ohne weitere Vereinheitlichung erreichen lasse. Der Vorteil selbständigen Handelns, welchen noch die einzelnen Staatsbahnverwaltungen besitzen, wird besonders in Preußen hoch geschätzt, dessen ausgedehnte und wohlabgerundete Strecken ihm gestatten, Verkehrsmaßregeln in großem Maßstabe allein durchzuführen und auch gegnerischen Bestrebungen allein mit Erfolg entgegenzutreten. Da ferner das finanzielle Erträgnis bei der preußischen Staatsbahn dauernd günstig war und die Rente der übrigen deutschen Staatsstrecken nicht unerheblich übertrifft, so ist die Neigung, den eigenen Bahnbesitz zugunsten des Reichs aufzugeben, in Preußen heut zweifellos geringer, als zur Zeit, da vor 36 Jahren dieser Staat sich durch Gesetz bereit erklärte, seine Bahnen an das Reich zu übertragen[2]).

Gründe für Reichseisenbahnen. Es ist zuzugeben, daß den tatsächlich geschaffenen Zuständen gegenüber zugunsten der Reichseisenbahnen

---

[1]) Vgl. S. 209 Anm. 2, S. 214.
[2]) Vgl. S. 305 S. 28.

nur Gründe von Erfolg sein können, welche aus den Daseins-Bedingungen des Reichs selbst geschöpft werden. Kleinere Vorteile würden nicht ausreichen, um die Einzelstaaten zu einer weiteren Einschränkung ihrer Eigenmacht zu bestimmen.

Zollverein. Blicken wir auf die Entstehung des Reichs zurück, so ist der 1834 geschaffene Zollverein die erste, in den nachfolgenden Zeiten staatlicher Kämpfe immer wieder festgehaltene Grundlage des neuen Bundesstaates gewesen. Auf dem deutschen Boden, der durch natürliche Grenzen nicht hinlänglich abgeschlossen wird, ist die Notwendigkeit, durch wirtschaftliche Einrichtungen das Gefühl staatlicher Zusammengehörigkeit zu stärken, dringender, als in England, Nordamerika, Frankreich, Rußland, Italien, Spanien. Dadurch, daß die verbundenen deutschen Stämme gemeinsam unter gleichen Bestimmungen und nach gleichen Zielen arbeiten und einander in der wirtschaftlichen Arbeit stützen, wird nächst dem Schutze gegen Gewalt und Unrecht der Wert des heutigen Reichs jedem Angehörigen am meisten fühlbar. Religion, Sprache, Wissenschaft, Kunst sind gewiß höhere Güter, als die wirtschaftlichen; aber sie binden sich nicht an die Staatsgrenzen und Staatsformen. Das wirtschaftliche Dasein hängt dagegen eng zusammen mit der Scholle, auf der es wurzelt.

Wirtschaftliche Gesetzgebung des Reichs. Neben dem Zollwesen hat sich bereits im Gewerbe, in der Fürsorge für Arbeiter, Angestellte, in der Seeschiffahrt, Auswanderer- und in dem Kolonialwesen usw. eine Fülle gemeinsamer wirtschaftlicher Maßregeln entwickelt, welche im Sinne der großen Begründer den Verband des Reiches fruchtbar für die Bewohner und damit fester machen. Alle diese Fortschritte sind durch die Organe des Reichs zustande gekommen, während im Eisenbahnwesen entgegen der Absicht des Fürsten Bismarck die Entscheidung über wichtige Verkehrsfragen noch immer dem Spiel der Macht unter den einzelnen Staatsbahnverwaltungen anheimfällt. Im Gegensatz zu jenen wirtschaftlichen Gebieten, auf welchen die Anordnungen des Reichs und deren finanzielle Erträge jedem Gliede des Bundes zugute kommen, sind an den Einnahmen aus dem Bahnverkehr, bei denen ebenso wie dort die Arbeit Aller im Reiche mitwirkt, lediglich die bahnbesitzenden Staaten beteiligt.

Ungleichmäßigkeit der Maßnahmen im Eisenbahnverkehr. Die einseitige Entscheidung von Eisenbahnverkehrsfragen, sei es in Fahrplänen, sei es in Tarifen durch die Einzelstaaten, hat den Nachteil, daß dabei nicht alle Teile des Reichs gleichmäßig Berücksichtigung finden. Preußen sowohl wie die anderen deutschen Staatsbahnverwaltungen erwägen bei den Maßnahmen, welche sie für ihr Gebiet treffen, ob jede Provinz, jeder Bezirk, jede Stadt darin gleichmäßig bedacht werden, damit niemand sich über Bevorzugung anderer durch die große, gemeinsame Verkehrsanstalt zu beklagen hat. Auf die anderen Teile des Reichs können die Staaten zwar insofern bundesfreundlich achtgeben, als sie möglichst vermeiden, den Nachbarn zu schaden. Aber besondere Veranstaltungen zugunsten der Nachbarstaaten zu treffen, ist dem Einzelstaat nur möglich auf Grund von Vereinbarungen, die nicht immer zu erreichen sind, deren Abschluß für das als notwendig erkannte Vorgehen auf den eigenen Strecken sich nicht allemal abwarten läßt. Jedenfalls findet das Entgegenkommen für die Nachbarn eine Schranke in der Verantwortung gegenüber den eigenen Eingesessenen, welche allein die Lasten des Einzelstaates zu tragen haben.

Der gegenwärtige Zustand führt notwendig dazu, daß die Staatsbahn, auf welcher sich der Verkehr kräftig entwickelt und rentiert, ihren Abnehmern mehr an Erleichterungen, an Zügen, niedrigen Sätzen, Ausnahmetarifen, neuen Bahnen und Stationen und dergl. zu bieten vermag, als Bezirke, in welchen das weniger der Fall ist. Die preußische, die badische, die sächsische Staatsbahn und die Reichsbahn haben bedeutend höhere Einnahmen auf das Kilometer Bahnlänge als die bayrische und württembergische Staatsbahn und in Verbindung damit die letzteren eine bedeutend geringere Verkehrsbewegung[1]). Die preußisch-hessische Staatsbahn, welche zugleich bei weitem am besten rentiert, ist in der Lage, den schwächer entwickelten Gegenden in ihrem weiten Gebiet durch Verkehrsvorteile nachzuhelfen[2]) und kommt dank der wohltätigen Wirkungen dieser Begünstigung trotz ihrer ausgedehnten agrarischen Bezirke auf einen hohen kilometrischen Durchschnittssatz ihrer Verkehrseinnahmen.

Die übrigen deutschen Staatsbahnverwaltungen sind bei der Pflege ihres Bahnverkehrs immer nur auf die Kräfte ihrer eigenen kleineren Bezirke angewiesen und finden darin eine schwer übersteigbare Schranke wenn in ihrem Gebiet der Verkehr schwächer entwickelt und die Rente niedrig ist. Die gleichmäßige Befriedigung aller Teile des Reichsgebiets

---

[1]) Die preußisch-hessische Staatsbahn hatte im Jahre 1909 für 1 km an Gesamteinnahme 54 973 M., an geleisteten Wagenachskilometern 532 455, die sächsische Staatsbahn 51 155 M. und 445 583 Wagenachskilometer, die badische 57 911 M. und 550 281 Wagenachskilometer, die Reichsbahn 59 383 M. und 592 185 Wagenachskilometer, die bayerische Staatsbahn dagegen 33 197 M. und 324 146 Wagenachskilometer, die württembergische Staatsbahn 39 396 M. und 343 354 Wagenachskilometer. Bezüglich der Rente dieser Bahnen vgl. Anm. 2, S. 305.

[2]) Der Osten Preußens, der vermöge seiner Entfernung von den deutschen Bevölkerungs- und Industriezentren sowie der Grenzabsperrungen zurückgeblieben war, hat in verhältnismäßig reicher Weise neue Bahnen, Stationen, Züge erhalten und ist auch in Gütertarifen so gestellt worden, daß er sich seit Jahren günstig entwickeln konnte. Ähnlich sind ärmere Gebirgsgegenden, die Eifel, der Westerwald, das Eichsfeld und auch die nur zum Teil in Preußen liegenden thüringer Waldgebiete versorgt worden.

ist für den Eisenbahnverkehr bei dem gegenwärtigen Besitzzustande nicht gesichert.

Ungleichmäßige Beteiligung an den Eisenbahnerträgen. Die kleineren Staaten, deren Bahnen Preußen und Sachsen besitzen, werden im Bahnverkehr ebensogut versorgt, wie die preußischen und sächsischen Landesteile. An den reichen Erträgen der preußischen Bahnen sind die übrigen deutschen Staaten nicht beteiligt, Freilich tragen sie auch nicht die Verantwortung für etwaige Ausfälle im Betriebe des preußischen Netzes.

Üble Folgen der Ungleichmäßigkeit in Eisenbahnverkehrssachen. In Ländern, deren Bahnen in Händen von Gesellschaften sind, werden allerdings alle Teile des Gebiets auch nicht gleichmäßig im Bahnverkehr bedient. Dort aber können für Mängel in den Eisenbahnleistungen nur die Unternehmer verantwortlich gemacht werden. In Deutschland richten sich die Beschwerden über Eisenbahneinrichtungen stets unmittelbar gegen die Staaten und das Reich. Wenn im Eisenbahnverkehr ein Teil des Reichs gegen die anderen zurücksteht, wird darin ein Mangel der staatlichen Einrichtungen gesehen; diese Empfindung steigert sich zu einer politischen Bedeutung bei Gelegenheiten, wie der Aufhebung der Getreidestaffeltarife im Jahre 1894, als die deutschen Bundesglieder ihre staatsrechtlichen Machtmittel gegeneinander aufboten, um diese Frachtfrage zur Entscheidung zu bringen[1]).

Auf dem Wege, den das Deutsche Reich eingeschlagen hat und einhalten muß, ein einheitliches wohlbehütetes Wirtschaftsgebiet für seine fleißigen, strebsamen Bewohner zu sein, wird es nicht bei der unvollkommenen Einigung im Bahnverkehr stehen bleiben können. Seine Grundrichtung nötigt es, die Regelung des Eisenbahnwesens, dessen enger Zusammenhang mit der Zollpolitik und anderen wirtschaftlichen Fragen des Reichs sich immer wieder zeigt, für sich in vollerem Umfange zu beanspruchen.

Bei einheitlicher Zusammenfassung der Eisenbahnen würde auch die mit dem Eisenbahnverkehr in Verbindung stehende Behandlung der Binnen-Wasserstraßen[2]) in Deutschland eine leichtere Lösung finden können. Die Reichsgesetzgebung hat sich bis jetzt nur mit der Regelung der Abgaben für die Binnenschiffahrt befaßt[3]), während der Ausbau der Ströme und Kanäle den Einzelstaaten überlassen ist. Die noch fehlenden[4]) und vielbegehrten Verbindungen der deutschen Ströme untereinander würden in wirksamerer Weise zu fördern sein, wenn sie vom Standpunkte einer gemeinsamen deutschen Verkehrswirtschaft aus verfolgt und unterstützt werden könnten.

---

[1]) Vgl. Anm. 2 S. 209

[2]) Vgl. S. 222 ff.

[3] Vgl. Anm. 3 S. 222.

[4]) Vgl. Anm. 2 S. 223.

Läge in der Hand des Reichs, welches die Grenzzölle und Verbrauchssteuern regelt, auch die Festsetzung der Eisenbahnfahrpreise und Frachten und würde zugleich von dort für die Entwicklung der Wasserstraßen gesorgt, so hätte die oberste Macht in unserem Volke alle Befugnisse bei sich vereinigt, mit denen auf die Entfaltung des Verkehrs einzuwirken ist; sie könnte die verschiedenen Mittel in steter Übereinstimmung untereinander halten und damit den Bedürfnissen jedes Volksteils gerecht werden[1]). Die Lasten des gemeinsamen deutschen Verkehrs würden gemeinschaftlich getragen, seine Früchte von allen Reichsangehörigen genossen werden.

Möglichkeit der Durchführung des Reichseisenbahngedankens. Eine solche Erweiterung der Reichsmacht würde die wirtschaftliche Kraft Deutschlands stärken können und die Gefahren hintanhalten, welche Hader und Neid in Eisenbahnfragen unter den Bundesgliedern heraufzubeschwören vermögen. Schwerlich wird darunter die berechtigte Eigenart unserer verschiedenen Volksstämme leiden, weil der Verkehr, auf den sich die weitere Einigung beschränken würde, schon ein gemeinsamer ist und niemanden hindert, bei seinen Eigentümlichkeiten zu verharren. Aber ist dies Ziel zu erreichen, gegenüber der jetzigen wirtschaftlichen Machtbefugnis der Einzelstaaten, gegenüber der finanziellen Bedeutung ihres Bahnbesitzes, gegenüber den politischen Folgen?

Einschränkung der einzelstaatlichen Machtbefugnis im Eisenbahnverkehr. Wenn die deutschen Staatsbahnen mit gleichen Befugnissen, wie sie jetzt der preußische Minister der öffentlichen Arbeiten hat, unter die Verwaltung eines Staatssekretärs des Reichs kämen[2]), so würde allerdings die preußische Staatsbahnverwaltung nicht mehr für die Bedürfnisse ihres Gebiets allein handeln können. Die Reichsbehörde müßte auf alle deutschen Länder Rücksicht nehmen, ihre Anforderungen gleichmäßig prüfen. Die Entscheidung würde entsprechend schwerer und vielleicht zeitraubender sein. Würde sich indes nicht bei längerem Zusammenhandeln die kleinere Hälfte Deutschlands ebenso an ein vollständiges Zusammenleben im Bahnverkehr gewöhnen, wie es jetzt schon in verhältnismäßig kurzer Zeit für das Gebiet der preußisch-hessischen

---

[1]) Zölle, die vor fremder Einfuhr schützen sollen, können unter Umständen durch niedrige Bahnfrachten unwirksam gemacht werden; Bahnfrachten für unentbehrliche Rohstoffe können zu hoch sein, Wasserwege für deren Bezug aber fehlen und deswegen Erzeugnisse, welche wir von auswärts beziehen, auf deutschem Boden trotz Zollschutzes sich nicht herstellen lassen.

[2]) Die langjährige preußische Erfahrung hat gezeigt, daß die Machtvollkommenheit des Eisenbahnministers, so groß sie sein mag, nötig ist, um den Schwankungen des Verkehrs rechtzeitig folgen zu können, daß sie aber andererseits durch Beiräte so unterstützt, sowie durch die öffentliche und staatsrechtliche Kontrolle so hinreichend beschränkt wird, um starke Fehlgriffe des Einzelermessens zu verhüten.

Staatseisenbahnverwaltung die größere Hälfte des Reichs getan hat? Und würden nicht, wenn dies der Fall ist, die Hindernisse für manche Maßregeln zugunsten preußischer Beteiligter geringer werden, als gegenwärtig, wo der Gegensatz der einzelstaatlichen Bahnverwaltungen gegeben ist und unter Benutzung anderer staatsrechtlicher oder staatswirtschaftlicher Beziehungen zum unüberwindlichen Widerstand werden kann? Das preußische Staatsbahngebiet wird, wenn es in Reichsbahnen aufgeht, allerdings den Vorsprung verlieren, welcher ihm jetzt vor den anderen Staatsbahnen seine Geschlossenheit und Ausdehnung gibt. Dagegen wird jeder Fortschritt im Bahnverkehr, weil er sich dann auf das ganze Reich erstreckt, an Bedeutung und Kraft gewinnen.

Finanzielle Regelung der einheitlichen Reichseisenbahnen. Das finanzielle Gewicht des Bahnbesitzes kann ein Bedenken gegen die Abtretung an das Reich für diejenigen Staaten nicht bieten, deren Strecken weniger aufbringen, als das Zinserfordernis der ihnen dafür noch zur Last fallenden Staatsschulden. Diese Staaten würden bei Übernahme ihrer Eisenbahnschulden durch an das Reich eine Erleichterung erfahren. Soweit dagegen, wie namentlich in Preußen, sich ein Überschuß über die Verzinsung und Tilgung der Eisenbahnschuld ergibt, könnte derselbe dem Einzelstaat nicht entzogen werden, ohne seine Finanzen zu gefährden[1]). Was die Einzelstaaten bis jetzt an Reinüberschuß aus ihren Bahnen bezogen haben, müßte ihnen belassen werden. Nur die darüber in Zukunft hinausgehenden Erträge würden dem Reiche bei Übernahme der Staatsbahnen zugute kommen, ebenso wie andererseits die Verantwortung für den Betrieb und die Belastung mit späteren Erweiterungen und Ergänzungen des Bahnunternehmens auf das Reich entfiele. Die preußischen Finanzen hätten dann allerdings nicht, wie jetzt, einen Zuwachs an Reinüberschuß zu erwarten; sie wären aber auch gegen einen Abfall nach unten gesichert, sofern das Reich die bisherigen Reinüberschüsse den abtretenden Staaten gegenüber verbürgte, wie es in der Billigkeit liegen würde[2]).

Die finanzielle Verantwortlichkeit des Reichs würde mit der Übernahme der Staatsbahnen eine weitere erhebliche Ausdehnung erfahren. Aber es träte zugleich in einen wohlbefestigten, gegen Entwertung möglichst gesicherten, entwicklungsreichen Besitz und jede Hoffnung, welche sich an die Zusammenfassung der deutschen Bahnen knüpft, würde bei ihrer Er-

---

[1]) Preußen, welches einen Reinüberschuß von mehr als 220 Millionen Mark von seinen Bahnen erhält, (vgl. S. 299), während seine Einkommensteuer etwa 270 Millionen Mark jährlich aufbringt, könnte für den Ausfall des Eisenbahnertrages Ersatz in Steuern nicht finden.

[2]) Da die Einzelstaaten unmittelbaren Einfluß auf den Betrieb bei Verwaltung durch das Reich nicht mehr hätten, könnte ihnen auch die Verantwortung für die Betriebsergebnisse nicht ferner zugemutet werden. Was sie selbst vorher für ihre anderen Staatszwecke herausgewirtschaftet haben, wäre ihnen zu belassen. Vgl. S. 299.

füllung den Erträgen dieses Besitzes zugute kommen. Die Ersparnisse, welche durch Fortfall der Verhandlungen und Abrechnungen zwischen den einzelstaatlichen Verwaltungen, durch Vereinigung der Übergangsstationen, durch betriebsgemäße Anlegung und Benutzung der Sammel- und Trennungsstationen, durch völlige Verschmelzung der Betriebsmittel usw. zu machen wären, würden die Erträge in den Händen des Reichs steigern[1]).

Politische Bedenken gegen Reichseisenbahnen. Die politischen Bedenken, welche gegen den Übergang der deutschen Staatsbahnen an das Reich erhoben werden, sind, wie immer, am schwersten zu beseitigen, weil sie auf hergebrachten Meinungen über die Gesamteinrichtung des Staates und überlieferten Empfindungen für und gegen die einzelnen Staatsgebilde beruhen. Die Einzelstaaten, namentlich die größeren, fürchten von der Aufgabe ihres Eisenbahnbesitzes eine wesentliche Einschränkung ihrer Macht und ihres Einflusses. Das Reich erscheint vielen weniger zuverlässig als Hüter dieses Besitzes, weil der aus dem allgemeinen Wahlrecht hervorgehende Reichstag die Regierung bei Aufrechterhaltung einer gesunden Wirtschaft sowie von Zucht und Ordnung in der Eisenbahnverwaltung weniger wirksam unterstützen würde, wie die der gesellschaftlichen Gliederung des Volkes mehr angepaßten Einzellandtage.

Ohne Weiteres ist zuzugeben, daß über das Gewicht dieser Bedenken nur diejenigen entscheiden können, welche mitten im Strom der Politik stehen und ein Urteil darüber haben, ob die bewegende Kräfte des Volkslebens z. Z. zu einer Lösung der Frage geneigt sind. Allein möglich bleibt es, die Gründe zu beleuchten, welche gewöhnlich für oder gegen die politischen Bedenken vorgebracht werden.

Erhaltung einer beschränkten Selbständigkeit der Einzelstaaten in Eisenbahnsachen. Die Selbständigkeit der Einzelstaaten würde allerdings bei dem Übergang der Staatsbahnen an das Reich aufhören für die Bestimmung über Etat, Tarif, Organisation, Gesamtfahrplan, über die Gesamtausstattung des Bahnnetzes, da ohne diese Befugnisse die Verantwortung vom Reich nicht würde übernommen werden können. Dagegen stände nichts im Wege, daß innerhalb allgemeiner Grundsätze die Wahl und Anstellung der Bediensteten den Einzelstaaten verbleibe, daß die Einzelstaaten für die Vervollständigung des Bahnnetzes sorgen, soweit den Neubau von Bahnen nicht das Reich veranstaltet, und daß ebenso die Aufsicht über die Privatbahnen im Anschluß an die schon bestehende Reichsaufsicht weiter von den Einzelstaaten geübt würde. Es bliebe den bahnbesitzenden Staaten damit ein größerer Teil derjenigen Rechte erhalten, die sie jetzt allein ausüben, während sie bei den an das Reich übergehenden Befugnissen

---

[1]) Solche Ersparnisse sind wiederholt und in verschiedener Höhe veranschlagt worden. Ein Betrag von mehreren Millionen M im Jahr kann jedenfalls angenommen werden.

gegenwärtig schon in weitgehendem Maße auf die Übereinstimmung mit den anderen Staatsbahnverwaltungen teils rechtlich, teils tatsächlich angewiesen sind[1]). Die einheitliche Reichsverwaltung der Bahnen würde, wie jeder große Betrieb, ihre Strecken lediglich nach dem Bedürfnis des darauf liegenden oder zu erwartenden Verkehrs behandeln und dementsprechend das Gebiet jedes Einzelstaats diejenige Berücksichtigung erfahren und den Einfluß auf das Gesamtnetz haben, den sein Verkehr verlangt. Die Aussicht, mit den eigenen Wünschen im ganzen Umfange des Reichs durchzudringen, würde in wichtigen Verkehrsfragen für jeden Einzelstaat bei der Gesamtverwaltung größer sein, als bei der heutigen Vielheit der entscheidenden Mächte.

Einfluß des Reichstags auf die Eisenbahnverwaltung. Die Einzellandtage, insbesondere der preußische, haben sich sicherlich bei der Mitarbeit an der großartigen Entwicklung des deutschen Eisenbahnnetzes in hohem Maße bewährt, nie die erforderlichen Mittel versagt, für die Bediensteten in wohlwollender Weise gesorgt, auch die Regierungen bei Aufrechterhaltung der Ordnung im Betriebe gestützt. Es ist ohne Frage ein politisches Wagnis, eine so große Aufgabe an die ganz anders zusammengefügten gesetzgeberischen Organe des Reichs übergehen zu lassen. Daß aber die zwingenden Bedürfnisse des Betriebes ihre Befriedigung im Reichstage ebenfalls finden würden, ist bei der Unentbehrlichkeit des Eisenbahnverkehrs für jeden im Volke anzunehmen und aus gleichem Grunde auch, daß bei der Behandlung der Eisenbahnangelegenheiten im Reichstage die Zucht und Ordnung des Dienstes nicht verloren gehen würde, ohne die kein Betrieb bestehen kann. Im übrigen bürgt neben der Volksvertretung die in Deutschland unerschütterte fürstliche Macht dafür, daß die Bediensteten jederzeit treu zu ihrem Oberhaupt und der von ihm bestellten Verwaltung halten.

Andere Formen der deutschen Eisenbahngemeinschaft. Sollten dessenungeachtet die politischen Bedenken gegen Reichsbahnen zur Zeit unüberwindlich sein, so bestehen sie jedenfalls in noch höherem Grade gegen jede andere Art der Vereinheitlichung der deutschen Bahnen, die man vorgeschlagen hat. Bayern, Württemberg, Baden, Sachsen würde nicht angesonnen werden können, mit Preußen ein Gemeinschaftsverhältnis einzugehen, wie Hessen mit dem Vertrag vom 23. Juni 1896. Hessen besaß kein selbständiges Bahnnetz wie diese Staaten und konnte es auch in seinem weit kleineren und räumlich getrennten Gebiet nicht

---

[1]) Im Etat, Tarif, in der Organisation, im Gesamtfahrplan und in der Gesamtausstattung des Bahnnetzes nehmen die Einzelstaaten aufeinander Rücksicht, wie zum Teil in den vorhergehenden Abschnitten gezeigt ist. Auch die Einteilung und Besoldung der Beamten hat sich in den verschiedenen Staaten einander sehr genähert und gleicht sich um so schneller aus, als bei der Zusammenführung durch den regen Verkehr sich die Bediensteten des einen Staates stets auf die Verhältnisse in den anderen Staaten, sofern sie günstiger scheinen, berufen.

herstellen. Es tauschte gegen Zuschüsse zum Eisenbahnwesen und eine beherrschende Privatbahn, bei welcher die Regierung die Abstellung von Mißständen durchzusetzen nicht vermochte, einen tüchtigen Betrieb und hohe Überschüsse ein. Die Aufgabe der Selbständigkeit zu Gunsten des großen Nachbarstaates war dort eine finanzielle und bahnpolitische Notwendigkeit[1]).

Für die nichtpreußischen Staatseisenbahnverwaltungen dagegen, welche eine lange und erfolgreiche Selbständigkeit hinter sich haben, liegt zur Aufgabe derselben ein Zwang wie bei Hessen nicht vor. Die beteiligten Staaten würden dadurch, daß die deutschen Staatsbahnen sich zu einer Gemeinschaft vereinigten, lediglich eine wesentliche Verbesserung in wirtschaftlicher und finanzieller Beziehung erfahren. Diese kommt aber, wenngleich in minderem Grade, auch Preußen zugute und dient zur Stärkung des ganzen deutschen Reiches. Es ist daher nicht angängig, den anderen deutschen Staaten das völlige Aufgeben des Eisenbahnbetriebes zugunsten Preußens anzusinnen; sie werden den Einfluß auf die Verwaltung der gemeinsamen Bahnen behalten müssen, den sie als Bundesglieder auf Reichsangelegenheiten besitzen, und in ihrem Gebiet wird ihnen die Leitung des Betriebes, soweit mit der Gemeinsamkeit vereinbar, zu belassen sein.

Ebensowenig wie die einfache Ausdehnung der preußisch-hessischen Gemeinschaft, erscheint auch der von anderer Seite gemachte Vorschlag brauchbar, durch die bahnbesitzenden Staaten eine besondere Gemeinschaft nach den Grundsätzen der preußisch-hessischen Gemeinschaft zu bilden mit Preußen als verwaltendem Staat, einem beschließenden Beirat, der von allen Staatsbahneigentümern besetzt wäre, und mit einer kontrollierenden Versammlung von Delegierten ihrer Landtage. Abgesehen davon, daß damit eine neue verwickelte Form von Verwaltung und Volksvertretung in unser deutsches, ohnehin schon vielverschlungenes Verfassungsleben träte, würde damit nicht das wesentliche Ziel erreicht, die gesamten Verkehrsangelegenheiten des Reichs in eine zusammenfassende Hand zu legen.

Außerdem hat in der preußisch-hessischen Gemeinschaft die Aufrechterhaltung des besonderen Bahneigentums beider Teile Angriffe dadurch herbeigeführt, daß gemäß ihrer Grundlage die Erweiterungsanlagen auf Kosten jedes Eigentümers hergestellt werden. Die damit verbundene Erhöhung der Anlagekosten belastet die einzelnen Teilnehmer und nicht die Gemeinschaft, für deren Bedürfnisse die Erweiterungen stattfinden.

---

[1]) Denkschrift des hessischen Ministeriums für die Stände des Großherzogtums zum Vertrage mit Preußen vom 23. Juni 1896 bei Quaatz, ein Kapitel preuß. Verkehrspolitik, Archiv für Eisenbahnwesen 1909. Auch Offenberg, die preußisch-hessische Finanzgemeinschaft, Frankfurter Zeitung, Morgenblatt vom 19., 21, 24. März 1911.

Wenn auch voraussichtlich die beiden Teilhaber in den Erträgen des Betriebes jeder eine entsprechende Deckung ihrer Belastung finden werden, so erscheint dies Ergebnis doch weniger sicher und klar, als bei Vereinigung des Eigentums in der Hand des Reichs, welches die Überschüsse einzieht, aber auch für die Erweiterungen und Ausfälle aufkommen würde[1]).

Die Lösung der Frage, ob Reichs- oder Staatsbahnen in Deutschland gelten sollen, steht noch bevor. Die gegenwärtige Zeit, die sich mit der kriegerischen, sozialen, kolonialen Entwicklung des Reichs belastet sieht, sowie von politischen und religiösen Fragen aller Art bewegt wird, ist anscheinend nicht günstig für die Wiederaufnahme des Streites über die endgültige Gestaltung des im ruhigen Fortschreiten begriffenen deutschen Eisenbahnwesens. Das Schicksal des an der Wiege des neuen Deutschlands aufgeworfenen Gedankens eines einheitlichen Eisenbahnnetzes ist aber so wichtig für das Wohl und Wehe unseres Volkes, daß es sich verlohnt, die öffentliche Aufmerksamkeit immer wieder darauf zu richten. Hoffentlich wird, wie für manche jetzt bewunderte Reichseinrichtung, auch im Eisenbahnverkehr der Tag kommen, an welchem das Bedürfnis nach gemeinsamem deutschen Handeln alle Bedenken überwiegt und ein das ganze Deutschland befriedigendes Werk entstehen läßt.

Schlußbetrachtung.

Der Verkehr ist mit den Hilfsmitteln der neuzeitlichen Technik in höherem Grade, als je, ein Lebensbedürfnis geworden. Mit der fortschreitenden Ausdehnung und Verdichtung der Eisenbahnen, der Verbesserung der Schiffahrt und sonstigen Fahrmittel wird die Bedeutung der Verkehrseinrichtungen für den einzelnen wie für die Völker noch steigen, von ihrer Wirksamkeit die Kraft und der Wohlstand der Staaten zukünftig in noch höherem Maße abhängen.

Je tiefer das Verständnis für diesen gewaltigen Umschwung der Welt in alle Stände eindringt, um so mehr ist zu erwarten, daß in unserem Lande der Verkehr vom Standpunkt der allgemeinen Wohlfahrt gepflegt und die Verkehrseinrichtungen als wichtige nationale Güter gehütet werden. Wie die Reichsverfassung, wie Heer und Flotte, so verdient auch das Bahnnetz als ein gemeinsamer Schatz des ganzen Volks gehütet zu werden, für dessen beste Wahrung ein jeder an seinem Teile beizutragen hat.

---

[1]) In der hessischen Presse und dem Landtag sind u. a. aus diesem Grunde Angriffe gegen den preußischen Gemeinschaftsvertrag gerichtet worden, gegenüber denen die Vorteile, welche dieses Abkommen für Hessen hat, von den Regierungen und in den Anm. 1 S. 323 erwähnten Schriften mit Erfolg verteidigt worden sind.

Um vielen, auch solchen, die dem Eisenbahnwesen ferner stehen, einen Einblick in die wichtigsten die Eisenbahnverwaltung berührenden Fragen zu geben, sind die unter sich sehr verschiedenen Gebiete im gegenwärtigen Buche tunlichst vollständig vom Standpunkt der Gesetzgebung wie der Verwaltung beleuchtet, die dabei vorkommenden Streitpunkte in knapper Weise erörtert. Eine erschöpfendere Darstellung, welche der Fachmann vielleicht vermissen wird, hätte dem gewollten Zwecke nicht entsprochen.

Hier ist die Darstellung der gesamten Verwaltungstätigkeit im Eisenbahnwesen, deren geschichtliche Entwicklung und der Vergleich mit anderen Ländern gegeben, um über die Eisenbahnverwaltung ein Urteil gewinnen zu lassen. Wenn das Buch hierzu beiträgt und damit die Freude an dem großartigen deutschen Verkehrsleben zu erhöhen vermag, so wäre die Arbeit des Verfassers belohnt.

Das dem Buch vorangestellte Bild des Mannes aber, der nach dem Willen des großen Kaisers Wilhelm I. mit machtvoller Hilfe seines gewaltigen Kanzlers klug und standhaft die Verstaatlichung in Preußen durchführte und dadurch in erster Reihe zur gesunden Gestaltung des deutschen Eisenbahnverkehrs beitrug, möge jedem als Muster voranleuchten, der berufen ist, selbst am Verkehr schaffend mitzuwirken.

<u>**Anlage I zu S. 31.**</u>

Die Staatseisenbahnen im Jahre 1910.

Länder	Eisenbahnen		Bemerkungen
	Gesamtlänge km	davon Staats- bahnen km	
Europa:			
Deutschland	61 148	55 722[1])	[1]) Archiv für Eisen-
Österreich-Ungarn	44 371	35 481[2])	bahnwesen 1912, S.
Großbritannien	37 579	—	568. Klein- und
Frankreich	49 385	8 869[3])	Straßenbahnen sind
Rußland, europ.	59 559	34 857	in den Ziffern nicht
Italien	16 960	14 211	enthalten.
Belgien	8 510	4 322	
Luxemburg	512	191	[2]) Österreich allein
Niederlande	3 194	1 711	hatte 18 495 Staats-
Schweiz	4 701	2 738	bahnen und Privat-
Spanien	14 994	—	bahnen in Staatsbe-
Portugal	2 909	1 080	trieb.
Dänemark	3 527	1 959	
Norwegen	3 092	2 506	[3]) Die Ouest-Bahn
Schweden	13 982	4 372	(5959 km) wird jetzt
Serbien	795	574	vom Staat betrieben;
Rumänien.	3 603	3 186	die Privatgesellschaft
Griechenland	1 580	—	besteht nur noch
Bulgarien	1 780	1 589	formell.
Türkei, europ.	1 557[4])	—	
Malta, Jersey, Man	110	—	[4]) 954 km — die ori-
			entalischen Bahnen
Zusammen	333 848	173 368	— gehören dem
			Staat, werden aber
Amerika:			von einer Privatge-
Kanada	39 792	2 766	sellschaft betrieben.
Vereinigte Staaten	388 173	—	
Neufundland	1 072	—	
Mexico	24 559	—	
Mittelamerika	2 573	—	
Große Antillen	4 879	68	
Kleine Antillen	541	—	
Kolumbien	821	—	
Venezuela	1 020	—	
Britisch Guayana	167	—	
Niederländisch Guayana . .	60	—	
Ecuador	536	—	
Peru	2 550	1 358	
Bolivia	1 217	—	
Brasilien	21 370	8 760	
Paraguay	253	—	
Uruguay	2 488	—	
Chile	5 675	2 607	
Argentinien	28 636	3 971	
Zusammen	526 382	19 629	

Länder	Eisenbahnen		Bemerkungen
	Gesamtlänge km	davon Staatsbahnen km	
Asien:			
Russ. mittelasiat. Gebiet . .	6 544	} 9 947	
Sibirien, Mandschurei . . .	10 846		
China.	8 724	—	
Japan einschl. Korea	9 806	7 310	
Britisch Ostindien	51 647	39 624[1])	[1]) 5180 km gehören
Ceylon	928	—	Vasallenstaaten.
Persien	54	—	
Kleinasien usw.	5 037	1 468	
Portugies. Indien.	82	—	
Malayische Staaten	1 219	—	
Niederländ. Indien	2 497	—	
Siam	1 026	1 026	
Cochinchina	3 506	—	
Zusammen	101 916	59 115	
Afrika:			
Ägypten	5 913	4 493	
Algier und Tunis	5 044	—	
Belgisch Kongo	830	—	
Südafrik. Union			
Kapkolonie	6 070	5 340	
Natal.	1 759	1 759	
Zentral-Südafrika-Bahnen .	4 167	4 167	
Rhodesische Bahnen . . .	3 527	3 527	
Kolonien:			
Deutschland[2])			[2]) Die Bahnen in den
Ostafrika	718	718	deutschen Kolonien
Südwestafrika	1 598	1 598	werden meist noch
Togo	298	298	von den Baugesell-
Kamerun	107	107	schaften betrieben.
England	2 908	—	
Frankreich	2 188	—	
Italien	115	—	
Portugal	1 612	—	
Zusammen	36 854	22 007	
Australien:			
Neuseeland	4 419	4 372	
Victoria.	5 640	5 617	
Neusüdwales	6 089	5 862	
Südaustralien	3 351	3 076	
Queensland	6 456	5 891	
Tasmanien	1 020	755	
Westaustralien.	3 897	3 451	
Hawai usw.	142	—	
Zusammen	31 014	29 024	

Länder	Eisenbahnen		Bemerkungen
	Gesamtlänge km	davon Staats-bahnen km	
Wiederholung:			
Europa	333 848	173 368	
Amerika	526 382	19 629	
Asien	101 916	59 115	
Afrika	36 854	22 007	
Australien.	31 014	29 024	
Zusammen	1 030 014	303 143	

Anlage II.   Zu S. 83, Anm. 1.

Der Tarif der Bahn von Liverpool nach Manchester,

1. Bahngeld - Tonnage rates, tolls.

	für eine Tonne auf eine (englische) Meile	
	Schilling	Pence
Für limestone	—	1
Für Kohle, Erde (lime), Dünger, Compost manure und Straßen-baumaterial	—	1½
Für Koks, culm, charcoal, Asche, Steine, Sand, Ton, Bau-Pflaster und pitching Steine, flags, Ziegel, tiles and slates	—	2
Für Zucker, Korn, Getreide, Mehl, dyewoods, timber, staves, deals, Blei, Eisen und andere Metalle	—	2½
Für Baumwolle und andere Wolle, Lumpen, drugs, Manufaktur-waren, Handelsgüter, matters and things	—	3
Für jede Person, welche die Bahn nicht weiter als 10 Meilen be-fährt, in irgend einem Fahrzeug	1	6
Für eine dgl. bei Fahrten von 10 bis 20 Meilen	2	6
Für eine dgl. bei Fahrten über 20 Meilen	4	—
Für jedes Pferd, Maultier, Esel, oder anderes Zug- und Lasttier und für jedes Stück Ochsen, Kuh, Bullen oder neat cattle, gefördert in oder auf solchem Fahrzeug nicht weiter als 15 Meilen	2	6
Für dgl. über 15 Meilen	4	—
Für jedes Kalb, Schaf, Lamm oder Schwein auf jede Entfernung	—	9

(Die Fahrzeuge, bemerkt Acworth, waren wie die Kanalboote frei. Das Bahngeld wird für die Last erhoben.)

2. Beförderungsgebühren, Carriage rates, welche die vorstehenben Bahngeldsätze enthielten.

	für die Tonne	
	Schilling	Pence
Für Erde (lime), limestone, Dünger, Compost manure und Straßenbaumaterial, Steine, Sand, Ton, Bau-Pflaster und pitching Steine, tiles, slates, timber, staves and deals . .	8	—
Für allen Zucker, Korn, Getreide, Mehl, dye-woods, Blei, Eisen und andere Metalle	9	—
Für alle Baumwolle und andere Wolle, Lumpen, drugs groceries und Manufakturwaren	11	—
Für allen Wein, Spirituosen, Vitriol, Glas und zerbrechliche Güter	14	—

	für die Meile
Für alle Kohle, Koks, culm charcoal und Asche	2½

Für kürzere Entfernungen nach Verhältnis.

Für alle Personen, Vieh und andere Tiere solche Sätze als die Bahngesellschaft festsetzen mag.

Acworth macht darauf aufmerksam, daß die tolls von der niedrigsten zur höchsten Klasse im Verhältnis zu 1:3 steigen, bei den Gebühren dagegen nur wie 1:2, und schließt daraus, daß bei den tolls nach Wert abgestuft sei, während man die Beförderungskosten für alle Güter mehr gleich stellte.

Anlage III. Zu S. 298.

Vermerk zu Kapitel 33a Tit. 2 der dauernden Ausgaben (dieser Titel „Zur Verstärkung des Ausgleichsfonds" wurde neu in den Etat für 1910 aufgenommen) und Kap. 9 der einmaligen und außerordentlichen Ausgaben.

1. Bei Kap. 33a Tit. 2 ist derjenige Betrag des Reinüberschusses zu verausgaben, welcher 2,10 % des statistischen Anlagekapitals übersteigt. Dieser Betrag ist an den Ausgleichsfonds abzuführen, auch wenn dieser Fonds bereits aus Rechnungsüberschüssen die Höhe von 200 Millionen Mark erreicht hat[1]). Er ist zusammen mit den Mitteln des Ausgleichsfonds für die diesem obliegenden Zwecke zu verwenden. Die Bestimmungen der §§ 3 b und c im Artikel I des Gesetzes vom 3. Mai 1903 (Ges.S. S. 155) sind auf die Fondsverstärkung sinngemäß anzuwenden[2]).

2. Bei der Ermittelung des Reinüberschusses sind die einmaligen und außerordentlichen Ausgaben (Kap. 9) nur bis zu 1,15 % des statistischen Anlagekapitals und, solange sich hierbei ein geringerer Betrag als 120 Millionen Mark ergeben sollte, nur bis zu diesem Betrag in Rechnung zu stellen[3]).

---

[1]) Für die Überschüsse, welche aus der Rechnung über den Gesamthaushalt bei dem Abschluß hervorgehen, bleibt die Beschränkung bestehen, daß sie dem Ausgleichsfonds nicht mehr zufließen, wenn er den Betrag von 200 Millionen erreicht hat.

[2]) Ausführungsvorschriften vgl. Anm. 2 S. 297.

[3]) Von 1899—1908 hatte sich das Extraordinarium durchschnittlich auf 1,32 % des statistischen Anlagekapitals belaufen. Nach Abzug der Beträge, die für Betriebsmittel, zweite Geleise und andre nach Punkt 3 künftig auf Anleihen zu nehmende Ausgaben fielen, bleibt ein zehnjähriger Durchschnitt von 120 Millionen

3. Von den einmaligen und außerordentlichen Ausgaben sind die Kosten
für Anlage zweiter und dritter Geleise,
für Vermehrung des Fuhrparks für die bestehenden Bahnen über Ersatz
der Wertverminderung hinaus,
für den Ausbau von Nebenbahnen zu Hauptbahnen,
für den Ausbau und die erstmalige Ausrüstung der Bahnanlagen beim
Übergang zu andern Betriebsweisen,
auf die Eisenbahnanleihegesetze zu übernehmen, wenn und inwieweit die einmaligen
und außerordentlichen Ausgaben nicht unter die in Ziffer 2 angegebenen Sätze
herabsinken.

4. Bei Ermittelung der Prozentbeträge ist das statistische Anlagekapital
am Schluß des zweitletzten Etatjahres zugrunde zu legen.

Anlage IV.

Benutzte Schriften.

Acworth: The elements of Railway Economics. Oxford 1904.
— Die gegenwärtige Lage der englischen Eisenbahnen und ihr Verhältnis zum
Staat. Bulletin des internationalen Eisenbahnkongreß-Verbandes. Deutsche
Ausgabe, XXVI, Nr. 2, Febr. 1912, S. 271 ff.
Archiv für Eisenbahnwesen. Herausgegeben im königl. preußischen Ministerium
der öffentlichen Arbeiten. Berlin.
Aucoc: Les tarifs des chemins de fer et l'autorité de l'Etat. Paris 1880.
Bemerkungen, einige, zur Entwicklung der Gütertarife der preußischen Staats-
bahn im letzten Jahrzehnt 1890. Archiv für Eisenbahnwesen, herausgegeben
im Königlich Preußischen Ministerium der öffentlichen Arbeiten, S. 274
bis 283.
Beiträge zur Beurteilung der Frage der öffentlichen Tarife für den Transport
ausländischer Erzeugnisse auf den deutschen Eisenbahnen. Herausgegeben
vom Verein der Privatbahnen im Deutschen Reich. Berlin 1879.
Bergengrün: Staatsminister Freiherr von der Heydt. Leipzig 1908.
Berlin und seine Eisenbahnen 1846—1896, I. u. II. Band. Herausgegeben im
Ministerium der öffentlichen Arbeiten.
v. Buschmann: Geschichte der Verwaltung der österreichischen Eisenbahnen
Wien 1899.
Cohn: Untersuchungen über die englische Eisenbahnpolitik. 2 Bände. Leipzig
1874—1875.
— Die englische Eisenbahnpolitik der letzten 10 Jahre. Archiv 1883, S. 1, 209,
345 ff.
Colson: Cours d'économie politique, Livre VI. Paris 1907.
Das deutsche Eisenbahnwesen der Gegenwart. Herausgegeben unter Förderung

---

Mark, der etwa dem Satz von 1,15 % des statistischen Anlagekapitals entspricht.
Diese Sätze bilden die Höchst- aber auch die Mindestgrenze für das Extraordinarium.

Im Durchschnitt der Jahre 1899 bis 1908 waren ferner Reinüberschüsse
von 2,12 % des jeweiligen statistischen Anlagekapitals der Staatsbahnen erforderlich, um den Staatshaushalt im Gleichgewicht zu bewahren. Deshalb ist
die Höchstgrenze von 2,10 % des statistischen Anlagekapitals für den Reinüberschuß angenommen. — Archiv für Eisenbahnwesen 1910 S. 1123 ff.

des preußischen Ministeriums der öffentlichen Arbeiten, des bayrischen Ministeriums für Verkehrsanstalten und der Eisenbahnzentralbehörden anderer Bundesstaaten von einer Anzahl leitender Beamten der deutschen Verkehrsanstalten und Professoren der technischen Hochschulen. Berlin 1911.

Denkschrift betr. die Erhöhung der Gütertarife. Auf Veranlassung des Reichs kanzlers vom Reichseisenbahnamt herausgegeben. Berlin 1874.

Denkschrift betr. die bisherigen Erfolge der im Lauf des Jahres 1880 eingetretenen Erweiterung des Staatseisenbahnbesitzes. Herausgegeben im Ministerium der öffentlichen Arbeiten. Berlin 1890.

Denkschrift des Ministeriums der öffentlichen Arbeiten über die 25jährige Tätigkeit des Landeseisenbahnrats. Berlin 1908.

Eisenbahnen, die, der Erde. Jährliche Zusammenstellungen im Archiv für Eisenbahnwesen zuletzt 1912, Heft 3. S. 545 ff.

Eisenbahndirektion, Königliche, in Elberfeld. Bericht an den Gesellschaftsausschuß der Bergisch-Märkischen Bahn. Elberfeld 1872.

Eisenbahn-Nachrichtenblatt für die preußisch-hessische Staatsbahnverwaltung. Abkürzung: ENBl.

Eisenbahn-Tarifenquete-Kommission des Reichs. Bericht vom 13. Dezember 1875.

Eisenbahn-Verordnungsblatt für die preußisch-hessische Staatsbahnverwaltung. Abkürzung: EVBl.

Entwurf eines Eisenbahngesetzes für das Reich durch den Verein der Privatbahnen mit Motiven. Berlin 1874.

Etats (jährliche) der preußischen Eisenbahnverwaltung.

Festschrift über die Tätigkeit des Vereins deutscher Eisenbahn-Verwaltungen. Berlin 1896.

Fleck: Entwicklung der Gütertarife der preußischen Staatseisenbahnverwaltung. Berlin 1904.

Frahm: Das englische Eisenbahnwesen. Berlin 1911.

Franke: Bemerkungen über die Gütertarife der Eisenbahnen in den Vereinigten Staaten von Nordamerika. Archiv für Eisenbahnwesen 1904, S. 284 ff.

Fritsch: Handbuch der Eisenbahngesetzgebung in Preußen und im deutschen Reich. 2. Auflage. Berlin 1912.

Geschäftliche Nachrichten für den Bereich der vereinigten preußischen und hessischen Staatseisenbahnen. Jährlich. Berlin.

Gesetzentwurf betr. den Erwerb mehrerer Privatbahnen für den Staat vom 29. Oktober 1879. Berlin.

Gesetzsammlung für Preußen. Abkürzung: GS.

Handelskammer von Breslau. Jahresbericht 1910.

Handelskammer von Elberfeld. Bericht an das Reichseisenbahnamt. Elberfeld 1875.

Handelskammer von Mannheim. Jahresbericht 1910.

Hoff u. Schwabach: Nordamerikanische Eisenbahnen. Berlin 1906.

Knies: Die Eisenbahnen und ihre Wirkungen. Schaffhausen 1853.

Kemmann: Zur Schnellverkehrspolitik der Grosstädte. Berlin 1911.

Krönig: Die Differentialtarife der Eisenbahnen, ihre Entwicklung, Bedeutung, Berechtigung. Berlin 1877.

Laband: Staatsrecht, 4. Auflage.

Langer Dr. von Burgenkron: Das Tarifwesen der österreichischen Privatbahnen. Wien 1882.

von der Leyen: Die nordamerikanischen Eisenbahnen in ihren wirtschaftlichen und politischen Beziehungen. Archiv für Eisenbahnwesen 1885, S. 1—7.

von der Leyen: Finanz- und Verkehrspolitik der nordamerikanischen Eisenbahnen. II. Aufl. 1895.
— Ein englisches Gutachten über amerikanische Eisenbahntarife. Archiv für Eisenbahnwesen 1905, S. 259.
Nachrichten für Handel und Industrie. Jährlich.
Offenberg: Die preußisch-hessische Eisenbahn-Finanz-Gemeinschaft. Sonderabdruck der Frankfurter Zeitung. Frankfurt a. M. 1911.
Pereire: Essai sur une méthode comptabilité des chemius de fer. Paris 1911.
Personalvorschriften (Staatseisenbahnverwaltung). Berlin 1909.
Poppe: Die finanziellen Beziehungen zwischen Post und Eisenbahnen in Deutschland. Berlin 1911.
Post, die, Zeitung vom 14. und 15. Juli 1910.
Quaatz: Ein Kapitel preußischer Verkehrspolitik. Archiv für Eisenbahnwesen 1909, Heft 6, S. 1345.
Reichsgesetzblatt. Abkürzung: RGBl.
Reichseisenbahnstatistik, Tabelle 19, Sp. 170.
Reitzenstein: Über einige Verwaltungseinrichtungen und das Tarifwesen auf den Eisenbahnen Englands. Berlin 1876.
Report of the Board of trade. Railway conference. London 1909.
Röll: Enzyklopädie des Eisenbahnwesens. Wien.
Sachs, Dr. Emil: Die Verkehrsmittel in Volks- und Staatswirtschaft. II. Bd. Das Eisenbahnwesen. Wien 1877.
Samuelson: Report on the goods tariffs of Germany Belgium Holland compared with those of this country. Birmingham 1885.
Statistik des Deutschen Reichs. Bd. 234, III; Die Seeschiffahrt 1909. Bd. 235; Güterbeförderung auf den deutschen Binnenwasserstraßen 1909. Mai 1911.
Statistische Nachrichten von den Eisenbahnen des deutschen Eisenbahnvereins für 1908. Berlin 1910.
Ulrich: Zur Geschichte des deutschen Eisenbahntarifwesens. Archiv für Eisenbahnwesen 1885, S. 162.
— Eisenbahntarifwesen 1886. Berlin.
— Die fortschreitende Entwicklung der Eisenbahntarife. Conrads Jahrbücher 1891, S. 53.
Verhandlungen der deutschen Bahnen über die Tarifreform zu Dresden. Juli 1876.
Verwaltung, die, der öffentlichen Arbeiten in Preußen. Bericht an Seine Majestät den Kaiser und König für 1890—1900 und für 1900—1910. Berlin 1901 und 1911.
Verkehrstechnische Woche und eisenbahntechnische Zeitschrift. Berlin 1912.
Vorschriften für die Verwaltung der vereinigten preußischen und hessischen Staatsbahnen. Ausgabe 1902 und 1910. Abkürzung V. V.
Waldeck: Die Entwicklung der Bergisch-Märkischen Eisenbahn. Archiv für Eisenbahnwesen 1910, Heft 3.
Wehrmann: Reisestudien über englische Eisenbahnen. Elberfeld 1877.
— Aus dem Leben des Wirkl. Geh. Rats Wehrmann. Berlin 1910.
Witte: Die Rechts- und Dienstverhältnisse der Beamten und Arbeiter der preußischen Staatseisenbahnverwaltung. Elberfeld 1881.
von Witteck: Gesetz über die Bahnen niederer Ordnung vom 8. August 1910. Wien 1910.
Yves Guyot: Les chemins de fer et la grève. Paris 1911, Alcan.
Zeitschrift für Kleinbahnen. Herausgegeben im Ministerium der öffentlichen Arbeiten. Berlin.
Zeitung des Vereins deutscher Eisenbahnverwaltungen. Berlin.

Sachverzeichnis.

Die Ziffern bedeuten die Seitenzahlen.

Wehrmann.

Druck der Universitäts-Buchdruckerei von Gustav Schade (Otto Francke)
in Berlin und Bernau.